2026
최신개정

名品

• • • •
최신 복원문제 수록

유기농업기사

권현준 저

실기

TALK 실시간 카톡문의
@kisa
1544-8509

자격시험안내

1. 개요

최근 환경오염과 함께 유기농업의 중요성 및 수요는 증대되고 있으며, 과거 저부가가치의 농작물에서 고부가가치가 가능한 농작물로 전환할 필요성이 대두되고 이러한 고부가가치 작물생산의 한 방안으로 최근 유기농업에 대한 관심 및 수요가 증가되는 추세에 있다. 유기농업이란 화학비료, 유기합성농약(농약, 생장조절제, 제초제 등), 가축사료첨가제 등 일체의 합성화학물질을 사용하지 않고 유기물과 자연광석 미생물 등 자연적인 자재만을 사용하는 농법을 말한다. 이러한 유기농업은 단순히 자연보호 및 농가소득증대라는 소극적 중요성을 떠나, WTO에 대응하여 자국농업을 보호하는 수단이 되며, 아울러 국민의 보건복지 증진이라는 의미에서도 매우 중요하다. 이러한 유기농업의 중요성에도 불구하고, 전문 유기농업인력을 육성·공급할 수 있는 자격신설이 필요하게 됨

2. 시행기관 및 원서접수

한국산업인력공단(www.q-net.or.kr)

3. 수행직무

유기농업의 전반에 관한 깊은 이해와 지식 및 기술을 기반으로 입지선정, 작목선정, 경영여건분석, 환경분석 등을 기획하고, 윤작체계 및 자재의 선정, 토양비옥도 및 병해충 방지, 사료확보 등 생산관리업무와 유기농산물 원료의 가공, 포장, 유통 및 사후관리 등의 품질인증과 기술지도 직무수행

4. 시험과목 및 검정방법

구분	시험과목	검정방법
필기시험	① 재배원론 ② 토양비옥도 및 관리 ③ 유기농업개론 ④ 유기식품 가공·유통론 ⑤ 유기농업관련 규정	객관식 4지 택일형, 과목당 20문항(과목당 30분)
실기시험	유기농업생산, 품질인증, 기술지도 관련업무	필답형(2시간 30분)

5. 합격기준

① 필기 : 100점을 만점으로 하여 과목당 40점 이상, 전 과목 평균 60점 이상
② 실기 : 100점을 만점으로 하여 60점 이상

6. 응시절차

1	필기원서접수	•Q-net를 통한 인터넷 원서접수 •필기접수 기간 내 수험원서 인터넷 제출 •사진(6개월 이내에 촬영한 90×120픽셀 사진파일(JPG) 수수료 전자결제 •수험표 본인 선택(선착순)
2	필기시험	수험표, 신분증, 필기구(흑색 싸인펜 등), 공학용계산기 지참
3	합격자 발표	•Q-net를 통한 합격확인(마이페이지 등) •응시자격(기술사, 기능장, 산업기사, 서비스 분야 일부종목) •제한종목은 합격예정자 발표일부터 8일 이내에(토, 공휴일 제외) •반드시 응시자격서류를 제출하여야되며 단, 실기접수는 4일 임.
4	실기원서 접수	•실기접수기간 내 수험원서 인터넷(www.Q-net.or.kr)제출 •사진(6개월 이내에 촬영한 반명함판 사진파일(JPG), 수수료(정액) •시험일시, 장소, 본인 선택(선착순) 　단, 기술사 면접시험은 시행 10일 전 공고
5	실기시험	수험표, 신분증, 필기구, 공학용 계산기, 수험자 지참준비물(작업형 시험한정) 지참
6	최종합격자 발표	Q-net를 통한 합격확인(마이페이지 등)
7	자격증 발급	•(인터넷) 공인인증 등을 통한 발급, 택배가능 •(방문수령) 여권규격사진 및 신분확인 서류

| 전국 한국산업인력공단 안내 |

기관명	주소	연락처
서울지역본부	(02512)서울 동대문구 장안벚꽃로 279(휘경동 49-35)	02-2137-0590
서울서부지사	(03302)서울 은평구 진관3로 36(진관동 산100-23)	02-2024-1700
서울남부지사	(07225)서울시 영등포구 버드나루로 110(당산동)	02-876-8322
서울강남지사	(06193)서울시 강남구 테헤란로 412 알레르망타워 15층(대치동)	02-2161-9100
인천지사	(21634)인천시 남동구 남동서로 209(고잔동)	032-820-8600
경인지역본부	(16626)경기도 수원시 권선구 호매실로 46-68(탑동)	031-249-1201
경기동부지사	(13313)경기 성남시 수정구 성남대로 1214 광우빌딩(1~7층)	031-750-6200
경기서부지사	(14488) 경기도 부천시 길주로 463번길 69(춘의동)	032-719-0800
경기남부지사	(17561)경기 안성시 공도읍 공도로 51-23	031-615-9000
경기북부지사	(11801)경기도 의정부시 바대논길 21 해인프라자 3~5층(고산동)	031-850-9100
강원지사	(24408)강원특별자치도 춘천시 동내면 원창 고개길 135(학곡리)	033-248-8500
강원동부지사	(25440)강원특별자치도 강릉시 사천면 방동길 60(방동리)	033-650-5700
부산지역본부	(46519)부산시 북구 금곡대로 441번길 26(금곡동)	051-330-1910
부산남부지사	(48518)부산시 남구 신선로 454-18(용당동)	051-620-1910
경남지사	(51519)경남 창원시 성산구 두대로 239(중앙동)	055-212-7200
경남서부지사	(52733)경남 진주시 남강로 1689(초전동 260)	055-791-0700
울산지사	(44538)울산광역시 중구 종가로 347(교동)	052-220-3277
대구지역본부	(42704)대구시 달서구 성서공단로 213(갈산동)	053-580-2300
경북지사	(36616)경북 안동시 서후면 학가산 온천로 42(명리)	054-840-3000
경북동부지사	(37580)경북 포항시 북구 법원로 140번길 9(장성동)	054-230-3200
경북서부지사	(39371)경상북도 구미시 산호대로 253(구미첨단의료 기술타워 2층)	054-713-3000
광주지역본부	(61008)광주광역시 북구 첨단벤처로 82(대촌동)	062-970-1700
전북지사	(54852)전북특별자치도 전주시 덕진구 유상로 69(팔복동)	063-210-9200
전북서부지사	(54098)전북특별자치도 군산시 공단대로 197번지 풍산빌딩 2층(수송동)	063-731-5500
전남지사	(57948)전남 순천시 순광로 35-2(조례동)	061-720-8500
전남서부지사	(58604)전남 목포시 영산로 820(대양동)	061-288-3300
대전지역본부	(35000)대전광역시 중구 서문로 25번길 1(문화동)	042-580-9100
충북지사	(28456)충북 청주시 흥덕구 1순환로 394번길 81(신봉동)	043-279-9000
충북북부지사	(27480)충북 충주시 호암수청2로 14 (호암동) 충주농협 호암행복지점 3~4층	043-722-4300
충남지사	(31081)충남 천안시 서북구 상고1길 27(신당동)	041-620-7600
세종지사	(30128)세종특별자치시 한누리대로 296(나성동)	044-410-8000
제주지사	(63220)제주 제주시 복지로 19(도남동)	064-729-0701

7. 출제기준

<table>
<tr><td colspan="8" align="center">유기농업기사</td></tr>
<tr>
<td>직무
분야</td>
<td>농림어업</td>
<td>중직무
분야</td>
<td>농업</td>
<td>자격
종목</td>
<td>유기농업기사</td>
<td>적용
기간</td>
<td>2025.1.1.
~2028.12.31.</td>
</tr>
<tr><td colspan="8">

○ 직무내용

　입지선정, 작목선정, 경영여건분석, 환경분석 등을 기획하고, 윤작체계 및 재배식물생리, 자재의 선정, 토양특성, 병해충방지, 사료 및 원료의 확보 등 생산관리업무와 유기가공식품 원료의 가공, 포장, 유통 및 사후관리, 유기농업자재를 포함한 인증과 기술 보급 및 교육을 수행하는 직무이다.

○수행준거

　1. 인증기준에 따른 유기식품 등과 유기농업자재의 생산방법을 이해하고 이에 따라 실행할 수 있다.

　2. 일반토양과 유기농업의 토양을 구분하여 판별하고 토양비옥도를 평가하여 개선할 수 있다.

　3. 퇴비의 원료별 종류와 특성을 파악하고 퇴비를 제조·분석·사용할 수 있다.

　4. 유기농업에 적용 가능한 병해충 및 잡초관리 작업을 수행할 수 있다.

　5. 유기식품 등과 유기농업자재의 인증기준을 이해하고, 이의 재배·생산·제조·가공·취급 관리 및 품질을 유지하고 선별·포장할 수 있다.

　6. 유기식품 등과 유기농업자재의 인증기준을 이해하고, 농작물의 입지·작목선정, 경영여건 및 환경분석 등을 기획 할 수 있다.

　7. 유기농업 관련 규정을 이해하고 이를 원료로 한 유기식품 등과 유기농업자재의 인증 업무를 수행할 수 있다.

　8. 유기식품 등과 유기농업자재의 기술 보급 및 교육, 생산과정 등을 감독할 수 있다.

</td></tr>
<tr>
<td>실기검정방법</td>
<td colspan="3" align="center">필답형</td>
<td colspan="2" align="center">시험시간</td>
<td colspan="2" align="center">2시간 30분</td>
</tr>
</table>

실기과목명	주요항목	세부항목
유기농업생산, 품질인증, 기술지도 관련 실무	1. 유기식품 등의 생산과 친환경 　농업 육성	1. 토양 관리하기 2. 병해충 방제하기 3. 유기축산물 생산관리하기 4. 유기가공식품 및 비식용유기가공품 관리하기 5. 유기농업자재 생산 및 이용하기
	2. 유기농업 인증관리	1. 인증 준비하기 2. 인증 신청하기 3. 인증사후관리하기
	3. 기술 보급 및 교육	1. 유기농업 관련 기술 보급 및 교육

차례

부록 I 실기 복원문제

PART 1

유기농업생산

ORGANIC AGRICULTURE

1. 작물의 분류

(1) 식물분류학적 분류

① 식물분류는 이명법(린네)을 주로 기준으로 한다.

계 → 문 → 강 → 목 → 과 → 속 → 종 → 변종

② 식물의 분류 시 기본단위는 종은 같은 유전형질을 나타낸다.

③ 종을 학명으로 표시할 경우 린네가 만든 이명법을 사용한다.

④ 속명과 종명은 라틴어를 사용하고 오른쪽으로 기울어진 이탤릭체를 쓴다.

⑤ 식물은 학술적으로 연구를 할 때 소통의 어려움이 있어 이명법을 통해 세계 공용으로 활용하고 있다.

(2) 작물의 종류와 특성

① 식용작물

미곡	벼
맥류	보리, 호밀, 밀, 귀리
잡곡	수수, 옥수수, 메밀, 기장
두류	콩, 녹두 강낭콩, 완두, 팥, 땅콩
서류	고구마, 감자

② 공예작물

섬유작물	목화, 삼, 모시풀, 수세미, 닥나무
전분작물	옥수수, 감자, 고구마
유료작물	참깨, 들깨, 유채, 땅콩, 해바라기, 아주까리, 오일팜
기호료작물	차, 담배, 커피
약료작물	제충국, 인삼, 도라지, 박하, 당귀
당료작물	사탕무, 사탕수수

③ 사료 작물

화본과	옥수수, 티머시, 오처드 그래스
콩과	알팔파, 레드클러버, 스위트 클로버, 화이트 클로버

④ 녹비 작물

화본과	귀리, 호밀, 라이그래스
콩과	자운영, 콩

⑤ 채소

과채류		오이, 호박, 참외, 멜론, 수박, 딸기
협채류		완두, 동부, 강낭콩
근채류	괴근류	고구마, 감자, 마, 연근, 생강
	직근류	무, 당근, 우엉
경엽채류	엽채류	배추, 양배추, 갓
	생채류	샐러드, 상치, 파슬리, 땅두릅
	유채류	미나리, 아스파라거스, 죽순, 시금치
	총류	파, 양파, 쪽파, 마늘

⑥ 생태적 분류

생존연한	·1년생 작물 : 벼, 콩, 옥수수, 배추 ·2년생 작물(월년생작물) : 대파, 무, 사탕무 ·다년생 작물 : 감자, 고구마, 아스파라거스
생육계절	·하작물 : 콩, 수수혼작 ·동작물 : 밀, 보리
생육형	·주형작물(식물체가 포기를 형성) : 벼, 맥류, 오차드그라스 ·포복형작물(땅을 기어 지표를 덮음) : 고구마
생육온도	·저온작물 : 맥류, 감자 ·고온작물 : 벼, 콩, 담배
저항성	·내산성 작물 : 감자, 벼 ·내건성 작물 : 수수 ·내습성 작물 : 밭벼 ·내염성 작물 : 사탕무, 목화, 양배추, 유채 ·내풍성 작물 : 고구마

⑦ 재배·이용에 따른 분류

작부방식	• 동반작물 : 다년생초지에 초기 산초량을 높이기 위해 섞는 작물 • 보호작물 : 주요작물의 보호를 위해 심는 작물 • 대용작물 : 주작물 수확이 어려울 경우 대체작물, 메밀·채소·조 • 구황작물 : 불리한 환경(흉년)에 수확량이 상당한 작물, 메밀·고구마·조·피
토양보호	• 토양보호 작물 : 일종의 토양 피복 작물 • 토양조성 작물 : 지력증진에 도움이 되는 작물, 콩과식물 • 토양수탈 작물 : 토양 양분만 가져가 비료분을 공급해야 하는 작물, 화곡류
경제·경영	• 자급 작물 : 농가에서 자급용 작물 • 환금 작물 : 판매용 작물, 담배·인삼 • 경제 작물 : 환금작물 중 수익성이 높은 작물, 담배·양파·마늘
사료용도	• 청예작물 : 곡식의 줄기나 잎을 사료로 사용할 목적, 순무 • 건초작물 : 건초용으로 사용되는 작물, 티머시·알팔파 • 종실사료작물 : 종자를 사료로 이용하는 작물, 맥류·옥수수

⑧ 담자균류

송이과에는 양송이, 표고가 있다.

⑨ 단자엽식물

　㉠ 화본과에는 옥수수, 죽순 등이 있다.

　㉡ 백합과에는 양파, 마늘 등이 있다.

　㉢ 마과에는 마, 참마 등이 있다.

⑩ 쌍자엽식물

　㉠ 명아주과에는 근대, 시금치, 비트 등이 있다.

　㉡ 십자화과에는 양배추, 배추, 무, 유채 등이 있다.

　㉢ 아욱과에는 아욱, 오크라 등이 있다.

　㉣ 산형화과에는 셀러리, 미나리, 당근 등이 있다.

　㉤ 박과에는 수박, 오이, 참외, 호박 등이 있다.

　㉥ 국화과에는 상추, 우엉, 쑥갓, 뚱딴지 등이 있다.

　㉦ 두과(콩과)에는 베치(vetch)류, 자운영, 완두 등이 있다.

(3) 작물의 식물학적, 농업적 분류

① 원경

    ㉠ 작은 면적의 농지에 자본과 인력을 집약적으로 투입하여 단위 면적당 수확량을 많게 하는 농업 형태로 현재의 도시근교 시설원예가 이에 해당한다.

    ㉡ 예로부터 유럽의 농업에서는 취락 근처의 농지를 울짱 등으로 둘러싸서 원지로 삼고 여기에서 야채나 과수를 재배하는 것이 일반적이었으며, 멀리 떨어진 바깥쪽의 경지에서 영위되는 곡물재배와는 집약도라는 점에서 현저하게 다르기 때문에 원경과 곡경은 특히 구별되어 왔다.

② 곡경

    ㉠ 미국, 아르헨티나 등지에서의 밀 재배와 같이 밀 벼, 옥수수 따위의 곡류가 광대한 지대에 걸쳐 재배되는 농업 형태이다.

    ㉡ 대규모기계화단지에 적합하다.

③ 포경

    ㉠ 넓은 들이므로 사료작물을 키운다는 의미가 있어 축산을 겸하는 농업 형태이다.

    ㉡ 식량과 사료를 균형 생산할 수 있는 방법이다.

④ 소경

    ㉠ 거름을 많이 넣으면 밭을 깊게 많이 갈아야 하지만 적게 간다는 것은 비배관리가 거의 전무한 원시적 약탈농업임을 의미한다.

    ㉡ 아프리카 중남부, 동남아 아열대의 섬지방 등 후진국의 척박지에서 시행한다.

⑤ 식경

    ㉠ 열대나 아열대 지방에서 선진국의 자본과 원주민의 노동력을 결합하여 벼, 목화, 담배 따위의 작물을 대규모로 경작하는 농업 형태이다.

    ㉡ 식민지농경의 형태이다.

2. 재배환경 - 수분

(1) 표시방법

① 수분 포텐셜

㉠ 토양수분장력은 Potential Force 의 약자를 따서 pF 로 표기한다. 토양에 수분이 어느정도의 힘으로 있는가를 수주 높이로 표시한 것이다.

㉡ pF = log H (H : 수조 높이, 단위 : cm) 이며 토양의 수주높이가 1,000cm 의 경우 pF = 3 으로 1기압(1atm) 이다.

㉢ 토양의 수분함량에 따라 아래와 같이 정의한다. 이때 영구위조점을 지나 pF 6 은 풍건상태, pF 7 은 건토상태라고 정의 한다.

용어	pF	특징
최대용수량	0	토양내에 모든 공극에 물이 찬 상태의 수분함량
포장용수량	1.7~2.7	최대용수량에 중력수가 제거 되고 모세관의 수분 함량 기준
위조점	4.2	식물이 수분을 흡수하지 못하고 영구히 시들어버리는 시점, 이때의 수분함량은 위조계수라 한다.
흡습계수	4.5	마른 토양의 수분함량
수분당량	2.7~3.0	물을 포화시킨 토양에 원심력 적용후 토양에 남아 있는 수분

㉣ 유효수분은 포장용수량~영구위조점까지 pF 2.7~4.2 정도이다. 여기서 일반작물의 유효수분은 pF 1.8 ~ 4.0 정도이며 정상생육이 가능한 범위는 1.8~3.0 이다.

㉤ 토양의 유효수분에는 토성, 유기물함량, 염류농도 등의 영향을 받는데 염류농도의 경우 높아지고 물의 퍼텐셜은 낮아지면서 식물이 흡수할 수 있는 유효수분량이 줄어들게 된다.

㉥ 포장용수량은 강우나 관개 후 2~3일 경과되어 완전 배수가 된 포장에서 중력에 저항하여 토양에 보류하는 수분을 의미한다.

㉦ 토양 수분의 종류는 아래와 같이 분류된다. 결합수와 흡습수는 식물이 사용 할 수 없는 수분이고 주로 모관수가 작물에 이용된다.

종류	pF	특징
결합수	7.0↑	토양이나 생체 속 등에서 강하게 결합되어서 쉽게 제거할 수 없는 물
흡습수	4.5~7	• 토양입자 표면에 피막 상을 흡착된 수분 • 습도가 높은 대기 중 토양을 놓아두면 대기로부터 토양에 흡착되는 수분 • −3.1 MPa 이하의 퍼텐셜로 식물이 이용할 수 없는 수분
모관수	2.7~4.5	• 모관 인력에 의하여 토양 내의 작은 공극을 상승하는 수분 • −3.1 ~ −0.03 MPa 사이의 퍼텐셜의 수분으로 대부분의 식물이 흡수 이용 가능한 수분
중력수	2.5↓	• 중력의 영향으로 토양에서 배수되는 물 • −0.003 MPa 보다 큰 퍼텐셜의 수분 • 많은 물이 토양으로 유입되는 경우 포화상태로 존재하는 수분

② 수분 스트레스

㉠ 함수량이 저하되면 시들기 시작하는데 이를 위조현상이라 한다.

㉡ 이러한 시드는 과정은 정도에 따라 초기위조, 일시적위조, 영구위조로 구분된다.

초기위조	• 지상부가 시들기 시작하는 상태이다. • 식물 생육억제의 초기 단계, pF 3.9 정도이다.
일시적 위조	• 초기 위조 이후 진행된 상태, 그러나 관수에 의하지 않아도 회복이 가능한 단계이다. • 보통 작물의 증산이 흡수보다 클 때 일어난다.
영구위조	• 뿌리 흡수조차 불가능한 상태로 회복할 수 없는 시점이다. • pF 는 통상 4.2 정도이다.

③ 토양수분측정

㉠ 토양의 수분함량을 측정하는 방법은 직접법과 간접법으로 분류된다.

  • 직접법은 중량차로 수분의 함량을 구하는 중량법이 있다

  • 간접법에는 토양의 수분함량을 간접적으로 측정하는 중성자법, TDR 법, 전기저항법 등이 있다

  • 수분의 에너지상태를 이용하는 간접법에는 텐시오메타(tensionmeter법), 싸이크로메트리법(Psychrometry법) 이 있다

㉡ 중량법

  토양을 105℃에 건조평형에 이를 때까지 건조시켰을 때의 감량을 수분으로 하여 함량을 구하는 방법이다

㉢ 중성자법

  중성자수분측정기의 중성자가 방출원으로부터 나오는 중성자 에너지를 이용하는

방법으로 물분자의 수소원자와 충돌하면서 속력이 느려지고 반사되는 원리를 이용하는 방법이다. 수소원자는 중성자와 크기와 질량이 비슷한 핵을 갖고 있다.

② TDR 법(Time Domain Reflectometry)

계측기로부터 고주파를 발생시켜 센서 막대를 타고 고주파가 흘러갔다가 막대의 끝으로 다시 돌아오는 전파속도를 읽어 측정하는 방법이다.

⑩ 전기저항법

토양의 전기저항이 수분함량에 따라 변하는 원리를 이용하는 것이며, 한 쌍의 전극이 내장된 다공성의 전기저항괴를 토양에 묻은 후 저항괴와 토양 사이에 수분평형이 이루어졌을 때 전극 사이의 전기저항을 측정한다.

④ 텐시오메타(tensiometer법)

메트릭퍼텐셜을 측정하는 방법으로 tensiometer를 설치하여 측정하는데 식물이 흡수 이용할수 있는 유효수분의 함량을 평가할 수 있다.

④ 싸이크로메트리법(Psychrometry법)

토양공극 내의 상대습도를 측정하여 토양수분의 상태나 퍼텐셜을 측정하는 방법으로 2개의 수은 온도계를 사용하여, 물의 증발속도를 측정하는 원리를 이용한다.

(2) 수분의 흡수

① 식물의 수분 흡수

㉠ 수분의 흡수를 담당하는 뿌리는 뿌리골무, 생장점, 신장부, 근모부로 분류되며 근모부에서 수분의 흡수가 가장 활발하게 이루어진다.

㉡ 나무에서 수분의 이동통로는 목부부분이 담당하며 양분의 이동통로는 사부에서 이루어진다. 수종에 따라 침엽수의 경우 가도관이 대부분이며 도관이 없고 활엽수는 목부에 도관이 발달한 것이 특징이다.

㉢ 작물에서의 수분 흡수는 뿌리와 뿌리의 선단부의 뿌리털에 의해 토양의 수분을 흡수하며 뿌리가 자라나 토양, 수분과의 접촉면적을 확대하려는 것이 특징이다.

㉣ 수분 흡수 과정에서 세포에 작용되는 삼투압은 세포 내로 수분이 들어가는 압력을 의미하고 막압은 세포 외로 수분이 배출되는 압력을 의미한다. 팽압은 삼투에 의해 세포 내의 수분이 늘어 세포의 크기를 증대시키는 압력이다.

㉤ 뿌리의 수분 흡수는 세포의 삼투압이 토양의 삼투압보다 높아 물이 흡수되는 것이다. 이러한 뿌리의 흡수력에 의한 것을 능동적 흡수라고 한다.

㉥ 일비현상은 줄기를 자른 곳에서 물이 배출되는 현상이고, 일액현상은 잎의 가장자리에 있는 수공에서 물이 나오는 현상인데 이 두 가지 현상은 뿌리세포의 근압에

의해 능동적 흡수가 발생한다.

    ⓢ 압력구배에 따라 물 분자의 집단이 함께 이동하는 것을 집단류라 하는데 식물의 증산작용이 활발하면 잎의 수분포텐셜이 감소하여 엽맥의 수분을 끌어들이게 된다.

    ⓞ 작물의 흡수압은 평균적으로 약 5~14기압, pF 3.5 ~ 4.1 정도이다.

② 작물의 요수량

    ㉠ 요수량의 정의는 건물 1g 을 생산하는데 소요되는 수분량으로 요수량은 가뭄에 대한 저항성의 척도가 되기도 한다. 보통 요수량이 작은 식물은 건조에 대한 저항성이 강한 편이다.

    ㉡ 요수량이 큰 식물로 알팔파, 클로버, 완두 등이 있으며 그중에서도 명아주는 요수량이 매우 크다. 요수량이 적은 식물로 수수, 기장, 옥수수 등이 있다.

    ㉢ 요수량은 환경에 영향을 받으며 햇빛이 부족할 경우, 바람이 강할 경우, 습도가 낮을 경우, 토양이 척박할 경우 요수량이 커진다.

③ 작물생육에 대한 수분의 기본역할

    ㉠ 식물체 구성물질의 성분이 된다.

    ㉡ 원형질의 생활상태를 유지한다.

    ㉢ 필요물질을 흡수할 때 용매가 된다.

    ㉣ 식물체 내의 물질분포를 고르게 하는 매개체가 된다.

    ㉤ 필요물질의 합성, 분해의 매개체가 된다.

    ㉥ 세포의 긴장상태를 유지하여 식물의 체제유지를 가능하게 한다.

(3) 관개

① 관개

    ㉠ 작물을 재배하는 생육기간에 걸쳐 필요한 양의 물을 계획적으로 대주는 작업을 관개 또는 관수라고 한다.

    ㉡ 관개의 시기, 횟수, 수량은 토양의 보수력, 근군의 분포, 증발산량 등에 의해 결정된다.

    ㉢ 관개는 보통 유효수분의 50~85%가 소모되거나 pF 2.0 ~ 2.5 일 때 실시한다.

    ㉣ 관개를 통해 논에서는 생리적으로 필요한 수분을 공급해주고 질소, 칼륨 등의 양분을 공급하며 온도의 조절 작용 등의 역할을 해준다. 밭에서는 수분공급 및 품질과 수량을 높이며 지온을 조절하고 양분의 이용률을 높이는데 도움을 준다.

② 관개 방법

　㉠ 지표관개

　　· 지표관개는 지표면에 물을 흘려 대는 방법으로 전면관개, 부분관개, 침출관개가 있다.

　　· 전면관개는 지표면 전면에 물을 흘려 대는 방법으로 수반법, 등고선월류법, 보더법이 있다.

　　· 일류관개는 등고선에 따라 수로를 내어 임의의 장소로부터 월류하도록 하는 방법이다.

　　· 보더관개는 완경사의 포장을 알맞게 구획하여 상단의 수로로부터 전체 표면에 물을 흘려 대는 방법이다.

　　· 수반법은 포장을 수평으로 구획하고 관개하는 방법이다.

　　· 고랑관개는 포장에 이랑을 세우고 고랑에 물을 흘려 대는 방법이다.

　㉡ 살수관개

　　· 살수관개는 공중에 물을 뿌려 대는 방법으로 스프링클러법, 다공관관개법, 물방울관개법이 있다.

　　· 다공관관개는 파이프에 직접 작은 구멍을 내어 살수하는 방법이다.

　　· 스프링클러관개는 스프링클러를 이용하여 살수하는 방법이다.

　　· 물방울관개는 물방울 식으로 살수하는 방법으로 drip 법, subsurface 법, bubbler 법이 있다.

　㉢ 지하관개

　　· 지하관개는 지하로부터 수분을 공급하는 방법으로 개거법, 암거법, 압입법이 있다.

　　· 개거법은 개방된 토수로에 투수하여 이것이 침투해 모관상승을 통해 근권에 공급되게 하는 방법이다. 지하수위가 낮지 않은 사질토 지대에 이용된다.

　　· 암거법은 지하에 토관, 목관, 콘크리트관, 플라스틱관 등을 배치하여 통수하고 간극으로부터 스며 오르게 하는 방법이다.

　　· 압입법은 뿌리가 깊은 과수 주변에 구멍을 뚫고 물을 주입하거나 기계적으로 압입하는 방법이다.

③ 관개의 효과

　㉠ 논 담수관개 효과

　　· 생리적으로 필요한 수분을 공급한다.

- 담수의 온도 조절 작용을 한다.
- 비료 성분을 공급할 수 있다.
- 유해물질을 제거한다.
- 잡초를 억제한다.
- 병해충이 경감된다.
- 토양이 부드러워 모내기, 중경제초 등 작업이 용이하다

ⓛ 밭 관개의 효과

- 생리적으로 필요한 수분을 공급하여 수량과 품질이 향상된다.
- 관개로 인하여 유리한 작물을 선택하고 재배기술의 향상이 가능하게 된다.
- 지온을 조절할 수 있다.
- 비료성분의 보급이 용이하고, 이용효율이 높아진다.
- 건조 지대에 관개로 풍식을 방지할 수 있다.

④ 용수량

ⓙ 벼농사기간 중 논관개에 소요되는 수분의 총량을 용수량이라 한다.

ⓛ 용수량 = (엽면증산량 + 수분증발량 + 지하침투량) - 유효우량

⑤ 밭관개와 재배상 유의점

ⓙ 수익성이 높은 작물을 선택한다.

ⓛ 다비재배를 할 수 있다.

ⓒ 내도복성 품종을 선택한다.

ⓡ 재식밀도를 높일 수 있다.

ⓜ 병충해 방제 및 제초를 철저히 실시한다.

ⓗ 식질토양에서 휴립, 중경 등으로 관개수의 침투를 도모하고 비닐멀칭을 통해 지면 증발을 억제하도록 한다.

(4) 배수

① 원활한 배수를 통해 습해 및 수해를 막을 수 있다.

② 다모작을 가능하게 하여 경지의 이용도를 높인다.

③ 토양의 성질이 개선되고 농작업이 용이하게 되면서 기계화가 촉진된다.

④ 배수법으로 객토법, 명거배수, 암거배수가 있다.

객토법	토성을 개량하거나 지반을 높여 배수를 꾀하는 방법으로 경비가 많이 들어 대규모는 어렵다.
명거배수	배수로 표토면 바로 아래쪽에서 물을 빼는 방법이다.
암거배수	배수로가 지하로 매설되어 물을 빼는 방법이다.

⑤ 습답 등 암거배수시설을 설치한 해에는 질소비료 시용량을 줄이고 석회를 충분히 주도록 한다.

3. 재배환경 - 공기

(1) 대기조성

① 대기조성

㉠ 대기의 조성은 질소 78%, 산소 21%, 이산화탄소 0.03% 및 기타로 구성되어 있다.

㉡ 식물의 경우 이러한 질소를 질소동화작용에 의해 암모늄염이온(NH_4^+), 질산이온(NO_3^-) 형태로 흡수하여 이용한다.

㉢ 살아있는 생물이 죽을 경우 미생물이나 세균에 의해 분해되어 암모늄이온, 질산이온으로 변화하여 흡수되며 토양미생물인 탈질균은 이러한 질산염을 가스의 형태로 대기로 돌아간다.

㉣ 작물 재배상 산소농도가 5~10% 이하 또는 90% 이상이면 호흡에 지장을 초래한다.

② 질소

㉠ 질소는 대기 중에 약 78% 정도 구성하고 있으며 식물의 경우 질소동화작용에 의해 암모늄염이온(NH_4^+), 질산이온(NO_3^-) 형태로 흡수하여 이용한다. 질소(N_2)는 불활성이라 생물체가 영양소로 사용할 수 없다.

㉡ 질소고정은 미생물에 의하여 암모늄(NH_3)형태로 환원되는 생물적 질소고정, 번개에 의하여 대기권에서 NOx 형태로 산화되는 광화학적 질소고정, 비료공장에서 합성되는 산업적 질소고정의 3가지가 있다.

③ 이산화탄소

㉠ 탄소의 순환은 광합성, 호흡, 화석연료의 생성, 연소로 인한 이산화탄소의 방출, 이산화탄소의 물에 녹는 등의 다양한 현상에 의해 순환한다. 식물이 이용하는 공기 중의 이산화탄소의 경우 대략 0.03% 정도 차지하고 있다.

㉡ 생물에 의한 이산화탄소의 동화량과 동식물의 호흡에 의한 이산화탄소, 연료의 연소 등으로 발생되는 이산화탄소의 합의 값은 거의 같으며 이를 탄소평형이라

말한다.

ⓒ 이산화탄소 농도는 여름철에는 낮고 상대적으로 가을철에는 높다.

ⓔ 이산화탄소는 식물체가 무성한 곳에 지면에 가까운 공기층의 농도가 높으나 지표에서 떨어진 공기층의 이산화탄소 농도는 낮다.

ⓜ 미숙퇴비, 낙엽 등을 시용하면 이산화탄소 발생이 많아진다.

(2) 이산화탄소

① 이산화탄소 농도에 관여 요인

　ㄱ 계절 : 식물의 잎이 무성한 공기층에 광합성이 왕성하여 이산화탄소 농도가 낮고 가을철에는 다시 높아진다.

　ㄴ 지면과의 거리 : 지면으로부터 멀어짐에 따라 이산화탄소 농도는 낮아지는 경향이 있다.

　ㄷ 식생 : 식생이 무성하면 뿌리의 호흡이 왕성하고 바람을 막아 지면에 가까운 공기층의 이산화탄소 농도를 높게 하나 지표에서 떨어진 공기층은 잎의 왕성한 광합성 때문에 이산화탄소 농도가 낮아진다.

　ㄹ 바람 : 바람은 공기 중의 이산화탄소 농도의 불균형 상태를 완화한다.

　ㅁ 미숙유기물 시용 : 미숙퇴비, 낙엽, 녹비를 시용하면 이산화탄소의 발생이 많아져 작물 주변 공기층의 이산화탄소 농도가 높아진다.

② 대기 중 이산화탄소와 작물의 생리작용

　ㄱ 호흡작용

　　• 대기 중 이산화탄소 농도가 높아지면 일반적으로 호흡속도는 감소한다.

　　• 이산화탄소 농도가 20% 이상 될 때 호흡속도의 변화는 조직에 따라 다르다. 정상적 상태에서 호흡이 낮은 기관인 감자의 덩이줄기나 튤립과 양파의 비늘줄기에서 오히려 호흡이 증가한다.

　ㄴ 광합성

　　• 이산화탄소 농도가 높아지면 어느 한계까지 광합성의 속도가 증대한다.

　　• 광합성에 의한 유기물의 생성속도와 호흡에 의한 유기물의 소모속도가 같아지는 이산화탄소 농도를 이산화탄소 보상점이라 한다.

　　• 작물이 생장을 계속하기 위해 이산화탄소보상점 이상의 이산화탄소 농도가 필요하다.

　　• 대체로 작물의 이산화탄소보상점은 대기 중 농도의 1/10 ~ 1/3(0.003 ~ 0.01%)

정도이다.

- 이산화탄소농도가 어느 한계까지 높아지면 그 이상 높아져도 광합성속도는 그 이상 증대하지 않는 상태에 도달하게 되는데 이 한계점의 이산화탄소 농도를 이산화탄소포화점이라 한다.
- 광합성 속도에서 이산화탄소 농도 뿐만 아니라 광의 강도도 관계한다. 광이 약할 경우 이산화탄소보상점이 높아지고 이산화탄소포화점은 낮아지며 반대로 광이 강할 때에는 이산화탄소보상점이 낮아지고 이산화탄소포화점은 높아진다.
- 광합성은 어느 한계까지는 온도, 광도, 이산화탄소 농도의 증대에 따라 증가하게 된다.
- C_4 식물은 C_3 식물보다 이산화탄소보상점이 낮아서 낮은 농도의 이산화탄소 조건에서도 적응할 수 있으며, 보통 이산화탄소포화점은 C_4식물이 C_3식물보다 높다.

ⓒ 이산화탄소의 영향

- 밀, 완두, 해바라기 등에서 이산화탄소의 농도 증대로 암중 발아를 촉진시킨다.
- 강낭콩, 옥수수, 구리 등은 흡수과정에서 산소는 과도한 흡수작용을 일으켜 파괴 작용을 하지만 이산화탄소는 과도한 수분흡수를 억제하여 오히려 보호 작용을 한다.
- 이산화탄소는 셀레늄(Se)염 및 2,4-D의 해를 줄여주고 옥수수의 저온저항성을 높여준다.
- 과실 및 채소 등을 이산화탄소 중에 저장하면 대사기능이 억제되어 품질이 비교적 양호하게 유지하고 장기간 저장이 가능하다.

ⓔ 이산화탄소 시비

- 시설재배에서 시설 내 이산화탄소 농도를 인위적으로 높여주는 것을 이산화탄소 시비, 탄산시비, 탄산비료라고 하는데 주로 액화탄산가스 및 프로판가스 등을 활용한다.
- 이산화탄소시비는 보통 이산화탄소 농도를 0.15~0.3% 조절하며, 이산화탄소의 효과는 각종 환경요소의 변화, 작물의 종류, 품종, 재배형 등에 따라 달라진다
- 탄산시비를 통해 광합성을 촉진하여 수량 증가, 개화 수 증가, 착과율 증가, 생육 증진 등의 효과가 나타난다.

(3) 대기오염

① 대기의 오염으로 인하여 식물의 생육을 방해하거나 심할 경우 고사를 유발하기도 한다. 이러한 피해현상을 이용하여 특정한 식물은 대기오염의 지표로 사용하기도 한다.

② 지표식물은 특정 병에 대한 감수성을 의미하며 병이 잘 발생한다.는 것은 감수성이 높다는 것을 의미한다.

③ 대기오염 물질에 따른 지표식물

아황산가스	알팔파, 보리, 튤립
이산화질소	토마토, 상추
PAN	시금치, 상추, 샐러리
오존	무, 토마토, 담배, 콩
염소	알팔파, 무

④ 작물에 질소질 비료를 과다하게 공급하면 대기오염에 취약하게 되고 칼륨, 칼슘을 사용할 경우 오염물질에 대한 피해가 줄어든다.

⑤ 작물의 수분이 많을 경우 기공이 열리는 횟수 및 크기가 커지기 때문에 작물이 입는 피해가 커진다.

⑥ 대기오염 피해는 봄, 여름에 많이 발생하고 온도가 떨어지는 가을, 겨울에는 경감된다.

⑦ 식물의 광합성 및 동화작용이 활발한 낮에는 기공의 개폐가 활발하여 대기오염의 피해가 크게 나타나며 특히 낮 11시 ~ 2시 사이에 가장 크다.

(4) 대기오염물질

① 아황산가스(SO_2)

ㄱ 공장 등 인위적인 요소에 의해 발생되는 아황산가스는 독성이 매우 강한 편이다.

ㄴ 아황산가스의 피해는 대기 중 농도에 고농도의 경우 급성피해와, 저농도의 경우 만성피해로 분류 할 수 있다.

급성피해	엽록소 파괴의 가속, 세포의 붕괴 및 괴사 발생
만성피해	엽록소가 서서히 붕괴, 황화현상의 발생

ⓒ 아황산가스의 저항성 영향인자

온도	0℃에 가까운 저온의 경우 저항성 증가(감수성 감소)
습도	습도가 높을 경우 저항성 감소(감수성 증가)
광도	광도가 낮을수록 저항성 증가(감수성 감소)
계절	봄에는 저항성 감소(감수성 증가)

ⓔ 아황산가스는 화력발전소, 황산 제조공장, 증유를 원료로 사용하는 공장 및 자동차 등에서 배출된다.

ⓜ 아황산가스 농도가 높을수록 피해시간은 짧아지는데 보통 3ppm 이면 10분, 0.01ppm 이면 1년 정도로 나타났다

ⓗ 아황산가스의 피해 대책으로 저항성 품종을 선택하며 칼리와 규산질 비료를 공급한다.

ⓢ 저항성 품종의 경우 벼, 밀, 감자, 수박, 포도 등이 있다.

② 이산화질소(NO_2)

ⓖ 차량 엔진 연소 및 공장 등의 인위적 요인에 의해 발생된다.

ⓛ 산성비의 원인 물질이 되기도 하며 식물세포 파괴 및 갈변현상을 일으킨다.

ⓒ 이산화질소는 식물의 조직괴사 및 낙과현상을 일으킨다.

ⓔ 담배는 2ppm에서 8시간 정도면 피해가 발생한다.

ⓜ 엽맥 사이 백색이나 황백색의 불규칙한 형상을 한 괴사 부위가 나타난다.

③ 질산과산화 아세틸(PAN)

ⓖ PAN 은 햇빛이 있는 조건에서 피해가 나타난다.

ⓛ 질소산화물과 탄화수소가 광화학반응에 의해 생성되는 2차 오염물질이다.

ⓒ 식물의 세포막이나 소기관을 파괴하여 기능을 상실시키며 광합성을 저하시킨다.

ⓔ 담배, 피튜니아의 경우 10ppm에서 5시간 접촉 시 피해증상이 나타나는데 잎의 뒷면에 백색 반점이 엽맥 사이에 나타난다.

④ 오존

ⓖ 오존층은 대기권 중 성층권에 분포하는 오존의 밀도가 높은 층으로 태양에서 오는 자외선을 막아 지구 생태계를 보호해주는 역할을 하고 있다.

ⓛ 오존층을 파괴하는 대표 물질로 프레온가스가 있으며 오존층 파괴에 의한 피해는 아래와 같다.

· 식물 엽록소의 감소 및 광합성의 저하

・식물의 생장 감소

・고사 식물의 증가

・산림 파괴에 의한 온난화현상의 가속

© 오존은 NO_2 가 자외선에 의해 광산화되면서 생성된다.

© 0.15ppm 의 농도에서 1시간이면 피해가 발생한다.

© 어린잎보다는 자란 잎에서 피해가 더 크며 피해를 줄이기 위해 저항성 작물 및 품종을 선택한다.

⑤ 불화수소(HF)

㉠ 독성이 매우 강한편이며 미량으로도 식물에 피해를 주며 피해 현상은 아래와 같다.

・엽록소 및 세포의 파괴

・광합성의 억제

・엽소현상의 발생

・잎의 가장자리의 백변

㉡ 불화수소의 경우 외부적 요인에도 영향을 받으며 습도가 높을 경우 그리고 기공이 열려 있는 밤에 피해가 심하다.

㉢ 알루미늄의 정연, 인산비료 제조, 요엽 등의 경우와 제출을 할 때 철광석에서 배출된다.

㉣ 10ppb 농도에서 10~20시간 정도면 식물이 피해를 받게 된다.

㉤ 피해를 줄이기 위해 소석회액에 요소, 황산아연, 황산망간 및 미량요소 등을 첨가하여 살포한다.

⑥ 염소계가스(Cl_2)

㉠ 염산 및 가성소다 제조공장, 펄프공장, 화학공장 등에서 발생한다.

㉡ 세포 내 유기물질들을 산화상태로 만들어 세포가 괴사하고 세포 내 엽록소가 파괴된다.

㉢ 저항성이 낮고 감수성이 높은 무, 앨펄퍼는 0.1ppm에서 1시간이면 피해가 나타나고 양파, 옥수수, 해바라기 등은 0.1ppm에서 2시간이면 피해를 받는다

㉣ 회백색의 작은 반점이 잎 표면에 다수 나타나고 가스 접촉 시 햇볕이 강하면 피해가 더 크게 나타난다.

㉤ 저항성 품종을 선택하거나 석회물질을 시용한다.

⑦ 연무

연무는 먼지, 증기, 연기, 과산화물, 알데히드, 유기산, 아황산가스, 질소화합물 등이 관여하여 생성된 것을 말한다.

⑧ 산성비

㉠ 산성비는 대기 중 SO_2, NO_2, HF, HCl가스 등에 의해 pH 가 5.5 이하의 강우를 말한다.

㉡ 산성비로 인해 식물체의 엽록소가 파괴되고 양분이 일탈하며 개화 및 결실 장해가 발생한다. 또한 광합성 저하나 식물의 저항성 감소 현상도 나타난다.

㉢ 침엽수보다는 활엽수에서 많이 나타난다.

(5) 바람

① 바람은 보퍼트 풍력계급표에 의거하여 식물에 영향을 많이 주는 바람을 연풍이라 하며 연풍은 계급표에서 2~6급 정도의 약한 바람을 말한다. 연풍은 바람의 세기는 풍속 4~6km/h 정도로 작물에 이로운 영향을 준다.

② 가벼운 바람으로 인해 대기오염물질이 확산되어 피해를 줄여주며 바람에 의해 잎이 움직여 그늘에 가려지는 잎들까지 채광이 충분히 공급되어 광합성량을 높여준다.

③ 바람이 너무 강할 경우 기공이 닫히지만 연풍조건의 경우 기공이 열려 증산이 활발하게 이루어지며 이산화탄소 흡수량 역시 증가한다.

④ 연풍의 특징

㉠ 증산 및 양분흡수를 촉진

연풍으로 작물 주위 습기가 줄고 증산이 촉진되어 양분의 흡수를 좋게 한다.

㉡ 병해 경감

바람으로 규산의 흡수가 많아지고 작물군락 내의 과습상태가 경감되어 병해가 적어진다.

㉢ 광합성 촉진

바람에 의해 작물의 잎이 흔들려 군락 내부의 잎이 골고루 햇볕을 받게 된다.

㉣ 수정 및 결실 촉진

연풍으로 풍매화의 수정과 결실을 좋게 한다.

㉤ 기타

• 바람으로 여름의 기온과 지온을 낮추어준다.

• 봄, 가을에 서리를 막아준다.

•수확물의 건조를 촉진한다.
　　ⓗ 연풍의 단점
　　　•잡초의 씨나 병균을 전파한다.
　　　•건조할 경우 건조를 더욱 조장한다.
　　　•냉풍은 냉해를 유발한다.

4. 재배환경 - 온도

(1) 주요온도

① 작물의 생육 가능한 온도의 범위를 유효온도라 하며 그중에서 작물의 생육이 가장 왕성한 온도를 최적온도라 한다. 작물 중에서 최적온도가 가장 높은 종류는 멜론, 오이, 옥수수, 벼 등이 대표적이다.

② 적산온도는 작물이 생존하는 기간동안 소요되는 총온량으로 작물의 발아로부터 성숙하는데 까지의 0℃ 이상의 일평균기온을 합산한 것을 말한다. 작물별로 적산온도의 경우 메밀은 1000~1200℃, 감자는 1300~3000℃, 추파맥류는 1700~2300℃, 완두는 2100~2800℃, 콩은 2500~3000℃, 담배는 3200~3600℃ 벼는 3500~4500℃ 정도이다.

③ 온도계수는 온도가 10℃ 상승할 경우 작물의 생리작용, 이화학적 반응 등이 높아지는 정도를 나타내는 것으로 Q_{10} 이라고 표시하기도 한다. 작물의 경우 일반적으로 2~4 정도의 온도계수를 가진다.

④ 적산온도를 산출하기 위한 공식은 아래와 같다.

　유효적산온도 = (일평균온도 - 생육최저온도) × 경과일수

⑤ 온도의 변화에 의해 작물의 생육에도 아래와 같은 영향을 미치게 된다.
　　•동화물질의 축적이 증가한다.
　　•발아 및 결실이 조장된다.
　　•덩이뿌리, 줄기가 발달한다.
　　•출수 및 개화가 촉진된다.

⑥ 변온이 효과적인 작물로 호박, 참외, 토마토, 가지 등이 있다.

⑵ 온도와 작물 생리작용

① 광합성

   ⊙ 이산화탄소 농도, 광의 강도, 수분 등이 제한요소로 작용하지 않는 한 30~35℃에 이르기까지 광합성의 Q_{10} 은 2 내외이고, 광합성의 Q_{10}은 고온보다 저온에서 크다

   ⓒ 광합성속도는 온도상승에 따라 증가하나, 적온보다 높으면 광합성은 둔화되는 반면 호흡은 급격히 증가한다.

   ⓒ 외견상광합성은 진정광합성보다 온도상승에 따른 속도증가가 고온까지 계속되기 힘들며, 외견상광합성은 적온 이상에서 급격히 감소하고, 온도상승에 따라 생장속도는 적온까지 증가한다.

② 호흡

   ⊙ 호흡작용의 Q_{10}은 일반적으로 30℃정도까지 2~3이고, 32~35℃에 이르면 감소하기 시작하여 50℃ 부근에서 호흡이 정지한다.

   ⓒ 적온을 넘어 고온이 되면 체내의 효소계가 파괴되어 호흡속도가 오히려 감소한다.

③ 동화물질 전류

   ⊙ 동화물질이 잎에서 생장점 또는 곡실로 전류되는 속도는 적온까지는 온도가 높을수록 빠르고, 그보다 저온이나 고온이면 그 차이만큼 느려진다.

   ⓒ 저온에서 뿌리의 당류농도가 높아지기 때문에 잎으로부터 전류가 억제되고 고온에서 호흡작용이 왕성해져 뿌리나 잎에서 당류가 급격히 소모되므로 전류물질이 줄어든다.

   ⓒ 동화물질이 곡립으로 전류하는 양은 조생종에서 많고 만생종에서 적다.

④ 수분 및 양분의 흡수 이행

   ⊙ 온도상승에 따라 세포의 투과성과 호흡에너지의 방출, 증산작용이 증대하고 수분의 점성도 감소하여 수분흡수가 증대한다.

   ⓒ 온도의 상승과 함께 양분의 흡수와 이동도 증가하지만 적온 이상으로 온도가 상승하게 되면 호흡작용에 필요한 산소의 공급량이 줄어들어 탄수화물의 소모가 많아짐에 따라 오히려 양분의 흡수가 감퇴한다.

(3) 유효적산온도

① 작물생육에서 저온의 한계, 즉 생육은 멈추지만 죽지 않는 온도를 그 작물의 기본온도라 한다.

② 고온의 한계, 즉 어떤 온도 이상으로 올라가도 생육효과가 나타나지 않는 온도를 유효고온한계온도라 한다. 그 범위 내의 온도를 작물생육의 유효온도라고 한다.

③ 유효온도를 작물의 발아 이후 일정한 생육단계까지 적산한 것을 유효적산온도라고 한다.

④ 작물의 생육이 가능한 가장 낮은 온도를 최저온도, 작물의 생육이 가능한 가장 높은 온도를 최고 온도라 한다.

(4) 작물별 주요 온도

작물의 종류	최저온도	최적온도	최고온도
밀	3~4.5	25	30~32
호밀	1~2	25	30
보리	3~4.5	20	28~30
옥수수	8~10	30~32	40~44
벼	10~12	30~32	36~38
담배	13~14	28	35
사탕무	4~5	25	28~30
완두	1~2	30	40
오이	12	33~34	40

(5) 일변화

① 기온이 1일 주기로 변화하는 것을 일변화 혹은 변온이라 한다.

② 변온은 작물의 발아를 촉진하기도 한다.

③ 낮의 기온이 높으면 광합성과 합성물질의 전류가 촉진되고 밤에 기온이 낮아야 호흡소모가 적다. 즉 변온이 큰 것이 동화물질의 축적이 많아 신장생장이 좋아진다.

④ 밤의 기온이 어느 정도 높으면 변온이 작아 생장이 빠른 경우도 있는데 무기성분의 흡수와 동화양분의 소모가 왕성하기 때문이다.

⑤ 일반적으로 작물은 변온이 커서 밤의 기온이 비교적 낮은 것이 동화물질의 전류와 축적이 활발하여 개화가 촉진되고 화기도 커진다.

⑥ 변온조건에서 결실이 좋아지는 작물이 많은데, 가을에 결실하는 작물은 변온에 의하여 결실이 촉진된다.

5. 재배환경 - 광

(1) 광과 작물생리작용

① 햇빛에 의해 발생되는 광의 경우 파장에 의해 적외선, 가시광선, 자외선으로 분류하며 작물에는 가시광선이 가장 큰 영향을 주며 파장의 범위는 아래와 같다.

자외선	400nm 이하
가시광선	400~700 nm
적외선	700nm 이상

② 식물이 빛에너지를 이용하여 엽록체에서 CO_2와 물로부터 유기물을 합성하는 동화작용으로 반응식은 아래와 같다.

$$6CO_2 + 12H_2O \rightarrow C_6H_{12}O_6(포도당) + 6H_2O + 6O_2$$

③ 식물은 광합성을 하는 동안 유기물의 합성과 호흡이 동시에 일어난다.

④ 엽록소의 형성에 가장 효과적인 광파장은 청색파장(450nm), 적색파장(650nm) 이며 광을 잘 받게 되면 작물의 착색이 좋아지게 된다. 반대로 광을 잘 못받게 될 경우 엽록소 형성이 잘 되지 않아 담황색 색소가 형성되어 황백화 현상이 발생한다.

⑤ 일반적으로 광의 강도가 약하면 작물의 생장이 느려지고 수확량도 감소한다.

⑥ C_3 식물의 광합성 적정온도는 13~20°C, C_4 식물의 광합성 적정온도는 30~47°C 이다.

(2) 보상점과 광포화점

① 보상점은 광도 곡선 상에서 광합성 속도가 호흡 속도와 같아지는 지점에서의 빛의 세기를 말한다.

② 광포화점은 광도가 높아짐에 따라 광합성이 증가하다가 어느 한계점에 이후 더 이상 광합성이 증대되지 않는 점을 말한다. 결국 광포화점에서는 광합성량이 최대가 되는 시점을 말한다.

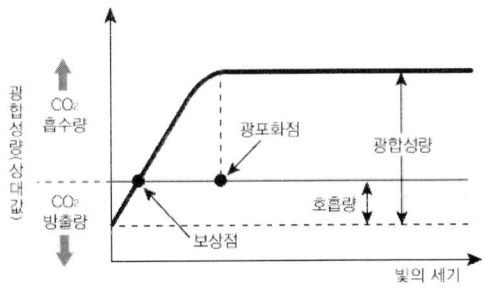

③ 식물은 보상점 이상의 광을 받아야 지속적인 생육이 가능하다. 보상점이 낮은 식물은

그늘에 견딜 수 있어 내음성이 강하다. 보상점이 낮아 그늘에 적응하고 광을 강하게 받으면 도리어 해를 받는 식물을 음생식물(음지식물)이라 한다.

④ 보상점이 높아 그늘에 적응하지 못하고 햇볕 쪼이는 곳에서 잘 자라는 식물을 양생식물 (양지식물)이라 한다.

⑤ 교목, 관목, 초본식물 등 음생식물처럼 그늘에서 잎이 전개되는 것을 음엽이라 하고 이와는 반대로 햇볕에서 잎이 전개되는 것을 양엽이라 한다.

⑥ 쌍떡잎식물의 양엽은 잎이 좁고 두꺼우며, 음엽은 잎이 얇고 넓은 편이다.

⑦ 작물별로 고립상태의 경우 광포화점은 다음과 같다.

종류	광포화점(단위 : %)
음생식물	10
구약나물	25
콩	20~23
감자, 담배, 강낭콩, 보리, 귀리	30
벼, 목화	40~50
밀, 앨팰퍼	50
고구마, 사탕무, 무, 사과나무	40~60
옥수수	80~100

(3) 군락과 수광

① 포장동화능력은 포장군락의 단위면적당 광합성의 능력을 말하며 아래와 같이 산출한다.

포장동화능력 = 총엽면적×수광능률×평균동화능력

② 최적엽면적은 건물생산이 최대로 되는 단위 면적당의 군락엽면적이며 군락의 엽면적을 토지면적에 대한 배수치로 표현한 것을 엽면적지수라 한다. 최적엽면적지수는 작물의 종류에 따라 상이하고 일사량이 클수록, 균형시비 할수록 증가한다.

③ 이러한 군락의 수광을 이용하기 위한 작물의 위치, 방향 등의 자세가 중요하며 이것을 수광태세라 한다. 수광태세를 좋게 하기 위해서는 각 작물에 따른 이상적인 태세가 있는데 벼의 경우 규산과 칼륨을 충분히 공급해주고 무효분얼기에는 질소를 적게 시비한다. 벼나 콩의 경우 밀식을 할 때는 심는 줄간격을 넓히고 포기 사이는 좁혀주는 방법을 이용하면 개선이 가능하다.

④ 특정한 몇 개의 잎이나 한 개체가 고립되어 있는 경우와 같이 실험대상이 되는 각각의 잎이 직사광을 받는 경우를 고립상태라 한다.

⑤ 포장에서 작물이 밀생하고 크게 자라며 잎이 서로 포개져서 많은 수의 잎이 직사광을

받지 못하고 그늘에 있는 상태를 군락상태라 한다.

⑥ 군락의 수광태세
　㉠ 벼의 초형
　　• 잎이 과히 얇지 않고 약간 좁으며 상위엽이 직립한다.
　　• 키가 너무 크거나 작지 않다.
　　• 분얼이 조금 개산형인 것이 좋다.
　　• 각 잎이 공간적으로 되도록 균일하게 분포한다.
　㉡ 옥수수 초형
　　• 상위엽이 직립하고 아래로 갈수록 약간 기울어 하위엽은 수평이 된다.
　　• 수이삭이 작고 잎혀가 없다.
　　• 암이삭은 1개인 것보다 2개인 것이 더욱 밀식에 적응한다.
　㉢ 콩의 초형
　　• 키가 크고, 도복이 안되며 가지를 적게 치고 가지가 짧다.
　　• 꼬투리가 원줄기에 많이 달리고 밑에까지 착생한다.
　　• 잎자루가 짧고 일어선다.
　　• 잎이 작고 가늘다.

⑦ 재배법에 의한 수광태세 개선
　㉠ 벼에서 규산, 칼리를 충분히 주면 잎이 꼿꼿이 선다. 무효분얼기에 질소를 적게
　　주면 상위엽이 꼿꼿이 선다. 질소를 과하게 주면 과번무하고 잎이 늘어진다.
　㉡ 벼나 콩에서 밀식시 줄사이를 넓히고 포기사이를 좁히는 것이 파상군락을 형성하게
　　하여 군락 하부로의 광투사를 좋게 한다.
　㉢ 맥류에 광파재배보다 드릴파재배를 하는 것이 잎이 조기에 포장 전면을 덮어
　　수광상태가 좋아지고 포장의 지면증발량도 적어진다.
　㉣ 비배관리 및 재식밀도 관리를 적절히 한다.

(4) 호흡작용

① 벼, 담배, 보리 등의 C_3 식물에서는 광합성 과정에서 호흡이 일어나는 광호흡이 있으나,
　옥수수 등의 C_4 식물에서는 이 호흡과정이 거의 없다.

② 광호흡은 광합성 과정에서만 CO_2를 방출하는 현상으로 세포 내의 엽록소, 미토콘드리
　아, 페록시좀 등의 협동작용으로 이루어지며 광합성률을 떨어뜨리는 원인으로 본다.

③ C_4 식물과 CAM(crassulacean acid metabolism)식물은 광호흡이 거의 없다.

④ C_3 식물은 광합성 과정에 들어온 전체 이산화탄소의 30~50%를 광호흡으로 재방출하기에 CO_2 고정이 낮아 광합성률이 C_4 식물의 1/1.5 ~ 1/2 정도이다.

⑤ 강광이고 고온이며 이산화탄소 농도가 낮고 산소농도가 높을 경우 광호흡이 높다.

⑥ 아래 표는 C_3, C_4 의 광합성 특성 및 생리적, 생태적, 형태적 특성을 비교한 것이다.

특성	C_3식물	C_4식물
CO_2 고정계	칼빈회로	C_4회로+칼빈회로
최대광합성능력 ($mgCO_2/cm^2$/시간)	15~40	35~80
CO_2보상점(ppm)	30~70	0~10
21% O_2에 의한 광합성 억제	있음	없음
광호흡	있음	유관속초세포에만 있음
광포화점	최대일사의 1/4~1/2	최대일사 이상으로 강광조건에서 높은 광합성률을 보임
내건성	약	강
광합성산물 전류속도	소	대
최대건물생장률 (g/m^2/일)	19.5±1.9	30.3±13.8
건물생장량 (ton/ha/년)	22±3.3	38±16.9
증산율($g\ H_2O/g$ 건물량증가)	450~950	250~350
식물종	벼, 콩, 밀, 보리, 감자 등	옥수수, 사탕수수, 참억새, 기장, 조 등

⑦ 잎조직 구조의 특징

㉠ C_3 식물 : 엽육세포로 분화하거나 내용이 같은 엽록유세포에 엽록체가 많이 포함되어 광합성이 이곳에서 이루어지며 유관속초세포는 발달하지 않고 발달하여도 엽록체를 거의 포함하지 않는다.

㉡ C_4 식물 : 유관속초세포가 매우 발달하여 다량의 엽록체를 포함하고, 유관속초세포의 주변에 엽육세포가 방사상으로 배열되어 크랜즈(Kranz)구조를 보인다.

㉢ CAM 식물 : 엽육세포는 해면상이고 균일하게 발달하여 엽록체도 균일하게 분포한다. 유관속초세포는 발달하지 않으며 두꺼운 잎조직의 안쪽에는 저수조직을 가지고 있다.

(5) 광피해

① 작물은 빛이 부족하면 광합성이 부족하여 생장이 느리고 식물병에 걸리기 쉽다.
② 벼는 유숙기에 차광이 수량을 가장 감소시키며 다음으로 피해가 큰 경우가 생식세포 감수분열기이다.
③ 일조의 건물생산효과에 대한 온도의 호흡촉진효과의 비를 소모도장효과라 한다. 소모 도장효과가 크면 건물의 생산에 비해 소모경향이 커지고 도장이 발생한다.
④ 여름철 장마기에 기온이 높은데 강수량이 많아 일조가 부족하면서 소모도장효과가 크게 나타난다.

(6) 굴광현상

① 식물의 한쪽에 광을 조사하면 조사된 쪽에 옥신 농도가 낮아지고 반대쪽의 옥신농도가 높아진다.
② 줄기나 초엽에서 광이 조사된 옥신의 농도가 낮은 쪽의 생장속도가 반대쪽보다 낮아져 서 광을 향하여 구부러지는 향광성(굴광성)을 나타내지만 뿌리에서는 그 반대로 배광 성(굴지성)을 나타낸다.
③ 식물이 광조사의 방향에 반응하여 굴곡반응을 나타내는 것을 굴광현상이라 한다.
④ 굴광현상은 400~500nm, 특히 440~480nm 청색광이 가장 유효하다.

6. 상적 발육과 환경

(1) 상적발육

① 상적발육은 식물이 발아하여 성숙하는 데까지의 단계적 과정을 상적 발육이라 한다.
② 생장은 시간이 지남에 따라 식물의 크기가 증가하는 것으로 영양생장이라고도 한다.
③ 발육은 식물이 시간에 따라 점점 성숙되는 것을 말하며 생식생장이라고도 한다.
④ 종자의 발아에서 줄기가 커지고 잎이 증가하는 과정을 거쳐 꽃눈이 형성될 때까지를 생장 혹은 영양생장이라 하며 꽃눈이 형성되는 시점에서 개화, 결실의 단계를 발육 혹은 생식생장이라 한다.
⑤ 식물의 다양한 유전자 발현, 생리작용에 영향을 주는 색소로 피토크롬(파이토크롬)이 있다.

(2) 춘화처리

① 춘화처리라고도 하는 버널리제이션은 식물에 인위적인 저온 처리를 통해 화성을 유도하는 것을 의미한다. 일정 저온조건에서 식물의 감온상을 경과하도록 하는 것이라 할 수 있다.

② 버널리제이션의 영향 인자

온도	겨울작물은 저온조건, 여름작물은 고온 조건이 효과적이다.
산소	처리도중 산소가 부족할 경우 효과가 감소한다.
종자	처리도중 종자가 건조할 경우 효과가 줄어든다.

③ 버널리제이션은 맥류의 추파성을 소거하는 방법으로도 적합하다. 저온처리를 하면 추파성을 춘파성으로 변화시킬 수 있다.

④ 춘화처리시 저온의 조건은 0~10℃, 고온 처리조건은 10~30℃ 정도를 기준으로 한다.

⑤ 춘화처리 효과로 화성 유도 외에도 채종상 이용, 육종상 이용, 재배법의 개선 등이 있다.

⑥ 맥류, 채소류, 튤립, 히아신스 등의 작물을 인공교배하기 위해 개화기를 조절하는데 저온의 춘화처리를 이용한다.

⑦ 춘화처리에 감응하는 식물의 부위는 생장점이다

⑧ 식물의 춘화형은 생육단계별 감온에 따라 종자춘화형, 녹식물춘화형, 무춘화형으로 구분된다.

종자춘화형	• 최아종자의 시기에 저온에 감응하여 개화 • 완두, 잠두, 무, 배추 등
녹식물춘화형 (녹체춘화형)	• 유묘의 시기에 저온에 감응하여 개화 • 양파, 파, 양배추, 당근, 담배, 사탕무 등
무춘화형 (비춘화처리형)	• 개화에 저온을 요구하지 않고 일장반응에 따라 개화 • 갓 등

⑨ 주요 작물의 처리온도 및 기간은 다음과 같다.

   ㉠ 일반작물

      • 추파맥류는 최아종자를 0~3℃에 30~60일이다.

      • 벼는 최아종자를 37℃ 10~20일이다.

      • 옥수수, 수수는 최아종자를 20~30℃에 10~15일이다.

      • 콩은 최아종자를 20~25℃에 10~15일이다.

   ㉡ 채소류

      • 배추는 최아종자를 −2~1℃에 33일 이다.

- 시금치는 최아종자를 1±1에 32일 이다.
- 결구배추는 최아종자를 3°C에 15~20일 이다.
ⓒ 화훼류
  - 나팔수선은 8°C에 35~450일 또는 60일 이다.
  - 아이리스는 30°C에 14일, 그 후 7~8°C에 40~45일 이다.
  - 글라디올러스는 28°C에 60일, 그 후 10°C에 보관한다.

(3) 일장효과

① 식물이 일장에 의해 생육, 개화 등에 영향을 받는 현상을 일장효과, 광주반응(광주율)이라고 하며 일장에 감응하는 부위는 잎이다.

장일식물	• 낮이 길게 되어 화아가 유발되는 식물로 14시간 이상의 일장 조건 • 보리, 시금치, 양파, 양배추, 아마, 감자, 상추 등
단일식물	• 낮이 밤 길이보다 짧은 조건에서 화아가 유발되어 식물로 12시간 이하의 일장 조건 • 콩, 옥수수, 벼, 딸기, 국화, 코스모스, 들깨, 샐비어, 담배 등
중성식물	• 일장에 관계 없이 화아하는 식물(=중일식물) • 토마토, 고추, 오이, 호박, 당근 등
정일식물 (정일성식물)	• 단일, 장일에서 개화하지 않고 특정한 일장에서만 개화하는 식물(=중간식물) • 사탕수수
장단일식물	처음에 장일이고 뒤에 단일이 되면 화성이 유도되나 계속 일정한 일장에만 두면 장일이나 단일에 개화하지 못한다.
단장일식물	처음에 단일, 뒤에 장일이면 화성이 유도된다.

② 일장효과를 이용하여 특정 작물의 개화를 촉진하거나 억제할 수 있다. 이를 이용하면 작물의 개화시기를 조절하여 원하는 시기에 재배가 가능하다.
③ 일장효과는 600~680nm 의 적색광에서 가장 큰 효과가 나타나며 다음으로 400nm 의 자색광, 480nm 의 청색광 순이다.
④ 식물의 일장형은 화아분화 전, 후가 다를 수 있어 다음과 같이 구분되며 장일성은 L, 단일성은 S, 중일성은 I 로 표기된다.

명칭	분화전	분화후	작물
LL식물	장일성	장일성	시금치
LI식물	장일성	중일성	사탕무
LS식물	장일성	단일성	볼토니아
IL식물	중일성	장일성	밀(적피적)
II식물	중일성	중일성	고추, 벼(조생종), 메밀, 토마토
IS식물	중일성	단일성	소빈국
SL식물	단일성	장일성	딸기, 시네라리아
SI식물	단일성	중일성	벼(만생종), 도꼬마리
SS식물	단일성	단일성	코스모스, 나팔꽃

(4) 품종의 기상생태형

① 기상생태형은 생육온도 및 일장에 대한 출수, 개화반응을 기초로 작물의 품종군을 구분한 것을 말한다. 기상생태형은 감온형(blT형), 감광형(bLt형), 기본영양생장형(Blt형), blt형 으로 구분된다.

감온형	· 기본영양생장성과 감광성이 작고 감온성이 커서 생육기간이 주로 감온성에 지배된다. · 생육적온에 도달하기 전까지는 생육온도가 높을수록 출수개화가 촉진되는 성질을 감온성이라 한다. · 감온형 작물로 조생종, 올콩, 봄조, 여름메밀 등이 있다.
감광형	· 기본영양생장성과 감온성이 작고 감광성이 커서 생육기간이 주로 감광성에 지배된다. · 일장에서 단일에 의해 출수개화가 촉진되는 성질을 감광성이라 한다. · 감광형 작물로 만생종, 그루콩, 그루조, 가을메밀 등이 있다.
기본영양 생장형	· 감온성과 감광성이 모두 작고 기본영양생장이 커서 생육기간이 주로 기본영양생장성에 지배된다. · 출수 개화에 알맞은 조건이라도 일정 기간 기본영양생장 후 출수, 개화를 하는 성질을 기본영양생장성이라 한다.
blt 형	· 기상생태형을 구성하는 세 가지 성질이 모두 작고 어느 환경에서나 생육기간이 짧다.

② 기상생태형의 지리적 분류

㉠ 고위도 지방은 blt 형이나 감온형 주로 분포한다.

㉡ 중위도 지방은 기본영양생장형이나 감광형이 주로 분포한다.

   © 저위도 지방은 기본영양생장형이 분포한다.

③ **국내 작물의 기상생태형과 재배형**

   ⊙ 봄, 초여름의 고온에 일찍 감응하여 출수개화가 빨라지는 감온형과 여름초, 가을의 단일에 늦게 감응하여 출수개화가 늦어지는 감광형이 국내 여러 작물의 기본적 기상생태형이다.

   © 북부지방으로 갈수록 감온형, 남부지방으로 갈수록 감광형이 기본품종이 되며 중간지대인 중북부지방에는 중간적 성질을 띠는 중간형이 있다.

   © 감온형은 조기파종하여 조기수확하며 감광형은 수확기가 늦고 늦게 파종해도 되므로 윤작 등 작부체계상 파종기가 늦은 것이 보통이다.

(5) 기상생태형과 재배적 특성

① **조만성**

파종과 모내기를 일찍이 할 때 blt형, 감온형은 조생종이 되고, 기본영양생장형, 감광형은 만생종이 된다.

② **묘대일수감응도**

   ⊙ 손모내기에서 묘대일수감응도는 못자리기간을 길게할 때 모가 노숙하고 모낸 뒤 생육에 난조가 생기는 정도이다.

   © 못자리 기간이 길어져 못자리 때 영양이 결핍되고 고온기에 이르면 감온형은 쉽게 생식생장을 하지만 감광형이나 기본영양생장형은 생식생장의 경향을 보이지 않는다.

   © 묘대일수감응도는 감온형이 높고, 감광형과 기본영양생장형이 낮다.

③ **만식적응성**

   ⊙ 만식적응성은 이앙기를 늦게 할 때 적응하는 특성이다.

   © 기본영양생장형은 만식을 하면 출수가 지연되어 성숙이 불안정해진다.

   © 감온형은 못자리기간이 길어지면 생육에 난조가 온다.

④ **조식적응성**

   ⊙ 조기수확을 목적으로 조파조식을 할 때 감온형, blt 형이 적합하다.

   © 출수, 성숙을 앞당기지 않고 파종, 모내기를 앞당겨 생육기간을 연장시켜 증수를 할 때에는 감광형이 적합하다.

⑤ 작기이동 및 출수

조파조식을 할 때보다 만파만식을 할 때 출수기가 지연되는 정도는 기본영양생장형, 감온형이 크고 감광형이 작다.

7. 작물 구성원소

(1) 작물 필수 원소

① 무기염류는 작물의 생육에 필요한 필수원소 16가지가 있으며 이러한 원소들이 많이 필요한 것들을 다량원소, 소량 필요할 경우를 미량원소라 한다.

구분		흡수 형태	상대량(%)
다량원소	탄소(C)	CO_2	45
	산소(O)	O_2, H_2O	45
	수소(H)	H_2O	6
	질소(N)	NO_3^-, NH_4^+	1.5
	칼륨(K)	K^+	1.0
	칼슘(Ca)	Ca^{2+}	0.5
	마그네슘(Mg)	Mg^{2+}	0.2
	인(P)	$H_2PO_4^-$, HPO_4^{2-}	0.2
	황(S)	SO_4^{2-}	0.1
미량원소	염소(Cl)	Cl^-	0.01
	철(Fe)	Fe^{3+}, Fe^{2+}	0.01
	망간(Mn)	Mn^{2+}	0.005
	붕소(B)	$H_2BO_3^-$	0.002
	아연(Zn)	Zn^{2+}	0.002
	구리(Cu)	Cu^+, Cu^{2+}	0.0006
	몰리브덴(Mo)	MoO_4^{3-}	0.00001

② 식물의 일반 조성은 보통 75% 이상이 수분이고 나머지는 탄소, 수소, 산소, 회분 등이다. 건물은 주로 탄소, 수소, 산소의 합계가 약 93~96%이고, 질소 및 광물질이 4~7%로 구성되어 있다. 조금 더 세부적으로 보면 식물체의 뼈대인 세포막과 세포 내용물의 대부분을 차지하는 탄수화물 및 지방은 C, H, O로 세포질의 주요 성분인 단백질은 C, H, O, N, S 으로, 그리고 세포핵의 대부분은 C, H, O, N, P 로 구성되어 있다.

③ 식물의 주요 유기화합물에서 셀룰로오스, 헤미셀룰로오스, 리그닌, 녹말, 유지, 카로틴, 유기산은 C, H, O 가 구성요소이다

⑵ 무기성분의 종류 및 특징

① 질소

특징	• 대기 중의 78% 정도를 차지하는 원소로 단백질, 아미노산 등의 유기화합물을 구성하는 필수 원소이다. • 식물 내의 질소의 함량이 가장 많은 부위는 잎이다. • 주로 식물에 흡수시 질산태(NO_3^-), 암모니아태(NH_4^+)로 흡수된다.
결핍증상	• 잎의 생장이 불량하고 잎이 짧아지거나 전반적으로 소형화된다. • 성숙한 잎 전체의 황백화 현상이 나타나며 심할 경우 괴사한다.
과잉증상	• 잎이 짙은 녹색이 되면서 도장현상이 나타난다. • 가뭄, 병충해 등의 저항성이 약해진다. • 결실률이 떨어지고 과실의 경우 소과가 되기도 한다.

② 인산

특징	• 강산성 토양에서 인산은 철, 알루미늄, 망간과 결합하여 식물이 이용할 수 없게 된다. • 중성 토양의 경우 인산의 유효도가 증가하며 pH 6~7 정도가 적당하다. • 뿌리의 신장을 촉진하고 내한 및 내건성을 증가시킨다. • 주로 이온 형태($H_2PO_4^-$, HPO_4^{2-})로 흡수한다.
결핍증상	• 뿌리 발달이 늦어 식물의 발육도 늦어진다. • 갈색반점이 생기거나 노엽은 암록색을 띠고 개화결실이 불량해진다. • 과실 및 종자의 형성이 불충실해진다.
과잉증상	• 아연, 철, 고토의 결핍을 유발하고 황화현상을 일으킨다. • 영양생장이 멈추고 성숙이 빨라져 수확량이 감소한다.

③ 칼륨

특징	• 탄수화물대사, 단백질대사, 효소 활성화 등의 촉매역할을 한다. • 뿌리의 발육과 개화결실에 도움을 준다. • 뿌리, 줄기를 강하게 하고 병해충에 대한 저항력을 증가시킨다. • 양이온(K^+)으로 흡수 및 이용하며 세포의 팽압을 유지한다. • 잎, 뿌리 등의 선단에 많이 있으며 광합성에 영향을 준다.
결핍증상	• 늙은잎의 선단에서 황화하고 조기낙엽이 발생한다. • 어린잎은 암록색이 되고 신장이 나쁘게 되면서 줄기가 약해진다. • 뿌리의 생장이 제한되고 뿌리썩음병이 일어나기 쉽다. • 과실의 경우 모양과 품질이 저하된다.
과잉증상	• 칼슘과 마그네슘의 흡수를 억제하여 결핍시킨다.

④ 칼슘

특징	· 건조지역이 습한지역보다 더 많은 양을 함유하고 있다. · 정단 분열조직 발달, 단백질의 합성, 뿌리 및 지상부의 신장에 관여한다. · 식물체 내에서는 세포막의 구성성분으로 주로 잎에 함유량이 많다. · 질소의 흡수를 도와주고 알루미늄의 흡수를 조절해준다.
결핍증상	· 분열조직의 생장이 감퇴한다. · 칼슘은 식물체내에서도 이동성이 낮아 신엽, 경엽등에서 결핍증상이 나타난다. · 어린잎의 경우 잎 가장자리가 위쪽으로 뒤틀리고, 새가지 선단에서 강하게 자라면서 전개되는 잎은 황화되며 생장이 정지된다.
과잉증상	· 철, 마그네슘, 아연등의 흡수를 방해하는 일종의 길항작용을 한다.

⑤ 마그네슘

특징	· 마그네슘은 식물의 광합성에 필수적인 엽록소의 구성성분이다. · 칼륨, 망간에 길항작용을 한다. · 황산고토, 백운성으로 결핍을 방지할 수 있다.
결핍증상	· 늙은 잎에서 먼저 황화되며 심할 경우 백화현상이 일어난다. · 뿌리, 줄기의 생장이 저해된다.

⑥ 황

특징	· 토양내 유기태, 무기태 형태로 있으며 대부분 유기태로 존재한다. · 토양의 유기태 황은 미생물에 의해 무기화되어 식물에 이용된다. · 단백질, 아미노산, 비타민의 구성성분으로 식물의 생리작용에 관여한다. · 대부분의 산림토양에서 황의 결핍은 거의 없으나 유기물함량이 낮은 사질토양에서 종종 발생한다. · 식물체내 이동성이 낮은 편이라 어린잎에서 먼저 결핍증상이 나타난다.
결핍증상	· 생장이 저조해지며 뿌리혹박테리아에 의한 질소고정능력이 저하된다. · 엽록소의 형성이 억제된다.
과잉증상	· 토양의 산성화를 촉진한다.

⑦ 철

특징	· 엽록소의 생성 및 호흡효소 활동에 관여한다.
결핍증상	· 엽록소 생성이 방해되며 새잎에서 황백화가 발생한다.
과잉증상	· 망간, 인산의 결핍을 조장한다.

⑧ 망간

특징	・산화효소를 도와 산화, 환원반응에 관여한다. ・엽록소의 생성에 관여한다.
결핍증상	・잎의 소형화, 잎의 황화현상이 일어나기도 한다. ・알칼리성 토양에서 결핍증상이 자주 발생된다. ・벼, 보리에서 세로의 줄무늬가 발생한다.
과잉증상	・철의 결핍을 조장한다. ・뿌리가 갈변하거나 사과의 경우 적진병이 발생하기도 한다.

⑨ 붕소

특징	・세포의 분열과 화분의 수정에 관여한다. ・세포막 펙틴의 형성에 관여한다. ・식물체내 이동성이 낮아 어린잎에서 결핍증상이 나타난다. ・붕소는 $H_2BO_3^-$ 형태로 식물체에 흡수된다.
결핍증상	・생장점의 발육이 중지되고 심할 경우 뿌리 생장도 더뎌진다. ・꽃가루 생성이 불량하고 불임이 발생한다. ・조직이 전반적으로 거칠고 단단해 지며 괴사가 일어난다. ・담배 끝마름병, 사과 축과병, 순무 갈색속썩음병 등이 발생한다.
과잉증상	・잎의 황화 현상이 발생되며 심할 경우 고사한다.

⑩ 몰리브덴

특징	・질산 환원 효소의 구성성분으로 콩과작물의 질소고정에 도움을 준다. ・질소를 고정하는 근류균의 생육에 도움을 준다. ・단백질의 합성에 관여한다.
결핍증상	・광엽이 엽면의 안쪽으로 감아 휘게 된다. ・늙은잎에서부터 황화현상이 발생된다.

8. C/N율, T/R율, G-D 균형

(1) C/N율

① 식물의 탄수화물과 질소의 비율을 C/N 율 이라 하는데 C 는 탄수화물, N 은 질소를 의미하며 C/N 율이 높으면 화성을 유도하고 낮으면 영양생장이 지속된다.

② 환상박피, 단근, 접목 등을 통해 탄수화물의 함량을 많게 하여 C/N 율을 높일 수 있으며 화아분화의 촉진 및 과실 발달이 조장되는 작물의 내적균형 지표로 활용된다.

③ 환상박피는 식물이 가지고 있는 양분, 수분 등의 이동 경로를 차단하여 잎에서 생성되는 동화물질을 환상박피한 식물의 잎이나 가지 등에 축적시켜 식물의 화아분화를 유도하고 과실의 경우 품질 및 크기가 좋아져 생산성을 향상시킬 수 있다.

④ C/N 율도 중요하지만 탄수화물과 질소의 절대량이 어느정도 있어야 식물의 생육이 가능하다.

(2) T/R율

① T/R 율은 식물의 지상부의 TOP 과 식물의 지하부 뿌리인 Root 의 비율을 나타낸 것이다. T/R 율은 생육상태에 대한 지표가 될 수 있으며 생장량은 생체나 건물의 중량으로 표시한다.

② 토양내 수분이 많거나 일조의 부족, 석회사용의 부족 등이 지하부의 생육을 불량하게 하여 T/R 율이 커진다.

③ 토양에 비료 중 질소를 다량 시비할 경우 식물체의 단백질 합성이 늘어나고 탄수화물이 적어지면서 뿌리 생장이 억제되어 T/R 율이 커진다.

(3) G-D 균형

G-D(Growth Differentiation Balance)는 식물의 생육이나 성숙을 생장과 분화 두 측면에서 보는 관점으로 식물의 생장과 분화의 균형을 의미한다.

9. 식물생장조절제

(1) 식물생장조절제 정의

① 식물생장조절제는 식물체 내에서 생합성되어 체내에 미량으로 생리적 변화를 주는 화학물질로 식물호르몬이라고도 한다.

② 식물생장조절제는 옥신류, 지베렐린, 시토키닌, 에틸렌 등이 대표적이다.

(2) 옥신류

① 식물호르몬 중에서 가장 먼저 알려진 것은 옥신인데 1926년 네덜란드 생물학자 프리츠 벤트(Frits W. Went)가 귀리의 자엽초 주광성 현상을 연구하다 발견하였다.

② 옥신은 식물의 신장에 관여하는 호르몬으로 줄기나 뿌리의 선단부에서 만들어져 세포의 신장촉진에 도움을 주며 측아의 발달을 억제하는 기능을 하는 정아우세 현상이 나타난다.

③ 옥신의 종류는 생합성 옥신(천연호르몬) IAA, PAA, IAN 와 합성호르몬 NAA, IBA, PCPA, 2·4-D, BNOA, 2,4,5-T 등이 있다.

④ 옥신은 굴광현상에 영향을 주는 식물호르몬으로 옥신에 의해 식물이 빛을 따라 기울어 지는 현상이 나타난다.

⑤ 옥신은 발근 및 개화를 촉진하며 낙과를 방지, 과실의 비대 및 성숙 촉진, 이층 형성의 억제 효과도 있다

(3) 지베렐린

① 지베렐린은 종자의 휴면타파의 효과가 있는 식물생장조절제로 옥신과 함께 사용시 효과가 극대화되는데 벼의 키다리병에서 유래한 물질이다.

② 지베렐린은 극성이 없으며 미숙종자에 다량 포함되어 있다.

③ 지베렐린을 작물에 적용시 발아촉진, 화성유도, 생장 촉진, 수량의 증대 효과를 기대할 수 있다.

④ 지베렐린은 화성유도 시 저온 장일이 필요한 식물의 대신하여 사용할 경우 효과가 있다.

(4) 시토키닌

① 시토키닌(사이토키닌)은 주로 뿌리에서 합성되며 옥신과 함께 작용하여 세포분열을 촉진한다.

② 작물에 적용 시 발아촉진, 생장촉진, 기공의 개폐 촉진등의 효과를 보인다.

③ 어린종자나 과일에도 시토키닌이 많으나 열매가 성숙할수록 시토키닌의 함량은 감소한다.

(5) ABA

① Abscisic acid 라 하며 대표적인 생장억제물질이다.
② 작물의 무기물부족이나 스트레스성 작용을 받게 될 경우 발생량이 증가하기도 한다.
③ 지베렐린과 같은 생장촉진 호르몬과는 길항작용을 한다.
④ ABA를 작물에 적용 시 낙엽을 촉진, 휴면의 유도, 발아 억제, 내건성 증대 등의 효과가 나타난다.

(6) 에틸렌

① 과실의 성숙을 촉진하는 물질로 주로 기체상태로 존재한다. 에틸렌의 전구물질인 메티오닌(methionine)은 식물에서 에틸렌의 생합성재료로 이용된다.
② 에틸렌은 0.1 ppm 정도의 낮은 농도로서 식물의 생장에 영향을 미친다.
③ 과실이나 채소의 경우 물리적 충격에 의한 상처가 발생하면 호흡량이 증가하면서 표면온도가 높아지며 에틸렌이 발산된다. 과실이 썩을 경우 에틸렌의 방출량이 많아져 주면의 과실도 과숙현상이 진행된다.
④ 에세폰(에스렐)은 합성 식물생장 조절제인 액상의 물질로 식물에 살포하면 분해되면서 에틸렌을 발생시켜 과실의 성숙을 촉진한다.
⑤ 에틸렌은 과실의 성숙, 착색의 촉진, 정아우세 현상 타파, 발아촉진, 낙엽 촉진 등의 효과가 나타난다.

(7) 생장억제물질

① 생장억제물질은 식물의 생장을 억제하는 물질이다.
② 생장억제물질의 종류로는 다미노자이드(daminozide, B-9), 클로르메콰클로라이드(chlormequat chloride, CCC), 말릭하이드라자이드(Malelc hydrazide, MH)가 있다.

10. 작부체계

(1) 작부체계의 정의와 중요성

① 작부체계는 일정 포장에 있어 순차적인 작물종류의 변천이나 일정 포장에 있어 동시적인 작물 종류의 조합을 말한다. 이는 포장의 효율적 이용을 도모하고 노동력 배분 및 합리적인 경영을 위해 작물 재배의 종류, 순서, 조합, 배열의 방식을 의미한다.

② 작부체계의 방식에는 동일 포장에 같은 종류의 작물을 반복적으로 재배하는 연작이 있으며 작물의 종류를 변화시켜 재배하는 윤작, 2개 이상의 작물을 함께 심는 혼작이 있다.

③ 작부체계의 이점으로 경지이용도의 제고, 지력의 유지증강, 병해충 및 잡초발생의 감소, 농업생산성 향상 및 생산의 안정화, 농업노동의 효율적 배분, 종합적 수익성 향상 및 안정화를 도모 등이 있다.

(2) 작부체계의 변천 및 발달

① 주곡식 대전법은 인구증가로 인해 경지의 제한을 받게 되면서 점차 정착농경으로 전환되어 경지를 영속적으로 재배하게 되었고 특지 경지의 대부분을 곡식작물로 재배하게 되었다.

② 휴한 농법은 곡식작물을 연작으로 하면 지력이 감퇴되어 지력 회복을 위한 쉬었다가 작물을 재배하는 방법이다.

③ 순 3포식 농법은 경지의 2/3에 춘파 및 추파곡물을 재배하고 나머지 1/3에는 휴한하는 것을 순서대로 돌려가면서 재배하는 방법이다.

④ 개량 3포식 농법은 1/3의 휴한 지역을 토지 이용상 불리하다고 판단될 경우 휴한 대신 클로버나 콩과 작물을 재배하여 질소고정을 통해 지력의 증진을 유도하는 방식이다.

(3) 연작과 기지

① 연작은 동일 포장에 동일 작물을 매년 지속적으로 재배하는 방식을 말한다. 연작을 할 경우 작물이 선호하는 양분의 선택적 이용으로 토양에 특정 양분이 부족하게 되어 작물이 제대로 못자라게 되는데 이때 발생되는 피해를 기지라고 한다.

연작 피해가 적은 작물	벼, 맥류, 조, 수수, 옥수수, 담배, 무, 당근, 양파, 호박, 순무, 아스파라거스, 딸기, 미나리, 양배추, 고구마
1년 휴작이 요구되는 작물	쪽파, 콩, 파, 생강, 시금치
2년 휴작이 요구되는 작물	마, 오이, 땅콩, 잠두, 감자
3년 휴작이 요구되는 작물	토란, 참외, 강낭콩
5~7년 휴작이 요구되는 작물	수박, 토마토, 사탕무, 완두, 가지, 우엉, 고추
10년 이상 휴작이 요구되는 작물	아마, 인삼

② 연작에 의한 기지 발생시 작물이 선호하는 특정 양분의 소모로 다음 작물이 요구하는 양분을 충분히 공급할 수가 없다.

③ 기지현상의 원인에는 특정 양분의 소모가 가장 큰 원인이며 그 외에도 염류의 집적, 토양물리성의 악화, 토양 이화학적 성질의 악화, 토양전염병의 발생, 토양 선충의 발생, 유독물질의 축적, 잡초의 번성 등 다양한 원인이 있다.

④ 기지 피해를 줄이기 위해 윤작이 가장 효과적이며 토양을 소독하거나 유해물질을 제거, 시비 작업 등의 작업이 필요하다.

⑤ 대표적으로 벼의 연작은 지속적인 관개수 유지에 의한 양분의 공급과 생장저해물질의 축적이 없기에 연작이 가능하다.

(4) 윤작

① 윤작의 방식 및 특징

㉠ 윤작은 한 농경지에 동일 작물을 재배하는 연작과는 반대로 다른 종류의 작물을 순차적으로 재배하는 방식이다. 윤작은 토양의 양분 유지와 병해충의 전염 방지에도 도움이 된다. 이러한 윤작에는 삼포식, 개량삼포식, 노포크식이 있다.

㉡ 삼포식은 포장을 3등분하여 하나는 여름작물, 다른 하나는 겨울작물, 마지막 하나는 휴한을 하여 매년 돌려짓기를 실시하며 결국 3년에 한번의 휴한을 하게 된다.

㉢ 개량삼포식은 지력유지에 매우 효과적인 방법으로 휴한하는 대신 지력증진작물을 함께 재배하는 방법으로 삼포식보다 더 개량된 방법이다.

㉣ 노포크식은 화본과의 식용작물과 두과인 클로버, 근채류인 순무를 순차적으로 윤작하는 방법으로 <순무-보리-클로버-밀> , <밀-콩-보리-순무> 로 4년주기의 윤작방식이다.

㉤ 윤작의 효과로 지력 유지, 토양보호, 병충해 경감, 노동의 합리적 분배, 경영의 안정화 등이 있다.

② 윤작의 기본원리

　㉠ 지력 유지 및 향상을 위해 콩과, 녹비작물이 포함된다.

　㉡ 토양의 보호를 위해 피복작물이 포함된다.

　㉢ 토양의 이용도를 높이기 위해 하작물, 동작물이 결합된다.

　㉣ 잡초의 경감을 위해 중경작물이나 피복작물이 포함된다.

(5) 답전윤환

① 답전윤환은 논상태와 밭상태로 몇 해씩 돌려가면서 벼와 작물을 재배하는 방식을 말한다. 답전윤환은 최소 2~3년 정도의 기간을 많이 채택하고 있다.

② 답전윤환 효과로 지력 유지 및 증진, 기지의 회피, 잡초 발생의 억제, 재배량 증가, 노력절감이 있다.

③ 논에서의 답전윤환을 하게 될 경우 토양의 통기성과 투수성이 개선되고 양분의 유실이 적게 발생한다. 결국 화학적 성질이 개선되고 선충 및 잡초 감소의 효과도 함께 나타나게 된다.

(6) 혼파

① 혼파는 두 가지 이상의 작물을 혼합하여 파종하는 방법이다.

② 혼파를 할 경우 토양이나 기상에 대한 적응력이 높아지고 병해충에 대한 위험성이 낮아지게 된다. 또한 공간의 이용이 효율적이며 잡초 경감, 재배에 대한 안정성이 증가하게 되며 산초량이 시기적으로 평준화된다.

③ 혼파에도 단점이 있는데 파종작업이 힘들고 작물의 생장속도 차이로 인해 관리에도 어려움이 있다.

(7) 그 밖의 작부체계

① 교호작

　㉠ 교호작은 생육기간이 비슷한 2 가지 이상의 작물을 일정 이랑씩 번갈아 가면서 재배하는 방법이다. 대표적인 교호작으로 옥수수와 콩이 있으며 재배기간이 비슷하여 수확에도 용이하다.

　㉡ 번갈아 가면서 재배하다보니 작물을 2줄 혹은 3줄로 번갈아 가면서 재배하기도 한다.

　㉢ 교호작을 하기 적합한 작물로 옥수수+콩+고추 등이 있다.

② 주위작

    ⊙ 포장의 주위에 포장내의 작물과는 다른 작물을 재배하는 방식으로 주위에 빈공간을 이용하는 것이다.

    ⓒ 옥수수나 수수의 경우 주위에 재배 시 방풍의 효과가 있다.

③ 간작

    ⊙ 한 가지 작물이 생육하고 있는 조간에 다른 작물을 재배하는 방법이다.

    ⓒ 간작은 생육 기간이 다른 작물을 주로 재배한다.

    ⓒ 먼저 재배하고 있던 작물을 상작, 이후에 재배되는 작물을 하작이라 한다.

    ⓔ 간작은 먼저 재배하고 있는 작물에 피해가 없는 다른 작물을 이후 재배하여 토지의 이용율을 높이고자 함에 있다.

    ⓜ 간작을 하기 적합한 작물로 보리+콩, 보리+목화, 콩+수수 등이 있다.

④ 혼작

    ⊙ 혼작은 생육기간이 거의 같거나 유사한 작물을 섞어 재배하는 방법이다.

    ⓒ 혼작은 주로 상호보완이 가능한 작물끼리 재배하는 것이 유리하다.

    ⓒ 혼작의 좋은 예로 콩+옥수수, 콩+고구마, 목화+참깨, 마늘+상추, 양파+시금치, 감자+콩, 무+배추, 당근+상추, 무+근대 등이 있다.

    ⓔ 혼작을 통해 병해충 및 잡초의 발생이 줄어들고 서로간의 생육을 촉진해준다. 하지만 섞어 재배를 하다 보니 작업관리 및 기계화가 어렵고 작물간의 생육장애를 초래하기도 한다.

⑤ 대전법

대전법은 개간한 토지에서 몇 해 동안 작물을 연속적으로 재배하고 그 후 지력이 소모되고 잡초발생이 증가하면 경지를 떠나 다른 토지를 개간하여 작물을 재배하는 경작방법이다.

⑥ 주곡식 대전법

주곡식 대전법은 정착농업을 하면서 초지와 경지 전부를 주곡으로 재배하는 작부방식 이다.

⑦ 휴한농업

휴한농업은 정착농업 이후에 지력감퇴를 방지하기 위하여 농경지의 일부를 몇 년에 한 번씩 휴한하는 작부방식이다.

⑧ 자유식

자유식은 시장의 경기상황이나 생산자재의 가격변동 등에 따라 작목을 수시로 바꾸는 재배방식이다.

11. 파종

(1) 파종시기

① 파종시기는 파종된 종자가 발아가기 위해 종자의 종류, 온도, 환경 등의 발아조건을 고려하여 결정하게 된다.

② 작물의 종류에 따라 추파, 춘파를 결정하고 지역에 따라 달라지는데 고랭지의 경우 늦봄에 실시한다.

③ 작부방법이나 특정 재해 시기, 토양의 상태, 출하기도 파종시기에 영향을 준다.

④ 감온형 벼 품종은 조파조식하는 것이 좋고 추파맥류는 추파성이 높은 품종은 조파한다.

⑤ 월동작물은 추파하고 여름작물은 춘파한다.

(2) 파종양식

① 산파(흩어뿌림)

㉠ 포장 전면에 종자를 흩어 뿌리는 방법으로 노력이 적게든다.

㉡ 단점으로 종자의 소요량이 많아지고 통기 및 투광이 나빠지며 도복하기 쉽다.

㉢ 제초 및 병충해 방제가 어렵다.

② 조파(줄뿌림)

㉠ 골타기를 하고 종자를 줄지어 뿌리는 방법이다.

㉡ 골사이가 비어 있어 수분, 양분의 공급이 좋고 통풍 및 투광이 잘된다.

㉢ 관리작업이 편리하고 생육이 건실하다.

③ 점파(점뿌림)

㉠ 일정 간격으로 종자를 1~수 개씩 파종하는 방법이다.

㉡ 노력이 많이 들지만 종자량이 적게 들고 통풍 및 투광이 좋다.

㉢ 작물이 건실하고 균일한 생육을 한다.

④ 적파

㉠ 점파와 유사하나 한곳에 여러 개의 종자를 파종하는 방법이다.

㉡ 조파나 산파보다 노력이 많이 든다.

ⓒ 수분 및 비료, 수광, 통풍 등의 환경조건이 좋고 생육이 건실하고 양호하다.

(3) 파종량

① 파종량은 작물의 종류 및 품종, 종자 크기, 재배지, 토양의 조건, 시비, 종자 상태를 고려하여 결정한다.

② 온도가 낮은 지역의 경우 파종량을 늘리도록 한다.

③ 토양 조건이 좋지 않거나 시비량이 적은 경우 파종량을 늘린다.

④ 발아력이 낮거나 파종기가 늦을 경우 파종량을 늘린다.

⑤ 주요 작물의 종자 파종량은 다음과 같다.

작물	10a 당 파종량	작물	10a 당 파종량
감자	150~200L	시금치	6,500~14,000ml
맥류	10~20L	당근	800ml
메밀	7~15L	배추	70~500ml
팥	5~7L	오이	200~300ml
녹두	2~3L	상추	50~500ml

(4) 복토

① 복토는 흙덮기로서 작물의 종자를 파종한 후 흙을 덮어 주는 작업이다.

② 작물별로 복토의 깊이에 차이가 있으며 기준은 다음과 같다.

깊이 기준(cm)	작물 종류
종자가 보이지 않을 정도	소립목초종자, 파, 양파, 당근, 상추, 담배, 유채
0.5~1	순무, 배추, 양배추, 가지, 고추, 토마토, 오이
1.5~2	조, 기장, 수수, 무, 시금치, 수박, 호박
2.5~3	밀, 호밀, 귀리
3.5~4	콩, 팥, 완두, 잠두, 옥수수, 강낭콩
5~9	감자, 생강, 토란, 글라디올러스
10 이상	나리, 튤립, 수선, 히아신스

12. 영양번식

(1) 영양번식의 뜻과 이점

① 영양번식은 채종이 곤란한 작물에 적용하면 유리하다.

② 우량한 상태의 유전형질을 유지할 수 있다.

③ 종자번식보다 생육이 왕성하고 짧은 기간 내에 수확이 가능하고 수량도 증가한다.

④ 접목의 경우 환경에 대한 적응성, 병해충에 대한 저항력이 증가한다.

⑤ 영양번식에 유리한 작물로 감자, 고구마 등이 있다.

(2) 영양번식의 종류

① 작물에 적용하는 영양번식 방법에는 분주, 삽목, 취목, 접목 등이 있다.

② 분주 : 뿌리가 달린채로 분리하여 번식시키는 방법으로 분주시기에 따라 화아분화, 개화시기가 결정되기도 한다.

③ 삽목 : 모체에서 분리한 영양체의 일부를 삽상에 심어 뿌리를 내리게 하여 독립개체로 번식시키는 방법이다. 삽목의 부위에 따라 엽삽, 근삽, 지삽으로 분류한다.

④ 취목 : 식물의 가지나 줄기를 모체에서 분리하지 않고 흙에 묻거나 암흑상태에 습기와 공기 조건을 맞추어 주면 발근이 되어 이 발근된 부위를 독립적으로 번식시키는 방법이다.

⑤ 접목 : 접목은 두 가지 식물의 형성층 부위를 밀착시켜 접합하도록 하는 방법으로 정부가 되는 부분을 접수, 기부가 되는 부분을 대목이라 한다.

(3) 취목

① 나무의 가지 일부분의 껍질을 벗겨 땅속에 묻어 뿌리를 내리는 방법으로 삽목이 어려운 경우 대체하는 방법이다.

② 취목은 방법에 따라 다음과 같이 분류된다.

종류	특징
단순취목 (선취법)	가지를 굽혀서 땅속에 묻고 자기의 선단을 지상으로 나오게 하는 방법이다.
공중취목 (고취법)	가지나 줄기의 일부에 상처를 주고 그 자리에 수태 혹은 황토로 싸서 건조하지 않도록 해주며 물을 주어 적당한 습도 조건에 유지하여 발근하는 방법으로 관상수목에 적용시 높은 곳에서 발근시킨다.
단부취목	가지를 굽혀 땅속에 묻어 지상으로 굴곡한 후 성장시켜 분주하는 방법이다.
매간취목	나무의 전체를 평면으로 묻어 새가지를 나오게 하고 이후 가지 밑에서 뿌리가 나오면 절단하여 새 개체를 만드는 방법이다.

종류	특징
파상취목	가지를 여러 번 파상적으로 굽혀 굴곡시켜 번식하는 방법이다.
맹아지 취목	나무의 줄기를 지면 부근에서 절단하고 성토하여 그곳에서 새로운 가지의 밑부분에서 뿌리가 나오게 하는 방법이다.

(4) 접목육묘

① 접목

　　㉠ 접목은 모수에서 가지나 눈을 잘라내어 다른 나무와 접합하는 것으로 지상부를 접수, 지하부를 대목이라 한다.

　　㉡ 접목육묘는 오이, 수박, 멜론, 가지, 토마토 등의 작물에 토양 병해충의 피해를 예방하고 양분의 흡수를 증대시키기 위해 이용된다.

　　㉢ 접목육묘에 있어 대목은 내병성, 내습성에 대한 친화력이 강해야 한다.

　　㉣ 접목육묘에서 초세조절을 잘못하면 기형과의 발생이 증가하고 당도가 낮아진다.

　　㉤ 접목 방법에는 주로 할접(쪼개접), 호접(맞접), 삽접(꽂이접)이 이용된다.

　　㉥ 작물의 종류에 따라 적합한 접목방법을 선택하며 오이는 맞접, 수박은 꽂이접을 적용한다.

② 접목의 효과

　　㉠ 모수의 특성을 지니는 묘목을 일시에 대량 생산할 수 있다.

　　㉡ 토양의 적응성을 증대시킨다.

　　㉢ 수세 조절이 가능하다.

　　㉣ 고접을 통해 노목의 품종 갱신이 가능하다.

③ 접수의 구비조건

　　㉠ 품종의 특성을 확인하고 구비해야 한다.

　　㉡ 신선하고 충실하게 생장하며 세력은 중간 정도여야 한다.

　　㉢ 병해충에 대한 피해가 없어야 한다.

④ 접목의 주의사항

　　㉠ 접수와 대목의 형성층이 잘 접착되어야 한다.

　　㉡ 접목의 친화성이 있어야 한다.

　　㉢ 절단면의 건조를 예방해야 한다.

　　㉣ 접수와 대목의 극성이 적합해야 한다.

(5) 삽목

① 어미식물에서 분리한 영양체의 일부를 알맞은 곳에 심어 발근시켜 독립개체로 번식시키는 방법을 삽목이라 한다.

② 삽목 부위에 따라 엽삽, 근삽, 지삽으로 구분한다.

엽삽	베고니아, 펠라고늄 등
근삽	자두나무, 앵두나무, 사과나무, 오동나무 등
지삽	포도나무, 무화과나무 등

③ 카네이션, 펠라고늄 등과 같은 당년생의 녹지삽이라 한다.

④ 포도나무, 무화과나무 등의 과수에 묵은 가지를 삽목하는 경우 경지삽이라 한다.

⑤ 인과류, 핵과류, 감귤류 등에서 1년 미만의 새가지를 삽목하는 경우 신초삽이라 한다.

⑥ 포도나무에서 눈 하나만을 가진 줄기를 삽목하는 경우 단아삽이라 한다.

(6) 영양기관

① 종묘로 이용되는 영양기관에는 눈, 잎, 줄기 등이 활용된다.

② 눈의 경우 마, 포도나무 등에 적합하며 잎은 베고니아 등이 대표적이다.

③ 줄기의 경우 다음과 같이 분류된다.

　　㉠ 덩이줄기(괴경) : 감자, 토란, 돼지감자 등

　　㉡ 알줄기(구경) : 글라디올러스, 프라이자 등

　　㉢ 비늘줄기(인경) : 마늘, 양파 등

　　㉣ 땅속줄기(지하경) : 생강, 연, 박하, 호프 등

　　㉤ 덩이뿌리(괴근) : 고구마, 마

(7) 분주

① 모수의 흡지를 뿌리와 함께 잘라 새로운 개체로 증식시키는 방법이다. 흡지는 줄기의 지표면 가까이나 뿌리에서 발생하는 새로운 가지를 말한다.

② 분주방법에는 흡지, 주아, 지하포복경, 지상포복경의 방법이 있다.

흡지	지하경의 마디에 새싹이 나타나고 새로운 뿌리가 발생한다.
주아	지하부에서 부정아가 발생하여 새싹이 자란 것을 분주한다.
지하포복경	땅속줄기(근경)를 2~3개의 눈을 붙여 절단 후 이식을 한다.
지상포복경	포복경을 발생시켜 선단으로부터 싹과 뿌리가 나타나게 한다.

13. 육묘

(1) 육묘의 필요성

① 육묘는 종자를 재배지에 뿌리지 않고 모를 일정기간 시설에서 생육시키는 것을 육묘라 한다.

② 육묘를 통해 수확량을 늘리거나 품질 향상을 기대할 수 있으며 관리 및 보호도 용이하다.

③ 수확 및 출하시기 조절이 가능하며 토지의 이용률을 높일 수 있다.

④ 종자를 이용한 직파가 불리한 작물(딸기, 고구마 등)에 많이 이용된다.

(2) 육묘 방식

온상육묘	저온기에 인공 가온과 태양열을 이용하는 묘상
보온육묘	인공 가온 없이 태양열만을 이용하는 묘상
공정육묘	육묘의 생력화, 효율화를 목적으로 상토의 조제, 종자파종, 물주기에 관련된 작업을 자동화하여 균일한 묘상을 얻음

(3) 묘상의 구조

① 묘상의 크기는 관리적 측면에 있어 중요하다. 묘상 크기가 너무 작으면 온도가 급격히 변화하며 너무 크면 묘상의 중앙부 관리에 노력이 많이 든다.

② 묘상의 너비는 120~130cm 정도가 적당하며 깊이, 길이는 묘상의 종류에 따라 결정한다.

③ 묘상 밑바닥은 온도를 균일하게 유지하기 위해 양열온상의 경우 중앙부를 높게 하고 남쪽과 북쪽은 중앙부보다 깊게 한다.

(4) 기계이앙용 상자육묘

① 육묘상자

육묘상자의 규격은 60cm×30cm×3cm 이고 필요한 상자수는 파종량과 본답의 재식밀도 등에 따라 다른데, 대체로 본답의 10a 당 어린모는 15개, 중모는 30~35개이다.

② 상토

상토는 부식을 알맞게 함유하고 통기성 및 배수성이 양호하면서 적당한 보수력을 가지고 있으며 병원균이 없고 모잘록병 등을 예방하기 위해 pH 4.5~5.5 정도의 토양이 알맞다. 상토의 양은 복토할 것을 합해 1상자 당 4.5L 정도가 필요하다.

③ 비료

밑거름은 상토에 고루 섞어 넣어주는데 어린모는 1상자당 질소, 인, 칼륨은 각각 1~2g씩, 중모는 질소 1~2g, 인 4~5g, 칼리 3~4g을 준다.

④ 파종

파종량은 마른 종자로 1상자당 어린모는 200~220g, 중모는 100~130g 정도로 한다.

⑤ 육묘관리

㉠ 육묘관리 요령은 출아기, 녹화기 및 경화기로 구분한다.

㉡ 출아기는 온도를 출아에 알맞은 30~32℃ 로 유지한다.

㉢ 녹화기는 어린싹이 1cm 정도 자랐을 때 시작하고 낮에 25℃, 밤에 20℃ 정도의 온도를 유지하고 갑자기 강광을 쪼이면 백화묘가 발생하기도 한다.

㉣ 경화기는 처음 8일 동안 낮 20℃와 밤 15℃가 적당하고 그 후 20일간은 낮 15~20℃, 밤 10~15℃ 가 알맞다. 경화기는 모의 생육에 지장이 없는 한 될 수 있으면 자연상태로 관리한다.

⑸ 벼의 종자처리

① 벼의 품종

㉠ 벼는 주위 환경 및 입지 조건에 영향을 받으며 이에 알맞은 품종을 선택하여 안정성을 높여야 수익성이 증가된다.

㉡ 국내의 재배면적별 주요 품종에는 중만생이라 하여 동진1호, 추청, 남평, 주남, 일미, 일품, 신동진, 새추청이 있으며 조생에는 오대, 운광이 있다.

② 취종

㉠ 볍씨는 종자갱신체계에 의한 종자관리원 및 관계기관에서 취종하며 그 지방의 장려품종 중 당국에서 배포되는 볍씨를 구하여 재배한다.

㉡ 유전적으로 순수하고 품종의 고유한 특성을 지닌 충실한 종자가 좋은 볍씨이다.

㉢ 기계적 손상이나 병해충이 없고 발아와 초기 생장이 왕성한 것이 좋다.

③ 선종

㉠ 벼알이 크고 저장 양분이 많은 볍씨나 현미중의 씨젖이 완전히 남은 것은 초장, 잎수, 뿌리, 생초중 등이 모두 크고 생장이 좋다.

㉡ 비중선에 볍씨의 선종에 쓰이는 비중 표준은 까락이 없는 몽근메벼 1.13, 까락이 있는 메벼 1.1, 찰벼와 밭벼는 1.08 정도이다.

ⓒ 비중선을 위한 비중액은 비중 1.13 이며 물 18L, 소금 4.5kg 을 이용하여 제조한다. 비중액은 식염을 많이 이용하기에 염수선이라 하며 한랭지에서 발아와 초기생육을 촉진하는데 효과가 있다.

④ 소독

㉠ 볍씨의 소독은 벼에 발생되는 각종 병해충을 방제하기 위해 종자소독을 한다.

㉡ 냉수온탕침법은 키다리병, 세균성벼알마름병, 잎마름선충병 등을 방제하는데 효과 적이다.

⑤ 침종

㉠ 볍씨는 물에 담가 발아에 필요한 수분을 흡수시킨 후에 파종을 한다. 15℃ 조건에서 약 7일 내외 정도 침종하면 포화상태로 흡수가 된다.

㉡ 볍씨는 중량의 25% 정도 흡수하면 발아할 수 있는 수분함량이 된다.

㉢ 침종은 고온에 짧게 하는 것보다 저온에 여러 날 하는 것이 좋다.

⑥ 최아

㉠ 침종이 완료된 볍씨를 바로 파종하기보다 약간 싹을 틔워 파종하면 발아 및 초기 생육이 촉진되고 성묘율이 높아진다.

㉡ 파종기가 늦은 경우 한랭지의 못자리 등에서 최아종자를 쓰는 것이 유리하다.

㉢ 직파재배의 경우 종자를 최아시켜 파종하면 토양수분 및 순도에 따라 영향을 받으며 토양이 과도하게 건조할 경우 최아종자의 출아가 불량해진다.

14. 정지

(1) 경운

① 경운은 토양을 갈아 흙덩이를 부스러뜨리는 작업이다.

② 경운은 정지작업에서 가장 먼저 하는 작업으로 파종이나 이식을 하기 전에 실시한다.

③ 경운을 통해 토양의 투수성, 통기성이 좋아져 이후 종자의 발달, 뿌리의 발달에 도움이 된다. 또한 통기성이 좋아야 토양에 살고 있는 미생물의 활동이 활발해져 유기물 분해 촉진 및 순환에 도움을 준다.

④ 흙을 반전시켜 잡초의 발생이 줄어들고 해충이 박멸하는데 도움이 된다.

(2) 쇄토

① 쇄토는 경운 다음으로 실시하는 작업으로 갈아 일으킨 흙덩이를 좀 더 곱게 부수고

지면을 평평하게 고르는 작업이다.

② 논은 경운한 다음 물을 대고 써레로 흙덩이를 곱게 부수는데 써레를 이용한다고 하여 써레질이라 한다.

(3) 작휴

① 작휴법은 작물이 심긴 부분과 심기지 않은 부분이 규칙적으로 반복되는 것을 이랑이라 한다. 평평하지 않고 기복이 있는 융기부를 이랑, 함몰부를 고랑이나 골이라 한다.

② 이랑을 만들게 되면 파종, 제초, 솎음의 관리가 용이하고 배수 및 통기에 좋게 하고 작토층을 두껍게 한다.

③ 작휴법에는 평휴법, 휴립법, 성휴법이 있다.

평휴법		· 이랑을 평평하게 하여 이랑과 고랑 높이를 같게 하는 방법 · 주로 채소, 밭벼에 실시한다.
휴립법	휴립법	· 이랑을 세워 고랑이 낮게 하는 방법
	휴립구파법	· 이랑을 세우고 낮은 골에 파종하는 방법 · 맥류의 한해와 동해를 동시에 방지할 수 있다. · 감자의 발아촉진이나 이랑 사이 토양을 작물의 포기 밑에 모아주는 배토 작업을 위해 실시한다.
	휴립휴파법	· 이랑을 세우고 이랑에 파종하는 방법 · 고구마는 이랑을 높게 세우고 조, 콩은 이랑을 낮게 세운다.
성휴법		· 이랑을 보통보다 넓고 크게 하는 방법 · 맥후작 콩의 재배에 실시한다.

(4) 진압

① 진압은 정지 작업에서 경운, 쇄토 이후에 실시하는 작업이다. 파종하고 복토 전후 종자를 눌러 주는 작업이다.

② 진압을 하게 되면 토양사이 공극이 변화하고 모세관현상에 의한 수분공급으로 종자나 식물의 뿌리에 수분흡수를 쉽게 하게 된다.

15. 이식

(1) 이식의 종류

① 조식은 골에 줄지어 이식하는 방법이다.

② 점식은 포기를 일정한 간격을 두고 띄어서 점점이 이식하는 방법이다.

③ 혈식은 포기를 많이 띄어서 구덩이를 파고 이식하는 방법이다.

④ 난식은 일정한 질서 없이 점점이 이식하는 방법이다.

(2) 이식시기

① 과수와 다년생 목본식물은 싹이 움트기 전에 춘식하거나 낙엽이 진 뒤 추식한다.

② 일반작물은 파종기에 영향을 주는 요인에 의해 이식기가 결정된다.

(3) 이식방법

① 작물에 따라 이식방법은 다양하다. 벼의 경우 기온이 15°C 전후 이식해야 하며 일찍 하는 것이 좋다. 논의 써레질이 종료되면 바로 하게 되며 줄모로 심어야 고르게 자랄 수 있다.

② 채소, 화초는 식상을 피하고 잘 자라게 하고자 쇄토작업을 통해 흙을 부드럽게 갈아두 어야 한다. 이식후에는 뿌리를 내리는데 시간이 걸려 물을 주고 덮개를 해주어 증발을 막아준다.

(4) 이식효과

장점	단점
① 이식을 실시하면 줄기나 잎의 웃자람을 억제할수 있다. ② 이식 작업시 뿌리가 잘려 새로운 뿌리가 발생되 생육이 좋아진다. ③ 생육이 어느 정도 진행되어 병해충에 피해가 감소된다. ④ 식물의 개화를 촉진시킬 수 있다. ⑤ 수량의 증대 효과가 있다 ⑥ 집약적 관리 및 보호가 가능하다	① 무, 당근 등 직근류는 뿌리가 손상될 경우 상품성이 저하되기도 한다. ② 수박, 참외는 뿌리가 손상시 발육이 저하 된다. ③ 작물에 따라 이식이 해가 되는 경우가 있다.

(5) 이앙재배 및 직파재배

① 이앙재배와 직파재배

　㉠ 이앙재배는 작물을 기존 생육지에서 다른 장소로 자리를 바꾸어 심어 가꾸는 방법이며 직파재배는 본 포장에 직접 파종하는 재배법이다.

　㉡ 이앙재배를 통해 용수를 절약, 냉수 피해 방지, 염해의 방지, 추락방지 등의 다양한 효과가 있다.

　㉢ 직파재배는 작업이 간단하고 노동시간을 줄이고 분얼의 확보가 유리하며 출수기가 다소 빠르다. 하지만 입모 불안정 및 도복의 우려가 있으며 잡초 발생이 많고 무효 분얼이 많은 단점이 있다.

　㉣ 직파재배를 위해서는 분얼이 적거나, 저온발아성이 강하거나, 초기 생육이 왕성하거나, 도복에 강하거나, 내한성이 강한 품종을 선택하는 것이 유리하다.

② 건답직파

　㉠ 건답직파는 모내기를 하지 않고 물을 대지 않은 마른 논에 볍씨를 바로 뿌려 파종하는 방법으로 파종 후 3~4엽 까지 마른 논 상태를 유지한다.

　㉡ 논물을 댄 후 10일 간격으로 2~3회 중간에 물떼기 작업을 한다.

　㉢ 국내의 직파 방식은 마른논 직파재배의 비율이 1/3 정도를 차지한다.

　㉣ 적합한 품종으로 진흥, 수성, 천거벼, 대성벼 등이 있으며 점파로 파종한다.

③ 무논직파

　㉠ 담수논상태에 종자를 뿌리는 직파재배법이다.

　㉡ 파종 후 논에 물을 뺀 다음 7~10일 후에 다시 물을 공급한다.

　㉢ 배수가 약간 불량한 사양토나 식양토 토양에 적합하다.

　㉣ 만생종으로 하고 조생종은 피하는 것이 좋다.

　㉤ 국내의 직파 방식 중 무논직파는 약 2/3 정도를 차지한다.

16. 생력재배

(1) 생력재배의 정의

① 생력재배는 노력을 줄여 농사를 짓는 것으로 본디 목적은 노동력이 부족한 농가의 상황을 개선하기 위한 방법이다.

② 부족한 노동력 때문에 농업의 기계화를 장려하고 잡초를 방제하기보다 제초제를 도입하는 방법 등을 생력재배라 한다.

(2) 생력재배의 효과

① 생력재배를 통해 농업에 필요한 노동력 절감 및 경영에 효율이 개선된다.

② 농업 연구를 통한 새로운 품종의 개발과 경운파종과 같은 저비용 생산을 목적으로 생력기계화 재배기술 등의 도입으로 저투입 지속농업(LISA)이 가능하다.

③ 실제 생력재배의 사례로 파식파종기를 이용한 생력파종, 기계화를 통한 잡초 방제, 배토기를 이용한 중경배토 작업, 기계 수확, 탈곡 및 선별, 건조 등 전과정에 걸쳐 효과가 나타난다.

(3) 생력기계화재배의 전제조건

① 농지가 생력화를 가능하게 할 수 있게 정리되어야 한다.

② 넓은 면적은 공동관리하여 집단 재배해야 한다.

③ 기계화에 따른 잉여 노동력을 수익화 해야 한다.

④ 품종의 선택, 재배법 등 기계화를 통한 재배체계를 확립해야 한다.

⑤ 국가 차원의 제도화, 보조, 개발 등의 도움이 필요하다.

(4) 기계화 적응 재배

① 기계화 재배

　㉠ 농업기계화로 노동의 능률 및 생산력이 향상되었다. 노동을 절약하고 중노동에서 벗어나는 계기가 되었다.

　㉡ 단위노동시간당 작업량을 늘려 능률적 작업을 통해 생산량을 높일 수 있다.

　㉢ 적합한 농업기계의 선택을 통해 토지이용률을 높여 생산량을 늘릴 수 있다.

　㉣ 농업기계의 크기는 경영면적, 포장면적, 경지조건, 기계의 구동능력을 고려하여 결정한다.

　㉤ 농업기계의 이용시간은 최대한 확대하여 활용한다.

② 정밀농업

　　㉠ 정밀농업은 농작물 재배에 영향을 미치는 요인에 관한 정보를 수집하고, 이를 분석하여 불필요한 농자재 및 작업을 최소화함으로써 농산물 생산 관리의 효율을 최적화하는 시스템이다.

　　㉡ 정밀농업기술은 식량생산 한계나 환경보존의 문제를 동시에 해결할 수 있는 대안으로 부상하고 있다.

　　㉢ 정밀농업은 선진국을 중심으로 1990년대부터 집중적으로 연구되기 시작한 해결방법으로 기술, 경영, 과학이 결합된 것이 특징이다.

17. 재배관리

(1) 시비

① 시비

　　㉠ 시비는 거름주기로 주요 비료의 종류는 질소, 인산, 칼륨이 있다. 질소의 경우 과다하게 공급되면 도장의 우려가 있어 공급량을 조절해 주어야 한다.

　　㉡ 작물에 따른 적정 시비(질소 : 인산 : 칼륨)

벼	5 : 2 : 4
콩	5 : 1 : 1.5
맥류	5 : 2 : 3
옥수수	4 : 2 : 3
감자	3 : 1 : 4

　　㉢ 규소는 화곡류의 저항성을 높이는데 도움을 주는데 벼에 있어 도열병에 대한 저항성을 키워주고 잎을 곧게 지지하도록 도와준다. 잎을 곧게 지지하여 수광율을 높이는데도 도움을 주며 한해에 대한 경감 효과도 있다.

　　㉣ 고구마와 같은 작물은 칼륨의 흡수비율이 높은 편인데 칼륨이 양분을 지하부로 이동하는 것을 촉진하여 덩이뿌리가 굵어지도록 도와주는 역할을 한다.

　　㉤ 질소, 인산, 칼륨 등 비료가 하천으로 다량 유입되면 부영양화로 조류가 발생하기도 한다.

　　㉥ 이론적 단위면적당 시비량의 계산은 다음과 같다.

$$시비량 = \frac{비료요소흡수량 - 천연공급량}{비료요소의 흡수율}$$

② 엽면시비

　　㉠ 공급된 비료가 기공을 통해 흡수되는 것을 엽면시비라 한다.

　　㉡ 엽면시비는 잎의 호흡작용이 왕성할수록 더 잘 흡수된다.

　　㉢ 엽면시비된 살포액이 약산성의 경우 흡수가 잘 이루어진다.

　　㉣ 잎의 뒷면은 살포액의 부착이 좋고 기공수가 많아 표면보다 흡수가 잘 이루어진다.

　　㉤ 엽면시비는 주로 철, 아연, 망간, 칼슘 등의 미량원소, 요소를 뿌려 준다.

　　㉥ 요소의 엽면시비 농도는 노지작물 0.5~2%, 과수 0.5~1%, 오이 및 수박 1% 이하, 무 및 양배추 2% 이하 정도로 한다.

　　㉦ 엽면시비는 다음과 같은 경우 이용된다.

　　　• 미량요소가 필요할 경우 실시한다.

　　　• 뿌리의 흡수력이 약해졌을 경우 실시한다.

　　　• 급속한 영양회복이 필요할 경우 실시한다.

　　　• 품질 향상을 위해 실시한다.

　　　• 비료분의 유실방지를 위해 실시한다.

　　　• 농약을 살포할 때 비료를 섞어 뿌려 시비의 노력을 절감한다.

　　　• 토양시비가 곤란할 경우 실시한다.

③ 비료의 분류

　　㉠ 성분에 따른 비료

질소비료	요소, 질산암모늄(초안), 황산암모늄(유안)
인산질비료	과인산석회, 용성인비, 용과린, 중과인산석회
칼륨질비료	염화칼륨, 황산칼륨

　　㉡ 화학적 반응에 따른 비료

산성비료	과인산석회, 염화암모늄
중성비료	황산칼륨, 염화칼륨, 요소, 질산나트륨
염기성비료	생석회, 소석회, 탄산칼륨, 용성인비, 토마스인비, 나뭇재

　　㉢ 생리적 반응에 따른 비료

생리적 산성비료	황산암모늄, 염화암모늄, 황산칼륨, 염화칼륨
생리적 중성비료	질산암모늄, 질산칼륨, 요소
생리적 염기성비료	질산나트륨, 질산칼슘, 용성인비, 초목회

ㄹ 반응 효과에 따른 비료

속효성비료	황산암모늄, 염화칼륨
완효성비료	석회질소

ㅁ 주요 비료의 성분비

종류	질소	인산	칼륨
요소	46		
질산암모늄	35		
황산암모늄	21		
석회질소	20~22		
중과인산석회		44	
용성인비		18~19	
과인산석회		16	
염화칼륨			60
황산칼륨			48~50

④ 이용률

ㄱ 비료의 이용률은 비료 성분량 중에서 작물이 흡수하여 이용한 양을 나타낸 것으로 질소는 30~50%, 칼륨 40~60%, 인산 10~20% 정도의 이용률을 보인다.

ㄴ 비료의 이용률에 영향인자로 비료성분, 화학적 형태, 작물의 종류, 토양의 화학적 조건, 시비시기 등이 있다.

⑤ 비료 배합 주의사항

ㄱ 암모늄태질소가 들어 있는 비료에 염기성 비료를 배합하면 암모니아(NH_3)가 날아간다.

ㄴ 수용성 인산이 들어 있는 비료에 석회질 비료를 배합하면 인산이 불용화된다.

ㄷ 요소를 콩깻묵 등 유박과 섞어서 오래 두면 요소의 가수분해로 인해 암모니아가 날아간다.

ㄹ 질산태질소 비료에 산성비료를 배합하면 질소는 가스로 날아간다.

ㅁ 흡습성이 비교적 큰 비료(요소, 질산암모늄 등)를 배합원료로 하거나, 칼슘이 들어 있는 비료와 질산 또는 염소를 가진 비료를 섞으면 흡습성이 더욱 커진다.

(2) 비료요소의 형태

① 질소

ㄱ 질소
- 질산태질소를 함유하는 것으로 질산암모늄, 질산칼륨, 질산칼슘 등이 있다.
- 질산태질소는 물에 잘 녹고 속효성이다.
- 질산은 음이온이므로 토양에 흡착되지 않고 유실되기 쉽다.
- 암모니아태질소를 함유하는 것에는 황산암모늄, 질산암모늄, 인산암모늄, 완숙퇴비 등이 있다.
- 암모니아태질소는 물에 잘 녹고 속효성이나 질산태보다는 속효성이 아니다.
- 유기태질소를 함유하는 비료에는 어비, 골분, 녹비, 쌀겨 등이 있다.

ㄴ 생태계 질소 순환
- 단백질, 핵산, 엽록소 등의 유기물은 질소가 있어야 합성이 가능하다.
- 단백질의 구성 단위체는 아미노산이며 아미노산에는 아미노기(NH_2)라는 질소 원자가 들어 있는 분자가 존재한다.
- 아미노기(NH_2)는 토양 속의 암모늄이온(NH_4^+), 질산이온(NO_3^-)가 생산자인 식물에 흡수되어 질소동화작용에 의해 아미노산, 단백질, 핵산으로 변환된다.

ㄷ 질소의 변화
- 암모니아화성작용은 토양 중 유기질소화합물인 단백질이 토양미생물에 의해 아미노산으로 분해되고 아민기는 물과 반응하여 암모니아로 변하며 이는 다시 물과 반응하면서 가급태 무기성분인 암모늄이온(NH_4^+)이 되어 작물이 흡수하게 된다.
- 질산화성작용(질화작용)은 암모늄이온(NH_4^+)이 산소가 충분한 산화적 조건에서 호기성 무기영양세균인 아질산균과 질산균에 의해 아질산(NO_2^-)을 거쳐 질산태질소(NO_3^-)로 변화하는 것이다. 가급태 무기질소이므로 작물에 흡수되나 전기적으로 음성이기에 토양교질물에 흡착되지 않아 용탈 가능성이 있다.
- 질산환원작용은 질산이나 아질산이 호기적 조건에서 질산환원균에 의해 암모니아(NH_3)로 환원되는 현상이다.
- 탈질작용은 암모니아태질소가 산화조건에서 질산태질소로 변화하고 질산태질소가 혐기성균인 탈질균에 의해 질소가스(N_2) 혹은 아산화질소(N_2O) 등으로 날아간다.
- 공중질소고정작용은 미생물에 의해 공중질소가 암모니아태질소로 고정된다.

ⓔ 질소의 손실

· 토양이 염기성이면 암모늄은 암모니아로 휘산한다.

· NH_4^+ 의 경우 토양의 양이온치환용량에 따라 용탈 가능성이 있으나 음이온인 NO_3^- 가 주로 용탈된다.

· 토양 표면에 따라 흐르는 유거수에 의해 질소가 유실되는 현상을 질소의 세탈이라 한다. 주로 NO_3^- 가 세탈되기 쉽다.

· NH_4^+, K^+ 이온이 층상점토광물의 층과 층사이에 고정되어 점토광물의 음전하를 중화시키는 역할을 하는데 이때 고정된 NH_4^+ 은 이용이 어렵다.

· 무기태질소화합물이 미생물의 몸체로 동화되는 부동화 작용에 의해 미생물이 사멸하면 부동화되었던 질소는 다시 무기화되어 식물이 이용하게 된다.

② 인산

㉠ 인산

· 인산질비료는 용해성에 따라 수용성, 구용성, 불용성으로 구분된다.

· 수용성 인산에는 과인산석회, 중과인산석회 등이 있고 구용성 인산에는 용성인비, 소성인비 등이 있다.

· 사용상 유기질 인산비료와 무기질 인산비료로 구분된다.

· 유기질 인산비료에는 동물 뼈, 물고기뼈, 쌀겨, 보리겨 등이 있다.

· 인산질 비료의 이용율을 높이기 위해 수용성 인산보다는 구용성 인산을 선택하거나 접촉면이 작은 입상을 선택하는 것이 이용율을 높이는데 유리하다.

· 무기질 인산비료의 주요 원료는 인광석이다.

㉡ 인산의 불용화

· 인산의 유효도가 낮아 가용성 인산을 토양에 시용하여도 매우 적은 양이 가용성의 유효태만 남고 대부분은 토양에 흡수되어 토양교질입자에 결합한 난용성이 되는데 이를 인산의 고정이라 한다. 이러한 인산의 불용화(고정화)는 적정량의 유기물 투입을 통해 방지할 수 있다.

· pH 5 이하의 강산성토양의 Al^{3+}, Fe^{3+} 이온의 농도가 높은데 인산과 결합하여 난용성염으로 침전하게 된다. pH 가 중성 이상인 토양에서는 Ca^{2+} 이온과 결합하여 인회석으로 침전한다.

· 주로 이온 형태는 $H_2PO_4^-$, HPO_4^{2-} 이며 pH 조건에 따라 비율이 달라지지만 pH 6 이하의 조건에서는 $H_2PO_4^-$ 가 대부분을 차지한다.

③ 칼륨

- 칼리질 비료로 사용되는 칼리는 무기태칼리, 유기태칼리로 나누어지며 거의 수용성이고 비효가 빠르다.
- 유기태칼리는 쌀겨, 녹비, 퇴비, 산야초 등이 많이 함유되어 있다.
- 지방성과 결합된 칼리는 수용성이고 속효성이나 단백질과 결합된 칼리는 물에 난용성이어서 지효성 칼리이다.

④ 칼슘

- 칼슘은 직접적으로 다량으로 요구되는 필수원소나 간접적으로 토양의 물리적, 화학적 성질을 개선한다.
- 일반적으로 토양 내에 가장 많이 함유되어 있고 비료에 함유되는 칼슘은 생석회[CaO], 소석회[$Ca(OH)_2$], 석회석[$CaCO_3$] 등의 형태로 되어 있고 가장 많이 이용되는 석회질 비료는 $Ca(OH)_2$ 이다.
- 마그네슘(Mg)과 칼슘(Ca)를 동시에 공급할 경우는 석회고토[$CaMg(CO_3)_2$]를 공급한다
- 부산물로 얻어지는 부산소석회, 규회석, 용성인비와 규산질 비료에도 칼슘이 많이 함유되어 있다.

(3) 보식, 솎기

① 보식은 발아가 불량한 곳이나 고사한 곳에 보충하여 이식하는 것이다.
② 솎기는 밀생한 곳에 일부를 제거하여 작물끼리 경쟁을 줄이고 공간을 넓혀 주는 작업이다.
③ 솎기는 생육 공간 확보를 통해 균일한 생육을 도와주고 불량한 개체를 제거해 우량한 개체만 남길 수 있다.

(4) 중경

① 파종이나 이식 이후에 작물 생육 기간에 작물사이 토양의 표토를 긁어 부드럽게 하는 토양관리를 중경이라 한다.
② 중경작업은 잡초의 방제, 토양의 이화학적 성질 개선을 통해 작물의 생육을 돕는다.

③ 중경의 효과

발아조장	파종이후 토양에 피막이 생겼을 때 중경작업을 실시하여 피막을 제거하면 발아가 조장된다.
통기성증진	작물이 생육하는 포장을 중경하여 토양의 가스교환과 미생물의 활동을 높이고 유기물 분해가 촉진되어 작물에 활력을 주게 된다.
수분증발억제	중경작업 시 토양을 얕게 작업하면 모세관이 절단되고 표면 공극이 좁아져 토양의 유효수분 증발이 줄어드는 효과가 있다.
비효증진	논토양의 경우 항상 물에 잠긴 상태이기에 표층은 산화층, 아래는 환원층이 형성된다. 이때 추비를 하고 중경작업을 실시하면 산화층과 환원층이 섞이면서 탈질작용이 억제되고 질소질 비료의 효과가 증진된다.

④ 중경의 단점

단근피해 발생	어린 작물의 경우 중경작업 과정에서 뿌리에 피해를 주게 되면 뿌리 흡수에 피해를 준다.
토양침식 발생	바람이 심하거나 건조가 심한 지역은 중경을 하면 토양의 건조 및 침식이 발생된다.
동상해 발생	환경에 따라 중경작업을 하면 지열의 유지가 되지 않아 저온의 피해가 발생할 수 있다.

(5) 멀칭

① 피복재료인 비닐, 플라스틱 필름, 건초를 이용하여 포장 토양의 표면을 덮는 작업을 멀칭이라 한다. 그리고 멀칭작업에 사용되는 피복재료를 멀치라 한다.

② 멀칭의 효과로는 토양의 침식 방지, 비료 유실 방지, 토양 건조 방지, 온도 조절, 잡초 발생 방지, 유익 박테리아의 증식 등의 효과가 있다.

③ 작물의 비닐은 주위 조건에 따라 적합한 색을 선별한다. 검은색 비닐은 뿌리의 지온 유지 및 잡초 발생을 억제해주며 투명비닐은 추운 계절 지온 상승과 습도의 유지에 도움을 준다. 최근에는 적색비닐을 통해 작물의 광합성량을 늘리는 등 색상에 따른 효과를 파악하고 선택한다.

④ 투명플라스틱 필름의 경우 지온의 상승, 토양의 건조 방지, 비료의 유실 방지 등의 효과가 있다. 불투명플라스틱의 경우 적색광을 차단하여 잡초의 발생을 억제해준다.

⑤ 스터블멀칭(stubble mulch farming)은 앞 작물의 그루터기를 남겨 풍식과 수식을 경감시키는 방법이다.

⑥ 토양멀칭은 포장의 표토를 곱게 중경하여 하층과 표면의 모세관이 단절되고 표면에 건조한 토칭이 생성되면서 멀칭한 것과 유사한 효과가 나타나게 하는 방법이다.

(6) 배토

① 배토는 작물 생육기간 중 골사이나 포기사이 흙을 포기 밑으로 긁어 모아주는 것을 말한다.

② 배토는 맥류, 채소류, 밭벼, 감자, 옥수수 등의 작물에 실시한다. 토란이나 파 등은 작물의 품질을 좋게 하고 소출을 증대시키며 맥류는 무효분얼을 억제하고 소출이 증대된다.

③ 배토의 목적 및 효과

새 뿌리 발생 조장	콩, 담배 등은 줄기의 밑동이 경화하기 전에 몇 차례 배토를 해주면 새 뿌리의 발생이 조장되어 생육이 증진된다.
도복 경감	옥수수, 수수, 등은 배토에 의해 줄기의 밑동이 잘 고정되어 도복이 경감된다.
무효분얼 억제	벼는 마지막 김매기를 하는 유효분얼종지기에 포기 밑에 배토를 해주면 무효분얼이 억제된다.
덩이줄기 발육조장	감자의 덩이줄기는 지하 10cm 정도 깊이에 발육할 수 있도록 배토를 해주면 발육이 조장된다.
배수 및 잡초 억제	콩 등을 평이랑에 재배하였다가 장마철 이전 깊은 배토를 해주면 배수로가 마련되어 과습기에 배수가 좋게 되고 잡초도 방제된다.

(7) 정지

① 과수 등에서 구관의 골격을 구성하는 원줄기, 원가지 등을 전정, 유인, 가지벌려주기 등의 방법을 적용하는 것을 정지라고 한다.

② 입목형 정지

  ㉠ 원추형

   • 수형이 원추상태가 되도록 하는 정지법으로 주간형 또는 폐심형이라고도 한다.

   • 원가지수가 많고 원줄기와의 결합이 강한 장점이 있으나 수고가 너무 높아 관리하기 힘들고 풍해를 심하게 받으며 과실의 품질이 불량해지기 쉽다.

  ㉡ 배상형(개심형)

   • 짧은 원줄기 상에 3~4개 원가지를 발달시켜 수형이 술잔모양이 되게 하는 방법이다.

   • 관리하기 수월하고 수관 내로의 통풍, 투광이 좋으나 원가지의 부담이 커서 가지가 늘어나기 쉽고 결과수가 적은 것이 단점이다.

ⓒ 변칙주간형
- 원추형과 배상형의 장점을 취할 목적으로 수년간 원추형으로 기르다가 뒤에 원줄기의 선단을 잘라 원가지가 바깥쪽으로 벌어지도록 하는 방법이다.
- 주간형의 단점인 높은 수고와 수관 내부의 광부족을 개선한다.

ⓔ 개심자연형
- 배상형의 단점을 개선한 방법으로 수형은 짧은 원줄기에 2~4개 원가지를 배치하되 원가지간에 15cm 정도의 간격을 두어 바퀴살가지가 되는 것을 피한다.
- 원가지는 곧게 키우고 비스듬히 사립시켜 결과부를 배상형의 경우보다 입체적으로 구성한다.
- 수관 내부가 완전히 열려 햇볕의 투과가 양호하고 과실의 품질이 좋으며 높이가 낮아 관리가 용이하다.

③ 울타리형 정지
ⓐ 울타리형은 포도나무의 정지법으로 많이 이용된다. 가지를 2단 정도로 길게 직선으로 친 철사에 유인하여 결속시킨다.
ⓑ 시설비가 적게 들고 관리가 용이하나 나무의 수명이 짧고 수량이 적은 단점이 있다.

④ 덕형 정지
ⓐ 덕형 정지(덕식)는 지상 1.8m 높이에 가로세로로 철선을 늘이고 결과부위를 평면으로 만들어 주는 수형이다.
ⓑ 주로 포도나무에 많이 활용되며 국내의 경우 배나무 재배에도 적용하기도 한다.
ⓒ 풍해를 적게 받고 수량이 많은 장점이 있으나 시설비와 작업노력이 많이 들고 가지가 혼잡하여 과실의 품질이 저하되는 단점이 있다.

(8) 전정

① 정지를 목적으로 한 가지절단 뿐 아니라 복잡한 가지, 오래된 가지의 제거나 결과 조절 및 가지의 갱신을 위해 과수 등의 가지를 잘라주는 작업을 전정이라 한다.

② 전정의 효과는 다음과 같다.
ⓐ 목표 수형을 만들 수 있다.
ⓑ 죽은 가지, 병해충 피해 가지, 오래된 가지 등을 제거하여 새가지로 갱신하여 결과를 좋게 한다.
ⓒ 가지를 솎아 수광 및 통풍을 좋게 하여 양질의 과실이 열린다.
ⓔ 결과 부위의 상승을 막아 공간 활용이 효율적이고 보호 및 관리가 용이하다.

⑩ 열매가지를 알맞게 절단하여 결과를 조절하여 해거리(biennial bearing)을 예방하고
적과의 노력을 적게 한다.

③ 과수의 결과 습성

㉠ 결과습성은 과수의 꽃눈이 형성되는 부위는 과수의 종류에 따라 다른데 이때
꽃눈이 착생하는 특성을 말한다.

㉡ 1년생 가지에 결실 : 감, 밤, 포도, 감귤, 무화과, 호두, 비파 등

㉢ 2년생 가지에 결실 : 복숭아, 매실, 살구, 자두 등

㉣ 3년생 가지에 결실 : 사과, 배 등

④ 기타 생육형태 조정법

㉠ 적심

순지르기라 하며 원줄기나 원가지의 순을 질러 그 생장을 억제하고 곁가지의
발생을 많게 하여 개화나 착과, 착립 등을 조장하는 것으로 과수, 과채류, 두류
등에 실시한다.

㉡ 적아

적아는 눈따기라 하며 눈이 트려고 할 때 필요하지 않은 눈을 손끝으로 따주는
작업을 말한다. 주로 포도나무, 담배, 토마토 등에 실시한다.

㉢ 환상박피

줄기나 가지의 껍질을 둥글게 벗기는 것으로 환상박피를 한 상부에서 생성된
동화양분이 껍질부를 통하여 내려가지 못해 화아분화가 촉진되고 과실의 발육과
성숙이 촉진된다.

㉣ 적엽

잎따기라 하며 하부의 낡은 잎을 따서 통풍 및 투광을 조정하는 작업이다.

㉤ 절상

눈이나 가지의 바로 위에 가로로 깊은 칼금을 넣어 그 눈이나 가지의 발육을
조장하는 것이다.

㉥ 휘기

언곡이라 하며 가지를 수평 혹은 그보다 더 아래로 휘어 가지의 생장을 억제하고
정부우세성을 이동시켜 기부에서 가지가 발생하도록 한다.

㉦ 제얼

제얼은 감자 재배에서 한 포기로부터 여러 개의 싹이 나올 경우 그중 충실한
것을 몇 개 남기고 나머지는 제거하는 작업이다.

18. 수경재배

(1) 수경재배

① 수경재배는 양액재배라 하는데 토양을 이용하지 않은 무토양 상태에서 작물을 여러 방법으로 고정시키고 작물생육에 필요한 필수 원소를 흡수비율에 따라 농도를 용해시 킨 배양액으로 작물을 재배하는 방법이다.

② 채소나 화훼의 수경재배 면적이 늘어나는 추세이며 국내의 경우 딸기, 장미 등에도 활용되고 있다.

③ 사용하는 약액은 pH, 온도, 용존산소, 농도, 성분 등의 관리가 필수적이다.

④ 이때 양액은 필수 무기양분을 골고루 갖춘 용액을 말하고 배지는 약액을 담고 뿌리를 고착시키는 불활성 물질로 모래, 자갈, 펄라이트 등 다양한 재료가 활용된다.

(2) 수경재배 특징

① 자원절약 및 환경보전에 효과가 좋다.

② 고품질의 무농약 농산물 생산이 가능하다.

③ 재배관리의 생력화, 자동화 등이 가능하다.

④ 연장이 가능하고 환경관리가 쉽다.

⑤ 생육이 빠르고 수량이 증대되며 장소에 구애받지 않는다.

⑥ 단점은 투자자본이 많이 필요하고 전문지식이 요구된다. 또한 양액의 완충능력이 약해 관리가 어렵다.

(3) 수경재배 종류

① 순수수경

  ㉠ 액상배지경 : 담액수경, 박막수경, 모세관수경이 있다

  ㉡ 기상배지경 : 분무경, 분무수경

② 고형배지경

  ㉠ 무기배지경 : 암면경, 펄라이트경, 사경

  ㉡ 유기배지경 : 훈탄경, 코코넛코이어경, 피트경

19. 냉해

① 여름작물이 생육상 고온이 필요한 여름철에 냉온에 의해 발생되는 피해현상을 냉해라 하고 식물체 조직 내에 결빙이 생기지 않을 정도의 저온의 피해를 저온해라 한다.

② 대표적으로 벼는 냉온에 약한 작물로 10℃ 이하의 냉온이 지속되면 냉해의 피해가 발생된다. 벼는 감수분열기에 이상발육이 초래되어 불임현상이 나타나기도 한다.

③ 냉해의 원인은 저온, 일조 부족, 다우 등이 있다.

④ 냉온 발생시 수분과 양분의 흡수 기능이 감퇴되어 식물호흡이 증가하며 식물의 동화작용과 생육에 저해되고 유해한 암모니아성 물질이 축적된다.

⑤ 냉해의 종류에는 지연형 냉해, 장해형 냉해, 병해형 냉해가 있으며 이러한 냉해는 복합적으로 나타날 경우 혼합형 냉해라고 한다. 복합적으로 나타날 경우 피해정도가 더욱 커진다.

지연형 냉해	생육 초기에서 출수기까지 여러 시기에 냉온을 만나 등숙이 지연되어 후기의 냉온에 의해 등숙불량이 나타나는 현상이 발생한다.
장해형 냉해	유수형성기에서 개화기까지 화분이나 배낭의 생식기관이 정상적으로 형성되지 못하거나 수정장해가 유발되는 등의 현상이 발생한다.
병해형 냉해	냉온 조건에서 증산작용이 감퇴되어 규산과 같은 양분 흡수가 저해되어 표면의 규질화 불량등으로 병해충의 침입이 쉬워진다.

⑥ 냉해의 대책

㉠ 냉해저항성 품종의 선택한다.

㉡ 방풍림조성 및 암거배수로 습답 개량, 객토의 누수답 개량, 지력배양 등의 입지조건을 개선한다.

㉢ 적절한 시비량을 적용한다.

㉣ 파종, 이식 등의 방법을 개선하는 재배적 방법의 개선을 강구한다.

20. 습해 및 수해

(1) 습해

① 습해는 토양수분이 작물의 생육에 필요한 수분량보다 과다하게 많을 경우 발생하는 피해현상이다. 보통 작물의 토양 최적함수량은 최대용수량의 80% 정도이며 이를 넘어서면 습해현상이 발생한다.

② 발생시 토양의 산소가 부족으로 환원성물질이 발생하고 이로 인해 증산 및 광합성 작용의 저해를 야기한다. 또한 토양산소가 결핍되어 뿌리의 호흡이 불량해지고 수분과 무기양분의 흡수에도 방해를 받게 된다.

③ 습해 현상이 지속될 경우 식물의 황변현상이 발생되고 잎의 위조가 나타난다.

④ 습해의 피해를 줄이기 위해 배수 철저, 객토 및 심경, 토양의 개량, 병충해 방제, 내습성 작물의 선택 등이 있으며 이랑을 높게 하여 재배하도록 한다.

⑤ 작물의 내습성은 미나리, 벼, 옥수수 등이 높은 편이며 파, 양파, 고추 등은 낮은 편이다.

⑥ 과수의 내습성은 올리브가 크며 다음으로 포도, 밀감, 감·배, 밤·복숭아·무화과 순서를 보이며 무화과나 복숭아는 작은 편이다.

⑦ 내습성 작물의 특징

  ㉠ 경엽에서 뿌리로 산소를 공급하는 능력이 크다.

  ㉡ 뿌리 조직의 목화로 환원성 유해물질을 침입을 막는다.

  ㉢ 근계가 얕게 발달하거나, 습해를 받을 경우 부정근의 발생력이 크다.

  ㉣ 뿌리가 환원성 유해물질에 대한 저항성이 크다.

(2) 수해

① 수해는 집중호우나 장마기간에 발생하는데 하천이나 강이 범람하면서 발생한다.

② 작물이 완전히 물에 침수되는 것을 관수해라 하는데 침수로 인하여 습해, 물리적 충격에 의한 작물의 손상, 도복의 피해가 발생한다.

③ 관수해의 피해가 더욱 커지는 원인으로 흙탕물이나 고인 정체수, 고수온 등이 있다.

④ 벼가 수온이 높아 정체탁수 중에서 급히 고사할 때는 단백질이 소모되지 못해 푸른 채로 죽는 것을 청고라 하고, 수온이 낮은 유동청수 중 단백질도 소모되고 갈색으로 변해 죽는 것을 적고라 한다.

⑤ 이러한 수해가 유발되기 시작하면 산소의 부족으로 인하여 무기호흡량이 많아져 작물 내에 에탄올성분이 축적된다.

⑥ 수해는 수온이 높을수록 질소질비료를 과용할수록 피해가 심해지며 피해를 줄이기 위해 침수에 강한 작물을 심기도 한다. 피, 수수, 옥수수 등은 침수에 강한 편이다.

⑦ 벼는 분얼 초기 침수에 강해 피해가 적게 나타나지만 수잉기에서 출수개화기에는 침수에 약해지면서 침수피해가 크게 나타난다.

⑧ 수발아

　　㉠ 화곡류의 이삭이 도복이나 강우에 의해 젖은 상태가 지속되면 이삭에 싹이 트는 현상을 수발아라 한다.

　　㉡ 수발아의 경우 종자의 품질이 나쁘고 수량이 극히 저하된다.

　　㉢ 수발아의 대책은 다음과 같다.

　　　　· 수발아에 위험이 적은 작물을 선택한다.

　　　　· 만숙종보다는 조숙종으로 선택한다.

　　　　· 조기수확을 한다.

　　　　· 출수 후 발아억제제를 살포하여 수발아를 억제한다.

　　　　· 도복을 방지한다.

⑨ 수해에 관여하는 요인

　　㉠ 작물적 요인 : 작물의 종류, 품종, 생육단계

　　㉡ 침수요인 : 수온, 수질, 침수기간

　　㉢ 재배적 요인 : 비료

⑩ 수해대책

　　㉠ 사전대책

　　　　· 경사지와 경작지의 토양을 보호한다.

　　　　· 경사정리를 하여 배수가 잘되게 한다.

　　　　· 수해상습지는 작물의 종류나 품종의 선택에 유의한다.

　　　　· 파종기 또는 이식기를 조절하여 수해를 회피한다.

　　　　· 질소질 비료의 과용을 피한다.

　　㉡ 침수시 대책

　　　　· 배수에 노력하여 관수기간을 짧게 한다.

　　　　· 물이 빠질 때 잎의 흙 앙금을 씻어준다.

　　　　· 키가 큰 작물은 서로 결속하여 유수에 의한 도복을 방지한다.

　　㉢ 사후대책

　　　　· 퇴수 후 새로운 물을 갈아 댄다.

- 표토가 많이 씻겨 내렸을 때 새 뿌리의 발생 후 덧거름을 준다.
- 침수 후 병충해 발생이 많아지므로 방제에 노력을 한다.
- 피해가 심할 경우 추파, 보식, 개식, 대작 등을 고려한다.

21. 가뭄해 및 열해

(1) 가뭄해(한해)

① 가뭄해는 토양수분의 부족으로 작물의 생육이 저해되어 위조현상이 발생하거나 심할 경우 고사한다.

② 작물이 수분이 부족하게 되면 증산 및 광합성이 줄어들고 동화물질이 감소되면서 위조상태에 이르게 되면서 생장이 억제되게 된다. 또한 병해충에 대한 저항성이 약해지고 효소작용이 원활하게 되지 않아 심할 경우 고사하게 된다.

③ 한해의 경우 토양의 점토질 적을수록 피해를 받기 쉽다. 예를 들어 상대적으로 사토의 경우 한해의 피해를 입기 쉽기 때문에 점토를 객토하거나 유기질을 공급하여 토성을 개량한다.

④ 벼의 경우 수잉기에 한해의 피해를 많이 받으며 상대적으로 분얼기에는 적게 나타난다.

⑤ 가뭄해를 방지하기 위한 대책은 다음과 같다.

㉠ 관개시설을 만들고 가뭄해에 강한 작물을 선택하거나 재식밀도를 낮추어 준다.
㉡ 토양수분의 유지를 위해 토양을 입단화하여 증발을 억제하도록 피복작업을 해준다.
㉢ 질소질 과용을 피하고 인산, 칼륨을 사용해 준다.
㉣ 뿌림골을 낮추어 주며 논에서는 직파재배를 한다.

⑥ 가뭄해에 강한 내건성 작물의 특징은 아래와 같다.

㉠ 잎이 왜소하고 작을 수록 내건성이 강하다.
㉡ 지상부에 비해 뿌리의 발달이 좋아야 한다.
㉢ 엽맥과 울타리조직(책상조직)이 발달하여야 한다.
㉣ 표피와 각피가 발달하여야 하고 기공이 작고 수가 적어야 한다.
㉤ 표면적(지상부)/체적(전체부피)의 비율이 작아야 한다.
㉥ 세포액의 삼투압이 높고 세포가 작을수록 내건성이 강하다.

(2) 열해

① 주위의 온도가 작물이 생육할수 있는 온도 범위를 넘어 고온의 피해가 발생되는 경우 열해라고 한다.

② 고온에서는 유기물의 소모가 늘어난다.

③ 고온에서 단백질 합성이 저해되고 암모니아 축적이 많아진다.

④ 고온에서 철분의 침전에 의한 엽록소 형성장해가 발생하여 황화현상이 나타난다.

⑤ 식물의 증산량이 증가하고 뿌리의 수분흡수력이 감소하여 증산과다를 유발하여 식물의 위조현상이 나타난다.

⑥ 열해에 대한 저항성을 내열성이라 하고 내열성 작물의 특징은 다음과 같다.

　㉠ 당분, 단백질, 염류 등이 증가할수록 내열성이 증대한다.

　㉡ 늙은 잎이 어린 잎보다 내열성이 크다.

　㉢ 원형질의 점성이 높고 원형질막의 수분투과성이 크면 내열성이 크다.

　㉣ 세포 내 결합수가 많고 유리수가 적을수록 내열성이 커진다.

⑦ 식물체 부위에 따른 내열성은 다음과 같다.

　㉠ 지상부가 지하부보다 내열성이 강하고 지상부 중에서는 수분이 적고 당함량이 많은 기관이 강하다.

　㉡ 눈과 어린잎은 비교적 내열성이 강하다.

　㉢ 미성엽과 중심주는 내열성이 가장 약하다.

　㉣ 주피와 늙은 잎은 내열성이 강하다.

⑧ 하고현상

　㉠ 하고현상은 내한성이 강하여 월동을 하는 북방형 목초가 여름철과 같은 고온으로 인하여 생육장해를 일으키는 현상을 말한다.

　㉡ 하고현상의 원인에는 고온, 건조, 병해충, 장일, 잡초 등으로 나타나기도 한다.

　㉢ 하고 현상이 심한 목초의 종류에는 티머시, 블루그라스, 레드클로버 등이 있고 상대적으로 하고현상이 적은 종류에는 라이그라스, 화이트클로버, 오처드그라스 등이 있다.

　㉣ 하고현상 대책

　　• 스프링플러시 억제 : 봄철 일찍 방목하거나 채초를 하고, 덧거름을 늦게 여름철에 주면 스프링플러시의 정도를 완화시켜 하고현상이 완화된다.

　　• 관개 : 고온건조기에 관개를 하면 수분을 공급하여 지온이 낮아지면서 하고현상이 억제된다.

· 초종의 선택 : 하고현상이 적은 우량초종을 선택한다.

· 혼파 : 하고현상이 없는 난지형 목초를 혼파한다.

· 방목 및 채초의 조절 : 약한 정도의 방목과 채초가 하고현상을 경감시킨다.

22. 동해 및 상해

⑴ 동해 및 상해

① 동해는 저온에 의해 작물 조직 내에 결빙이 발생하는 피해를 말하며 상해는 서리에 의한 피해를 의미한다. 동해와 상해를 합쳐서 동상해라 한다.

② 서릿발에 의한 피해를 상주해라 하며 서릿발은 토양수분이 많고 추위가 심하지 않을 경우 발생하는데 상주해를 방지하기 위해 퇴비를 이용하고 배수를 개선해야 한다.

③ 추위에 대한 작물의 내동성이 중요한데 품종에 따라 차이가 있으나 작물내부에 수분 함량이 적거나 유지함량이 높을수록 내동성이 강한편이다.

④ 작물의 당분 함량이 많거나 삼투포텐셜이 낮은 경우에도 내동성이 증가된다.

⑤ 원형단백질이 많을수록 내동성은 증가하며 단백질 중에 –SS 기 보다 –SH 기가 많은 것이 내동성 증가에 유리하다.

⑵ 동상해의 대책

① 일반 대책

㉠ 이러한 추위로 인하여 발생되는 대책으로 방풍림 조성을 통해 찬바람을 막아준다.

㉡ 저습지대의 경우 배수구를 설치하여 토양에 다량의 수분이 체류하는 것을 막아준다.

㉢ 내동성에 강한 품종을 선택한다.

㉣ 유기질비료, 인산, 칼륨, 규산 비료를 뿌려주면 내동성을 증대시킬 수 있으며 특히 칼륨, 규산을 공급하는데 좋다.

㉤ 이랑을 세워 뿌림골을 깊게 한다.

② 응급 대책

㉠ 관개법 : 서리가 예상되는 지역은 저녁에 충분히 관개하는 방법

㉡ 송풍법 : 지상 10m 높이에 송풍기를 설치하여 따뜻한 공기를 지면으로 송풍하는 방법

㉢ 발연법 : 연기를 발산하여 지온의 방열을 막는 방법

㉣ 피복법 : 비닐 등을 덮어 보온을 유지하는 방법

㉤ 연소법 : 발열재료를 연소시켜 열을 공급하는 방법

ⓑ 살수빙결법 : 스프링클러로 물을 뿌려 식물의 표면을 동결시켜 잠열을 이용해
식물체온을 유지하는 방법

③ 사후대책

㉠ 인공수분을 한다.

㉡ 적과를 늦춘다.

㉢ 영양상태의 회복을 꾀한다.

㉣ 병충해를 방제한다.

㉤ 심하면 대작을 한다.

23. 도복과 풍해

(1) 도복

① 도복은 외부의 물리적 힘에 의해 작물이 쓰러지는 것으로 주로 화곡류와 두류에서
발생한다.

② 화곡류에서 이삭이 무거워지고 줄기가 취약해지는 등숙후기에 도복의 가능성이 높다.

③ 작물이 도복하게 되면 줄기에 달린 경엽들이 엉켜 햇빛을 제대로 받지 못해 광합성이
저하되어 결과적으로 생장이 저하된다.

④ 도복이 심하면 줄기나 뿌리에 상처가 발생되어 병해충에 감염위험성이 높아진다.

⑤ 영양생장이 부족하면 종실에도 영향을 주어 결국 품질 저하로 이어지게 된다.

⑥ 도복의 발생 조건

㉠ 바람 등의 기상적 요인

㉡ 질소 성분의 과잉 흡수

㉢ 과도한 밀식에 의한 근계발달의 불량

㉣ 유전적으로 도복에 취약한 품종의 선택

⑦ 도복의 대책

㉠ 품종의 선택시 키가 크기보다 대가 튼튼한 것을 선택한다.

㉡ 질소질 비료의 과용을 피하고 칼리질 및 규산질 비료를 사용한다.

㉢ 병해충을 방제한다.

㉣ 밀도 조절을 통해 통풍과 수광태세를 개선한다.

㉤ 배토, 답압, 토입 등을 해준다.

⑵ 풍해

① 풍해는 바람에 의해 발생되는 피해현상으로 바람이 강할수록 피해가 커진다.

② 바람에 의해 도복이 발생하고 과수류의 경우 낙과를 초래한다.

③ 바람이 강할 경우 물리적 손상에 의한 상처가 발생하여 병해충에 취약해지고 작물의 호흡이 증가되어 양분의 소모가 증가된다.

④ 풍해를 방지하기 위해 방풍림 조성이 가장 효과적이며 내풍성 및 내도복성 수종의 선택, 비배관리, 풍향의 직각방향 이랑 만들기 등의 방법이 있다.

⑤ 풍해의 기계적 장해

　　㉠ 벼, 맥류에서 도복, 수발아, 부패립 등이 발생한다.

　　㉡ 벼에서 수분, 수정이 저해되고 불임립이 발생한다.

　　㉢ 상처 발생시 도열병 및 식물병이 발생한다.

　　㉣ 과수에서는 절손, 열상, 낙과 등이 발생한다.

⑥ 풍해의 생리적 장해

　　㉠ 상처가 발생하면 호흡이 증대되어 채내 양분의 소모가 증가한다.

　　㉡ 상처가 건조하면 광산화반응을 일으켜 고사한다.

　　㉢ 풍속이 강하고 공기가 건조하면 증산이 심해져 식물체가 건조해진다.

　　㉣ 풍속이 강해지면 기공이 닫혀 이산화탄소 흡수가 감소되어 광합성이 감퇴한다.

　　㉤ 백수현상은 벼의 출수 직후 건조한 강풍이 불면서 탈수가 빨라 백수가 되는 것을 말한다. 이러한 백수현상은 공기습도 60%, 풍속 10m/sec 의 조건에서 주로 발생한다.

24. 수확

(1) 수확시기 결정

① 벼의 수확시기는 출수 후 40~50일 정도이며 벼알이 황색이나 수축의 색깔이 대체로 황변한 때, 수축이 끝에서 2/3 정도 황색으로 마른 때이다.

    ㉠ 유숙기는 개화 수정 후 10~14일 경이다.

    ㉡ 호숙기는 개화 수정 후 15~25일 경이다.

    ㉢ 황숙기는 개화 수정 후 30~40일 경이다.

    ㉣ 완숙기는 개화 수정 후 40~50일 경이다.

    ㉤ 고숙기는 벼알에 녹색이 없는 완숙된 시기이다.

② 적산온도

    ㉠ 일평균기온을 누적시켜 보통 벼는 출수 후 950℃ 정도가 되면 수확 적기가 된다.

    ㉡ 일평균기온 14℃ 이하는 동화능력이 떨어져 계산하지 않는다.

③ 출수기 기준

    ㉠ 조생종은 출수 후 40~45 일이다.

    ㉡ 중생종은 출수 후 45~50 일이다.

    ㉢ 만생종은 출수 후 50~55 일이다.

④ 벼알색 기준

    ㉠ 벼알이 90% 정도 황변한 시기가 적기가 된다.

    ㉡ 벼는 수확 시기가 너무 빠르면 청미와 사미가 많아지고 수량이 감소된다.

    ㉢ 수확이 늦어지면 과숙미가 되어 동할미가 많아지며 색깔이 불량해진다.

⑤ 기타 작물의 수확시기

    ㉠ 감자의 경우 잎과 줄기가 누렇게 변했을 때부터 완전히 마르기 직전까지가 수확적기이다.

    ㉡ 고구마는 줄기가 마르기 시작하는 10월쯤이 수확적기이다.

    ㉢ 단옥수수는 수염이 나온 후 23~25일경이 수확적기이다.

⑥ 원예작물 수확적기

    ㉠ 수확된 원예작물의 성숙도는 저장수명과 품질에 중요한 변수로 작용하여 취급 및 판매에 영향을 준다.

    ㉡ 호흡상승(climacteric rise)은 과일의 성숙기간 중 호흡작용이 증가하는 상태로

이때가 수확적기이다.

ⓒ 과실의 개화 후 성숙할 때까지의 일수는 품종에 따라 대게 일정하나 수세, 입지, 기상 등에 따라 다소 차이가 있다.

ⓔ 노지재배의 경우 애호박은 7~10일, 가지는 20~30일, 토마토는 40~50일 정도의 기간을 가진다.

ⓜ 과실은 성숙기가 되면 전분이 당으로 변화하기에 요오드 검색법을 통해 수확적기를 예측할수 있다. 전분과 요오드가 결합하면 청색으로 변하기에 과실이 성숙할수록 전분량이 적어지면서 요오드와 결합하는 청색의 분포도가 줄어들게 된다.

ⓗ 사과와 토마토와 같은 과실은 과피의 착생정도를 통해 판정하기도 한다.

ⓢ 열매꼭지의 탈락 정도를 통해 수확적기를 판정한다.

(2) 성숙

① 종자나 과실의 내용물이 충실하고 발아력이 완전하며 수확의 최적상태가 되었을 경우를 성숙이라 한다.

② 성숙도를 판단하는 기준에는 색깔, 경도, 크기와 모양, 호흡정도, 전기저항 등이 있다.

③ 식물의 성숙은 식물자체에 기준을 두는 생리적 성숙과 이용의 기준을 둔 상업적 성숙으로 분류되며 상업적 성숙은 작물이 수확적기가 되었음을 의미한다.

④ 오이, 가지 등은 생리적으로는 성숙하지 않았지만 상업적 성숙이 되어 이용한다.

⑤ 상업적성숙과 생리적 성숙이 일치하는 작물은 사과, 토마토, 양파, 감자 등이 있다.

25. 수확 후 처리

(1) 벼의 수확 후 처리

① 건조

ⓐ 벼를 베었을 경우 벼알의 수분 함량은 대략 20% 이상이다.

ⓑ 수확한 벼는 15.5% 정도로 건조시키고 탈곡하면 탈곡능률이 좋아지고 도정률이 높아지고 변질되지 않는다.

② 탈곡

ⓐ 수분 함량이 15.5% 이하인 벼가 능률적이나 기상조건이 불량할 경우 탈곡 후 건조해야 한다.

ⓑ 보리의 경우 기계적 손상을 최소화 하기 위해 17~23% 정도로 건조하여 탈곡하도록 한다.

③ 도정
  ㉠ 수확한 조곡을 가공하여 식용 가능한 정곡으로 가공하는 것을 도정이라 한다.
  ㉡ 조곡인 정조의 껍질을 벗겨서 현미로 만드는 것을 제현이라 한다. 이때 현미는 벼의 도정 과정에서 왕겨를 제거한 것이다.
  ㉢ 도정은 과정은 벼를 정선, 제현, 현미분리, 현백, 쇄미분리 등의 과정을 거친다.
  ㉣ 제현율은 품종, 숙도, 건조 등에 따라 다르며 중량은 약 75%, 용량 55% 정도이다.

④ 염수선
  ㉠ 볍씨 염수선은 양분이 충분한 종자를 얻기 위한 방법이다. 일반적으로 충실한 종자는 무거운 종자를 의미하기에 이를 선별하기 위해 소금물에 담가 염수선을 실시한다.
    · 메벼 염수선 비중 : 1.13 (물 18L + 소금 4.5kg)
    · 찰벼 염수선 비중 : 1.04 (물 18L + 소금 1.36kg)
  ㉡ 보통 볍씨 염수선을 위해 염수의 비중은 1.13으로 하여 달걀을 띄우면 500원짜리 동전의 크기가 되도록 한다. 아래는 소금물의 비중과 계란의 뜬 모양을 나타낸 그림이다.

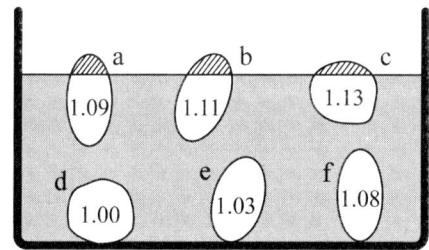

  ㉢ 메벼의 염수선 비중은 1.13, 까락이 있는 메벼는 1.1, 찰벼와 밭벼는 1.08 정도이다.

(2) 원예작물의 수확 후 처리

① 후숙
  ㉠ 미숙한 과실을 수확하고 일정 기간 보관하여 성숙시키는 것을 후숙이라 한다.
  ㉡ 바나나, 키위, 감귤 등에 주로 적용한다.
  ㉢ 에틸렌과 같은 물질을 활용하여 착색증진 및 연화 등을 촉진시켜 상품의 가치를 향상시키게 된다.

② 예랭(예냉)
  ㉠ 고온상태에 수확된 청과물을 수확 직후 적당한 품온까지 냉각하여 과실자체의 호흡량, 성분이나 물성의 변화를 억제하여 품질을 유지할수 있는 냉각작업을 예랭

(예냉)이라 한다.

  ⓛ 예랭은 수확 직후 청과물의 품질 유지에 좋은 방법으로 호흡량을 줄이고 저장양분
  의 소모를 감소시킨다.

③ 큐어링

  ㉠ 큐어링은 고구마, 감자, 양파 등에 상처가 발생한 경우 상처를 아물게 하거나
  코르크층을 형성시켜 수분의 증발을 줄이고 미생물의 침입을 예방하는 방법이다.

  ⓛ 고구마는 수확 후 1주일 이내 온도 30~33°C, 습도 85~90% 조건에서 4~5일 정도
  큐어링 한 후 열을 방출시키고 저장하면 상처가 아물게 된다. 온도와 습도를 낮게
  하면 치유시간이 오래 걸리고 중량이 감소하게 된다.

  ⓒ 감자는 수확 후 온도 15~20°C, 습도 85~90% 조건에서 2주일 정도 큐어링 하도록
  한다.

  ⓔ 양파는 건조가 어느정도 된 경우 온도 30~35°C, 습도 70~80% 조건에서 5일 정도
  처리한다.

④ 예건

  ㉠ 식물의 외층을 건조시켜 내부조직의 수분증산을 억제시키는 방법이다. 수확 직후
  수분을 일정량 증산시켜 과습으로 인한 부패를 방지할수 있다.

  ⓛ 수분함량이 많고 증산속도가 빠른 양배추 등의 엽채류는 외엽 1층이 거의 마를
  때까지 예건시키는 것이 저장에 유리하다.

26. 작물 저장

(1) 저장에 관여하는 영향인자

① 저장에 관여하는 요인에는 온도, 습도, 호흡량, 품종 등이 있다.

② 과실의 저장은 온도를 낮출수록 저장에 유리하며 낮은 온도 조건에서는 농산물의
 호흡이 줄면서 보유한 양분의 소비가 줄어들어 저장에 유리하다.

③ 습도 조절을 통해 과실의 수분함량이 줄어드는 것을 방지하도록 한다. 과실의 수분함량
 이 줄어들면 상품의 가치가 감소하고 탈수로 인한 스트레스로 에틸렌 생성이 촉진된다.

④ 품종은 조생종보다 만생종이 장기 저장에 유리하다.

⑤ 과실의 저장 중 에틸렌 생성량을 줄이면 저장기간을 연장시키는데 유리하다.

⑥ 에틸렌은 농산물의 노화와 부패를 촉진하기도 하지만 덜 익은 과일의 성숙을 촉진하는
 긍정적인 역할도 한다.

⑦ 에틸렌 발생이 많은 농산물로 사과, 살구, 바나나, 무화과, 복숭아, 감, 자두, 토마토 등이 있다.

⑧ 에틸렌에 민감하게 반응하는 농산물로 키위, 감, 오이, 배, 가지, 토마토 등이 있다.

(2) 저장 종류

① 상온저장

㉠ 상온저장은 보통저장이라 하며 외기의 온도 변화에 따라 강제송풍처리, 보온단열, 밀폐처리 등으로 가온이나 저온처리장치 없이 저장하며 다음과 같은 방법들이 있다.

지하매몰저장	배추, 양배추, 파 등을 지하에 묻어서 저장하는 방법이다.
움저장	감자, 무 등을 지하에 알맞은 길이의 움을 파고 저장한다.
굴저장	깊은 굴을 파고 깊숙한 곳에 고구마 등을 저장한다.

㉡ 환기저장은 지상부 혹은 반 지하부에 외부의 공기를 유입하여 저장고내의 온도를 유지하는 방법이다. 설치비용이 저렴하고 작동이 쉬워 고구마, 감자의 저장에 많이 이용된다.

㉢ 환기저장 시 감자의 저장온도는 1~4℃, 저장습도는 80~95% 이다. 고구마의 경우 저장온도 12~15℃, 저장습도 80~95% 이다.

㉣ 굴저장을 하는 고구마는 통기가 잘 되도록 환기시설을 갖추는 것이 좋다.

② 저온저장(냉장)

㉠ 냉각에 의해 일정 온도까지 품온을 내린 후 저장하는 것을 저온저장이라 한다.

㉡ 저온 저장을 통해 나타나는 효과는 다음과 같다.
- 미생물의 증식 지연
- 수확 후 작물의 대사작용 지연
- 효소에 의한 지질의 산화와 갈변 지연
- 영양성분의 손실 및 수분 손실 지연

㉢ 저온저장의 효과가 큰 과실은 사과, 배, 복숭아, 자두, 포도 등이 있으며 호흡 및 대사작용이 억제되어 환원당 함량이 증가되어 단맛이 높아지게 된다.

㉣ 원예생산물의 저장에서도 저장온도가 중요하며 저온저장을 통해 작물의 변질속도를 느리게 하여 저장에 유리하다.

㉤ 일반적 저온저장을 위한 상대습도는 85~95% 정도를 유지해야 한다.

㉥ 곡류는 저장습도가 낮을수록 좋지만 과실이나 영양체는 저장 습도가 상대적으로

높은 것이 좋다.

Ⓢ 작물별 적정 저장온도는 다음과 같다.

저장온도(℃)	종류	저장온도(℃)	종류
0 혹은 그 이하	콩, 당근, 마늘, 상추, 버섯, 양파, 시금치	7~12	애호박
0~2	아스파라거스	7~13	오이, 가지, 수박, 토마토(완숙과)
1~4	감자	13 혹은 그 이상	생강, 고구마, 토마토(미숙과)
2~7	서양호박	15 이하	미곡

ⓞ 과수별 적정 저장온도는 다음과 같다.

저장온도(℃)	종류
0~2	사과, 배, 복숭아, 포도, 자두
4~5	감귤
7~13	바나나

③ CA 저장

㉠ CA 저장은 대기조성과 다르게 이산화탄소(CO_2)의 농도를 증가시키고 산소(O_2)의 농도를 낮추어 저장물의 호흡을 억제하고 저온 저장하는 방법이다. CA 저장 방법을 통해 과일의 경우 장기 보관에서도 신선함을 유지할 수 있다.

㉡ CA 저장법은 꾸준한 기술개발을 통해 여과시스템을 이용한 압축공기로부터 질소를 공급하는 시스템, 낮은 산소 농도 저장, 저에틸렌 CA 저장, 급속 CA 저장 등 다양한 기술이 개발되었다.

㉢ 미곡의 경우 수분함량이 15% 이하로 유지하고 저장고 내 온도는 15℃ 이하, 상대습도 70% 이하로 유지하며 공기조성은 산소 5~7%, 이산화탄소 3~5% 로 유지시키는 것이 안전하다.

(3) 작물별 안전저장 조건

① 고구마

· 안전저장 조건은 온도 13~15℃, 상대습도 85~90%이다.

· 단, 저장전처리로 반드시 큐어링을 해야 한다.

· 큐어링은 수확 직후 30~33℃, 상대습도 90~95%에서 3~6일간 실시한다.

· 큐어링이 끝나면 13℃까지 방냉한 후 본저장을 한다.

② 바나나

열대작물이므로 13℃ 이상에서 저장하며, 13℃ 이하에서는 냉해를 입는다.

③ 과실

대부분의 과실은 온도 0~4℃, 상대습도 80~85% 에 저장하는 것이 알맞다.

④ 엽, 근채류

대부분의 엽채류는 온도 0~4℃, 상대습도 90~95% 에 저장하는 것이 알맞다.

⑤ 마늘

상온저장은 0~20℃, 상대습도 70%가 알맞고, 저온저장은 3~5℃, 상대습도 약 65%가 알맞다. 단, 수확 직후의 마늘은 수분함량이 약 80% 정도로 예건 과정을 거쳐 수분함량을 65% 정도로 낮추어야 한다.

⑥ 식용감자 및 씨감자

· 온도 3~4℃, 상대습도 85~90% 이다.

· 수확 직후 약 2주 동안 바람이 잘 통하고 10~15℃의 서늘한 곳에서, 습도는 다소 높게 유지하여 큐어링한다.

27. 수량구성요소

① 작물의 단위면적당 수확량을 수량이라 하며, 수량에 영향을 미치는 여러 요인을 수량구성요소 한다.

② 벼의 수량은 조곡, 현미, 백미의 무게를 나타내며 단위면적당 이삭수, 이삭당 영화수, 등숙비율, 천립중 등 4가지 수량구성요소에 의해 결정된다.

벼의 수량 = 단위면적당 이삭수×이삭당 영화수×등숙률×천립중(g)

　　　　 = 단위면적당 영화수×등숙률×천립중

③ 직파재배의 경우 단위면적당 이삭수는 이앙재배의 2배 정도지만 수당영화수는 적어 단위면적당 영화수는 큰 차이가 없다.

④ 이앙재배의 단위면적당 이삭수는 분얼능력에 의해 결정되며 최고분얼기 후 10일에 결정되나 직파재배는 재식밀도와 출아율에 결정된다.

⑤ 벼의 수량은 수분함량 14% 정곡으로 나타내며 현미에서 정곡으로 환산할 경우 1.25 의 환산계수를 사용한다.

⑥ 수확지수는 생물적 수량의 경제적 이용 가능한 부분의 지표로 [건조종실량 ÷ 전건물중] 으로 나타낸다.

28. 토양의 물리적 성질

(1) 토성

① 토양은 고상, 기상, 액상으로 구성되어 있으며 고상의 대부분은 무기물이, 기상은 토양공기, 액상은 토양수분을 의미하며 고상:액상:기상=50:25:25 비율로 구성되어 있는 것이 작물이 크기에 가장 이상적인 구조이다.

② 토성은 모래(미사, 조사), 점토 함량을 기준으로 분류하는데 주로 점토를 기준으로 분류하며 사토, 식토, 양토, 사양토, 식양토 등으로 분류된다.

토양	진흙정도(%)	촉감에 의한 판정
사토	12.5 이하	· 거의 모래 뿐인 것 같은 촉감이다. · 손바닥 안에서 뭉쳐지지 않고 그대로 부서지고 손가락을 이용하여 띠를 형성하지 못한다.
사양토	12.5 ~ 25.0	· 대부분 모래인 것 같은 촉감이다.
양토	25.0 ~ 37.5	· 반 정도 모래인 것 같은 촉감이다. · 손 안에서 토양이 뭉쳐지지만 띠를 만들 때 2.5cm 이상 길어지지 않는다.
식양토	37.5 ~ 50.0	· 약간의 모래가 있는 것 같은 촉감이다. · 손 안에서 뭉쳐지며 띠를 만들 때 약 5cm 까지 늘어난다.
식토	50.0 이상	· 진흙으로만 된 것 같은 촉감이다. · 손 안에서 뭉쳐지고 띠를 만들 때 5cm 이상 늘어나고 매끄러운 느낌이다.

③ 토양의 공극 및 상태에 따라 통기성 및 투수성이 결정되며 토성 중 사토가 가장 크며 다음 순서로 사양토, 양토, 식양토, 식토의 순서로 식토가 가장 작다.

④ 국제토양학회에서는 토양입자의 입경에 따라 아래와 같이 분류된다.

입자	입경(mm)
자갈	2.0 이상
조사(거친모래)	0.2 ~ 2.0
세사(가는모래)	0.02 ~ 0.2
미사(고운모래)	0.002 ~ 0.02
점토	0.002 이하

⑤ 미국농무부(USDA)의 토양입자 분류는 다음과 같다.

입자	입경(mm)
자갈	2.0 이상
매우거친모래	1.0 ~ 2.0
거친모래	0.5 ~ 1.0
보통모래	0.25 ~ 0.5
고운 모래	0.10 ~ 0.25
매우 고운 모래	0.05 ~ 0.10
미사	0.002 ~ 0.05
점토	0.002 이하

⑥ 자갈이나 모래가 많은 토양의 경우 빈공극이 많아 통기성이 좋으나 보수력이나 보비력이 낮아 작물의 생육에는 오히려 불리하다. 점토함량이 많은 토양의 경우 보수력과 보비력은 좋으나 공극이 작아 통기성이 불량하여 이 역시도 작물의 생육에는 불리하다.

⑦ 신토양분류법

　㉠ 형태론적 토양분류법은 전세계 토양을 12개의 목으로 분류하였다.

　㉡ 국내의 토양목은 알피솔, 안디솔, 엔티솔, 히스토솔, 인셉티솔, 몰리솔, 울티솔로 7개의 목이 분포한다.

　㉢ 형태론적 토양분류법은 아래와 같다.

알피솔(alfisols)	토양의 B층에 점토가 집적된 아지릭(argilic)층이 나타나는 토양으로 하천 주변의 평탄지와 중성암 혹은 염기성암 위에 발달된 구릉지에서 주로 나타난다.
안디솔(andisols)	화산재를 모재로 발달한 토양으로 유기물 함량이 높고 어두운 편이다. 제주도 및 철원지역에 분포하며 국내 토양의 1.3% 정도가 해당되며 주요광물은 알로판(allophane)이다.
아라디솔 (aridisols)	건조한 지대에 생성되는 염류집적 토양이다.
엔티솔(entisols)	토양발달과정이 거의 없는 토양으로 국내 토양의 13.7% 가 해당된다.
젤라솔(gelisols)	툰드라지대의 영구동결층
히스토솔(histosol)	늪지대와 같이 유기물 분해가 완만하여 집적량이 많은 토양으로 국내 토양의 0.004% 가 해당된다.
인셉티솔 (inceptisols)	온대, 열대습윤지대에서 생성되며 토층발달이 중간 정도의 토양으로 국내 토양의 69.2% 정도가 해당된다.
몰리솔(mollisols)	유기물 함량이 많고 물리성이 좋으며 국내 토양의 0.1% 정도가 해당된다.

옥시솔(oxisols)	풍화와 용탈이 매우 심하게 일어나는 고온다습한 열대지역으로 양분 보유량이 적어 비옥도가 낮다.
스포도솔 (spodosols)	용탈이 용이한 사질 모재 조건과 냉온대 습윤조건에서 발달한다.
울티솔(ultisols)	온난, 습윤한 열대나 아열대 지역에서 발달하며 국내 토양의 4.2% 가 해당된다.
버티솔(vertisols)	점토분이 많은 토양으로 건조와 습윤이 교호되는 아열대, 열대에 서 생성된다.

⑧ 토성 삼각도법

　⊙ 모래, 미사, 점토의 함량비를 이용한다.

　ⓒ 2 가지 이상의 함량비를 삼각도표 보조 선상에서 검색한다.

　ⓒ 삼각형 안으로 각 변과 평행하게 선을 그어 만나는 점의 구역이 토성이 된다.

　② 만나는 점이 경계에 있을 경우 작은 알갱이가 많은 토성의 이름을 정한다.

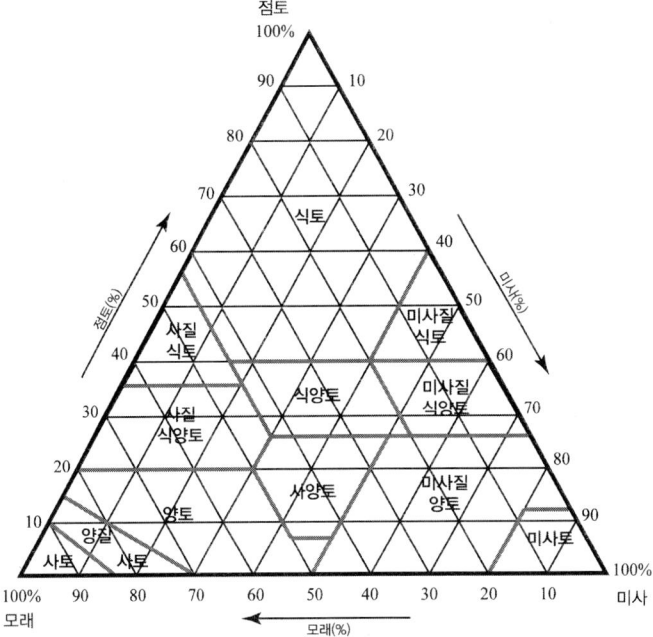

⑨ 토양의 분류에서 가장 기본이 되는 단위를 토양통이라 한고 표토를 제외한 심토의 유사한 페돈(Pedon)들을 모아 하나의 토양통으로 구성한다.

⑩ 페돈(Pedon)은 각개 토양의 특성을 확정할 수 있는 최소 용적의 단위체를 말한다.

⑪ 우리나라에서 밝혀진 토양통은 이용 측면에서 논토양, 밭토양, 산림토양으로 나누어지 며 논토양 약 150개, 밭토양 약 125개, 산림토양 100 개 정도가 있다.

⑫ 토성에 따른 재배하기 적합한 작물의 종류는 다음과 같다.

(O : 재배적지 , △ : 재배 가능지)

작물의 종류	사토	사양토	양토	식양토	식토
감자	O	O	O	O	△
콩, 팥	O	O	O	O	O
고구마, 녹두	O	O	O	O	
근채류	O	O	O	△	
오이, 양파	O	O	O		
귀리	△	△	O	O	△
보리		O	O		
수수, 옥수수, 메밀		O	O	O	
목화, 완두		O	O	△	
밀				O	O
아마, 담배, 피		O	O		

(2) 토양의 구조

① 토양 구조는 토양입자의 배열상태를 말하며 토양입자가 개별적으로 있는 경우 단립구조, 서로 결합되어 무리를 이루는 경우를 입단구조라 정의한다.

단립구조(홀알구조)	입단구조(떼알구조)
· 토양에서 각각 독립적으로 존재하는 구조로서 큰공극이 많아 수분 및 비료의 함량이 적은 편이다. · 대표적으로 모래와 미사가 단립구조를 가진다.	· 여러 입자들이 하나의 단체를 만들고 단체끼리 모여 입단을 만드는 구조로 통기성이 좋고 적정량의 수분을 보유한다. · 식물이 생육하기에 수분 및 공기의 유동에 적합한 구조이다.

② 입단을 조성하기 위해서는 칼슘(Ca^{2+})과 같은 양이온의 작용과 점토, 유기물 등을 첨가, 콩과식물의 재배, 토양의 피복, 토양개량제(krillium, PVC) 등을 통해 구조를 개선해야 한다.

③ 유기물질의 수산기 혹은 카르복시기가 점토광물과 결합하면서 입단을 형성하거나 토양에서 죽은 식물체가 미생물의 분해작용으로 분해되면서 입단이 조성되기도 한다.

④ 입단의 분해 혹은 파괴가 일어나는 경우는 과도한 경운작업과 같은 물리적 충격을 주거나 환경 및 기상에 의한 입단의 수축, 팽윤의 반복 혹은 입단구조에서 반발력이

있는 이온(나트륨이온 등)이 과다할 경우 발생한다.

⑤ 토양구조는 모양에 따라 구상구조(입상구조), 괴상구조, 주상구조, 판상구조 등이 있다.

구상구조	· 구상구조는 입상구조라 하며 주로 유기물이 많은 표층토에서 발달하고 입단이 구상을 나타낸다. · 외관은 거의 구상이고 유기물이 많은 건조한 곳에서 생성된다. 모양은 둥글고 직경은 1cm 이하의 작은 입단으로 되어 있다.
괴상구조	· 배수와 통기성이 양호하고 뿌리의 발달이 원활한 심토층에 주로 발달된다. · 입단의 모양은 불규칙하나 대개 6면체로 되어 있으며 덩어리의 외면 특성에 따라 각이 있으면 각괴라고 하며 각이 없으면 아각괴라 한다.
주상구조	· 각주상, 원주상인 것이 있으며 토양입자가 세로로 배열되어 때로는 길고 큰 구조를 만든다.
ㄴ각주상 구조	· 건조 또는 반건조지역의 심층토에 주로 지표면과 수직한 형태로 발달한다. · 단위구조의 수직길이가 수평길이보다 긴 기둥모양이며 수평면이 평탄하고 각진 모서리 구조를 가진다. · 습윤지역의 배수가 불량한 토양이나 팽창 특성을 지닌 점토가 많은 토양에 주로 발달한다.
ㄴ원주상 구조	· 기둥모양의 주상 구조이지만 각주상 구조와 달리 수평면이 둥글게 발달한다. · Na 이온이 많은 B층의 토양에서 많이 관찰된다.
판상구조	· 접시와 같은 모양이거나 수평배열의 토괴로 구성된 구조로 토양생성과정 중에 발달하는 편이다. · 우리나라의 논토양에서 많이 발견되며 용적밀도가 크고 공극률이 낮으며 대공극이 없다. · 토양의 투수성과 통기성이 불량하여 수분의 하향이동이 어렵고 뿌리가 밑으로 자랄 수 없다.

(3) 토양공극

① 토양의 공극률

㉠ 진비중은 입자밀도 혹은 진밀도라고 하며, 가비중은 용적밀도 혹은 용적중이라고 한다.

㉡ 토양의 공극률은 다음과 같이 구할수 있다.

$$공극률(\%) = (1 - \frac{가비중}{진비중}) \times 100$$

② 토양의 공극량
  ㉠ 토양의 공극량은 사토(40%), 사양토(43%), 양토(47%), 식양토(55%), 식토(58%)을 보인다.
  ㉡ 토양의 공극량은 토양의 구조, 요소의 배열, 입단의 크기 등에 의해 영향을 받는다.
  ㉢ 모래의 함량이 많은 토양은 비모관공극이 모관공극보다 많고 점토의 함량이 많은 토양은 모관공극이 비모관공극보다 많다.

③ 토양공극에 따른 작물 생육
  ㉠ 토양 공극의 크기가 작으면 공기의 유통이 불량하여 작물의 호흡이 저하되어 뿌리 발달이 불량해진다.
  ㉡ 토양 공극의 크기가 너무 크면 수분의 보유력이 작아 한해를 받기 쉽고 비료성분의 유실 가능성이 높아진다.
  ㉢ 사질토양은 식질토양보다 전공극량이 작지만 대공극량이 많아 공기 및 물의 유동이 빠른편이다.

④ 토양밀도
  ㉠ 토양에서 입자밀도는 고상을 구성하는 자체밀도로서 $2.5 \sim 2.7 g/cm^3$ 으로 평균 $2.65 g/cm^3$ 이다.
  ㉡ 용적밀도는 자연상태의 토양밀도로 무기질, 유기질, 공기, 수분이 혼합된 밀도이다. 이러한 용적밀도 측정을 통해 토양의 구조발달 정도를 파악한다.
  ㉢ 용적밀도는 사토, 사양토, 양토, 식양토, 식토 순서로 사토가 가장 높다.

(4) 토양공기

① 토양에 빈공간에 공기로 차 있는 공극부분을 용기량이라 하며 일반적으로 모관공극에는 수분이 차지하고 있으며 비모관 공극에 공기가 분포되어 있다.
② 토양공기의 분포는 산소는 10~21%, 이산화탄소는 0.1~10%, 질소는 75~80% 정도이다.
③ 작물이 생육하기 위한 가장 적합한 최적용기량은 10~25% 정도이며 작물에 따라 최적용기량은 달라진다.
④ 토양에 공기는 미생물의 호흡 및 환경에 의해 주로 산소는 적은편이고 이산화탄소의 경우 일반 대기의 이산화탄소 농도보다 높은 편이다.
⑤ 토양도 깊이에 따라 공기의 차이가 있는데 아래로 내려갈수록 산소의 농도는 낮아지고 이산화탄소의 농도는 높아진다.
⑥ 식물이 살아가는데 토양의 통기성을 양호하게 하는 방법으로 유기물, 토양개량제

등을 이용한 입단조성, 배수 시설의 조성, 객토 등을 통한 물리적 방법 등이 있다.

(5) 토양온도

① 토양에서 온도는 미생물 활동, 종자 발아, 식물 생장, 토양 화학반응, 토양 수분 이동, 토양의 비열 및 열전도율 등이 영향을 준다.

② 토양의 수분함량은 토양온도의 가장 큰 영향을 준다. 물의 비열이 크기에 토양수분이 많을수록 토양온도의 변화가 적다.

③ 토양 종류에 따른 열전도도를 보면 사토가 가장 높으며 양토, 식토, 이탄토 순서이다.

④ 상대적으로 습윤토양이 건조토양보다 열전도도가 높으며 밝은 색 토양보다는 어두운 색의 토양이 더 높게 나타났다.

⑤ 경사도에 영향을 받는데 경사도가 작을수록 수광량이 작아지고 경사도가 작을수록 수광량이 많아진다.

⑥ 피복식물 및 멀칭 등에 의해 토양온도가 영향을 받는데 피복된 지역의 온도 변화가 상대적으로 적다.

⑦ 토양의 색은 열의 흡수 정도에 영향을 주고 온도를 변화시키는데 흑색이 가장 많은 열을 흡수하고 백색의 토양이 가장 적은 열을 흡수한다.

⑧ 토양의 온도가 높아지면 유기물의 분해속도가 빨라져 토양의 유기물 함량은 줄어드는 경향을 보인다.

(6) 토양색

① 토양색의 영향 요인
　　㉠ 토양의 색은 모재의 종류, 토양 유기물 함량, 수분함량 등에 의해 다르게 나타난다.
　　㉡ 토양의 유기물 함량에 의해 흑색이나 어두운 회색을 띠는데 유기물의 함량이 많을수록 어두운 색을 띤다.
　　㉢ 흑운모, 각섬석 등은 철(Fe)이 들어 있어 흑색, 녹색 등 여러 색을 띠고 이들이 풍화되면서 황색이나 적색을 띠게 된다.
　　㉣ 논토양의 철은 환원형태인 Fe^{2+}로 존재하며 2가 철은 주로 청회색을 띤다. 밭토양은 산화조건에 산화철 형태인 Fe^{3+}로 존재하며 주로 붉은색을 띠고 있다.

② 토양색 표시
　　㉠ 토양색은 객관적이고 미세한 차이 구별을 위해 'Munsell 컬러차트'를 활용하여 색상, 명도, 채도의 3속성 조합으로 표현한다.
　　㉡ 보통 색상, 명도, 채도의 순서로 표기한다. 예를 들어 7.5R 7/2 로 표기한 토양은

색상은 7.5R, 명도는 7, 채도는 2를 의미한다.

ⓒ 색상은 빛의 색을 숫자로 표시한다. 빨강, 노랑, 초록, 파랑 및 보라의 5개 색상과 5개의 중간색상을 포함한 10개의 색상으로 구분하고 각 색상은 2.5의 배수로 '2.5, 5, 7.5, 10'의 4단계로 구분한다.

ⓔ 명도는 색상의 밝기로 검은색을 0, 순백을 10으로 표시하며 토양의 명도는 2에서 8까지 구분한다.

ⓜ 채도는 색깔의 선명도를 나타내는데 Munsell 체계에서 각각의 색상별로 회색에 가까울수록 낮은 값인 1로부터 2, 3, 4, 6, 8 까지로 구분하고 있다.

(7) 토양보호

① 강우로 표토가 유실되거나 바람에 의해 표토가 비산되는 경우 토양침식이라 한다.

② 강우가 원인이 되는 수식, 바람이 원인이 되는 풍식으로 구별되며 수식은 다시 빗방울에 의한 우적침식과 빗물이 표토를 씻어 내리는 소류침식으로 구별된다.

③ 수식에 관여 요인

ⓐ 10분간 2mm를 초과하는 강우는 토양침식 위험이 높아 위험강우라 하고, 그 적산치를 위험강우량이라 한다. 위험강우가 많은 여름철(7~9월)을 위험강우기라 한다.

ⓑ 작토에 내수성 입단이 잘 형성되고 심토의 투수성이 높은 토양은 침식이 적다.

ⓒ 사토는 분산되기 쉽고 식토는 빗물의 흡수능이 작아 침식되기 쉽다.

ⓔ 경사가 급하면 토양이 불안정하여 유거수의 유속이 커져 침식이 발생한다.

ⓜ 적설량이 많거나 식생이 적은 경우 침식이 잘 발생한다.

(8) 염류토양

① 일반적인 토양에 비료를 너무 과하게 공급할 경우 비료에 염류가 토양에 집적된다.

② 시설토양의 경우 피복재로 자연강우가 차단되면서 염류가 빠져나가지 못하고 토양에 잔류되기도 한다.

③ 이러한 염류장해를 발생하는 토양에 대한 대책은 다음과 같다.

ⓐ 기존의 토양을 새로운 토양으로 바꾸는 객토를 실시한다.

ⓑ 심경을 실시하여 작토층 이하의 흙을 파 올려 염류 농도를 낮춘다.

ⓒ 유기물을 공급하여 토양환경을 개선하고 완충능력을 높여준다.

ⓔ 질소질비료의 시비에 유의하고 완효성비료를 활용한다.

ⓜ 물을 관수하는 담수처리를 하여 염류를 제거한다.

ⓗ 토양개량제, 석회 등을 시용하여 토양의 개량한다.

(9) 토양검정

① 토양검정

일반적인 토양 검정 항목으로는 pH(산도), 유기물, 유효인산, 치환성양이온, 전기전도도 등이 있다.

② 토양산도 측정

㉠ 토양 pH 는 토양 용액의 수소 이온과 수산화이온 농도 또는 비율에 의해 결정된다.

㉡ 토양의 산도는 작물이 흡수하는 무기성분의 용해도와 미생물의 활성도 등에 영향을 준다.

③ 전기전도도(EC) 측정

㉠ 토양의 염류농도를 파악하기 위해 전기전도도를 측정한다.

㉡ 염류 이온의 농도가 높으면 전기전도도가 높아지며 단위는 ds/m로 표시한다.

④ 유기물 함량 측정

㉠ 풍건한 시료를 도가니에 담아 105℃ 로 건조한다.

㉡ 도가니의 무게를 측정한다.

㉢ 토양시료를 도가니에 담아 무게를 측정한다.

㉣ 시료가 담긴 도가니를 550~600℃ 회화로에 넣어 완전히 태운다.

㉤ 도가니를 데시케이터에 식힌 후 무게를 측정하여 유기물의 함량을 구한다. 이때 도가니의 무게는 빼주어 유기물을 태운 후 토양무게를 기록 하도록 한다.

㉥ 유기물 함량을 구하는 공식은 다음과 같다.

$$유기물\ 함량(\%) = \frac{준비된\ 토양\ 무게\ -\ 유기물을\ 태운\ 후\ 토양\ 무게}{준비된\ 토양\ 무게} \times 100$$

(10) 토양 견지성

① 외부요인에 의해 토양의 구조가 변형되거나 파괴되는데 발생되는 응집성을 견지성 혹은 결지성이라 한다.

② 토양에 함유된 수분이 높음에서 낮음으로 이동함에 따라 액성–점성–점착성–소성–팽연성–강성의 순으로 변한다.

③ 점성이 어느 정도 될 때의 함수비를 소성한계라 하고 액성을 나타낼 때의 함수비를 액성한계라 한다. 이때 액성한계(소성상한)와 소성한계(소성하한)의 차이를 소성지수라 한다.

④ 모양만 변하고 힘을 제거하면 원래의 상태로 돌아가지 않는 성질을 소성이라 한다.

소성은 토양의 견지성을 결정하는데 중요하며 수치화한 것을 소성지수라 하는데 소성지수는 입단구조 및 유기물의 함량 등에 영향을 받는다.

⑤ 소성지수는 점토의 함량이 증가할수록 값이 커지며 상대적으로 수분보유량이 많다.

⑥ 토양이 건조하여 딱딱하게 굳어지는 성질을 강성 혹은 견결성이라 한다. 점토입자가 많을수록 강성이 커진다.

⑦ 강성과 소성의 중간정도의 수분을 함유하면서 쉽게 부서지는 성질을 이쇄성이라 한다. 이런 경우 경운을 하게 되면 적은 힘으로도 경운이 가능하고 경운 후에도 입단구조가 잘 형성되는 것이 특징이다.

29. 토양의 화학적 성질

(1) 점토광물

① 점토광물은 암석의 풍화산물이 일정 조건에 토양생성작용을 받아 재합성된 광물로 2차광물이라고도 한다.

② 결정질 점토광물은 규산4면체와 알루미나8면체가 결합하여 결정단위를 이루고 있는 교질입자이다. 규산4면체는 규소 이온 4개의 산소원자와 결합한 구조이고 알루미나8면체는 알루미늄 원자가 6개의 산소원자 혹은 수산기와 결합하여 8개의 면을 가지는 구조로 배열된 것을 말한다.

③ 점토광물 분류
　　㉠ 격자구조에 의한 분류

1:1 격자형	규산판 1개와 알루미나판 1개가 결속되어 한 결정단위를 이루고 있는 것이며 kaolinite, halloysite 등 kaolinite계 점토광물이 대표적이다.
2:1 격자형	2개의 규산판 사이에 알루미나판 1개가 삽입된 모양으로 결속되어 한결정단위를 이루고 있는 것이며 illite, montmorillonite, vermiculite계가 있다.
2:2 격자형	마그네슘 8면체를 중간에 넣고 2:1 격자형 점토광물이 결합된 것으로 chlorite가 있다. chlorite의 양이온치환용량은 illite와 비슷하다.
부정형	일정한 결정형으로 규정할 수 없는 광물로 알로판(allophane) 이 있다.

ⓛ 팽창성에 의한 분류

팽창형	・수분이 결정단위 사이를 자유롭게 왕래할 수 있어 건조상태와 습윤상태에 따라 수축하거나 팽창할 수 있는 점토광물이다. ・수분 중에 용존하는 K^+, NH_4^+가 규산판 표면의 6각형 공극 내부에 빠지면 고정이 된다. ・2 : 1 격자형 점토광물 중 montmorillonite. vermiculite 등이 팽창형이다.
비팽창형	・결정단위 사이에 다량의 K^+ 이온이 존재하여 물이 자유로이 통과하지 못하고, 토양이 습윤・건조의 반복에도 결정단위 사이의 간격이 변동하지 않는 점토광물로 illite 계통이 이에 해당된다. ・1 : 1 격자형 점토광물인 kaolinite계도 그 조직이 단단하여 비팽창형이다.

ⓒ 점토광물 특성

카올리나이트 (kaolinite)	・kaolinite, 할로이사이트(halloysite) 등이 있는데 고령토라고 한다. ・적색 또는 회색 포트졸(podzol) 토양의 주요 점토광물이며 우리나라의 토양은 kaolinite 점토가 대부분이다. ・kaolinite는 온난습윤한 기후조건에서 염기물질이 신속히 용탈될 때 생성되므로 척박하다.
일라이트 (illite)	・가수운모라고도 하며 구조는 montmorillonite와 같으나 규산 4 면체 중의 몇 개의 규소가 Al^{3+}에 의해 동형 치환된 결과 생긴 양전하의 부족량만큼이 K^+ 에 의해 충족되어 있다. ・illite는 점토광물 중 칼륨의 함유량이 가장 많으며, 이 칼륨이 공간을 막고 있어 물이 통과할 수 없기 때문에 비팽창성이다. ・강하게 부착되어 있는 K^+ 이 제거되는 등의 일정 조건 하에서 montmorillonite 또는 vermiculite라는 팽창성 점토광물로 된다.
몬모릴로나이트 (montmorillonite)	・montmorillonite, saponite 등이 속하며 산성백토라 불린다. ・이광물은 염기성 광물이 고토가 많은 조건 하에서 풍화될때 토양 중에서 재합성되는 것으로 2:1 격자형 팽창성 점토광물이다 ・각 결정단위의 표변에도 흡착위치가 존재하므로 양이온치환용량이 매우 크다.
버미큘라이트 (vermiculite)	운모류에서 K^+ 나 Mg^{2+} 이온이 풍화과정에서 용탈될때 생성되는 2:1 격자형 팽창성 점토광물로 광물 중 양이온치환용량이 가장 크다.
알로판 (allophane)	규소와 알루미늄의 산화물이 약하게 결합한 광물로 결정형을 규정할 수 없는 부정형 점토광물이다.
클로라이트 (chlorite)	혼합형광물로 2:1:1 형의 비팽창형 광물이다

(2) 토양반응

① 양이온 치환

ㄱ 토양 입자에 흡착되어 있는 양이온이 치환되는 경우 치환성양이온이라 하며 종류로 Ca^{2+}, Mg^{2+}, K^+, Na^+ 등이 있으며 이 중에서 Ca^{2+} 의 비율이 가장 높다.

ㄴ 토양이 양이온에 흡착할 수 있는 능력을 양이온 치환용량이라 하며 CEC 라 표기한다. 양이온 치환용량은 토양 100g 에 보유되는 음전하의 수와도 같으며 단위로 me/100g 으로 표현한다. 이러한 양이온치환용량이 크다는 것은 비옥한 토양을 의미한다.

ㄷ 토양에 따른 양이온 치환능력은 식토 > 식양토 > 양토 > 사양토 > 사토 순이다.

ㄹ 양이온이 토양으로 흡착하는 힘이 강하면 입자표면에서 떨어져 나오기 어렵기에 침입력과 침출력의 순위는 반대가 되며 일반적인 양이온의 교환력은 아래와 같다.

치환(교환) 침입력	$H^+ \geq Ca^{2+} > Mg^{2+} > K^+ \geq NH_4^+ > Na^+$
치환(교환) 침출력	$H^+ \leq Ca^{2+} < Mg^{2+} < K^+ \leq NH_4^+ < Na^+ < Li^+$

ㅁ 산성토양을 석회로 중화시키는 것은 교질입자의 양이온치환에 의한 것이다.

ㅂ 유기물이 많을 경우 토양의 보비력이 높아지는데 이는 유기물이 전기적으로 비료를 흡착하는 능력이 크기 때문이다.

ㅅ 점토광물의 양이온치환용량(CEC, meq/100g)은 다음과 같다.

알로판	100~800
부식	100~300
버미큘라이트	80~150
몬모릴로나이트	80~150
일라이트	25~40
클로라이트	10~40
카올리나이트	3~15

ㅇ 토양콜로이드의 경우 음이온을 띠고 있어 토양 주변의 양이온이 흡착된다. 그래서 양이온인 Ca^{2+}, Mg^{2+} 등의 양이온이 토양 중 가장 많다. NO_3^- 의 경우 작물이나 미생물이 이용하기도 하지만 음이온으로 토양에서 이동이 매우 빨라 쉽게 용탈되며 탈질반응에 의해 손실되기도 한다.

② 염기포화도

    ㉠ 토양에 양이온치환용량의 H^+, Al^+ 이온을 제외한 치환성염기인 Ca^{2+}, Mg^{2+}, K^+, NH_4^+, Na^+의 함유비율을 염기포화도라 정의하며 치환성 염기량과 양이온 치환용량의 백분율로 나타낸다.

$$염기포화도 = \frac{치환성염기량}{양이온치환용량} \times 100(\%)$$

    ㉡ 토양은 염기포화도가 높을수록 알칼리성을 띠게 되며 낮을수록 산성을 띤다.

    ㉢ 토양의 pH 가 높고 비옥하면 염기가 많은 편이고 반대로 pH 가 낮으면 척박하고 염기가 적다.

    ㉣ 우리나라의 자연토양 염기포화도는 50% 보다 낮은 수준이지만 우리나라 논토양의 염기포화도는 약 50% 정도이다.

    ㉤ 포드졸과 같은 강산성 토양에서는 염기의 용탈이 심해 포화도는 0 에 가깝다.

③ 토양의 가용도

    ㉠ 토양을 산성, 염기성, 중성 토양으로 분류하는 것을 pH 로 수치화하며 1~14 까지 분류한다. pH 7 을 중성으로 수가 작을수록 산성, 수가 클수록 염기성 혹은 알칼리성 토양이라 한다.

    ㉡ 토양 산도에 따른 가용 원소들은 아래와 같이 분류된다.

산성토양에서 가용도가 높은 원소	알루미늄(Al), 구리(Cu), 철(Fe), 망간(Mn), 아연(Zn)
산성토양에서 가용도가 낮은 원소	붕소(B), 칼슘(Ca), 마그네슘(Mg), 인산(P), 몰리브덴(Mo)

    ㉢ 보통 산림토양의 pH 는 경작토양에 피해 낮은 편이다.

④ 음이온 흡착

    ㉠ 점토에서는 잠시적 전하에 의해, 부식에서는 잠시적 전하와 아민기에 의해 pH가 낮을 때 양이온이 발생한다. 이 외에도 pH가 낮을 때 Fe, Al 등의 수산화물에 의해 양전하가 발생된다.

    ㉡ 음이온이 토양교질물에 의해 흡착되는 순서는 SiO_4^{2-}, PO_4^{3-} > SO_4^{2-} > NO_3^- > Cl^-다.

⑤ 산성토양

    ㉠ 토양이 산성화가 되면 작물의 뿌리에 피해를 주게 되는데 주로 이온성물질에 의한 피해나 미생물등에 영향을 준다.

    ㉡ 토양이 산성화가 되면 질소고정균이나 근류균 등의 이로운 미생물들이 생활하기 어려운 환경 조건이 되어 활동에 지장을 받거나 줄어들게 된다.

ⓒ 토양의 산성화로 탈질균의 활성이 감소하면서 질소 손실이 상대적으로 줄어들게 된다.

ⓓ 산성화로 인하여 작물에 이로운 이온들이 용출되면서 결핍증상이 발생하는데 주로 인, 칼슘, 마그네슘 등의 필수원소들이 산성조건에서 용해도가 줄어 결핍되게 된다.

ⓜ 미생물 활동 및 이온성분들의 결핍으로 입단조성에 지장을 받게 되면서 통기성이 불량해지는 문제가 발생된다.

ⓗ 산성토양은 석회물질이나 유기물을 공급하여 개선할수 있으며 석회를 공급하면 토양 pH를 높여 중금속의 유해작용을 경감시킬수도 있다.

ⓢ 산성토양에 저항성이 강한 작물로는 벼, 귀리, 조, 기장, 옥수수, 감자, 땅콩, 토란, 아마 등이 대표적이며 약한 작물로는 보리, 콩, 양파, 파, 고추, 가지, 알파파, 시금치, 겨자, 완두, 부추 등이 있다.

ⓞ 활산성과 잠산성
- 토양용액에 들어 있는 H^+에 따른 것을 활산성, 토양교질물에 흡착된 H^+과 Al 이온에 따라 나타나는 것을 잠산성이라 한다.
- 활산성은 토양에서 침출된 물에 대하여 산도를 측정하고, 잠산성은 토양에 따라 KCl, $CaCl_2$ 으로 침출한 액에 대하여 산도를 측정한다.
- 식초산석회와 같은 약산염의 용액으로 침출한액에 용출된 수소이온에 기인된 산성을 가수산성이라고 하여 구분하기도 한다. 강산성 토양에서 Al 이온은 산도를 높인다.

⑥ 토양산성화의 원인

㉠ 토양 중 Ca^{2+}, Mg^{2+}, K^+ 등의 치환성 염기가 용탈되어 미포화교질(H^+)이 늘어나는 경우 산성화의 원인이 된다.

㉡ 강우량이 많거나 관개를 하면 토양이 점점 산성으로 진행된다.

㉢ 유기물이 분해할 때 발생하는 각종 유기산이 토양염기의 용탈을 조장한다.

㉣ 토양 중 탄산, 유기산이 산성의 원인이 된다.

㉤ 토양 중의 질소나 황이 산화되면 질산 또는 황산으로 되면서 토양이 산성화되고 염기가 용탈된다.

㉥ 황산암모늄, 염화칼륨, 황산칼륨, 녹비 등을 연용하면 토양이 산성화된다.

30. 토양유기물

(1) 토양유기물

① 토양에 존재하는 유기물을 말하며 여러 미생물에 의해 분해 작용을 받아 갈색 혹은 암갈색의 일정 형태가 없는 물질을 말한다.

② 식물체의 경우 셀룰로오스, 헤미셀룰로오스, 리그닌, 전분, 당류, 단백질 등으로 구성되어 있는데 지용성 페놀 고분자인 리그닌이 가장 분해되기 어려우며 분해순서는 <리그닌, 셀룰로오스, 헤미셀룰로오스, 단백질, 전분, 당류> 로 당류가 분해가 가장 빠르다.

③ 부식이 많을 경우 부식산이 생성되어 산성이 강해지나 상대적으로 점토의 함량이 부족해 불리한 경우가 있다.

④ 유기물은 토양 내에서 미생물에 의해 분해되므로 유기물을 조성하고 있는 양분들이 가용화되어 작물에 흡수 이용된다.

⑤ 작물의 생육에 가장 필요한 질소는 토양유기물의 단백질 형태로 존재하는데 이 단백질은 미생물의 분해에 의하여 암모니아 형태로 변화되어 작물에 흡수된다.

⑥ 유기물의 분해에 관여하는 미생물은 탄소를 에너지원으로 이용하고 질소는 영양원으로 이용하여 증식 또는 유지된다. 그래서 사용한 유기물의 탄질비가 높은 경우 미생물의 에너지원인 탄소는 풍부하나 영양원인 질소는 부족하여 토양 중 질소 또는 대기 중 질소를 고정하여 이용하게 된다.

(2) 유기물 기능

① 양분의 공급 효과가 있어 보비력 및 보수력 등을 향상시킨다.

② 토양의 입단화가 촉진되고 공극이 형성되며 토양의 물리성이 개선된다.

③ 토양 미생물이 증가하고 활성도가 높아진다.

④ 지온의 상승 효과가 있다.

⑤ 미생물의 유기물의 분해 활동으로 탄산가스가 증가한다.

⑥ 유기물이 분해되면서 산을 생성하여 암석을 분해시킨다.

⑦ 토양의 완충능이 증대된다.

(3) 토양유기물 유지 및 증진

① 녹비작물을 재배한다.

② 유기질 비료를 시비한다. 시비를 통해 중금속의 유해작용을 감소시킬 수 있다.

③ 객토 및 경운을 실시한다. 단, 과도한 경운은 피하도록 한다.

④ 윤작을 실시한다.

(4) 피복작물

① 피복작물
    ㉠ 피복작물은 지면을 덮는 작물로 토양의 침식을 방지하는 효과가 있다.
    ㉡ 여름 휴경지에는 메밀, 기장 등이 있고 겨울 휴경지에는 호밀, 헤어리베치, 스위트클로버 등이 적합하다.

② 피복작물의 효과
    ㉠ 잡초의 발생을 억제한다.
    ㉡ 유익한 선충 및 미생물의 수를 증가시킨다.
    ㉢ 유해한 선충 및 해충을 감소시킨다.
    ㉣ 콩과작물의 경우 질소를 공급하여 비료사용을 절감한다.
    ㉤ 제초제 사용량을 줄여 비용절감 효과가 있다.
    ㉥ 토양의 침식을 방지한다.
    ㉦ 토양의 건조를 방지하여 가뭄의 피해를 경감시킨다.

(5) 질소고정량

콩과식물의 일반적인 질소 고정량은 다음과 같다.

식물	질소고정량	식물	질소고정량
알팔파	22	카우피	10.3
스위트클로버	14	대두	11.3
레드클로버	13	완두	8.3
화이트클로버	11.8	땅콩	4.8

(단위 : kg/10a)

(6) 미생물

① 고초균
    ㉠ 토양에 서식하는 유효미생물로 병원균의 생육을 억제하는 항생물질을 분비하여 토양의 병원균 밀도를 낮추어 준다.
    ㉡ 각종 생리 활성물질을 분비하여 식물의 뿌리 생육을 촉진시킨다.
    ㉢ 유기물의 분해능력이 뛰어나고 30~70℃ 조건에서 증식이 활발하다.

② 유산균

  ㉠ 유산균은 토양유기물을 분해하면서 단백질, 섬유소, 전분 등의 분해효소를 공급한다.

  ㉡ 비타민, 아미노산, 핵산 등을 생산하기도 하며 작물이 생육에 도움을 주어 저항성을 강하게 한다.

  ㉢ 유산균은 사일리지(담근먹이)를 만들 때 발효가 잘 되도록 도와주기에 좋은 품질의 사일리지를 만들기 위해 첨가하기도 한다.

③ 방선균

  ㉠ 병원성 곰팡이의 천적 미생물로 토양 내에서 자라면서 병원균의 항생물질을 만드는 유익균이다.

  ㉡ 토양에 유기질을 많이 넣은 경우 방선균의 밀도가 높다.

④ 광합성세균

  ㉠ 광합성세균은 낮은 광도에서 광합성 작용을 통해 토양 유기탄소를 합성한다.

  ㉡ 질소 고정능력이 있어 토양에 유기 질소를 공급하기도 한다.

  ㉢ 아미노산, 핵산물질, 생리 활성물질 등을 다량 생성한다.

  ㉣ 유해가스를 유용물질로 전환하며 악취를 제거하는 효과도 있다.

31. 유기물의 분해

(1) 유기물의 탄질율

① 식물의 잎에서 동화작용에 의해 생성되는 탄소와 식물의 뿌리를 통해 흡수되는 질소의 비율을 탄질율(C/N율, 탄질비)이라 한다. 이때 유기물의 분해속도는 탄질률이 클수록 느리게 된다.

② 탄질율은 생장, 꽃눈의 형성 및 결실에 영향을 준다.

③ 탄질율의 탄소, 질소 농도가 같거나 높으면 생장이 좋아진다.

④ 질소의 농도가 상대적으로 높으면 생장만 이루어져 도장이나 낙화, 낙과현상이 발생한다.

⑤ 일반적으로 완숙된 퇴비의 탄질율은 20% 이하이다.

⑥ 종류에 따른 탄질율은 다음과 같다.

톱밥	500~1000
쌀보리짚	166
밀짚	116
왕겨	76
볏짚	67
옥수수찌꺼기	57
호밀	37
블루글라스	30
가축분뇨	20
쌀겨	18
알팔파	13
부식	10
곰팡이	6

⑦ 탄질율 교정을 위한 계산은 다음과 같다.

$$첨가하는\, 질소\, 비율 = \frac{재료의\, 탄소\, 함량}{교정\, 탄질율} - 재료의\, 질소함량$$

⑧ 탄질율이 30 이상일 경우 토양에서 질소의 고정이 유기물의 무기화보다 커진다.

⑨ 탄질율이 15~30 정도에서는 질소의 고정과 무기화가 거의 유사하다.

⑩ 탄질율이 15 이하의 경우 무기화가 고정보다 커진다.

⑪ 토양에서의 탄질비는 표토가 심토보다 크며 습윤지방이 탄질율이 더 높다.

(2) 질소기아현상

① 토양에 탄질율이 30 이상 높은 유기물이 투입되면 미생물이 원래 토양에 있는 질소를 이용하기에 작물이 일시적으로 질소 부족 현상이 나타나게 된다.

② 톱밥, 왕겨, 미숙 퇴비 등은 탄질율이 높아 질소 부족 현상이 나타난다. 그래서 미숙한 퇴비를 사용하게 되면 작물의 유효질소가 부족하게 되면서 질소기아현상이 나타나게 된다.

③ 질소의 함량을 높이기 위해서는 가축분을 첨가하거나, 요소비료 첨가, 깻묵 첨가 등의 방법이 있다.

32. 토양미생물

(1) 토양미생물 종류

① 세균류

　　㉠ 세균은 세포분열에 의해 증식하고 토양미생물 중 가장 많이 분포한다.

　　㉡ 자급영양세균은 암모니아, 철 등의 무기물을 산화하여 에너지를 얻는다.

　　㉢ 타급영양세균은 토양유기물을 산화하여 에너지를 얻는다.

　　㉣ 토양세균은 온도 25~30℃, pH 6~8 정도에서 생육이 양호한데 황세균과 같이 pH 2~4 에 최적화되어 있는 세균도 있다.

　　㉤ 세균에는 자급영양세균에는 질산화성균, 황세균, 철세균이 있다. 광합성 자급영양생물에는 cyanobacteria(남세균, 남조류), green bacteria(녹색세균), purple bacteria(홍색세균)이 있다.

　　㉥ 타급영양세균에는 단독유리질소고정세균(호기성세균, 혐기성세균), 공생유리질소고정세균(근류균), 암모니아화성균, 섬유소분해균 등이 있다.

　　㉦ 단독생활 질소고정균으로 호기성 고정균에는 Azotobacter, 혐기성 고정균에는 Clostridium이 있고 다른 생물과 공생하여 공중질소를 고정하는 것으로 Rhizobium 이 있다.

　　㉧ 토양미생물 중 질소순환에 관여하는 균 중 질산화균에는 암모니아산화균과 아질산 산화균이 있다. 암모니아산화균에는 Nitrosomonas, Nitrosococcus, Nitrosospira 가 있으며 아질산산화균에는 Nitrobacter, Nitrocystis 가 있다.

② 균류

　　㉠ 균사(사상균)로 번식하며 대부분 유기물을 분해하여 에너지를 얻는다.

　　㉡ 균근은 식물의 뿌리가 토양 중 있는 곰팡이와 공생하는 형태를 말한다.

　　㉢ 보통 호기성이며 토양의 통기성이 불량하면 활동이 저조해진다.

　　㉣ 광범위한 pH 조건에서도 잘 생육하며 산성토양에도 적응력이 좋다.

　　㉤ 균근의 경우 인산의 함량이 높을수록 균근의 형성률이 낮아진다.

　　㉥ 식물 뿌리와 상리공생 하면서 기주 식물의 수분이나 질소와 황과 같은 무기염 등의 양분의 흡수에 도움을 준다.

　　㉦ 균근에 감염된 수종의 경우 외부의 스트레스에 대한 저항성이 높아진다.

　　㉧ 균류는 크게 외생균근, 내생균근, 내외생균근으로 분류한다.

외생균근	• 균사가 뿌리 표면에 공생하며 뿌리내 세포까지는 침입하지 않는다. • 균사가 뿌리 표면을 두껍게 싸서 균투를 형성하고 세포 간극에 하티그망(Hartig net)을 형성한다. • 인산이온처럼 이동성이 느린 이온의 흡수를 도와주고 지력이 낮은 곳에서 큰 역할을 한다.
내생균근	• 균사가 뿌리 피층세포 안까지 침투하여 공생 혹은 기생한다. • 식물 뿌리의 피층세포까지 관통한 내생균근은 가지 모양의 균사(균지, arbuscule)나 주머니 모양의 균낭(소낭, vesicle) 등을 형성한다. • 균투를 형성하지 않고 감염된 식물의 뿌리털이 정상적으로 발달한다. • 외생균근과 비교하여 기주범위가 넓은 편이다.
내외생균근	• 외생균, 내생균의 특징을 모두 가지고 있으며 외생균근 곰팡이의 균사가 세포 안으로 침투하여 자란다. • 형태적으로 외생균근과 흡사하다.

③ 방사상균(방선균)

    ㉠ 실모양의 사상이며 토양에 있는 유기물을 분해하며 세균과 곰팡이의 중간적 성질을 가진 미생물로 취급한다.

    ㉡ 방사상균은 호기성이며 토양의 통기성이 좋아야 잘 생육하며 산성토양에서는 생육이 억제된다.

    ㉢ 방사상균은 토양에서 세균 다음으로 많으며 한발에 내성을 가지고 있지 않으나 방사상균이 만드는 포자는 한발에 견딜 수 있다.

    ㉣ 유기물에 분해되기 쉬운 것은 세균과 진균이 주로 분해하고 분해에 대한 저항성이 큰 리그닌이나 keratin 등의 부식성분을 분해하여 영양원이나 에너지원을 얻는다.

④ 조류

    ㉠ 조류는 엽록소를 가지고 광합성을 하는 남조류, 녹조류 등이 있으며 엽록소가 없고 토양의 유기물을 이용하는 종류도 있다.

    ㉡ 질소균과 공생, 유기물의 생성, 공중질소의 고정, 산소의 공급등 토양의 많은 요소에 관여를 한다.

(2) 토양미생물 생육

수분	최대용수량 60~80%
온도	최적온도 27~28℃ , 생육온도 0~80℃
pH	중성이 비교적 적당
토양 깊이	깊이 2~3cm 정도 최대 번식

(3) 토양미생물 작용

① 토양미생물의 작용은 유익작용과 유해작용으로 분류가 된다.

유익작용	유해작용
· 탄소의 순환 · 토양구조 입단화 · 암모니아화성작용 · 질산화성작용 · 공중질소고정작용 · 인산 가급태화 · 토양미생물간 길항작용	· 병해의 유발 · 질산환원작용 · 탈질 작용 · 환원성 유해물질 생성 집적 · 무기성분의 변화 · 황산염의 환원작용

② 질산환원작용은 토양 중에서 질산화 작용과는 반대로 질산이 환원되어 아질산으로 되고 다시 암모니아로 되는 작용을 말한다. 그 과정은 < $NO_3^- \rightarrow NO_2^- \rightarrow NH_4^+$ > 이며 혐기 상태나 부분적 혐기 상태일 경우 주로 관찰된다.

(4) 식물균

① 독립영양생물에는 녹조류, 규조류가 있다.

② 종속영양생물에는 사상균, 방사상균이 있다.

③ 독립 및 종속영양생물에는 세균, 남조류가 있다.

33. 논토양

(1) 논토양

① 논토양

　　㉠ 논토양은 물에 잠겨 있는 담수상태이기에 밭토양과 현저한 차이를 보인다.

　　㉡ 논토양은 화합물의 용해도가 크게 변한다.

　　㉢ 토양의 환원은 부패, 발효와 같은 유기물 분해로 뿌리부의 환경을 불량하게 한다.

　　㉣ 논토양은 담수상태일 때 토양의 pH 는 평균 6.5~7.5 정도이다. 담수를 통해 토양의 염류를 제거하는데 도움이 된다.

　　㉤ 토양의 환원정도는 0 이상의 정수이며 산화상태이고 이보다 작으면 (−) 값을 띠게 되면서 환원상태가 된다.

　　㉥ 담수상태에서 토양에 산소가 호기성미생물에 의해 소모되고 대부분 소모되고 나면 호기성미생물의 활동이 정지하고 혐기성미생물의 활동이 활발해진다.

　　㉦ 논토양은 적갈색의 산화층과 청회색이나 암회색의 환원층이 있다. 산화층에는 산화제2철, 환원층에는 산화제1철이 있다.

　　㉧ 논토양은 환원물(N_2, H_2S)이 존재하며 혐기성균에 의해 탈질 작용이 일어나는데 주로 환원층에서 발생한다.

　　㉨ 논토양에서는 혐기성균이 질산은 N_2, Fe^{3+}는 Fe^{2+}, SO_4^{2-}는 S 또는 H_2S, Mn^{4+}는 Mn^{2+} 된다.

　　㉩ 논토양의 산화층에서는 질산화성작용이 이루어지는데 암모니아가 질산으로 산화되는 과정이다. 암모니아태질소(NH_4^+)가 아질산균과 질산균에 의해 2번의 반응 ($NH_4^+ \rightarrow NO_2^- \rightarrow NO_3^-$)을 거쳐 질산태질소($NO_3^-$)가 된다.

② 논토양의 탈질현상

　　㉠ 질산은 토양입자에 흡착되지 않고 아래의 환원층으로 씻겨 내려가면 탈질균의 작용으로 환원되어 가스태질소로 바뀌어 대기 중으로 나가는데 이를 탈질현상이라 한다.

　　　$NO_3^- \rightarrow NO_2^- \rightarrow NO \rightarrow N_2O \rightarrow N_2$

　　㉡ 암모니아태질소를 환원층에 주면 절대적 호기균인 질화균의 작용을 받지 않으며 암모니아는 토양에 잘 흡착되어 비효가 오래 지속된다.

　　㉢ 암모니아태질소를 논토야의 심부환원층에 주어 비효의 증진을 꾀하는 것을 심층시비라 한다.

ⓔ 심층시비의 실제적 방법으로 암모니아태질소를 논을 갈기 전에 논 전면에 미리 뿌리고 작토의 전층에 섞이도록 하는 것을 전층시비라 한다.

ⓜ 질산태질소를 논에 주면 탈질현상과 용탈이 심해 비효가 암모니아태질소보다 떨어져 논에서는 질산태질소를 사용하지 않는다.

③ 담수의 화학적 변화

ⓐ 수소이온농도
- 담수 후에는 pH 가 6.5~7.5 정도로 변화한다.
- 중성토양에서 식물의 양분 흡수가 유리해지고 독성물질의 발생이 줄어든다.

ⓑ 산화환원전위(Eh)
- 담수 후 환원물질이 많아져 산화환원전위 값이 작아지고, 산소가 부족한 상태가 된다. 반대로 산화물질 농도가 높으면 Eh 값은 커진다.
- 논토양의 Eh 는 여름에 환원이 심할수록 작아지고 가을부터 봄까지 산화가 심할수록 커지게 된다.
- 토양의 산화환원전위 값을 통해 토양의 공기유통 및 배수상태를 알수 있다.

ⓒ 이온강도
이온강도는 비전도도라 하는데 용액 안의 이온 농도의 척도가 된다.

④ 질소의 고정

ⓐ 논에는 질소의 천연공급량이 많을 뿐만 아니라 조류의 대기질소고정작용도 나타난다.

ⓑ 표면산화층에 질소고정남조가 번식하면 햇볕을 받아 대기 중의 질소를 고정하여 질소를 공급한다.

ⓒ 석회, 인산을 시용하면 남조의 번식이 왕성하여 질소고정량도 증대한다.

⑤ 인산의 유효화

ⓐ 논토양이 담수 후 환원상태가 되면 밭상태에서 난용성인 인산알루미늄, 인산철 등이 유효화한다.

ⓑ 논에는 어느 정도 인산의 천연공급량이 있어 논토양에서는 인산비료의 요구량이 적다.

ⓒ 한랭지에서 저온으로 인하여 생육초기에 미생물의 활동이 부진하여 논의 환원상태가 발달하지 못하므로 인산시용의 효과가 크게 나타난다.

(2) 유기태질소의 무기화

① 건토효과
　　㉠ 토양이 건조하면 토양유기물의 성질이 변하면서 미생물이 분해하기 쉬운 상태가
　　　 된다. 이때 가수를 하면 미생물의 활동이 촉진되면서 다량의 암모니아가 생성되는
　　　 데 이를 건토효과라 한다.
　　㉡ 토양이 얼 때에도 건조와 같은 탈수효과로 담수 후 암모니아가 생성된다.
　　㉢ 건토효과는 유기물 함량이 많을수록 크고 건조가 충분해야 효과가 크다.
　　㉣ 건토효과로 생성되는 암모니아는 뿌리의 발육에 따라 서서히 그리고 충분히 이용되
　　　 기에 비효가 크다.

② 지온상승효과
　　㉠ 한여름 논토양의 지온이 높아지면 유기태질소의 무기화가 촉진되어 암모니아가
　　　 생성되는데 이를 지온상승효과라 한다.
　　㉡ 26℃ 일 때보다 40℃에서 암모니아생성량이 많다.
　　㉢ 지온상승에 따른 암모니아생성량의 증가는 습토와 풍건토 사이에 큰 차이가 없다.

③ 알칼리효과
　　㉠ 토양에 알칼리나 산을 첨가하여 토양반응을 바꾼 다음에 담수하면 유기태질소의
　　　 무기화가 촉진되는데 토양반응의 변화로 난분해성 유기물을 분해할 수 있는 미생
　　　 물의 종이 활동하여 분해하기 때문이다.
　　㉡ 알칼리의 처리로 나타나는 효과를 알칼리효과라 하며 논에 수산화칼슘 100~200
　　　 kg/10a 정도를 사용하면 알칼리효과가 나타난다.

(3) 논토양의 개량

① 석회질 비료를 공급하여 산성토양을 개선한다.
② 토양을 건조 시킨 후 가수를 한다.
③ 규산질 비료를 시용한다. 이를 통해 병해충 저항성 증가, 내도복성 증가 등의 효과가
　 있다.
④ 논토양에 적합한 토양을 객토한다.
⑤ 제올라이트와 같은 개량제를 공급한다. 제올라이트 공급을 통해 양이온치환용량을
　 증대시킬 수 있다.
⑥ 퇴비 등 유기물을 시용한다.
⑦ 자운영, 호밀, 단보리, 헤어리베치 등의 녹비작물을 재배하여 질소 고정 등에 도움을

준다.

⑧ 중점토양은 점토가 많아 규산질비료나 유기물사용을 통해 입단구조 형성을 돕거나 배수가 잘되도록 하는 것이 중요하다.

⑨ 사력질답(누수답)은 자갈이나 모래가 많고 점토가 적어 용탈이 심하고 보수력이 약하다. 그래서 우량한 점토를 객토하거나 유기물을 공급해주도록 한다.

(4) 논토양의 담수효과

① 온도가 조절된다.

② 비료분의 분해가 조절된다.

③ 양분의 천연 공급이 이루어진다.

④ 토양의 침식이 방지된다.

⑤ 충분한 수분공급이 이루어진다.

⑥ 유해물질이 제거된다.

⑦ 잡초발생이 억제된다.

(5) 논토양 유형

① 보통논 : 일반적 재배법으로 일정 수준 이상의 수량을 말한다.

② 사질논 : 모래가 많은 논을 말한다.

③ 미숙논 : 새로 만들어 이용기간이 짧은 논을 말한다.

④ 습논 : 지하수위가 높아 항상 담수상태에 있는 논을 말한다.

⑤ 염해논 : 바닷물의 영향을 받아 염분이 있는 논을 말한다.

⑥ 특이산성논 : 토양에 황(S) 성분이 많아 담수상태에서 항상 산성인 논을 말한다.

(6) 노후답

① 노후답은 노후화 현상이 발생한 논토양으로 철분, 망간, 칼슘, 마그네슘 등의 주요 양분이 용탈하여 영양장애 등을 유발하는 것을 말한다.

② 여름철에는 환원층에서 황화수소가 발생하는데 철분이 부족할 경우 황화수소가 철과 반응하여 황화철로 침전되지 못해 벼의 뿌리를 상하게 한다.

③ 노후답에서는 깨씨무늬병 등의 식물병이 발생하여 수확량이 감소하기도 한다.

④ 노후답의 재배 대책으로 저항성 품종을 심거나, 조기재배를 통해 수확을 빠르게 하여 추락을 완화한다. 무황산근 비료를 시비하여 황화수소의 발생을 줄이도록 하거나 덧거름 중점의 시비나 엽면시비를 하기도 한다.

⑤ 노후답은 객토, 심경, 함철자재의 시용, 규산질 비료의 시용을 통해 개량이 가능하다.

(7) 간척지답

① 간척지 토양의 모재는 육지에서 운반된 암석풍화성분의 퇴적물이라 비옥하지만 벼농사에는 불리하다.

② 간척지처럼 염류가 많은 토양을 염류토라 한다. 염류가 5% 이상의 간척지 토양은 나트륨염이나 마그네슘염의 농도가 높아 알칼리성을 띠고 유기물의 함량은 매우 낮다.

③ 높은 염분농도 때문에 벼의 생육이 저해된다. 염화나트륨의 농도가 0.3% 이하이면 벼 재배가 가능은 하지만 0.1% 이상이면 염해의 가능성이 있다.

④ 유기물이나 황 등이 표층토에 집적되어 강산성을 띠는 특이산성토이다.

⑤ 점토가 과다하고 나트륨이온이 많아 토양의 투수성 및 통기성이 불량하다.

⑥ 간척지 토양 개량

· 관, 배수시설을 하여 염분과 황산을 제거하고 이상적 환원상태의 발달을 방지한다.

· 석회를 시용하여 산성을 중화하고 염분이 쉽게 용탈되도록 한다.

· 석고, 토양개량제, 생고 등을 시용하여 토양의 물리성을 개량한다.

· 염생식물을 심어 염분을 흡수한 후 제거한다.

⑦ 염분제거법

담수법	물을 10일 간씩 대어 염분을 녹여 배수하는 조치를 반복하는 방법
명거법	5~10m 간격으로 도랑을 내서 염분이 도랑으로 씻겨 내리도록 하는 방법
여과법	땅속에 암거를 설치하여 염분을 걸러냄과 아울러 토양통기도 촉진하는 방법

(8) 습답

① 습답은 지하수위가 높고 1년 중 건조하지 않으며 침투되는 수분의 양이 적어 유기물 분해도 적다.

② 습답에는 미숙유기물이 집적되어 환원상태가 된다.

③ 유기물이 혐기적으로 분해되어 유기산을 생성하나 투수가 적어 작토 중 유기산이 집적되어 뿌리의 생장과 흡수작용이 방해된다.

④ 담수상태의 논토양에서 벼의 근권 토양은 항상 환원상태이다. 벼의 생육 후기 질소과다로 병해 및 도복 등이 유발되고 추락현상이 유발된다.

⑤ 유기물은 혐기성 균인 메탄생성균이 분해하여 메탄이 생성된다.

⑥ 습답의 개량

· 암거배수 등을 하거나 투수를 좋게 하고 유해물질을 배제해야 한다.

· 철분 등 성분을 보급하기 위해 객토를 하는 것이 좋다.
· 재배상으로 석회, 규산석회 등을 공급하여 산성의 중화와 부족성분을 보급한다.
· 이랑재배를 하고 질소 시용량을 줄이는 것이 좋다.

34. 밭토양

(1) 밭토양

① 밭은 양분의 천연공급량이 낮고 유해생물의 번식이 많아 논보다 연작의 장해가 많다.
② 밭토양이 세립질토양의 경우 투수성이 불량하고 건조하면 토양이 단단해지면서 뿌리의 신장이 어렵게 된다.
③ 밭토양이 조립질 토양인 경우 토양이 한발의 피해를 입기 쉽고 자갈이나 모래가 많아 비옥도가 낮다.
④ 우리나라 밭토양은 식질이나 식양질과 같은 세립질토양이 다량 분포하고 있으며 그 중에서 식양질이 가장 많이 분포하고 있다.
⑤ 우리나라 밭 토양의 입지적 특성은 주로 곡간지, 구릉지 등의 경사지가 많이 분포되어 있다. 산과 산 사이 골짜기에 퇴적된 곡간지 산기슭의 경사진 곳에 퇴적된 산록지에 많이 분포되어 있다.
⑥ 밭토양은 주로 황갈색이나 적갈색을 띠며 산화물(NO_3, SO_4)이 존재한다.

(2) 밭토양의 종류

보통밭	토성이 식양토, 양토 및 사양토로 토심이 깊고 생산성이 크게 제약되지 않아서 심경, 유기물 시용 등을 통해 높은 수량을 얻는다.
사질밭	모래나 자갈 함량이 높아 물을 간직하는 능력이 적으며, 양분 흡수 능력이 낮아 생산성이 제한된다. 점토 객토나 유기물 시용을 통해 개선한다.
미숙밭	심토가 발달하지 못하여 유효 토심이 얕아 뿌리가 깊게 뻗지 못한다. 이때 심경이나 유기물 시용, 석회시용, 인산 시용 등을 통해 개선한다.
중점밭	점토질이 너무 많아 투수가 어렵고, 경운하기가 어려우며, 작물의 뿌리뻗음이 얕아 생산성이 제한된다. 이를 개선하기 위해 심경이나 유기물의 시용, 모래 객토 등을 적용한다.
고원밭	표고가 높은 고랭지 밭으로 경사가 심해 토양의 유실이 많다.
화산회밭	점토와 유기질 함량이 많고 투수가 빠르다.

⑶ 밭토양 개량

① 용성인비 시용, 유기물 및 미량요소 시용, 심경 등을 종합적으로 실시한다.

② pH 가 낮은 토양의 경우 석회를 공급한다.

③ 토양의 상태에 따라 석회, 고토, 칼륨 등을 공급한다.

④ 심토 파쇄를 실시하여 토양의 물리성을 개선한다.

⑤ 풀이나 짚을 표토에 덮어 한발피해를 막고 토양유실을 억제한다.

⑥ 목초재배와 같은 토양피복도가 좋은 작물을 재배한다.

⑦ 인산이 부족한 밭토양의 경우 인산비료를 공급해준다.

⑷ 논, 밭토양의 차이

① 논토양은 관개수에 의한 양분의 공급으로 지력을 유지하지만 밭토양은 빗물에 의해 양분의 유실 및 유기물의 분해로 지력이 상대적으로 떨어진다.

② 논토양은 담수상태라 산소의 공급이 원활하지 않고 미생물의 호흡으로 산소가 부족하여 환원상태가 된다. 밭은 산화조건에 있어 양분이 소모적으로 분해되어 비료에 대한 작물의 반응이 높은 편이다.

③ 논이 환원상태가 되면 밭토양보다 인산의 유효도가 증가하여 작물이 이용하기 용이하다.

④ 논토양은 환원상태에서 원소의 형태가 다음과 같다.

탄소	질소	망간	철	황
CH_4, CO	N_2, NH_4^+	Mn^{2+}	Fe^{2+}	H_2S, S^{2-}

⑤ 밭토양은 산화상태에서 원소의 형태가 다음과 같다.

탄소	질소	망간	철	황
CO_2	NO_3	Mn^{4+}, Mn^{3+}	Fe^{3+}	SO_4^{2-}

⑥ 논토양에서는 환원물이 존재하나 밭토양에서는 산화물이 존재한다.

⑦ NO_3는 밭토양과는 달리 논토양에서는 흡착되지 않고 침투수를 따라 하부 환원층으로 용탈되어 탈질작용을 일으킨다.

⑧ 논의 pH 는 담수상태에서도 낮과 밤에 따라 차이가 있고 담수기간과 낙수기간에 따라서도 차이가 있으나 밭토양은 그렇지 않다.

⑨ 논토양에서는 산화환원전위(Eh)가 여름에 환원이 심할수록 작아지고, 가을부터 이듬해 봄까지 산화가 심할수록 커진다. 토양이 산화될수록 Eh 는 높아지고 환원될수록 Eh 는 낮아진다.

(5) 개간지

① 개간지는 양분의 결핍이 심하고 척박하다. 개간한 토양은 보통 산성을 띠는데 부식과 점토가 적고 토양의 구조가 불량하다.

② 토양의 보수력, 보비력이 약하고 토양이 전반적으로 단단해 공기의 비율이 적고 물리적 성질이 불량하다.

③ 개간지 토양 개선을 위해 유기물, 인산, 석회 시비를 실시하고 단단한 층은 심토파쇄를 해준다.

④ 개간지 토양의 개선을 위해 작토층 증대, 석회물질 및 인산질 비료 사용 등이 필요하다.

(6) 사구지

① 사구지는 해안이나 사막에 바람에 의해 운반, 퇴적되어 이루어진 모래 언덕의 지역이다.

② 점토와 부식 함량이 적어 작물 재배가 어렵다.

③ 사구지는 수분이 부족하고 풍식을 받기 쉽다.

④ 사구지 토양 개량을 위해서는 방풍시설 및 관개시설을 하고 점토와 부식을 공급해야 한다. 또한 생육 가능한 진주조, 위핑러브그래스, 헤어리베치 등의 피복작물을 심어 토양부식의 증대를 돕는다.

35. 시설재배지 토양

(1) 시설재배지 토양 특성

① 시설재배지는 강우가 차단된 상태라 노지밭과 달리 경작 연수가 많을수록 토양에 염류 집적과 양분 불균형이 심화되어 작물의 생산성 및 품질이 떨어지게 된다.

② 시설재배지에서 연작 할 경우 특정 병해의 발생이 심하다.

③ 수분의 침투량보다 수분 증발량이 많아지면 염류가 집적되기도 한다.

④ 토양의 염류 농도를 평가하기 위해 토양 용액의 전기전도도를 측정한다.

⑤ 통기성이 불량하고 토양에 유해가스 집적이 높다.

(2) 과수원 토양 특성

① 우리나라의 기존 과수원은 대부분 경사 지형의 산간지 또는 배수가 원만한 곡간 평탄지에 발달하였으나, 최근에는 논을 과수원으로 전환하는 농가가 점차 늘어나는 추세이다.

② 을 과수원으로 전환할 경우는 암거 배수 설치 등배수 시설을 먼저 갖추고 경반층이

있을 경우는 심토 파쇄 작업을 하여 충분한 유효토심 확보 등 토양물리성을 개선해야 한다.

36. 토양침식

(1) 토양침식

① 토양침식은 강우로 표토가 유실되거나 바람에 의해 표토가 비산되어 지력이 저하되는 현상이다.

② 강우가 원인이 되는 경우 수식, 바람이 원인이 되는 경우 풍식으로 구별한다.

③ 토양의 침식에 영향을 주는 요인에는 바람이나 강우와 같은 기상조건, 경사 및 토양조건에 따른 지형, 식물의 종류 및 밀도 등이 있다.

(2) 수식

① 수식

㉠ 수식은 강우에 의해 토립의 분산, 입단의 파괴 등으로 토양의 침식이 진행되는 것을 말한다.

㉡ 수식의 종류에는 입단파괴 침식, 면상침식, 우곡침식, 구상침식이 있다.

㉢ 입단파괴 침식(우격침식)은 빗방울에 의하여 지표가 타격을 받아 입단이 파괴되는 침식이다.

㉣ 면상침식은 침식의 초기 단계로 토양표면 전면이 엷게 유실되는 침식이다.

㉤ 우곡침식은 토양표면에 잔도랑이 생기면서 유속이 빨라지고 침식력이 강해지면서 토양이 유실되는 침식이다.

㉥ 구상침식은 우곡 침식이 진행되면서 넓고 깊은 도랑이 생기게 된다.

㉦ 비옥도침식은 토양에 식물에 필요한 양분이 있는데 유수에 의해 침식되면서 양분이 없어지게 되며 가용성 염류나 토양 유기물도 함께 씻어 내려가는 현상을 말한다.

② 수식의 영향인자

㉠ 수식의 영향인자에는 강우속도, 강우량, 경사도, 경사장, 토양의 성질, 지표면 피복 상태 등에 영향을 받는다.

㉡ 강우강도가 강우량보다 토양침식에 더 큰 영향을 준다.

㉢ 토양의 흡수능에 가장 큰 영향인자는 공극량 중 대공극(비모세관공극)이다.

㉣ 수분이 잘 침투하는 토양 조건은 수분함량이 적을수록, 유기물 함량이 많을수록, 입단이 클수록, 대공극이 많을수록, 팽윤도가 작을수록 잘 침투하게 된다.

ⓜ 경사도가 클수록 유거수의 속도가 증가하면서 토양유실량이 증가한다.

ⓗ 토양유실량은 작물의 피복도가 높으면 낮아진다. 상대적으로 토양유실량은 피복도가 낮은 배추, 옥수수 등이 컸으며 피복도가 높은 땅콩, 율무 등은 낮은 것으로 나타났다.

③ 수식의 대책

㉠ 토양의 입단구조형성을 촉진하여 투수성, 보수력을 증대시켜야 한다.

㉡ 입단형성은 유기물 시용, 석회질 물질 시용, 토양개량제 등을 활용한다.

㉢ 유거의 속도조절 및 경작법으로 초생대와 부초, 등고선재배, 등고선대생재배, 계단재배, 승수로설치재배 등이 있다.

㉣ 부초법, 인공피복법 등의 피복법을 활용한다.

④ 경작법

초생재배	· 과수원은 청경재배보다 초생재배가 유리하다. · 초생재배가 피복 및 지력증진에 도움이 된다.
대상재배	· 경사지에 수식성 작물을 재배할 경우 등고선을 일정 간격으로 적당한 폭의 목초대를 두어 토양침식을 경감시킨다.
계단재배	· 경사도 15° 이상일 경우 계단식 재배와 반계단식 재배를 활용한다. · 토양유실 방지에 도움이 되고 배수로 설치가 필요하다.
등고선경작	· 경사지에서 등고선을 따라 이랑을 만든다. · 이랑 사이 유거수가 발생하지 않아 침식이 방지된다.

(3) 풍식

① 풍식

㉠ 풍식은 바람에 의한 토양침식으로 피해가 가장 심한 풍식은 토양입자가 도약, 운반되는 것이다.

㉡ 풍식의 기작으로 약동, 포행, 부유가 있다.

약동	바람에 의하여 지름 0.1mm 토양입자가 지표면에서 30cm 이하의 높이로 비교적 짧은 거리를 구르거나 튀는 모양으로 이동하는 것으로 풍식에 의한 전체 이동량의 50~90% 정도를 차지한다.
포행	큰 입자가 토양 표면을 구르거나 미끄러지며 이동하는 것으로 이동하는 입자의 크기는 약 1mm 이상이며 전체 토양 이동량의 5~25%를 차지한다.
부유	가는 모래 정도 크기의 토양입자 혹은 더 작은 입자가 공중에 떠서 토양 표면과 평행하게 멀리 이동하는 것으로 전체 토양 이동량의 15% 정도이다.

② 풍식의 대책

　　　㉠ 방풍림조성 및 방풍울타리를 설치한다.

　　　㉡ 관개 및 담수를 실시한다.

　　　㉢ 피복작물을 재배한다.

　　　㉣ 토양개량 및 진압을 실시한다.

　　　㉤ 풍향과 직각방향으로 이랑을 만들어준다.

37. 토양오염

(1) 토양오염

① 토양오염은 토양속에 오염물질이 함유되어 있는 경우를 말한다.

② 토양오염의 원인으로 농약, 생활하수, 비료, 폐수, 폐기물 등이 있으며 오염원에는 가축사육장, 폐기물매립지, 공장 등 만들어준다.

③ 토양의 점오염원은 오염원이 배출되는 급원이나 위치를 정확하게 확인할 수 있는 경우를 말하며 배출된 오염원이 직접적으로 환경을 오염시킨다. 예를 들어 폐기물매립지, 대단위 가축사육장, 건설지역, 송유관, 산업지역 등이 해당된다.

④ 토양의 비점오염원은 오염원의 배출급원이나 위치를 확인하기 불가능한 경우로 농약 및 화학비료, 산성비, 방사성물질 등이 있다.

(2) 토양오염 물질 및 특징

① 토양오염에 영향을 주는 무기원소로 비소(As), 카드뮴(Cd), 코발트(Co), 크롬(Cr), 구리(Cu), 수은(Hg), 납(Pb), 망간(Mn) 등이 있다.

② 토양오염의 원인이 되는 중금속은 pH 가 낮을수록 용출이 되면서 토양에서의 양이 줄어들게 된다. 반대로 pH 가 높은 토양은 중금속 흡착으로 중금속의 양이 많아지게 된다.

③ 비소는 직물이나 피혁공장의 폐기수에 함유되어 있어 토양을 오염시키기도 하는데 논이나 밭에 피해를 많이 주며 특히 논에 더 큰 피해를 준다. 논은 담수상태라 환원되면서 독성이 높아지게 된다.

④ 토양오염물질 중 질소, 인산, 칼륨 등의 화학비료에 의하여 하천이나 호수에서 부영양화를 일으킨다. 화학비료를 과다 사용할 경우 토양오염을 유발하게 된다.

⑤ 카드뮴은 이타이이타이병을 발생시키는데 등뼈, 손발, 관절이 아프고 뼈가 잘 부러지는 증상이 나타난다.

⑥ 작물의 중금속에 대한 내성 정도는 다음과 같다.

중금속 종류	내성이 강한 작물	내성이 약한 작물
니켈(Ni)	보리, 밀, 호밀	귀리, 사탕무
아연(Zn)	당근, 파, 셀러리	시금치
아연-카드뮴(Zn-Cd)	밀, 호밀, 옥수수, 밭벼	오이, 콩
카드뮴(Cd)	옥수수	무, 해바라기
망간(Mn)	보리, 밀, 귀리, 감자	강낭콩, 양배추

(3) 잔류농약

① 잔류성 농약의 주성분이 작물, 토양, 수질 등에 잔류하여 오염시키는 것을 의미한다.

② 농약의 잔류량 및 잔류기간에 따라 약해의 영향 정도가 결정된다.

③ 잔류량 및 기간은 농약의 물리성, 화학성과 농약의 제형방법 및 살포방법 외부의 기상조건 등에 의해 영향을 받는다.

(4) 잔류성 농약의 종류

① 토양잔류성 농약

㉠ 토양 중 농약의 반감기간이 180일 이상인 농약을 토양잔류성 농약이라 한다.

㉡ 주로 병해충방제용으로 약품을 살포하였다가 약품 성분이 잔류되어 동식물에 영향을 주게 된다.

㉢ 동일 농약을 지속적으로 살포하면 특정 농약의 미생물들이 분해 작용이 활성화되어 농약의 잔류 정도가 줄어들게 되나 혼합처리 혹은 서로 다른 약품들을 교대로 살포 처리할 경우 분해가 느려져 잔류가 지속되기도 한다.

㉣ 토양의 유기물 함량이 높고 알칼리성 토양의 경우 농약의 분해가 빠른편이다.

㉤ 토양의 잔류 정도는 농약 자체의 특성에 따라 상이한데 유기염소계 농약의 경우 환경에 안정적이라 토양에 오래 잔류하는 편이며 아닐린유도체와 같이 토양입자에 강하게 흡착되는 경우도 오래 잔류한다.

② 작물잔류성 농약

㉠ 농약은 작물의 표피의 유지층에 잔류하며 일부가 조직의 내부까지 침투하여 잔류하게 된다. 또한 작물의 표면에 털이 많거나 피복량이 적으면 잔류량이 많아질 확률이 높다.

㉡ 농약 조제시 전착제를 많이 첨가할 경우 그만큼 작물의 표면에 다량 잔류하게 된다.

③ 수질오염성 농약

    ㉠ 살포한 농약 중 수질을 오염시켜 수중생물 및 물을 이용하는 동식물의 피해가
우려되는 농약을 말한다.

    ㉡ 수질오염성 농약은 물을 이용하는 동식물에 직접적인 피해 뿐 아니라 내부 잔류
농약으로 인하여 2차적 피해가 발생할 가능성도 있다.

38. 퇴비

(1) 퇴비

① 퇴비화는 짚, 풀 등의 유기물을 호기적인 조건에서 미생물이 분해되는 과정을 말하고
이렇게 만들어진 것을 퇴비라고 한다. 이때 미생물을 이용하는 퇴비화는 주로 호기성
미생물이 퇴비화 역할을 하게 된다.

② 퇴비의 제조 순서는 < 원료 준비 – 원료 혼합 – 쌓아두기(뒤집기 및 퇴적) – 후숙 >
의 과정을 거친다.

③ 토양이 흑색으로 보이는 경우 부식에 의한 것이고 부식 함량이 10% 이상의 경우
거의 흑색을 띠는 편이다.

(2) 퇴비의 효과

① 토양의 입단구조 형성을 촉진하여 토양의 물리성을 개선한다.

② 토양의 이화학적 성질을 개선한다.

③ 토양 중 생물의 활성 및 증진에 효과가 있다.

④ 활성화된 미생물에 의해 중금속 및 유해물질이 분해한다.

⑤ 탄질율을 조절해주고 작물의 질소기아현상을 방지한다.

⑥ 퇴비는 지효성이며 작물에 양분을 공급한다.

(3) 퇴비화 인자

① 탄질비

    ㉠ 유기물은 탄소, 수소, 산소, 질소 및 황과 같은 원소가 주된 성분이다.

    ㉡ 탄소는 유기물 분해 과정에서 미생물의 에너지원으로 이용되며, 질소와 같은 양분
은 미생물의 영양원으로 이용된다.

    ㉢ 가축분을 주원료로 사용하여 퇴비를 만들 때 수분 조절과 탄질비 조절을 위한
목적으로 근래에는 보조 재료로 톱밥을 가장 많이 활용한다.

② 수분

　　㉠ 퇴비의 수분 함량은 퇴적 초기에는 60~70% 정도가 적당하며, 이는 퇴비 재료
　　　　및 통기성에 따라 약간의 차이가 있다.

　　㉡ 일반적으로 수분 함량이 40%보다 낮아지면 퇴비화 속도는 매우 늦어지며, 수분
　　　　함량이 70% 이상 높아지면 퇴비화 속도가 늦어짐과 동시에 혐기 상태가 되어
　　　　악취 발생의 원인이 된다.

③ 통기성

　　㉠ 퇴비화는 호기성 미생물에 의해 유기물이 분해되는 과정으로 공기 즉, 산소 공급이
　　　　원활해야 한다.

　　㉡ 공기 공급량이 지나치게 많을 경우는 퇴비 더미의 수분이 급격히 줄어 건조되므로
　　　　퇴비화가 더뎌지며 반면, 공기 공급량이 미약해지면 혐기 조건이 되어 악취 발생의
　　　　원인이 되고 퇴비화도 매우 늦어진다.

④ 온도

　　㉠ 퇴비 재료를 쌓은 후 시간 경과에 따라 미생물 활성이 촉진되면서 상승하며, 퇴비
　　　　더미의 온도 상승 정도는 퇴비화 방법과 퇴적 규모에 따라 달라진다.

　　㉡ 유기물 분해에 적당한 온도는 45~65℃ 이며, 퇴비 더미가 65℃ 이상 고온이 되면
　　　　미생물 활성이 떨어지므로 통기량을 조절하여 온도를 떨어뜨려야 한다.

⑤ pH

　　㉠ 퇴비의 pH 는 퇴비 원료에 따라 차이는 있지만 대부분 6.5~8.0 정도이다.

　　㉡ 퇴비화에 따라 pH의 변화는 유기태 질소, 암모니아화 작용의 영향이 크다.

　　㉢ 퇴비 더미의 pH 가 지나치게 높고 장기간 지속되면 암모니아 휘산이 많아져
　　　　퇴비 중 질소 손실이 커지게 된다.

39. 퇴비의 종류 및 특성

(1) 농산부산물

① 볏짚, 왕겨, 보릿짚 등은 비료 성분의 가치는 낮고 탄질비(C/N비, 탄질율)는 높은 편이다.

② 탄질비가 15 이하면 분해를 위한 질소가 충분하고 15~30 정도이면 보통 수준이다. 그런데 30 이상이면 질소가 부족하여 질소기아현상이 발생할수 있다.

③ 볏짚의 탄질비는 대략 60~70 정도로 퇴비화 과정을 거치지 않고 토양에 직접 사용하면 작물 정식 초기에 일시적 질소 기아가 나타날 수 있다.

④ 볏짚은 토양의 물리성 개선 효과를 기대할 수 있으며 특히, 시설 재배지에서 염류 집적 피해를 경감시키는 데 활용성이 크다.

⑤ 왕겨는 수분 흡수가 쉽지 않고, 미생물에 의해 분해되는 시간도 많이 소요되므로 마쇄 또는 팽연화 과정을 거쳐 사용한다.

(2) 임산부산물

① 임산 부산물의 가장 대표적인 것은 톱밥이다. 흡습성, 통기성이 좋아 부재료로 활용도가 높은 물질 중 하나이다.

② 톱밥은 탄질비가 500~1,000 으로 높아서 분해가 늦고 비료 성분도 매우 낮아 비료로써의 가치보다 가축 분뇨 등 수분을 많이 지닌 퇴비 원료의 수분 조절제 및 탄소 공급원으로의 역할이 크다

③ 임산부산물에는 낙엽, 수피, 목편, 부엽토, 이탄, 토탄, 갈탄 등이 있다.

(3) 가축분뇨

① 가축 분뇨는 옛날부터 퇴비 원료로 널리 활용되어 왔다.

② 농산 부산물 및 임산 부산물에 비해 비료 성분이 많고, 탄질비도 낮은 편이다.

③ 가축의 종류, 가축의 연령, 가축의 사료 종류 등 여러 요인으로 인해 가축 분뇨의 비료 성분 차이가 있지만 대체로 계분 > 돈분 > 우분 순으로 양분 함량이 높은 편이다.

(4) 완숙퇴비와 미숙퇴비

① 발효과정이 끝난 퇴비를 완숙퇴비, 발효과정이 끝나지 않은 퇴비를 미숙퇴비라고 한다.

② 완숙퇴비는 미숙퇴비에 비해 냄새가 거의 없고 질좋은 퇴비로 가격은 비싸다.

③ 완숙퇴비는 미완숙 퇴비에 비해 발효기간이 길어 생산량이 적어진다.

④ 미숙퇴비는 발효가 덜 된 상태로 공급시 발효가 진행되면서 유해가스가 발생한다. 이로 인하여 작물 뿌리가 피해를 입어 잘 자라지 못하기도 하며 선충이나 미생물이 많이 발생할 수 있다.

⑤ 미숙퇴비의 경우 제대로 발효가 안된 상태라 산성 상태로 발효를 하게 되며 완숙퇴비는 발효과 완료되어 중성에 가깝다. 미숙퇴비는 토양을 산성상태로 만들면서 작물이 자라기에 어려운 토양 조건을 만들기도 한다.

40. 퇴비화

(1) 퇴비화

① 퇴비화의 과정은 크게 발열, 감열, 숙성의 과정으로 이루어진다.

② 발열단계는 퇴비재료를 쌓으면 온도가 60~80℃ 까지 오르는데 박테리아의 유기물 분해로 에너지가 방출되는 것이다. 열의 발생에 의해 유해한 병원균과 잡초 종자가 사멸하는데 보통 6~8주 정도 지속된다.

③ 감열단계는 유기물의 분해가 완료되면 퇴비더미의 온도가 25~45℃ 정도로 내려오며 온도가 낮아지면 곰팡이가 정착하면서 줄기, 섬유질, 목질부 등 분해가 어려운 물질의 분해가 시작된다. 이때 퇴비의 온도는 올라가지 않는다.

④ 숙성단계에서는 다양한 종류의 미생물이 서식하면서 원재료 부피의 20~70% 까지 줄어들고 검은색을 띠면서 잘 부스러진다.

(2) 퇴비 만들기

① 퇴비 퇴적장
   ㉠ 퇴적할 규모를 미리 정하고 퇴적장의 넓이를 만들어 평탄 작업을 하고 바닥을 다지거나 콘크리트를 쳐서 굳힌다.
   ㉡ 퇴비장 주변에 작은 도랑을 만들어 퇴비장에서 흘러내리는 물이 퇴비장 외부로 유출되지 않도록 하며 작은 집수구를 만든다.

② 퇴비재료
   ㉠ 퇴비 제조량에 맞게 질소원 재료를 준비한다.
   ㉡ 가축분 또는 깻묵류, 쌀겨 등이 좋으며, 이는 탄질비 조절을 위하여 사용하는 것으로 볏짚 소요량을 따져 필요량을 분비하도록 한다.

③ 퇴비더미

   ⊙ 퇴비더미가 클수록 퇴비 더미 내부의 통기성이 나쁘기에 원형이나 사각형태 쌓기를 하면 높이는 1.5m, 가로 2m, 세로 2m 정도가 적당하다. 단, 제조할 퇴비량이 많을 경우 직사각 형태로 길게 쌓는다.

   ⓛ 퇴비 쌓기를 하면 비닐 등으로 피복하여 온도 상승 및 빗물 침투 방지를 하도록 한다.

   ⓒ 비가림 시설 등 퇴비장을 갖추지 못한 경우 야외에 간이 야적장을 마련하여 재료를 쌓은 후 비닐을 덮어준다.

④ 퇴비 뒤집기

   ⊙ 퇴적 후 2~3주 경과 시 온도가 60~70°C 상승하여 1주 이상 지속되면 부숙이 적절히 진행되고 있는 것이다.

   ⓛ 2~3주 후 뒤집기를 실시하여 적절한 공기를 통하도록 하고 퇴비 더미에 수분 함량을 확인하여 수분이 부족할 경우 수분을 공급해 60% 정도로 맞춘다.

   ⓒ 퇴비화 소요 기간은 재료, 방법, 퇴비 더미 크기, 계절 등에 영향을 받으며 볏짚과 같은 재료의 경우 6~12개월 정도 소요되며 이 기간 중 뒤집기는 4~6 회 정도가 적합하다.

⑤ 퇴비 보관

   ⊙ 퇴비 부숙이 종료되면 퇴비 중 물질의 변화가 크지 않은 상태가 되며 물질의 안정화 단계에서는 퇴비 더미의 겉과 속에 미생물 균사가 하얗게 나타난다.

   ⓛ 퇴비의 본래 재료를 알 수 없을 정도로 분해된 상태는 불쾌한 냄새가 없는 완숙 퇴비이다.

   ⓒ 제조가 완료된 퇴비는 즉시 활용하지 않을 경우 일정 크기의 포대에 담아 비가림 시설이 있는 야적장에 두거나 노지에 쌓을 경우 일정 높이의 발판을 깔고 포대에 담아 비닐을 덮어둔다.

   ⓔ 쌓아둔 퇴비가 강우에 노출되면 퇴비의 질소, 인산 등 비료성분이 유실된다.

(3) 퇴적식

① 퇴적식은 정체식이라 하며 야적 상태에서 일정 기간 부숙 시키는 전통적인 두엄 퇴비화 방식과 퇴비장을 설치하고 콘크리트 바닥에 공기 주입시설을 설치하여 공기를 주입하는 고정 통풍식이 있다.

② 투엄 퇴비화는 별도의 시설 없이 퇴비 제조가 가능하지만 완숙 퇴비까지 시간이 많이 요구된다. 퇴비 더미가 클수록 부숙이 골고루 이루어지지 않고 강우시 양분 유출의 단점이 있다.

③ 고정 통풍식은 퇴비장에 지붕, 바닥에는 공기 주입 장치를 설치하고 칸막이를 나누고 일정시간이 지나면 뒤집어 주는 방법이다.

(4) 교반식

① 교반식은 규모가 큰 퇴비 공장에서 활용하는 방법으로 국내의 퇴비 공장에서 많이 사용하고 있다.

② 부숙 발효조에 교반기가 설치되어 있고 바닥에는 통기 장치를 설치하여 공기를 주입한다.

(5) 부식

① 부식

㉠ 토양 내의 유기물 즉 동물, 식물 등의 잔재가 미생물의 작용과 화학작용에 의해 분해되어 암갈색에서 흑색을 보이는데 이를 부식이라 한다. 부식은 리그닌과 단백질이 결합한 복합물질로 부식이 많은 토양일수록 검은색을 보이고 부식이 적을수록 밝은 색을 띤다.

㉡ 부식은 이화학적 특성에 따라 부식탄(Humin), 부식산(Humic acid), 풀빅산(Fulvic acid) 등으로 구분한다.

부식탄	• 부식에 알칼리성 용액을 넣고 침전된 부식으로 산도와 관계없이 물에 녹지 않는 흑색 고분자 화합물로 무기성분과 강하게 결합되어 있다. • 양분치환성은 점토에 비해 높아 500me/100g 정도이다. • 토양의 전체부식의 20~30% 정도를 차지한다.
부식산	• 알칼리에 의해 토양에서 추출되거나 산에 의해 침적된 유기물이다. • 방향족 고리를 가지고 이중결합을 하고 있다. • 양이온치환용량이 200~600 me/100g 정도로 높은편이며 1가의 양이온과 결합한 수용성이지만 2가, 3가의 경우 물에 잘 녹지 않는 특성이 있다.
풀빅산	• 산도에 관계없이 물에 잘 녹는 무정형 고분자 화합물이다. • 방향족, 지방족 구조를 가지며 치환성은 900~1400me/100g 정도이다.

41. 퇴비 분석

(1) 퇴비 부숙도

① 퇴비 부숙도 측정

    ㉠ 부숙도 측정 방법은 냄새, 색깔 등으로 판정하는 관능법, pH 판정법, 탄질비 판정법, 지렁이법, 유식물 재배법 등 다양한 방법들이 있다.

    ㉡ 검사법은 크게 관능적 검사, 화학적검사, 생물학적 검사가 있으며 관능적 검사는 형태, 색, 냄새 등을 판별하고 화학적 검사에는 탄질율, pH 판정 등이 있으며 생물학적 검사로 지렁이법, 발아시험법, 유식물 재배법 등으로 분류된다. 기계적 측정 방법으로는 콤백, 솔비타를 활용한다.

② 기계적 부숙도 측정

    ㉠ 콤백 측정법

      • 퇴비에서 발생하는 이산화탄소, 암모니아 가스를 측정하는 방법이다.

      • 가스 반응 키트에 반응시켜 측정부를 통해 미부숙, 부숙초기, 부숙중기, 부숙후기, 부숙완료 단계로 판정한다.

    ㉡ 솔비타 측정법

      • 콤백 측정법과 동일하게 퇴비에서 발생하는 이산화탄소, 암모니아 가스를 측정한다.

      • 테스트 용기에 패드를 반응시켜 색깔을 디지털 판독기로 판정한다.

③ 종자발아법

    ㉠ 무 종자를 이용하여 발아 지수를 조사하여 부숙 상태를 판정한다.

    ㉡ 종자발아법은 기계적 측정법 검사 후 부숙 상태가 의심될 때 활용하기도 한다.

    ㉢ 퇴비 시료를 항온 수조 70℃ 조건에서 2시간 후 여과지로 추출하여 발아율과 뿌리 길이를 측정한다. 이때 증류수를 대조구로 하여 퇴비 시료와 동일하게 발아율과 뿌리 길이를 측정하여 발아지수를 계산하게 된다. 발아 지수는 70 일 때 부숙완료로 판정한다.

④ 관능 검사법

    ㉠ 완숙된 퇴비는 색깔이 갈색이나 검은색으로 변하고 냄새에 악취가 사라지며 퇴비 고유의 냄새가 발생하면 부숙도가 높다.

    ㉡ 예를 들어 볏짚 및 산야초 퇴비의 부숙도는 판별을 할 때 변화 정도에 따라 미숙, 중숙, 완숙으로 감별한다. 완숙 후에는 수분이 50% 정도 상태가 된다.

    ㉢ 수분함량이 50% 전후이면서 물기가 스미지 않고 부스러기가 떨어질 정도이면

부숙도가 높다.

ⓒ 통기상태가 양호하면 부숙도가 높다.

ⓜ 퇴비화기간이 6개월 이상이거나 뒤집기 횟수가 7회 이상인 경우 부숙도가 높은 편이다.

⑤ 지렁이법

ⓐ 수분함량이 약 65% 퇴비를 정도되는 퇴비를 비커에 약 1/3 정도 담고 줄지렁이 5~6마리를 넣어 검은 천으로 감싸 어두운 환경을 조성한다.

ⓑ 약 1시간 후 검은 천을 벗겨 밝게 한 후 행동을 관찰하여 다음과 같이 판정한다.

아주 미숙한 퇴비	지렁이가 부분적으로 녹기 시작
약간 미숙한 퇴비	지렁이가 행동력을 잃고 움직임이 없으며 몸체가 백색 또는 암갈색으로 변한다.
완숙 퇴비	지렁이 활동이 활발하다.

42. 유기원예토양관리

(1) 원예작물 토양관리 방법

① 경운

ⓐ 수확이 끝난 작물이나 자재는 제거한다.

ⓑ 토양 깊은 곳까지 충분한 열 전달을 위해 깊게 경운하여 공극율을 높인다.

② 유기물과 석회 시용

작물마다 기준량에 맞추어 질소질비료를 충분히 공급하고 로타리하여 토양 중에 잘 혼합되도록 한다.

③ 작은 이랑 만들기

ⓐ 지표면적을 넓혀 열전도율을 높이기 위해 작은 이랑을 만든다.

ⓑ 이랑작성기가 부착된 기계는 동시작업이 가능하고 없는 경우 다목적 관리기를 이용한다.

④ 지표면 피복

작은 이랑을 만든 뒤 표면을 비닐로 피복한다.

⑤ 일시 담수

ⓐ 고랑 사이에 물을 대고 일시 담수 상태로 한다.

ⓛ 공급된 물은 열 전달을 양호하게 하고 유기물의 급격한 분해를 촉진시켜 토양
중의 산소를 소비하여 혐기 상태를 만들어 병균을 질식하여 죽게 만든다.

⑥ 하우스 밀폐

㉠ 위의 작업이 완료되면 하우스 밀폐를 실시한다.

ⓛ 하우스 밀폐를 통해 하우스 내 기온 및 지온에 영향을 주게 된다.

(2) 비옥도 향상 방법

① 녹비작물

㉠ 녹비는 토양의 비옥도를 증진시키는 작물로 조직이 연하고 질소성분이 많아 토양에
서 쉽게 분해되고 유기질 비료의 효과가 있다.

ⓛ 녹비를 통해 토양의 비옥도와 토양의 물리적 성질을 개선한다.

ⓒ 녹비작물은 뿌리가 썩을 때 표토층, 심토층 등 대부분의 토양층에 유기물을 제공하
고 통기성 개선에도 도움이 준다.

ⓔ 두과 녹비작물에는 자운영, 알팔파, 동부, 화이트클러버, 레드클로버 등이 있으며
두과가 아닌 녹비작물에는 유채, 귀리, 메밀, 수수, 티모시 등이 있다.

ⓜ 녹비작물을 토양에 혼입한 후 후작물을 파종하는 시기는 최대 2~3주를 넘기지
않도록 하는 것이 좋다. 이는 녹비 작물의 분해로 인해 영양분의 손실을 최대한
억제하기 위해서이다

② 녹비작물 조건

㉠ 생육이 왕성하고 재배가 쉬워야 한다.

ⓛ 심근성으로 하층의 양분을 작토층으로 끌어올릴 수 있어야 한다.

ⓒ 비료성분의 함유량이 높으며 유리질소의 고정력이 강해야한다.

ⓔ C/N율이 낮고 줄기, 잎이 유연하여 토양에서 분해가 빨라야 한다.

ⓜ 가축의 사료로 이용될 수 있어야 효율적이다.

ⓗ 논에서는 습기에 견디는 내습성이 강해야 한다.

(3) 녹비작물의 작부체계

① 일반사항

㉠ 논에서 벼가 생육하지 않는 기간에 녹비작물을 재배한다면 화학비료를 대폭 절감
할 수 있으며, 토양의 비옥도는 물론 토양의 물리성도 개선할 수 있다.

ⓛ 논에서 재배 가능한 녹비작물로는 보리, 호밀 등 맥류와 자운영, 헤어리베치 등의

콩과식물이 있다. 맥류를 녹비작물로 활용하면 벼와 같은 화본과작물이기 때문에 녹비로 토양에 넣었을 때 벼 재배에 좋지 않은 현상이 나타나므로 피하는 것이 좋다.

ⓒ 콩과 녹비작물인 자운영이나 헤어리버치를 재배하면 질소 생산량이 많아 화학비료 대체율이 높고, 녹비를 토양에 투입 시 분해속도가 빨라 벼 생육에 미치는 나쁜 영향을 최소화 할 수 있다.

② **자운영 재배**

ⓐ 자운영은 중부 이남의 지역에서 월동이 가능하므로 이 지역의 논에서 답리작으로 많이 재배되는 녹비작물이다.

ⓑ 자운영 재배토양의 적정 산도는 다른 콩과식물과 마찬가지로 pH 5.2~6.2 정도이며, pH 5.0 미만의 산성토양에서는 근류균의 생장이 나빠 식물생육도 매우 불량하므로 토양산도를 조절해 주어야 한다.

ⓒ 자운영 종자는 경실종자로 발아율은 60% 정도로 낮은 편이라 종피파상법 등을 통해 발아율을 높일 수 있다. 균핵병 예방을 위해 소금물에 소독하여 파종하기도 한다.

ⓓ 8월 하순에서 9월 중순 사이에 벼가 있는 논에 10a당 3~4kg 의 종자를 종토접종하여 햇볕이 없는 날 뿌려주면 겨울을 넘기고 이듬해 4 ~ 5 월에 좋은 녹비가 된다.

ⓔ 자운영 재배의 효과
- 질소 및 유기질비료 절감 효과
- 토양 입단화로 토양의 물리, 화학성 개선
- 토양 침식 및 유실 방지
- 봄철 잡초 발생 억제
- 해충 천적의 서식처 제공
- 밀원식물이며 경관자원 가능
- 식용 및 약용

③ **헤어리베치 재배**

ⓐ 헤어리베치는 콩과 녹비작물 중 토양개량 효과와 활용 편의성이 뛰어나다.

ⓑ 월동 후 이른 봄에 재생 속도가 빠르고 토양을 완전히 덮어 다른 잡초의 침입을 막는다.

ⓒ 다른 콩과작물보다 질소함량이 높고 탄질비가 10:1 정도로 낮아 매몰 시 한달 안에 대부분이 분해된다.

ㄹ 산성토양에서는 생육이 불량하다.

ㅁ 헤어리베치는 질소 생산능력이 뛰어나고 토양의 유기태 질소를 증가시켜 작물이 생육기간 동안 지속적으로 질소 공급의 효과가 있다.

ㅂ 윤작의 측면에서 논에서 벼, 밭에서는 옥수수와 조합하여 재배하는 것이 가능하고 시설하우스에서는 열매채소류와 짧은 윤작, 과수원에서는 초생재배, 경사진 고랭지에서는 피복작물 등으로 활용할 수 있다.

ㅅ 내한성이 강해 자운영이 월동하기 어려운 중북부지방에서 활용이 가능하다.

④ 녹비작물의 질소함량

ㄱ 헤어리베치는 식물체가 가지고 있는 질소함량이 3.1~4.3% 정도로 매우 높다.

ㄴ 자운영의 질소함량은 식물체의 약 2.9% 정도를 차지할 정도로 높다.

ㄷ 감자와 같은 작물도 질소가 약 1.3% 정도이며 호밀의 경우 1% 정도이다.

(4) 염류장해

① 시설의 토양 내 비료성분이 축적되어 염류장해를 일으키며 무기물이나 농약 등에 의해 오염이 나타나게 된다. 과잉시비는 염류집적의 직접적인 원인이 된다.

② 인공관수를 실시하여도 시설토양은 자연강우가 없어 표면관수에 그치게 되고 염류의 용탈 가능성이 없고 지하의 깊은 곳의 염류까지 모세관 현상으로 상승이동하면서 염류집적이 가속화된다.

③ 작물이 흡수하는 양보다 공급량이 많으면 염류가 토양에 쌓이면 이를 염류장해 혹은 염류집적이라 한다.

④ 염류장해에 대한 대책으로 답전윤환, 담수처리, 제염작물 재배, 유기물의 시용, 객토 실시, 저항성 품종 재배 등이 있다.

⑤ 염류 장해로 인하여 나타나는 현상은 다음과 같다.

ㄱ 잎이 밑에서부터 말라죽기 시작한다. 특히 수분이 많은 잎부터 마르기 시작한다.

ㄴ 잎이 짙은 녹색을 띠며 잎의 가장자리가 안으로 말리기 시작한다.

ㄷ 잎 끝이 타면서 말라 죽는다.

ㄹ 칼슘, 마그네슘 등의 무기염류 결핍증상이 나타난다.

43. 시설원예 시설 설치

(1) 시설 입지 조건

① 시설의 경우 기온이 온난하고 일조량이 많은 곳으로 선택한다.

② 바람이 많이 불지 않고 배수 및 관수가 용이한 곳으로 한다.

③ 상습 안개 발생지는 피하도록 한다.

④ 노동력 공급이 원활하고 수송이 양호한 곳으로 한다.

(2) 시설 종류

① 유리온실

ㄱ 외지붕형온실

· 지붕이 한쪽에 있고 동서 방향으로 짓는다.

· 겨울에 채광량이 많고 북쪽 벽의 열손실이 적다.

ㄴ 스리쿼터형온실

· 동서 방향으로 설치하여 남쪽 지붕의 길이가 전체 지붕 길이의 3/4 정도로 만든다.

· 남쪽 지붕의 면적은 3/4 정도로 채광이나 보온성이 뛰어난 장점이 있다.

ㄷ 양지붕형온실

남북 방향으로 만들며 광선이 균일하게 입사하고 통풍이 잘된다.

ㄹ 벤로형온실

· 양지붕형 온실을 연결한 것으로 연동형 온실의 단점을 보완한 온실이다.

· 온실의 서까래의 간격을 넓혀 시설비 및 골격율을 낮출 수 있다.

ㅁ 둥근지붕형온실

· 곡면 지붕이 다른 온실에 비해 높다.

· 지붕이 높아 대형 관상식물 재배가 가능하다.

ㅂ 연동형온실

· 양지붕형 온실을 여러 개 연결하여 내부 칸막이를 제거한 온실이다.

· 토지이용률이 높고 건축비 및 난방비가 절감되며 재배관리의 능률화가 높은 장점이 있다.

· 광분포가 불균일하고 환기가 불량한 단점이 있다.

② 플라스틱하우스

ㄱ 지붕형하우스

· 외지붕, 양지붕, 스리쿼터형 지붕이 있다.

- 적설량이 많은 지역에 주로 활용된다.
  - ⓛ 터널형하우스
    - 보온성이 뛰어나고 강한 바람에 강하며 피복재의 수명이 긴 편이다.
    - 고온장해 발생시 과습하기 쉽고 내설성에 약하다.
  - ⓒ 아치형하우스
    - 양쪽 측면이 수직이거나 경사진 형태로 지붕이 곡면으로 되어 있다.
    - 실내작업은 터널형보다 용이하다.
    - 지붕형에 비해 내풍성이 강하고 광선이 고르게 입사하기에 지붕형보다 많이 광선이 유입된다.

③ 기타 시설
  - ㉠ 에어하우스
    - 기초피복제로 씌운 2중 필름 사이로 가압된 공기를 공급해 공기앞으로 하우스 형태를 유지한다.
    - 보온성이 높고 전체 에너지 소비량의 약 40% 정도를 절감할 수 있다.
  - ㉡ 펠레트하우스
    시설의 지붕과 벽에 일정 간격의 2중 구조를 만들어 밤에는 발포폴리스틸렌칩으로 보온효과를 높이는 시설이다.
  - ㉢ 수막하우스
    - 커튼 위에 물을 뿌릴 수 있는 구조로 된 보온시설이다.
    - 수막은 겨울철 난방뿐만 아니라 여름철 냉방도 가능하다.

[3] 시설원예용 기자재

① 골격자재
  - ㉠ 죽재 : 시설재배의 초기에 많이 이용된다.
  - ㉡ 목재 : 구입이 용이하고 가공이 편리하나 부패하기 쉽고 내구연한이 짧다.
  - ㉢ 철재 : 유리온실이나 지붕형 하우스 등의 골재로 주로 이용된다.
  - ㉣ 경합금제 : 경합금은 주로 알루미늄을 주성분으로 하는 여러 가지의 합금으로 가볍고 녹이 잘 발생하지 않는다.

② 피복자재
  - ㉠ 기초피복은 기본 골격구조물의 위에 유리나 플라스틱 필름 등으로 피복한다.
  - ㉡ 유리온실에는 판유리, 형판유리, 복층유리 등이 있다.

ⓒ 플라스틱하우스에는 연질필름(PE, PVC 등), 경질필름(경질, PVC, PET 등), 경질판 (FRP, FRA, MMA, 복층판 등)이 있다.

③ 유리피복재

　ㄱ 유리피복재에는 판유리, 형판유리, 복층유리, 열선유리 등이 있다.

　ㄴ 판유리는 두께가 약 3mm. 벤로형 온실은 4mm 정도를 활용한다.

　ㄷ 형판유리는 유리 표면에 요철 모양이 있어 투과율이 투명유리에 비해 다소 낮은 편이나 투과광을 산란시키면서 시설 내 광분포를 고르게 해준다.

　ㄹ 열선유리는 유리에 금속을 추가해 실내 온도를 낮추고 밤에는 보온을 해주게 되는데 유리피복재 중에서 광투과율이 가장 낮다.

④ 플라스틱피복재

　ㄱ 연질필름

　　• 폴리에틸렌 필름(PE)는 광투과율이 높고 먼지의 부착을 방지하며 가격이 저렴하나 수명이 짧고 보온력이 낮으며 신장력이 작다.

　　• 염화비닐 필름(PVC)는 광투과율이 높고 보온력이 뛰어나며 신장력이 크다. 하지만 먼지의 부착이 많고 가격이 비싼 편이다.

　　• 에틸렌아세트산비닐(EVA)은 광투과율이 높고 신장력이 크다. 먼지의 부착이 적고 화학약품에 대한 내성이 강한편이다.

　ㄴ 경질필름

　　• 경질폴리염화비닐필름은 내충격성은 크지만 인열강도가 낮다.

　　• 경질폴리에스테르필름은 광투과율이 높고 보온성이 높다.

　ㄷ 경질판

FRP 판	불포화폴리에스테르 수지에 유리섬유를 보강시킨 복합제로 충격에 강하고 열수축이 없지만 가격이 비싸고 분광투과율은 자외선의 투과율이 경질판 중 가장 낮다.
FRA 판	아크릴 수지에 유리섬유를 샌드위치 모양으로 넣고 가공한 것으로 이 가공이 벗겨지면 백화한다. 내후성은 좋고 광투과율이 높으며 자외선의 투과율이 FRP 보다 높다.
MMA 판	유리섬유를 추가하지 않은 100% 아크릴 수지로 오랜 시간이 지나도 광투과율이 낮아지지 않는다. 보온성이 매우 높지만 내충격성이 낮고 열에 의한 팽창 및 수축이 큰 편이다.
복층판	기초피복재의 보온성을 향상시키기 위해 개발된 것으로 가격이 비싸고 광투과율은 낮은 편이다.

44. 해충의 방제

(1) 법적 방제법

법적 방제법은 법령에 의해 실시되는 방제법으로 식물방역법에 의해 국제 혹은 국내간의 검역을 통해 발생을 줄이는 제도적 방법이다.

(2) 생태학적(경종적, 재배적) 방제법

① 윤작

ㄱ 윤작은 한 경작지에 여러 작물을 돌려가면서 짓는 방법으로 이 방법을 사용하면 같은 작물을 연작하여 발생하는 해충을 어느 정도 완화할 수 있다.

ㄴ 윤작의 경우 이전 작물에 대한 해충이 다음 작물에 영향을 주는지에 대한 관계에 대해서도 충분히 파악하고 다음 작물을 선택해야 한다.

ㄷ 다른 작물을 재배하면서 지력유지 및 토양의 양분 균형을 유지하는데 도움이 되며 해충의 방제와 작물에서 배출되는 일종의 독소물질의 축적도 막을수 있다.

ㄹ 다른 작물을 돌려 짓게 되면 뿌리의 분포가 달라 토양의 투수성 및 통기성 등이 개선된다.

② 경운

ㄱ 경운은 토양을 부드럽게 할 목적으로 흙을 파 뒤집는 작업이다.

ㄴ 이러한 토양 뒤집기 작업을 통해 해충의 증식을 막을 수 있고 토양 속의 작물의 잔해물을 제거하여 해충의 양분을 줄일 수 있다. 또한 잡초도 함께 제거되기에 관련 해충들도 방제가 가능하다

ㄷ 토양을 파 뒤집으면서 토양의 물리성 및 통기성 등이 개선되는 효과도 있다.

③ 혼작

ㄱ 혼작은 서로 다른 작물 혹은 식물을 심는 방법이다. 식물들은 저마다 자신을 지키기 위한 저항성 물질을 가지고 있기에 혼작을 통해 서로간에 피해를 주는 해충을 방제할 수 있다. 또한 잡초의 발생량이 감소하는 효과도 있다.

ㄴ 한 예로 결명자의 뿌리에는 탄닌 성분이 다량 배출되어 선충의 접근을 막아주기도 한다.

ㄷ 그러나 상호간에 나쁜 작용을 하는 식물들도 있기에 이에 대한 충분한 준비와 지식이 필요하다.

④ 저항성, 내충성 품종
　㉠ 저항성, 내충성 품종의 경우 해충의 방제하는 방법 중 하나로서 저항성을 가지게
　　되면 장기간에 걸쳐 방제가 가능한 장점을 가진다.
　㉡ 생태계에 대한 피해가 없으나 이러한 저항성을 가지기 위한 시간과 노력이 많이
　　필요하며 해충의 돌연변이 등에 대한 변수가 있어 해충의 변화를 따라가지 못하는
　　경우도 있다.

⑤ 재배관리
　㉠ 자체적으로 토양을 개선할 수 있는 시비, 객토 등의 작업을 한다.
　㉡ 해충이 다량 발생하는 시기를 피하여 재배하기도 한다.
　㉢ 재식 거리를 조절하여 해충의 피해를 완화할 수 있다.

⑶ 물리적&기계적 방제법

① 포살법
알이나 유충 등을 손이나 기구를 이용하여 직접 죽이는 방법으로 포살 역시 곤충의
특징에 따라 처리 방법이 다르다.

직접 잡는 방법	손, 기구 등을 이용해 직접 잡는 것으로 주로 어스렝이나방, 집시나방, 미국흰불나방 등에 적용된다.
찌르는 방법	하늘소, 굴레나방등 목질부 내부를 가해하는 해충을 철사를 이용해 찔러 제거하는 방법이다.
터는 방법	잎벌레, 바구미류 등 강한 진동으로 나무에서 떨어뜨리는 방법이다.

② 유살법
곤충을 유인하여 죽이는 방법으로 곤충의 특징에 따라 유인 방법을 선택한다.

식이유살	먹이를 이용하는 방법
번식처 유살	통나무와 같이 번식처를 이용하는 방법
잠복처 유살	월동장소 등의 잠복처를 이용하는 방법
등화 유살	빛을 이용하는 방법

③ 해충이 살기 어려운 조건을 만들어주는 것으로 방사선, 고주파를 이용하는 방법과
환경조건을 달리하도록 온도 및 습도를 조절하는 방법이 있다.
④ 방사선법은 해충을 불임화 시켜 산란을 방해하는 방법이다.
⑤ 온탕소독, 과실에 봉지 씌우기, 방충망 등을 활용하기도 한다.

(4) 화학적 방제법

① 화학적 방제법은 화학물질이 함유된 약품을 이용하며 효과가 빠르고 사용이 용이하지만 해충뿐 아니라 다른 생물에도 피해를 주어 생태계에 영향을 준다. 또한 원하던 해충을 처리하여도 저항성 해충이나 2차 해충등이 출현하는 부작용이 있기도 하다.

② 화학적 방제법 약제로 주로 농약이 사용되며 살균제, 살충제, 제초제 등이 있다.

③ 살충제의 종류 및 특징

소화중독제	해충이 약제를 먹어 소화관에서 흡수되어 처리하며 주로 저작구형을 가진 해충에 적용하면 유리하다.
침투성살충제	식물에 약제를 투입시키며 흡즙성 해충 처리에 유리하며 다른 곤충이나 천적등에 피해가 적다.
훈증제	약제를 가스화 하여 처리하여 별도의 밀폐처리가 필요하다.
접촉제	해충에 직접 약제를 접촉시켜 처리한다.
불임제	해충의 생식능력에 방해를 주어 번식을 막는다.
보조제	해충 처리 효율을 높이는 보조물질로 용제, 유화제, 전착제, 증량제 등이 있다.

④ 천연살충제

㉠ 천연살충제는 식물이나 광물에 함유된 살충성분을 추출하여 약제로 만든 살충제이다.

㉡ 천연살충제는 속효성이며 인축에 대한 독성이 없고 유효성분의 분해가 빠르다.

㉢ 천연살충제 종류로 제충국에서 추출한 피레트린제, 데리스의 뿌리에서 추출한 로테논제, 담배에서 추출한 니코틴제 등이 대표적이다.

㉣ 기계유 유제는 석유류로 유효성분인 기계오일이 95% 이상 차지하고 나머지는 유화제로 구성되어 있다. 기름을 이용하여 해충을 피복하여 질식시키며 곤충의 기문이나 피부로 침투하여 살충작용을 하게 된다. 주로 깍지벌레나 응애류에 효과적이다.

피레트린	·제충국의 꽃 씨방에서 살충성분을 추출하여 제조한 황색의 유상물질이다. ·곤충에 대해 살충효과가 강하고 유제외에 모기향으로 이용하기도 하며 파리, 모기 등의 해충 박멸에 많이 이용된다. 사람이나 온혈동물의 경우 신속하게 분해되어 배출되기에 독성이 없다.
로테논제	데라스의 뿌리에는 살충성분인 로테논이 함유되어 있고 이를 이용하여 만든 살충제를 로테논제라 한다.
니코틴제	담배에 함유되어 있는 알칼로이드 성분으로 곤충의 신경계에 침입한다. 주로 진딧물을 없애는데 이용한다.

⑤ 살균제는 식물에 침입 전 예방을 위한 약품과 침입한 경우 등 용도에 따라 구분된다.

보호살균제	보르도액, 석회화합제
직접살균제	시스테인, 티포라탄
토양살균제	클로로피크린, 브로민화메틸
종자소독제	베노람수화제, 지오람수화제

(5) 생물학적 방제법

① 해충에 천적이 되는 생물을 이용하는 방법으로 생태계에도 영향이 적은 장점을 가지지만 대량으로 생산이 어려운 단점을 가지며 해충밀도에 의해 효율에 영향을 받는다.

장점	단점
· 생태계의 균형 유지 · 방제 효과의 반영구적 혹은 영구적 · 다른 식물 혹은 생태계에 대한 피해가 없음	· 대량 사육이 어려움 · 해충밀도가 높을 경우 효과가 낮음 · 시간 및 경비가 많이 요구됨

② 생물적 방제법을 사용하기 위해서는 아래와 같은 조건을 갖추는 것이 유리하다.
  ㉠ 성의비가 커야 한다.
  ㉡ 증식력이 좋아야 한다.
  ㉢ 다루기 용이하고 대량 생산이 가능해야 한다.
  ㉣ 준비하는 천적에 피해를 주는 생물이 없어야 한다.

③ 포식성 천적
  ㉠ 다른 곤충을 잡아먹는 곤충으로 자기보다 작은 해충을 잡아먹는다.
  ㉡ 포식성 곤충에는 애꽃노린재, 꽃등애, 무당벌레, 진디혹파리, 풀잠자리류, 딱정벌레류, 노린재류, 팔라시스이리응애, 사마귀, 칠레이리응애 등이 있다.
  ㉢ 풀잠자리류는 진딧물류, 깍지벌레류, 응애류 등을 잡아먹는다.
  ㉣ 딱정벌레류는 무당벌레과인 진딧물류, 깍지벌레류 등을 잡아먹는다.
  ㉤ 노린재류는 일부 침노린재과, 장님노린재과가 포식성이다.

④ 기생성 천적
  ㉠ 다른 생명체의 내부나 피부에 붙어 번식을 하면서 기주곤충에 양분을 이용한다.
  ㉡ 기생성 곤충에는 진딧물, 기생벌, 기생파리, 고치벌, 맵시벌, 침파리 등이 있다.

⑤ 해충 천적

해충	천적
진딧물	진디혹파리, 무당벌레, 호리꽃등애
응애	칠레이리응애, 응애혹파리
온실가루이	온실가루이좀벌
잎굴파리	굴파리좀벌, 잎굴파리고치벌
총채벌레	오리이리응애, 애꽃노린재
나방류	쌀좀알벌

⑥ 천적유지식물

㉠ 해충을 잡아먹는 곤충 천적의 밀도가 지속적으로 유지될 수 있도록 심는 천적유지식물(뱅커플랜트, Banker plants)을 이용하면 천적 방사의 효과가 지속된다.

㉡ 가로수 식재의 경우 하부에 다양한 초화류를 식재하여 천적유지식물로 이용하면 천적의 밀도를 유지하거나 천적을 불러오는 효과가 있다.

⑦ 미생물농약

㉠ 세균, 바이러스 따위를 써서 해로운 벌레나 병균 따위를 잡는 농약을 말한다.

㉡ 미생물농약의 경우 인축에 대한 독성이 없고 생태계에 크게 영향을 주지 않는다. 그리고 개발비용이 적고 개발기간이 짧으며 약제 저항성 발생이 거의 없다

㉢ 단점으로 유효기간이 짧으며 약효의 발현이 늦다. 또한 적용 범위가 제한적이고 방제시기를 놓칠 경우 그 효과가 미약하다

(6) 종합적 관리

① 병해충종합관리는 Integrated Pest Management(IPM) 이라 하며 환경 친화적이고 지속 가능한 방법으로 병해충을 관리하여 농약으로 인한 사회, 보건학적 위험을 줄이는 것을 목적으로 하는 방법이다.

② 병해충 종합관리는 생태학적인 시각에서 관리를 요구하며 병해충의 박멸이 아닌 농작물에 피해를 입히지 않는 수준의 유지를 목적으로 한다.

45. 식물병해의 방제

(1) 병원

① 식물에 병의 원인을 병원이라 하고 병원에 있어 생물 및 바이러스 등에 의한 때를 병원체, 세균 및 진균등에 의한 경우 병원균이라 한다.

② 식물병에 직접적인 요인을 주인, 주인을 도와 발병을 촉진 및 확산시키는 요인들을 유인이라 하며 유인은 주로 환경적 요인이 대표적이 예이다.

③ 병원체도 변이를 일으키기도 하는데 기작으로 돌연변이, 교잡, 이핵, 준유성교환이 있다.

(2) 기주 및 감수성

① 기주

㉠ 기주는 기생을 당하는 것으로 병원체가 식물을 침해한 상태를 말한다.

㉡ 소인은 식물체가 처음부터 가지고 있는 병에 걸리기 쉬운 성질을 말한다.

㉢ 소인은 종족소인과 개체소인으로 분류되며 종족소인은 어느 종 또는 품종이 병에 걸리기 쉬운 유전적 성질을 말하며 개체소인은 같은 종이나 품종 중에서 개체간 발병의 정도가 다른 성질을 말한다.

② 감수성

감수성은 식물병에 대해 민감한 정도를 의미하며 감수성이 높으면 병에 대한 저항성이 낮음을 의미한다.

관련 용어	정의
감수성	식물이 병에 대해 민감한 정도
이병성	식물이 병에 걸리기 쉬운 성질
저항성	식물이 병에 감염을 억제하는 것
면역성	식물이 병에 걸리지 않도록 하는 것
회피성	식물이 병원체의 활동시기를 피해 병에 걸리지 않도록 하는 것

(3) 법적 방제

① 식물검역

㉠ 법적 방제법은 법령에 의해 실시되는 방제법으로 식물방역법에 의해 국제 혹은 국내간의 검역을 통해 발생을 줄이는 제도적 방법이다.

㉡ 식물검역은 식물에 피해를 주는 병해충이 국내에 전파되는 것을 방지하기 위해

수입되는 식물 및 식물성 산물에 병해충을 검사한다.

ⓒ 식물방역법, 시행령, 시행규칙 등은 수출입 식물 및 국내 식물에 대한 방역이나 식물에게 해를 끼치는 동식물을 없애는 일 따위에 관한 법률을 말한다.

② 병해충관리제도

ⓐ 규제병해충

국내 유입시 잠재적으로 큰 피해를 줄 우려가 있는 등 중요성이 있고 국내에 존재하지 않거나 국내의 일부 포함되어 있지만 발생예찰 사업, 기타 방제 등으로 조치를 취하고 있는 병해충으로 금지병해충, 관리병해충으로 구분하고 있다.

ⓑ 잠정규제병해충

수입식물검역에서 처음 발견되었거나 병해충위험분석을 실시중인 병해충으로 규제병해충에 준하여 잠정적으로 소독, 폐기 등의 조치를 취하는 병해충을 말한다.

ⓒ 비검역병해충

규제병해충 및 잠정규제병해충을 제외한 병해충으로 국내에 널리 분포하여 수입 농산물에 부착되어 있을 경우 소독 등 검역적 조치를 취하지 않은 병해충을 말한다.

(4) 생물적 방제

① 생물적 방제

ⓐ 생물적 방제는 식물의 저항성을 유도하거나 미생물을 이용하는 방법으로 환경의 보존과 생태계 균형을 유지할 수 있다.

ⓑ 생물적 방제에는 교차보호, 길항미생물, 근권미생물 등을 이용하는 방법이 있다.

② 교차보호

ⓐ 교차보호는 어떤 바이러스에 감염된 식물이 통상 동종의 바이러스에 다시 감염되지 않는 현상을 말한다. 병원성이 약화된 식물바이러스가 침입한 기주에 병원성이 강한 식물바이러스에 의한 병의 확산이 억제되는 현상으로 바이러스의 간섭작용을 이용한다.

ⓑ 식물 약독바이러스 선발에는 자연계 분리 및 선발, 고온 및 저온처리, 화학약품 처리, 바이러스 핵산의 유전자 조작 등의 방법을 활용한다.

ⓒ 대표적으로 토마토 담배모자이크바이러스, 박과작물의 오이녹반모자이크바이러스 등이 있다.

③ 길항미생물

병원균의 생육을 억제하는 길항미생물을 이용하는 생물학적 방제는 포식작용, 항생작용, 기생작용, 경합작용, 유도저항성 작용 등의 방법을 적용한다.

④ **근권미생물**

식물근권에 살아가는 미생물은 불용성 인산의 가용화, 질소 고정 등을 통해 식물의 생육을 촉진하고 항생물질, LPS, HCN, siderophore 등을 분비하여 병원균을 억제한다.

(5) 경종적 방제

① **윤작**

ㄱ 윤작은 동일 임지에서 작물을 연이어 재배하지 않고 다른 종류의 작물을 순차적으로 재배하는 것을 의미한다.

ㄴ 땅속에서 오랜시간 생존이 가능하고 기주 범위가 넓은 병균들의 경우 이러한 윤작을 적용하는 것이 비실용적이다. 감자 더뎅이병균, 무·배추 무사마귀병균은 기주식물의 범위가 좁아 윤작을 위한 작물의 선택 범위가 넓다.

② **파종시기 조절**

ㄱ 파종시기에 파종을 하게 될 경우 병해에 걸리기 쉬운 경우가 있는데 이러할 때에는 시기를 늦추거나 당겨서 병해를 피하기도 한다.

ㄴ 벼 파종이나 이앙시기가 늦어질 경우 도열병의 발생이 증가하게 되기에 이앙시기가 빨라지면 잎집무늬마름병이 증가하게 된다.

③ **포장위생**

ㄱ 병든 식물의 병든 부위를 제거하는 것으로 병원체의 생활사를 파악하여 제 1차 전염원을 제거 하는 방법이 있다.

ㄴ 병원체를 전염시키는 중간기주를 제거하여 예방하는 방법이 있다.

④ **토양조건**

ㄱ 유주자균류인 모잘록병균, 균핵병균 등은 토양의 수분이 많을 경우 잘 발생된다.

ㄴ 감자더뎅이병은 알칼리성 토양, 무·배추 무사마귀병은 산성토양에서 잘 발생하는데 이러한 토양의 조건을 개선하기 위해 유기물 및 석회를 사용한다.

⑤ **영양조건**

ㄱ 식물의 영양조건에 의해서 병원체의 침입에 영향을 주게 된다. 식물의 영양상태가 양호할 경우 저항력이 좋으나 영양상태가 좋지 않을 경우 저항력이 약화되기 쉽다.

ㄴ 영양성분 중에서 질소질 비료를 과용할 경우 도장의 우려가 있고 저항력이 약해지

기 쉽다. 질소질 비료 과용의 경우 벼 도열병, 벼 잎집무늬마름병, 흰가루병 등이
발생하기도 한다.

(6) 저항성 품종 이용

① 저항성 품종은 특별한 경비를 소모하지 않고 환경적 문제를 일으키지 않는 이상적인
방제법이다.

② 육성된 품종의 저항성은 생리적 분화, 환경 및 기주와의 상호반응 등에 따라 저항성이
약해지고 감수성으로 변하기에 지속적인 연구가 요구된다.

(7) 화학적 방제

① 화학적 방제법은 살충제와 같은 화학물질을 함유한 약제를 이용하는 방법으로 효과가
빠르고 간편한 장점을 가진다.

② 다만 화학적 방제법은 화학물질로 인해 발생되는 부작용으로 인하여 생태계의 교란,
유용생물에 피해를 주기에 사용시 주의를 요구한다.

(8) 물리적 방제

① 종자 선택

㉠ 종자, 묘목, 괴경이나 알뿌리 등 잠복 가능성이 있기에 종자 및 모의를 선택할
때 주의를 요한다.

㉡ 종자는 비중선에 의해 병든 종자를 제거하고 종자에 섞여 있는 균핵도 제가할
수 있다.

② 종자 소독

㉠ 종자에 의해 전반 및 발생하는 식물병은 종자소독에 의해 방제가 가능하며 대표적
으로 도열병, 모썩음병, 키다리병, 깨씨무늬병 등이 방제 가능하다.

㉡ 볍씨를 소독하는 방법은 병균에 따라 다른 경우도 있으나 한 가지 방법으로 두
가지 이상의 병균을 동시에 소독되는 경우도 있으며 미생물의 길항작용을 이용하
여 논흙으로 종자소독이 가능하다.

③ 냉수온탕침법

㉠ 종자를 20℃ 이하의 냉수에 6~8시간 침지하고 50~55℃ 물에 이동시켜 담근 다음
10~20분 후 건져내는 방법으로 온도 및 시간을 주의해야 한다.

㉡ 냉수온탕침법으로 키다리병, 잎마름선충병 등의 방제가 가능하다.

④ **토양소독**

    ㉠ 토양소독 방법에는 소토법, 증기소독법, 태양열소독법이 있고 이러한 방법은 가열 소독방법이라고도 한다.

    ㉡ 소토법은 철판이나 회전용 드럼통을 이용하여 열을 가해 소독하는 방법이다.

    ㉢ 증기소독법은 증기를 주입하는 방법으로 소독효과가 크지만 비용이 많이 든다.

    ㉣ 태양열소독법은 표면을 비닐로 덮고 공간을 밀폐하여 태양열을 이용하여 소독하는 방법이다. 태양열소독법을 통해 토양전염병이나 잡초의 방제효과가 있으며 유기물의 부숙을 촉진해준다.

46. 잡초의 방제

(1) 예방적 방제법

① 예방적 방제법은 외부에서 농경지로 잡초가 유입되는 것을 예방하는 방제법이다.

② 예방적 방제법에는 잡초위생이라 하여 잡초가 발생되지 않도록 관리하는 것을 말한다. 잡초위생에는 재배관리 합리화, 작물종자 정선, 비산형 잡초종자 관리, 농기구 관리, 가축의 관리, 경작지 주변관리, 토양의 소독 및 관리, 완숙퇴비 사용 등이 있다.

재배관리 합리화	· 적정 시비를 통해 작물의 경합력을 증대시킨다.
작물종자 정선	· 잡초 종자의 정선 및 혼입을 막는다.
농기계 관리	· 농기구의 청결을 유지한다.
가축 및 주변 관리	· 가축의 털을 이용한 종자의 유입을 막는다. · 관배수로를 관리하여 수생잡초의 유입을 막는다.
상토 및 운반토양 소독	· 토양의 소독 및 종자의 혼입을 막는다.

(2) 생태학적(경종적) 방제법

① 잡초의 생육환경이 불리하도록 조성하여 작물이 경합에서 유리하도록 하여 잡초를 방제하는 방법이다.

② 경종적 방제법에는 경합특성을 이용하는 방법과 환경을 이용하는 환경제어법이 있다.

    ㉠ 경합특성 이용

        · 작물의 경합력 증진을 위한 방법을 선택한다.

        · 작부체계의 개선(윤작 등)한다.

        · 재식밀도를 높여 초관형성을 촉진한다.

        · 유효분얼 및 경합력이 큰 작물을 선택한다.

- 유묘의 생장력이 강하고 발아율이 좋은 작물을 선택한다.
- 피복작물을 이용하여 토양침식 및 잡초 발생을 억제한다.
- 병해충 등의 적기 방제를 통해 피해지의 잡초 발생을 예방한다.
- 이식 및 이앙을 통해 작물 공간을 선점하여 잡초의 발생 공간을 최소화한다.

ⓒ 환경제어법
- 잡초의 경합력 약화를 위한 방법이다.
- 작물에 대한 선택적 시비를 실시한다.
- 답전윤환재배를 통해 잡초의 발생을 억제한다.
- 작물에 적합한 토양으로 조절한다.

(3) 생물적 방제법

① 곤충이나 미생물, 병원성을 이용하여 잡초의 세력을 경감시키는 방법이다.
② 생물적 방제법
ⓐ 병원미생물
- 세균, 곰팡이, 박테리아, 바이러스, 사상균 등의 병원미생물을 이용한 선택적 방제방법이 있다.
- 미생물 제초제는 미생물에 병원성을 부여하여 잡초가 방제되는 원리이다.
ⓑ 민간농법
오리나 닭 등의 가축을 이용한 방제법이 있다.

오리농법	• 오리농법은 이삭이 나오기 직전 논에 오리를 방사하는 방법이다. • 오리농법을 효과로 토양에 산소공급, 잡초 및 해충의 방제, 배설물을 통한 비료 공급 등이 있다.
왕우렁이농법	• 왕우렁이가 수면과 수면 아래 연한 풀을 먹는 습성을 이용한다. • 논에 발생되는 물달개비, 알방동사니 등의 잡초를 방제한다.
쌀겨농법	• 쌀겨를 공급하면 미생물이 활성화되면서 유기산을 만들고 잡초 발생을 억제할 수 있다. • 쌀겨를 뿌린 논은 온도가 높아 저온기에 뿌리를 보호하고 등숙에 도움을 준다.
참게농법	• 참게의 탈피습성을 이용한 방법이다. • 탈피각은 칼슘이 많아 벼의 생육과 토양의 비옥도를 높여준다. • 참게가 토양을 잘게 부수고 뿌리에 산소를 공급하며 잡초의 생육을 억제한다.

ⓒ 어패류
- 어패류는 수생잡초를 선택적으로 방제가 가능하다.
- 우렁이, 달팽이 및 잉어, 붕어 등의 어패류를 이용한 방제법이 있다. 단, 붕어의 경우 발아한 연약한 식물을 먹이로 하기에 직파벼는 사용이 어렵고 이앙된 벼에는 피해를 주지 않는다.

ⓡ 타감작용
- 타감작용(allelopathy, 상호대립억제작용)은 화학물질을 생성하여 근처 식물의 생육에 영향을 주는 방법을 이용한 방제법이다.
- 인접 식물의 생육에 부정적인 영향을 끼쳐 생장을 저해시키거나 혹은 과도하게 촉진시키게 된다. 보리, 밀 등은 잡초의 생육을 억제시키는 작용을 한다.
- 타감작용이 큰 작물로는 콩과작물(콩, 팥, 클로버, 완두, 땅콩, 헤어리베치 등), 메밀, 호밀 등이 있으며 이러한 식물을 타감식물이라 한다.

ⓜ 잡초식해곤충
- 잡초식해곤충을 이용한 방법으로 특정 잡초를 가해하는 곤충을 이용한다.
- 돌소리쟁이 잡초에는 좀남색잎벌레, 선인장에는 좀벌레, 고추나물속에는 무구풍뎅이가 적합하다.

(4) 기계적&물리적 방제법

① 기계의 힘을 이용하거나 사람이나 가축을 이용하며 기계적, 물리적인 힘을 가하여 잡초를 제거하는 방법으로 시간과 노력이 많이 들어가는 단점이 있지만 가장 확실하게 제거할 수 있다.

② 기계적, 물리적 방제법으로 인위적인 제초, 경운, 예취, 피복, 침수처리, 열처리 등의 방법이 있다.

인위적 제초	・잡초 발생시 농기구를 이용하여 제초한다.
경운	・토양을 갈아엎어 잡초 종자 및 뿌리를 제거한다.
피복	・토양위에 볏짚, 비닐 등의 재료로 덮어 잡초의 발생을 방제한다.
침수처리	・논에 일정 수심을 유지하여 잡초 발생을 막는다.
예취	・잡초를 베어 개화 및 결실을 방지한다.

(5) 화학적 방제법

① 농약 제초제를 살포하여 잡초를 방제하는 방법으로 최근 가장 널리 사용되는 방법이며 살초 효과가 매우 빠르게 나타난다.

② 잡초에만 약효가 나타나고 작물에는 피해가 없는 선택적 제초제를 사용해야 한다.

③ 제초제의 경우 잡초에 대한 적용범위가 넓어야 하고 제초 효과가 길수록 효과적이며 인축에 대한 독성이 없고 값이 저렴한 것이 좋다.

④ 제초제의 분류는 아래와 같다.

　㉠ 생리작용에 따른 분류

선택성	• 보호할 작물에 약해 없이 선택적으로 잡초를 방제하는 약품이다. • 2,4–D, MCP, MCPB, DCPA
비선택성	• 식물의 종류에 상관 없이 모든 식물을 제거하는 약품이다. • CAT, CMV, PCP, DNBP

　㉡ 처리방법에 따른 분류

토양처리	잡초가 발생하기 전 살포하는 것으로 어린싹이나 뿌리를 통해 흡수된다.
경엽처리	잡초가 발생한 후 살포하는 것이다.
토양, 경엽 처리	잡초 발생의 진행을 억제하고 이미 발생한 잡초를 고사시킨다.

　㉢ 화학구조에 따른 분류

유기제초제	• 분자 내 하나 이상의 탄소를 함유한 제초제를 말한다. • 2,4–D, MCP, PCP, TCA, DNOC 등
무기제초제	• 분자 내 탄소를 포함하지 않은 제초제를 말한다. • 염소산소다, 시안산소다, HCl, H_2SO_4 등

　㉣ 작용특성에 따른 분류

접촉형	• 식물에 직접 살포하여 접촉시 효과를 발휘하는 제초제를 말한다. • PCP, DNOC, DCPA, Difenoconazole 등
이행성	• 경엽, 뿌리 등 접촉부위에서 식물체 내의 작용점으로 이행되어 효과를 발휘하는 제초제를 말한다. • 2,4–D, 시마진, MCPA, bentazon, glyphosate 등

(6) 잡초종합관리(IWM)

① 잡초종합관리(IWM, Integrated Weed Management)는 여러 잡초 방제법 중에서 두 개 이상의 방법을 선택하여 사용하는 방법이다. 이 방법은 환경 및 인축에 영향을 주지 않고 지속적으로 사용 및 관리가 가능한 방법을 선택해야 한다.

② 두 가지 이상의 방제법을 혼용하여 사용하는데 있어 가능하면 환경에 피해를 주지 않으면서 방제효과를 높일 수 있는 방법을 찾는데 의의가 있다.

③ 잡초종합관리를 통해 잡초군락의 크기가 감소되고 작물의 생산력이 증대되며 재배환경이 개선되어 작물의 수량이 향상된다.

(7) 잡초의 분류

① 생활형에 따른 분류

1년생	• 1년을 기준으로 생활하는 잡초로 한해살이 잡초라고도 한다. • 돌피, 강피, 알방동사니, 바람하늘지기, 물달개비, 물옥잠, 마디꽃 등
월년생	• 1년 이상 2년 미만으로 생활하는 잡초이다. • 달맞이꽃, 나도냉이, 엉겅퀴, 냉이, 별꽃, 속속이풀 등이 있다.
다년생	• 2년 이상 생활하는 잡초를 다년생 잡초라 한다. • 나도겨풀, 너도방동사니, 쇠털골, 올방개, 가래, 올미, 쇠뜨기 등

② 논잡초

㉠ 1년생 논잡초로 피, 마디꽃, 물달개비 등이 있다.

㉡ 논에서 발생하는 다년생 잡초로는 너도방동사니, 올미, 가래, 나도겨풀, 매자기, 올챙이고랭이, 개구리밥, 미나리, 벗풀, 쇠털골, 알방동사니 등이 있다.

㉢ 논에서 점유율이 높은 우점잡초로는 피, 올방개, 물달개비, 올미, 너도방동사니, 올챙이고랭이 등이 있다.

③ 밭잡초

㉠ 1년생 밭잡초로 바랭이, 쇠비름, 명아주, 닭의 장풀 등이 있고 다년생 잡초에는 엉겅퀴, 메꽃, 소리쟁이 등이 있다. 월년생 밭잡초에는 냉이, 별꽃, 망초 등이 있다.

㉡ 발생밀도가 많은 잡초를 우점잡초라 하며 밭에서 주로 나타나는 우점잡초의 종류로는 둑새풀, 명아주, 바랭이, 쇠비름, 깨풀 등이 있다.

47. 종자의 형성

① 식물의 기본 구성 단위는 세포이고 세포가 분열과 신장을 통해 기관을 형성하며 기관은 식물체를 형성하게 된다.

② 식물은 뿌리, 줄기, 잎의 영양기관과 꽃, 종자, 과실의 생식기관으로 분류된다.

③ 화아분화

　㉠ 화아분화(꽃눈의 분화)는 식물의 생장점이나 엽맥에 꽃으로 발달할 원기가 생기는 것으로 영양생장에서 생식생장으로 전환하는 것을 말한다.

　㉡ 화아분화에 영향을 주는 요인으로 일장, 온도(춘화처리 등), 습도 등의 외부환경요인이 있으며 내적요인으로는 식물의 성숙도, 영양상태(C/N율 등), 식물호르몬 등이 있다.

　㉢ 작물에 있어 잎줄기채소와 뿌리채소는 영양기관을 수확하는 것이기에 화아분화가 늦을수록 유리하지만 채종을 위한 재배의 경우 화아분화가 빠를 수록 유리하다.

　㉣ 열매채소는 꽃에서 나온 열매를 목적으로 하기에 화아분화를 유도한다.

　㉤ 보통 화아분화가 시작되면 잎줄기채소는 잎의 수의 변화가 없고 생장속도가 둔해진다.

　㉥ 화아분화 시기에는 뿌리채소는 뿌리의 비대가 불량해진다

48. 종자의 발달

(1) 꽃의 형태와 분류

① 꽃의 형태

　㉠ 완전화, 불완전화

　　· 꽃잎, 꽃받침, 암술, 수술 등을 모두 갖추고 있는 경우를 완전화라고 하며 콩, 감자, 담배, 목화, 사과나무 등이 해당된다.

　　· 꽃잎, 꽃받침, 암술, 수술 중에서 하나라도 갖추지 않은 경우 불완전화라고 한다. 벼, 밀, 보리, 갈대 등은 꽃잎이 없는 불완전화이고, 튤립, 둥글레 등은 꽃받침이 없는 불완전화이다.

　㉡ 양성화, 단성화

　　· 한 꽃에 암술과 수술이 함께 있는 경우 양성화(자웅동화)라고 하며 암술과 수술이 같은 꽃에 있지 않은 경우는 단성화(자웅이화)라고 한다.

　　· 양성화를 가진 식물은 자가수정에 유리하고 단성화를 가진 식물은 타가수정이 유리하다.

- 양성화의 경우 자가불화합성이 나타내지 않기에 자식률이 매우 높은 편이다.
- 양성화에서 암술이 먼저 성숙하는 것을 자예선숙이라 하며 질경이, 목련, 달맞이 꽃 등에서 관찰된다.

ⓒ 자웅이화
- 암꽃과 수꽃이 동일한 개체에 있는 경우 자웅동주라 하며 오이, 호박, 참외, 수박, 옥수수, 소나무 등이 있다.
- 암꽃과 수꽃이 서로 다른 개체에 있는 경우 자웅이주라하며 시금치, 아스파라거스, 주목, 은행나무 등이 있다.

② 꽃의 분류
ㄱ 유한화서
- 화서는 꽃이 줄기의 맨 끝에 위치하는 유한화서가 있는데 식물의 성장이 꽃이 핌으로써 거의 정지하게 된다.
- 단정화서, 단집산화서, 복집산화서, 전갈꼬리형화서, 집단화서 등이 있다.
- 단정화서는 화서축의 선단에 1개의 꽃을 피우는 종류로 목련, 장미, 튤립 등이 있다.
- 단집산화서는 가운데 꽃이 맨 먼저 피고 다음 측지 또는 소화경에서 꽃이 핀다.
- 복집산화서는 2차지경 위에 꽃이 피는 것으로 작살나무 등이 있다.

ㄴ 무한화서
- 꽃이 측지에 착생하고 개화 후 다른 줄기들도 지속적으로 신장하는 것을 무한화서라 한다.
- 무한화서에는 총상화서, 원추화서, 수상화서, 유이화서, 육수화서, 산방화서, 산형화서, 두상화서 등이 있다.
- 두상화서는 꽃차례축의 끝이 원형판으로 되어 그 위에 작은 꽃자루가 없는 꽃들이 밀집하여 모여 달리는 머리모양을 띠고 있다.
- 총상화서는 긴 화경에 여러 개의 작은 소화경이 붙어 꽃이 배열되어 개화하는 형태이다.
- 산형화서는 화서축의 선단부에 우산살 모양의 소화경이 발생하며 화서의 선단부는 둥근 것이 특징으로 파, 양파, 부추 등이 있다.
- 수상화서는 길고 가느다란 꽃차례 축에 작은 꽃자루가 없는 꽃이 조밀하게 달린 꽃차례로 보리가 해당된다.
- 유이화서는 수꽃이나 암꽃이 따로 모여 있는 화서로 수상화서가 변형된 것이다.

(2) 과실의 발달과 종류

① 과실의 발달

ⓐ 과실은 성숙한 씨방으로 씨방은 배주를 가지고 있고 이 배주가 종자로 발달하게 된다.

ⓑ 과실은 꽃의 발육에 따라 진과와 위과로 분류한다.

ⓒ 진과는 암술의 양쪽 벽이 비대한 것으로 감, 포도, 복숭아, 매실, 은행, 자두 등이 여기에 해당된다.

ⓓ 위과는 꽃받침이 발달해 과실이 되는 것으로 사과, 배, 무화과 등이 있다.

ⓔ 복과는 많은 꽃의 자방들이 모여 하나의 덩어리를 이루는 것으로 라즈베리, 파인애플 등이 있다.

ⓕ 그 외에 취과(집합과)는 여러 개의 심피가 1개의 열매처럼 되어 있으며 단과는 단지 1개의 씨방이 자라서 열매를 맺는 것이다.

② 과실의 분류

ⓐ 과수는 형태적 분류에 따라 인과류, 핵과류, 장과류, 준인과류, 각과류로 분류된다.

ⓑ 꽃받침이 발달하는 인과류에는 사과, 배, 비파 등이 대표적이다.

ⓒ 중과피가 발달하는 특징이 있는 핵과류는 복숭아, 매실, 살구, 자두 등이 있다.

ⓓ 씨방이 발달한 준인과류는 감귤, 감 등이 있다.

ⓔ 씨방의 외과피가 발달한 장과류는 포도, 무화과, 딸기 등이 있다.

ⓕ 각과류는 씨의 자엽부분을 식용하는 밤, 호두 등이 대표적이다.

③ 단위결과

ⓐ 수정이 되고 종자가 생기지 않아도 과실이 형성되는 경우가 있는데 이를 단위결과라 한다.

ⓑ 단위결과는 염색체의 조성이 복잡하여 정상적인 배우자를 형성할 수 없는 경우 발생하는데 대표적으로 바나나, 포도, 오이, 감귤류 등이 해당된다

ⓒ 단위결과는 화분의 자극이나 생장조절물질의 조절, 배수성 등을 이용하여 인위적으로 유발할 수 있다.

ⓓ 채소류 중 단위결과성이 높은 오이 등을 제외하고 단위결과로 정상과가 어려우므로 과실의 비대발육에 수정과 종자의 발달, 착과제 처리 등의 과정이 필요하다

ⓔ 착과제 처리

• 착과제 처리 목적은 수분 및 수정이 불확실할 때 단위결과를 유기시키는 것이다.

• 보통 과실은 수정의 결과 이루어지는 종자의 형성과 함께 발육하나 수정이 되지

않고 자방이 발육하여 과실을 형성하는 단위결과가 발생하기도 한다.

· 포도, 수박 등 단위결과를 유도하여 씨 없는 과실을 생산할수 있다.

④ 종자와 과실의 정의

㉠ 식물학에서 배주가 수정하여 자란 것을 종자라 정의하고 수정 후에 자방과 관련기관이 비대한 것을 과실이라 한다.

㉡ 식물학상 종자에 해당되는 종류에는 목화, 담배, 참깨, 유채, 두류 등이 있다.

㉢ 식물학상 과실에 해당하고 나출된 것으로 밀, 쌀보리, 옥수수, 박하, 제충국 등이 있으며 과실의 외측이 내영, 외영에 싸여 있는 것으로 벼, 귀리, 겉보리 등이 있다.

(3) 종자의 발달과 성숙

① 종자의 발달

㉠ 종자는 종피와 배, 저장양분을 함유한 배유 등으로 구성되어 있으며 종자의 발달 관계는 다음과 같다.

> · 씨방(자방) → 열매
> · 밑씨(배주) → 종자
> · 주피 → 씨껍질(종피)
> · 주심 → 내종피
> · 극핵(2개)+정핵 → 배젖(속씨식물)
> · 난핵 + 정핵 → 배

㉡ 종자는 세포분열과 신장을 위한 양분과 수분 흡수로 중량이 무거워지는데 종자에서는 배젖이 무게의 대부분을 차지한다. 수정 직후의 건물중은 과피가 가장 무거우나 약 1주일 정도 지나면 배젖이 종자무게의 대부분을 차지한다.

㉢ 배젖이 발달함에 따라 종자 내의 당 함량이 감소하고 탄수화물 함량이 증가하며 외종피 또는 과피의 DNA, RNA 함량은 종자의 발달 과정 중에 변화가 거의 없다.

㉣ 주심은 포원세포에서 자성배우체가 되는 기원으로 자방조직에서 유래하며 포원세포가 발달한다.

② 배의 발달

㉠ 배($2n$)은 배낭 속의 난핵과 정핵이 수정한 결과 발생하며 이후 식물체가 되는 접합자이다. 접합자의 첫 세포분열까지는 약 5시간 내외정도가 소요된다.

㉡ 쌍자엽식물은 분열에 의해 접합자가 정단세포와 기부세포로 나뉘고 분열과 발달을 계속하여 성숙한 배가 형성된다.

ⓒ 기부세포가 분열하여 생성된 배병세포는 발육 중인 배에게 양분과 지베렐린 등을 공급한다.

ⓓ 배의 발생 법칙에는 절약의 법칙, 기원의 법칙, 수의 법칙, 목적불변의 법칙 등이 있으며 내용은 다음과 같다.

절약의 법칙	필요 이상의 세포는 만들지 않는다.
기원의 법칙	세포의 형성과 발달순서는 유전적으로 정해져 있으므로 어떤 세포의 기원은 이전의 세포에 의해 결정된다.
수의 법칙	세포의 수는 식물의 정에 따라 다르며 동일 세대에 있는 세포들은 세포분열 속도에 따라 다르다.
목적불변의 법칙	미리 정해진 방향에 따라 분열하고 미래에 발휘할 기능에 따라 일정한 위치를 정한다.

③ 배유(배젖)의 발생

ⓐ 배유(배젖, 3n)은 배낭 속 2개의 극핵과 정핵이 수정한 다음 세포분열을 통해 많은 저장물질이 축적되어 만들어지는데 주변 조직으로부터 얻은 양분을 배에 공급하게 된다.

ⓑ 쌍자엽식물은 배유가 형성되나 발달과정에서 퇴화를 하며 성숙한 종자는 배로 구성된다. 이와 같은 무배유종자들은 떡잎이 발달하고 여기에 저장물질이 있다.

ⓒ 외떡잎식물의 배젖은 종자 발아 시 양분을 공급해 준다.

ⓓ 배젖은 발달하여 주공이나 합점 끝에 형성된 기생근을 통해 주위의 양분을 흡수한다.

ⓔ 성숙한 배젖은 바깥쪽 호분층에 단백질을 저장한다. 이 단백질은 주로 전분을 분해하는 가수분해효소들이다. 단자엽식물의 경우 배에서 생성된 지베렐린은 배반을 통해 방출되어 호분층으로 이동한다.

ⓕ 피자식물(속씨식물)의 종자 핵형은 배유 3n, 배 2n, 종피 2n 으로 구성되게 된다.

④ 종자의 성숙

ⓐ 종자의 성숙은 크게 배의 발달, 양분의 축적, 종자의 성숙으로 이루어진다.

ⓑ 양분의 축적 단계에는 광합성을 통해 생성된 양분이 성숙 중인 종자로 이동되어 축적된다. 종자의 수분함량은 50% 정도 수준이며 배의 세포 분열이 정지되고 크기만 증가한다.

ⓒ 종자의 성숙 단계에서는 종자가 건조되어 수분 함량이 약 15% 내외 정도가 유지된다. 이때는 엽록소의 기능이 떨어지거나 상실되고 배유의 구조 변화가 나타난다.

ⓓ 종자의 성숙 단계에서 배유의 변화에 따라 유숙기, 호숙기, 황숙기, 완숙기, 고숙기로 구분된다.

49. 종자의 구조

(1) 종자의 외곽부

① 종피는 배주를 싸고 있는 주피가 변화하면서 만들어진 것으로 경층, 팽창층, 색소층 등으로 구성되어 있다.

② 종피는 모체의 일부이며 종자의 내부를 보호하는데 휴면이나 발아지연을 유발하기도 한다.

③ 종피의 표면은 식물에 따라 차이가 있는데 파 종자의 경우 주름이 있고 토마토 종자는 털이 있다.

(2) 저장조직과 배

① 종자의 저장조직

  ㉠ 종자의 저장조직은 배유, 외배유, 자엽으로 구성되어 있으며 양분을 저장하는 배유종자와 배유가 없거나 퇴화된 무배유종자가 있다.

배유종자	· 배유에는 양분이 저장되고 배는 잎, 생장점, 줄기, 뿌리 등의 어린 조직이 모두 구비된다. · 벼, 보리, 밀, 옥수수, 양파, 당근, 토마토 등
무배유종자	· 자엽에 양분이 저장되어 있고 배는 유아, 배축, 유근의 세부분으로 형성되어 있다. · 콩, 완두, 팥, 녹두, 클로버 등의 콩과식물 및 수박, 오이, 호박, 상추, 배추 등

  ㉡ 종자의 저장물질은 전분(탄수화물), 단백질, 지방, 유기산 등이 있으며 배유, 자엽, 배축, 외배유 등에 주로 저장되며 소량은 종자 전체 분포하기도 한다.

  ㉢ 외배유는 주심(중앙의 유조직)조직의 일부가 수정 후 발달해 영양을 저장한다.

  ㉣ 자엽에 양분을 저장하는 것으로 콩과식물은 단백질과 탄수화물을 저장하고 오이, 호박, 상추, 배추 등은 지방과 단백질을 저장한다.

  ㉤ 배유에 양분을 저장하는 것으로 단백질과 탄수화물을 저장하는 벼, 보리, 밀, 옥수수 등이 있고 지방을 저장하는 들깨, 참깨 등이 있다.

② 배

  배는 유아, 떡잎, 배축, 유근 등으로 구성된다.

유아	배의 끝에 있는 눈으로 신장발달을 통해 지방부의 줄기, 잎을 형성한다.
떡잎	양분의 저장기관으로 종자가 발아할 때 본엽 출현 시까지 배에 양분을 공급한다.
배축	배에 있는 줄기 모양의 주축으로 배축 중 자엽 윗부분을 상배축, 자엽 아랫부분을 하배축이라 한다.
유근	뿌리가 될 부분으로 발아에 의해 신장한다.

(3) 외형적 특징

① 종자의 크기는 식물종에 따라 수mm ~ 수십 cm 까지 다양하다

② 종자의 형상은 원형이나 타원형이나 식물의 종류에 따라 다양하게 나타난다.

형상	종류	형상	종류
타원형	벼, 밀, 팥, 콩	능각형	메밀, 삼
구형	배추, 양배추	난형	고추, 무, 레드클로버
방추형	보리, 모시풀	도란형	목화
방패형	파, 양파, 부추	난원형	은행나무

③ 식물종에 따라 종자의 이동을 위한 편모나 날개가 있다.

④ 종자에 따라 고유색이나 무늬가 다양하게 나타난다.

(4) 외형에 나타나는 특수기관

① 성숙종자에는 제(배꼽), 주공(발아공), 봉선, 합점, 우류 등의 특수기관이 있다.

② 종자의 배병이나 태좌에 붙어있던 흔적인 제(배꼽)은 식물의 종류에 따라 위치가 다르다. 배추, 시금치는 종자의 끝에 위치하고 상추, 쑥갓은 종자의 기부에 위치한다. 콩의 경우 종자의 뒷면에 위치하는 것이 특징이다.

③ 주공은 제(배꼽)의 끝에 위치하며 꽃가루의 침입구이다.

④ 봉선은 가는 선이나 홈을 이룬 것으로 종피와 다른 색을 띠며 길이를 통해 종자의 구분이 가능하다.

⑤ 합점은 봉선의 가장 끝에 있는 혹 같은 점으로 여기서부터 관다발이 갈라지면서 종자의 내부로 들어간다.

⑥ 우류는 종자의 제 옆에 있는 주름이다.

⑸ 종자 수명

① 종자의 수명은 종자가 발아할 수 있는 발아력을 가지고 있는 기간을 말한다. 종자의 수명에 따라 단명종자, 중명종자, 장명종자로 분류할 수 있다.

단명종자(1~2년)	양파, 파, 콩, 땅콩, 당근, 메밀, 고추, 상추, 우엉 등
중명(상명)종자(2~3년)	벼, 밀, 보리, 무, 완두 등
장명종자 (4~6년, 6년 이상)	• 비트, 수박, 호박, 오이, 배추, 가지, 토마토, 알팔파, 클로버 등 • 화훼류의 장명종자 : 스토크, 백일홍, 안개초, 봉선화 등

② 종자의 수명에 관여하는 요인

㉠ 종자의 유전성 및 성숙도

㉡ 종자의 기계적 손상 정도

㉢ 종자 저장고의 공기조성 및 환경

㉣ 온도 및 상대습도

• 저장기간 중에 종자의 수명이 짧아지는 요인으로 고온, 고습이 있다.

• 대부분 종자는 80% 상대습도, 25~30℃ 온도에 저장하면 발아력이 빨리 저하되나 50% 이하의 상대습도, 5℃ 이하의 온도에서 저장하면 발아력을 유지할 수 있다. 장기저장을 위한 최적은 상대습도는 20~30% 이다.

㉤ 종자의 수분함량

• 종자가 더 이상 수분을 흡수하지 않고, 잃지 않는 상태를 수분평형이라 한다.

• 종자를 저장하려면 종자를 최소한 평형수분함량까지 건조시켜야 한다. 전분종자의 평형수분함량은 약 14% 이고, 유료종자의 평형수분함량은 8% 정도이다.

• 안전하게 저장하기 위한 종자의 최대수분함량은 일반종자 5~7%, 유지종자 3~5% 정도이다.

• 안전저장을 위한 종자 최대수분함량은 대략 벼 15%, 보리 13%, 콩 11%, 시금치 9%, 배추 5%, 고추 4.5% 정도이며 토마토는 일반적인 종자들보다 더 낮은 수준으로 해야 한다.

50. 종자의 휴면

(1) 휴면의 형태

① 종자 휴면

　　㉠ 휴면은 작물이 일시적으로 생장활동을 멈추는 현상으로 식물이 불리한 환경을 극복하기 위한 수단이다.

　　㉡ 성숙한 종자가 발아조건이 되어도 발아하지 않을 경우 휴면이라 하며 생육의 일시적 정지상태라 할 수 있다.

　　㉢ 종자의 휴면기간

> ・벼 : 1주일 ～ 6개월
> ・맥류 : 거의 없음 ～ 3개월
> ・감자 : 수일 ～ 5개월
> ・경실종자 : 수개월 ～ 수년

　　㉣ 야생종은 재배종에 비해 휴면성이 강한 편이다.

② 휴면의 효과

　　㉠ 작물재배나 육종에 있어 휴면을 통해 다양한 효과를 얻을 수 있다.

　　㉡ 우량종자의 안전한 장기저장이 가능하다.

　　㉢ 맥류의 수발아 억제가 가능하다.

　　㉣ 괴근, 괴경 등 영양기관 맹아억제 및 추대를 방지한다.

　　㉤ 과수류의 동상해 응급대책의 효과가 있다.

③ 휴면의 형태

　　㉠ 자발적 휴면은 외적 조건이 생육에 부적당하지 않을 때, 내적 원인에 의해 유발되는 휴면으로 생리적 휴면, 미숙 배 휴면, 종피 휴면 등이 있으며 종피에 발아억제물질이 많이 함유하여 휴면하는 경우도 포함된다.

　　㉡ 타발적 휴면은 발아력을 가진 종자에 수분, 광, 가스, 온도, 등의 외적 조건에 의해 유발되는 휴면이다.

　　㉢ 자발적 휴면과 타발적 휴면을 1차 휴면이라 하고 성숙한 종자가 불리한 환경조건에서 장기간 보존되어 휴면이 새로이 발생하는 경우를 2차 휴면이라 한다.

(2) 휴면의 원인

① 종피 불투수성

　㉠ 장기간 발아하지 않는 종자를 경실이라 하는데 종피가 수분의 투과를 저해하여 발아를 시작하지 못하는 경우를 말한다.

　㉡ 물의 투과성 저해로 인한 경실 종자에는 자운영, 고구마, 나팔꽃 등이 있다.

② 종피 불투기성

　㉠ 종피의 불투기성으로 산소 흡수가 저해되어 발아하지 못하는 경우가 있다.

　㉡ 보리, 귀리, 도꼬마리 등에서 주로 나타난다.

③ 종피의 기계적 저항

　잡초종자에서 종피가 기계적 저항으로 배의 늘어남이 억제되어 휴면하게 된다.

④ 발아 억제 물질

　㉠ 종실이나 과피에 ABA(Abscissic acid)와 같은 발아 억제 물질이 존재하는 경우 휴면하는 경우가 있다.

　㉡ 순무종자는 과피, 옥수수종자는 배유, 토마토, 오이 등의 장과류는 장과에 발아억제 물질이 존재한다.

　㉢ 종피휴면을 하는 식물에서 벼는 영에, 보리는 영과 과피, 도꼬마리는 내종피에 발아억제물질이 존재한다.

⑤ 배의 미숙

　㉠ 장미과식물에서 종자가 모주를 이탈할 때 배의 발육이 미숙하여 발아하지 못하는 경우가 있다.

　㉡ 배의 성숙에는 수주일~수개월의 기간이 필요한 경우가 있는데 이러한 기간 및 과정을 후숙이라 한다.

　㉢ 후숙은 휴면하는 종자의 발아를 위해 종자의 수분함량을 조절하고, 다량의 산소를 공급하는 등의 작업을 하게 된다.

　㉣ 화곡류 종자는 온도 15~20℃, 1~2개월 후숙을 하면 최대 발아율을 나타낸다.

⑥ 배유의 미숙

　㉠ 배는 완숙되었지만 종자의 저장물질인 배유가 미숙하면 휴면이 발생하기도 한다.

　㉡ 배유가 미숙하면 저장물질의 변화에 필요한 가수분해효소, 호흡에 필요한 산화환원효소가 불활성되어 휴면이 발생하게 된다.

⑦ 발아 촉진 물질(생장소)의 부족

배유에서 배로, 자엽에서 유아 및 유근으로 생장촉진물질의 공급이 저해되면 휴면이 발생한다.

⑧ 식물호르몬 불균형

생장억제물질인 ABA와 생장촉진물질인 지베렐린의 함량비로 인하여 휴면이 발생되거나 조기에 타파되기도 한다.

(3) 휴면의 타파

① 종피파상법

㉠ 경실의 휴면 타파를 통해 발아를 촉진시키기 위한 방법으로 종피에 상처를 내는 방법이다.

㉡ 자운영 경실종자는 모래와 섞어 절구에 가볍게 찧어 상처를 내며 고구마 종자는 손톱깎이를 이용하여 상처를 낸다.

② 생장조절제

㉠ 지베렐린, 시토키닌, 에틸렌, 질산칼륨, 티오요소, 키네틴, 과산화수소 등의 생장조절제를 처리하여 휴면을 타파할 수 있다.

㉡ 지베렐린은 땅콩, 앵두, 셀러리, 씨감자 등, 시토키닌은 상추에 효과가 있다.

③ 광 처리

㉠ 광발아종자는 광이 휴면을 타파한다.

㉡ 가시광선 파장영역에서 600~700nm의 적색광 파장영역은 휴면을 타파시킨다. 반대로 청색광(420~500nm)은 휴면을 유도하고 초적색광(720~780nm)에서는 휴면이 발생한다.

④ 온도 처리

㉠ 종자가 침윤하기 전에 저온처리하면 휴면이 타파되고 이후 고온 처리를 하면 발아가 촉진된다.

㉡ 배 휴면을 하는 종자는 0~6℃ 조건의 저온에서 수일~수개월 저장하면 휴면이 타파된다.

㉢ 배 휴면을 하는 종자를 저온습윤처리를 하면 불용성 물질이 분해되어 가용성 물질로 변화된다. 이때 삼투압이 낮아지면서 배의 물질이동이 쉬워지면서 휴면이 타파되며 새로운 조직의 형성을 위한 당류, 아미노산 등의 유기물질들이 나타난다.

⑤ 작물별 휴면타파

　　㉠ 벼 종자는 40℃ 의 고온에서 3주 정도 처리한다.

　　㉡ 맥류 종자의 경우 0.5~1% 과산화수소용액에 24시간 침지 후 저온(5~10℃) 조건에서 처리한다.

　　㉢ 감자는 최아법, 박피절단법, 지베렐린 처리(GA처리), 에틸렌-클로로하이드린 처리를 한다. 지베렐린처리는 2ppm 에 30~60분 정도 침지하고 그늘에 말리도록 한다.

　　㉣ 화본과 목초는 파종 전에 질산칼륨이나 지베렐린으로 처리한다.

　　㉤ 시금치는 60℃ 고온에서 3~5일 정도 처리한다.

　　㉥ 상추 및 자작나무의 경우 저온 및 광처리를 통해 휴면을 타파한다.

⑥ 층적처리

　　㉠ 층적처리는 휴면의 타파 뿐만 아니라 발아력 저하방지, 발아억제물질 제거, 후숙방지 등의 효과가 있다.

　　㉡ 나무상자나 나무통에 습기가 있는 모래 혹은 톱밥과 종자를 층을 만들어 종자를 넣어 저온저장고에 보관한다. 일반적으로 모래 4cm, 종자 2cm 로 층을 쌓는다.

51. 종자의 발아

⑴ 종자의 내적 조건

① 수분

　　㉠ 종자는 수분을 흡수하여 발아를 하는데 종피가 수분을 흡수하면서 연해지고 배, 배유 등이 팽창하면서 파열되기 쉽게 된다.

　　㉡ 연해진 종피는 가스교환이 쉽게 일어나고 산소가 종자의 내부로 공급되면서 호흡이 시작되고 효소가 활성화되면서 이산화탄소도 발생하게 된다.

　　㉢ 수분이 흡수된 상태에서 내부세포의 원형질 농도가 낮아지고 저장물질의 이동이 활발해진다.

　　㉣ 수분의 함량이 너무 높을 경우 오히려 종자의 발아율은 감소하게 된다.

　　㉤ 식물의 종류에 따라 종자가 발아하기 위해 함량에 차이가 있다. 완두 59.8%, 콩 50%, 밀 40.8%, 사탕무 31%, 옥수수 30.5%, 벼 26.5% 정도이다.

　　㉥ 수중에서도 발아가 잘되는 수종이 있는데 대표적으로 벼, 상추, 당근, 셀러리 등이 있다. 반대로 수중에서 발아가 잘 안되는 종자에는 밀, 콩, 무, 귀리, 양배추, 가지, 고추 등이 있다.

ⓐ 발아에 필요한 종자의 수분 흡수량은 종자무게 대비 벼 23%, 밀 30%, 콩 100% 정도이다.

② 온도

ⓐ 종자의 발아는 온도의 영향을 받으며 최적온도 20~30℃에서 가장 빠르다.

ⓑ 종자가 발아 가능한 최저온도 조건은 0~10℃, 최고온도는 35~40℃ 정도이다. 너무 고온이나 저온은 발아에 불리하며 발아가 되지 않는 경우도 발생한다.

ⓒ 식물에 따라 온도의 주기적 변화를 주는 변온조건에서 발아가 촉진되는 경우도 있다. 변온조건에서 발아가 촉진되지 않는 작물로 당근이 있는데 이러한 작물들은 지베렐린이나 침수처리 등에 의해 발아가 이루어진다.

ⓓ 저온작물은 고온작물에 비해 발아 온도가 낮고 파종기의 기온이나 지온은 발아의 최저온도보다 높고 최적온도보다 낮다.

ⓔ 저온에서 발아하는 종자에는 시금치, 상추, 부추 등이 있다.

ⓕ 고온에서 발아하는 종자에는 토마토, 가지, 고추 등이 있으며 옥수수는 40℃ 내외의 최고온도 조건을 가진다.

③ 산소

ⓐ 식물의 종자는 대부분 충분한 산소가 공급되어야 호흡이 이루어지면서 발아를 할 수 있다.

ⓑ 종자에 따라 요구되는 산소 요구량이 다른데 벼, 상추 등의 종자는 산소가 없을 경우 무기호흡에 의해 발아하기도 한다.

산소가 없이 발아되는 종자	벼, 상추, 당근, 셀러리
산소가 없으면 발아가 감퇴하는 종자	담배, 토마토
산소가 없으면 발아하지 못하는 종자	밀, 무, 배추, 가지, 고추

④ 광(光)

ⓐ 식물의 종류에 따라 광선에 의해 종자가 발아되거나 억제되는 경우가 있다.

ⓑ 광을 주어야 발아하는 호광성 종자는 담배, 상추, 우엉 등이 있으며 광을 싫어하는 혐광성 종자에는 호박, 고추, 양파, 오이 등이 있다.

호광성종자	담배, 상추, 우엉, 뽕나무, 베고니아, 셀러리
혐광성종자	호박, 토마토, 고추, 양파, 가지, 오이, 무, 부추, 파
광무관계종자	화곡류의 대부분, 콩과작물의 대부분

ⓒ 호광성 종자의 경우 발아를 촉진하는 광파장은 적색부분(660~700nm) 이며

660~670nm 파장에서 가장 활성화된다. 반대로 적외선 파장(730nm) 부근에서는 발아가 억제되는 현상을 보인다.

ㄹ 종자 발아에 있어 광의 효과에는 종자의 나이, 침윤시간, 침윤온도, 발아온도 등에 영향을 받는다.

ㅁ 식물에 존재하는 색소단백질인 파이토크롬(phytochrome)은 특정 파장을 흡수하여 광가역 반응을 일으킨다. 파이토크롬의 특징은 다음과 같다.

· 광흡수색소로서 일장효과에 관여하며 Pr 은 호광성 종자의 발아를 억제한다.
· 종자발아, 화아유도 등의 생리학적 조절에 관여한다.
· 적색광에 의해 가능한 반응이 적색광에 이어 바로 근적외광을 처리하면 무효화된다는 것을 광가역성이라 한다.
· 적색광, 근적외광을 교대로 처리하면 마지막에 조사한 빛에 의해 발아율이 좌우된다.

(2) 발아력 검정

① 발아율

발아율은 준비한 전체 시료 종자수에서 일정기간 동안 발아된 종자입수의 백분율로 표시하며 공식은 아래와 같다.

$$발아율(\%) = \frac{발아한 종자 수}{전체 시료 종자수} \times 100$$

② 발아세

발아세는 발아시험을 위한 일정 기간동안 발아하는 종자수의 비율을 말하며 통상 발아율보다 수치가 적다. 발아세를 구하는 방법은 아래의 식에 따른다.

$$발아세(\%) = \frac{기간 중 가장 많이 발아한 날까지 종자수}{발아시험용 총 종자수} \times 100$$

③ 용가(진가)

종자의 용가 혹은 진가는 순도와 발아율에 의해 결정되며 종자의 용가가 높은 것이 양호한 품질의 종자이다.

$$종자의 용가(진가) = \frac{발아율 \times 순도}{100}$$

④ 발아 검정

ㄱ 발아시는 발아가 처음 나타난 날이다.
ㄴ 발아기는 종자가 50% 가 발아한 날을 말한다.
ㄷ 발아전은 파종된 종자의 80% 이상이 발아한 날이다.

ㄹ 발아일수는 파종기부터 발아기까지 일수를 말한다.

(3) 발아촉진

① 발아촉진은 종자가 일정하게 발아하도록 종자휴면을 타파하는 것이다.

② 발아를 촉진하는 물질에는 지베렐린, 시토키닌, 에틸렌, 과산화수소, 질산칼륨, 티오요소 등이 있다.

지베렐린 (gibberellin)	· 지베렐린은 종자의 휴면타파의 효과가 있는 식물생장조절제로 옥신과 함께 사용시 효과가 극대화된다. · 지베렐린은 휴면하지 않는 종자에는 발아촉진효과가 있다. · 지베렐린은 극성이 없으며 미숙종자에 다량 포함되어 있다. · 주로 GA_3 이 많이 이용되고 있다.
시토키닌 (cytokinin)	· 시토키닌은 주로 뿌리에서 합성되며 옥신과 함께 작용하여 세포분열을 촉진한다. 주로 물관을 통해 이동하며 측지발생 및 세포의 분열에 관여한다. · 어린종자나 과일에도 시토키닌이 많으나 열매가 성숙할수록 시토키닌의 함량은 감소한다. · 키네틴(kinethin)은 호광성종자의 암발아를 유도한다.
에틸렌	· 과실의 성숙을 촉진하는 물질로 주로 기체상태로 존재하며 전구물질은 메티오닌(methionine)이다. · 에틸렌은 0.1 ppm 정도의 낮은 농도로서 식물의 생장에 영향을 미친다. · 에틸렌을 생성하며 식물의 노화 및 과일의 숙기에 영향을 주는 약제를 에테폰이라 한다.
과산화수소	· 과산화수소(H_2O_2)는 콩과식물, 토마토, 보리 등의 발아를 촉진시키고 종자의 살균 역할도 한다.
질산칼륨	· 발아촉진에 사용되며 화본과 목초의 발아에 효과적이다.
티오요소	· 발아 촉진에 이용되며 발아에 필요한 광, 온도를 대체하는 효과가 있다.

(4) 발아억제

① 발아억제는 종자가 싹이 트는 것이 저해되는 것으로 외부 환경적 요인 및 발아억제물질로 인하여 발아가 억제 된다.

② 발아 억제 물질은 종자의 과피의 껍질에 존재하며 암모니아(NH_3), 시안화수소(HCN), 쿠마린, 페놀산, 아브시스산(ABA, abscisic acid) 등이 있다.

③ 발아억제물질인 쿠마린(coumarin)의 경우 보리의 영 부위에 존재하면서 보리의 발아를 억제하기도 한다.

(5) 종자 활력 검사

① 살아 있는 종자 조직의 착색 정도를 통해 종자세를 평가한다.

② 0.1~1.0%의 테트라졸리움 용액을 사용한다.

③ 일반적으로 활력 종자의 조직은 호흡으로 생긴 탈수소효소가 산화상태의 테트라졸륨과 결합하면 붉은색 계통을 띄게 된다.

④ 배유종자는 배만, 무배유종는 자엽까지 색이 나타난다.

52. 종자의 처리

(1) 종자소독

① 종자소독

　㉠ 종자의 병균 및 선충을 제거하기 위해 화학적, 물리적 처리를 하는 것을 종자소독이라 한다.

　㉡ 종자소독을 통해 종자의 병균을 제거하여 확산 피해를 막을 수 있고 발아 중 해충이나 토양미생물에 의한 피해를 경감시킬 수 있다.

② 화학적 방제

　㉠ 농약을 이용하는 화학적 방제는 종자를 약제에 침지하거나 분의하는 방법을 이용한다.

　㉡ 농약의 구비조건은 다음과 같다.

　　· 살균, 살충력이 강하고 효과가 커야 한다.

　　· 약효가 오래 가고 저장 중 변질되지 않아야 한다.

　　· 값이 저렴하고 구입하기 용이해야 한다.

　　· 다른 약제와의 혼용할 수 있어야 한다.

　㉢ 종자소독용 약제는 다음과 같다.

· 다이아지논 유제	· 카복신 · 티람 분제
· 트리플루미졸 유제	· 프로클로라즈 유제
· 페니트로티온 유제	· 플루디옥소닐 종자처리액상수화제
· 베노밀 · 티람 수화제	· 알루미늄포스파이드 훈증제

③ 물리적 방제

　㉠ 냉수온탕침법은 종자를 20℃ 이하의 냉수에 6~24시간 동안 담갔다가 이것을 50~5

5℃ 물에 담근 다음 건져내는 방법으로 시간과 온도에 주의하도록 한다. 주로 키다리병, 벼세균성알마름병, 잎마름선충병 등의 방제에 효과가 있다.

ⓛ 건열처리는 종자를 60~80℃ 온도에 일정기간 처리하여 종자에 있는 병원균이나 바이러스를 제거하는 방법이다.

ⓒ 온탕침법은 50℃ 물에 25분 정도 담근 다음 꺼내 차가운 물에 담그는 방법이다. 주로 맥류의 겉깜부기명이나 고구마의 검은무늬병 방제에 효과적이다

ⓔ 바이러스를 제거하기 위해 고온처리가 가장 널리 사용되고 있다. 고온처리를 통해 바이러스 복제를 저해하고 바이러스가 불활성화가 된다.

ⓜ 그 외에도 온도, 습도, 방사선, 고주파 처리 등의 방법을 활용하여 종자의 병원균 및 바이러스를 제거한다.

④ 생물적 방제

ㄱ 생물적 방제는 병원균에 의한 식물의 저항성을 유도하는 방법으로 환경의 보존과 생태계 균형 유지에 적합한 방법이다.

ㄴ 식물 약독바이러스, 길항미생물, 근권미생물을 이용한 방제법이 있다.

ㄷ 병원균의 생육을 억제하는 능력을 갖는 길항미생물을 이용하여 용균작용, 항생작용, 기생작용, 경쟁작용, 유도저항성 작용 등을 인위적으로 조절한다.

ㄹ 생물학적 방제용 미생물 종류는 다음과 같다.

세균류	진균류
· *Agrobacterium* · *Bacillus* · *Pseudomonas* · *Streptomyces*	· *Ampelomyces* · *Candida* · *Coniothyrium* · *Glicoladium* · *Trichoderma*

(2) 종자프라이밍

① 종자프라이밍은 일정 조건에서 종자에 삼투압 용액이나 수용성 화합물을 흡수시켜 종자 내 대사 작용이 진행되지만 발아하지 않도록 처리하는 기술로 발아 촉진과 발아 후 생육 촉진을 목적으로 한다.

② 종자프라이밍은 유근의 신장을 억제하는 범위에서 종자에 수분을 흡수시켜 종자가 발아에 필요한 생리적 준비를 갖추게 하는 것으로 최아는 유근이 출아하지만 프라이밍은 유근이 출아하지 않는다.

③ 종자 프라이밍 처리시 호랭성 종자는 10~20℃, 호온성 종자는 25~30℃ 조건에서

수일간 침지한다.

④ 종자 프라이밍은 발아 속도와 발아율 증대 뿐 아니라 발아의 균일성 향상, 포장 출현율 증대, 기계 파종과 휴면타파 등의 목적을 둔다.

⑤ 종자프라이밍에 사용되는 용액으로 PEG(polyehylene glycol), $Ca(NO_3)_2$, KNO_3 등을 활용한다.

⑥ 종자 프라이밍 약제는 종자 내에 일정 수분을 유지시키고 식물에 무독성이어야 한다. 용액을 이용한 종자프라이밍은 용액에 공기를 지속적으로 공급한다. 무기염 용액은 종자가 해를 입을 수 있기에 주의해야 한다.

(3) 종자코팅

① 종자코팅은 종자피복이라고도 하는데 종자의 보호나 발아, 생육을 조장하기 위해 농약이나 필요한 재료를 종자의 외부에 바르는 작업을 말한다.

② 종자코팅에 사용되는 물질에는 살균제, 살충제, 안정제, 염료, 생장조절제 등을 첨가한 필름 코팅이 있으며 처리방법 및 목적에 따라 다음과 같이 다양한 방법들이 있다.

필름코팅	농약, 색소를 혼합하여 접착제로 종자 표면에 코팅 처리를 한다.
팰릿종자 (seed pelleting)	기계화 파종 및 포장 발아율을 높이기 위해 점토로 코팅하여 크기를 증대시킨다.
피복종자	피복 재료 속의 살충, 살균제 등을 첨가하여 원형으로 처리한다.
장환종자	일정 크기의 구멍으로 압출하여 원통형으로 절단한다.
종자테이프	분해 가능한 좁은 띠에 종자를 몇 립씩 넣어 한줄로 배치한다.
종자매트	분해 가능한 넓은 판에 종자를 무작위로 배치한다.

(4) 기타 종자처리

① 인공종자

㉠ 인공종자는 조직배양으로 생산한 배양 가능물질을 수분과 양분, 통기성이 있는 겔(gel)로 포장하고 캡슐로 만들어 파종이 가능도록 만든다.

㉡ 인공종자는 건조에 약하고 정상적인 식물체로 발달이 힘들고, 장기적 저장이 어렵다. 그러나 발아력이 우수하다. 인공종자의 겔에는 생장조절물질, 살균제가 첨가되어 있어 식물의 생장에 도움이 된다.

㉢ 인공종자에는 당근, 셀러리, 미나리 등에서 활용되고 있다.

53. 종자의 저장

(1) 종자 저장

① 종자 저장은 호흡작용을 억제하여 종자의 활력을 유지하는 것이며 가장 중요한 외적요인은 온도와 상대습도이며 내적요인은 수분함량이다.

② 종자의 저장을 위한 건조제에는 실리카겔, 염화칼슘(염화석회), 생석회, 나뭇재 등이 활용된다.

③ 장기 보관용 종자 저장고의 습도는 20~30% 정도에서 저장할 때 종자의 수명이 가장 길어진다.

④ 종자 저장을 위해 사용되는 훈증제는 알루미늄포스파이드 훈증제, 메틸브로마이드 훈증제 등이 종자 소독 후 저장하는데 활용된다.

⑤ 종자 저장시 철제용기가 종이재료 용기보다 종자의 안정저장에 유리한 이유는 철제용기가 수분의 함량을 유지시키는데 가장 효과적이기 때문이다. 캔과 같은 알루미늄 철제용기는 수분함량을 5% 수준으로 유지시킨다.

⑥ 저장종자의 발아력 상실 원인은 다음과 같다.
    ㉠ 종자 단백질의 변성
    ㉡ 호흡에 의한 종자의 저장물질의 소모
    ㉢ 저장기간 동안 저장고 온도 및 습도의 상승 혹은 급격한 변화

⑦ 종자 저장시 수분의 함량이 많을 경우 나타나는 문제점은 다음과 같다.
    ㉠ 저장 중 양분의 손실이 발생한다.
    ㉡ 호흡의 증가로 종자 사멸 및 발아 곤란하다.
    ㉢ 곰팡이가 번식한다.
    ㉣ 곤충의 번식장소가 되기도 한다.
    ㉤ 종자의 기계적 피해가 발생한다.

(2) 종자의 저장방법과 설비

① 종자의 저장방법
    ㉠ 건조저장법
        • 수분함량 12~14% 이하로 건조시켜 저장하도록 한다.
        • 건조한 종자를 저온, 저습, 밀폐된 상태로 저장하면 수명이 연장된다.
    ㉡ 상온저장법
        • 상온저장법은 실온저장법이라 하며 종자를 건조시켜 용기에 담아 0~10℃ 정도의

실온에서 보관하는 방법이다.

· 기온과 습도를 낮게 유지하는 것이 좋고 가을에서 이듬해 봄까지 저장한다.

· 장기간 저장하는 방법으로는 적합하지 않다.

ⓒ 밀봉(저온)저장법

· 종자를 건조시키고 탈기하여 진공상태로 밀봉시켜 냉장고와 같은 저장소에 보관하는 방법이다.

· 함수율 5~7% 이하로 유지한 종자를 밀봉용기에 보관하는데 실리카겔과 같은 건조제와 황산칼륨과 같은 활력억제제를 종자 무게의 10% 정도 함께 넣어 보관하면 효과가 극대화 된다.

· 수년~수십년까지 발아력을 유지할 수 있다.

유기농업생산 기본50제

01 녹비작물인 헤어리베치의 파종시기 및 파종량, 파종방법의 기준을 선택하시오(단, 파종방법은 벼 수확 후를 기준으로 한다)

◎ 파종시기 : (3~4 / 6~7 / 9~10) 월

◎ 파종량 : (1~4 / 6~9 / 11~14) kg/10a

◎ 파종방법 : (입모 중 파종 / 로터리 파종)

해답
- 파종시기 : 9월~10월
- 파종량 : 6~9 kg/10a
- 파종방법 : 로터리 치는 방법

02 채소류 중 '완두, 동부, 강낭콩'은 아래 분류 중 어디에 속하는지 고르시오

< 보기 >

과채류 / 협채류 / 근채류 / 엽채류 / 생채류

해답
협채류

03 벼의 수량구성요소에 영향을 미치는 요인 4가지를 적으시오

해답
단위면적당 이삭수, 이삭당 영화수, 등숙비율, 천립중

04 곤충의 암컷에서 분비되며 수컷을 유인하는 물질의 명칭을 적으시오

해답
성 페로몬

05 유기농업에서 병해충에 대한 생물적 방제에 해당하는 것을 모두 고르시오

< 보기 >

유살법 / 소화중독제 / 포식성 천적 / 기생성 천적 / 윤작 / 천적유지식물

해답

포식성 천적, 기생성 천적, 천적유지식물

06 종자프라이밍에 대해 설명하시오

해답

종자프라이밍은 일정 조건에서 종자에 삼투압 용액이나 수용성 화합물을 흡수시켜 종자 내 대사 작용이 진행되지만 발아하지 않도록 처리하는 기술로 발아 촉진과 발아 후 생육 촉진을 목적으로 한다.

07 토양보호를 위한 수식대책 중에서 초생재배에 대해 설명하시오

해답

과수원에 깨끗이 김을 매 주는 재배법, 즉 청경재배 대신에 목초, 녹비 등을 나무 아래 가꾸는 재배법으로 초생재배라 한다.

08 토양에서 발생하는 탈질작용에 대해 설명하시오

해답

탈질작용은 암모니아태질소가 산화조건에서 질산태질소로 변화하고 질산태질소가 혐기성균인 탈질균에 의해 질소가스(N_2) 혹은 아산화질소(N_2O) 등으로 날아간다.

09 과수의 결과 습성에서 1년생 가지에 결실하는 과수를 아래 보기에서 모두 고르시오

> < 보기 >
> 감 / 복숭아 / 매실 / 밤 / 배 / 포도

해답
감, 밤, 포도

10 식물의 생물적 방제법과 관련된 타감작용에 대해 설명하시오

해답
타감작용(allelopathy, 상호대립억제작용)은 화학물질을 생성하여 근처 식물의 생육에 영향을 주는 방법을 이용한 방제법이다. 인접 식물의 생육에 부정적인 영향을 끼쳐 생장을 저해시키거나 혹은 과도하게 촉진시키게 된다.

11 작부체계 중 대전법에 대해 설명하시오

해답
대전법은 개간한 토지에서 몇 해 동안 작물을 연속적으로 재배하고 그 후 지력이 소모되고 잡초발생이 증가하면 경지를 떠나 다른 토지를 개간하여 작물을 재배하는 경작방법이다.

12 식물의 광합성에 관련된 '이산화탄소보상점' 에 대해 설명하시오

해답
광합성에 의한 유기물의 생성속도와 호흡에 의한 유기물의 소모속도가 같아지는 이산화탄소 농도를 이산화탄소 보상점이라 한다.

13 토양 수분의 종류 중 '결합수'에 대해 설명하시오

해답
결합수는 토양이나 생체 속 등에서 강하게 결합되어서 쉽게 제거할 수 없는 물이다

14 다음 중 내염성 작물을 모두 고르시오

> < 보기 >
>
> 사탕무 / 감자 / 토마토 / 양배추 / 가지 / 유채

해답 --

사탕무, 양배추, 유채

15 관개법 중에서 일류관개에 대해 설명하시오

해답 --

일류관개는 등고선에 따라 수로를 내어 임의의 장소로부터 월류하도록 하는 방법이다.

16 논토양 중에서 사력질답의 개선 방법 2가지를 적으시오

해답 --

· 우량한 점토를 객토한다.
· 유기물을 공급해준다.

17 잡초의 방제 중 물리적 방제법 3가지를 적으시오

해답 --

· 손이나 농기구를 이용하여 제초한다.
· 경운 작업을 실시한다.
· 피복 작업을 실시한다.

18 다음은 논토양의 탈질현상의 순서를 화학식으로 나타낸 것이다. 빈칸에 적합한 화학식을 적으시오

> < 보기 >
>
> $NO_3^- → (㉠) → NO → (㉡) → N_2$

해답

㉠ NO_2^-

㉡ N_2O

19 잡초의 생물적 방제법 중 오리농법의 효과 3가지를 적으시오

해답

· 토양에 산소를 공급한다.

· 잡초 및 해충을 방제한다.

· 배설물을 통한 비료 공급 효과가 있다.

20 식물의 광합성에서 광포화점에 대해 설명하시오

해답

광포화점은 광도가 높아짐에 따라 광합성이 증가하다가 어느 한계점에 이후 더 이상 광합성이 증대되지 않는 점을 말한다.

21 논토양의 담수효과 5가지를 적으시오

해답

· 온도가 조절된다.

· 비료분의 분해가 조절된다.

· 양분의 천연 공급이 이루어진다.

· 토양의 침식이 방지된다.

· 충분한 수분공급이 이루어진다.

22 작물재배에서 육묘의 장점 5가지를 적으시오

해답
- 수확량이 증대된다.
- 품질이 향상된다.
- 관리 및 보호가 용이하다.
- 수확 및 출하시기 조절이 가능하다.
- 토지의 이용률을 높일 수 있다.

23 토양미생물의 유해작용 3가지를 적으시오

해답
- 병해의 유발 가능성이 있다.
- 환원성 유해물질이 집적된다.
- 탈질 작용이 발생한다.

24 접목의 효과 2가지를 적으시오

해답
- 모수의 특성을 지니는 묘목을 일시에 대량 생산할 수 있다.
- 토양의 적응성을 증대시킨다.

25 식물의 일장 중 '낮이 밤 길이보다 짧은 조건에서 화아가 유발되어 식물'의 명칭을 적으시오

해답
단일식물

26 작물의 필수 원소 중에서 다량원소 5가지를 적으시오(단, 탄소, 수소, 산소는 제외한다)

해답
질소(N), 칼륨(K), 칼슘(Ca), 마그네슘(Mg), 인(P)

27 다음은 나열된 용어의 정의를 적으시오

◎ 발아기
◎ 발아전

해답 --
- 발아기 : 종자가 50% 가 발아한 날을 말한다.
- 발아전 : 파종된 종자의 80% 이상이 발아한 날이다.

28 토양의 단립구조, 입단구조에 대해 설명하시오
해답 --
- 단립구조 : 토양에서 각각 독립적으로 존재하는 구조로서 큰공극이 많아 수분 및 비료의 함량이 적은 편이다.
- 입단구조 : 여러 입자들이 하나의 단체를 만들고 단체끼리 모여 입단을 만드는 구조로 통기성이 좋고 적정량의 수분을 보유한다.

29 유기재배의 직파 방법 중 건답직파에 대해 설명하시오
해답 --
건답직파는 모내기를 하지 않고 물을 대지 않은 마른 논에 볍씨를 바로 뿌려 파종하는 방법이다.

30 다음 보기에서 호광성종자를 모두 고르시오

< 보기 >
담배 / 호박 / 토마토 / 상추 / 베고니아 / 오이

해답 --
담배, 상추, 베고니아

31 다음 보기 중에서 10년 이상 휴작이 요구되는 작물을 모두 고르시오

> < 보기 >
>
> 벼 / 조 / 아마 / 순무 / 미나리 / 인삼 / 오이 / 잠두

해답
아마, 인삼

32 다음 보기 중 '식물이 병에 걸리기 쉬운 성질'을 의미하는 용어를 고르시오

> < 보기 >
>
> 저항성 / 면역성 / 이병성 / 회피성

해답
이병성

33 작부체계에서 윤작의 기본원리 4가지를 적으시오

해답
· 지력 유지 및 향상을 위해 콩과, 녹비작물이 포함된다.
· 토양의 보호를 위해 피복작물이 포함된다.
· 토양의 이용도를 높이기 위해 하작물, 동작물이 결합된다.
· 잡초의 경감을 위해 중경작물이나 피복작물이 포함된다.

34 잡초의 생활형에 따른 분류에서 1년생에 해당하는 잡초를 모두 고르시오

> < 보기 >
>
> 나도겨풀/ 강피 / 너도방동사니 / 쇠털골 / 알방동사니 / 바람하늘지기

해답
강피, 알방동사니, 바람하늘지기

35 볍씨의 수선 중 염수선에서 메벼, 찰벼의 염수선 비중값을 적으시오

◎ 메벼 염수선 비중 :

◎ 찰벼 염수선 비중 :

해답 --

· 메벼 염수선 비중 : 1.13

· 찰벼 염수선 비중 : 1.04

36 다음 보기에서 두과작물을 모두 고르시오

< 보기 >

양배추 / 자운영 / 완두 / 호박 / 셀러리 / 비트 / 헤어리베치

해답 --

자운영, 완두, 헤어리베치

37 다음 보기에서 포식성 천적을 모두 고르시오

< 보기 >

진딧물 / 칠레이리응애 / 기생벌 / 침파리 / 팔라시스이리응애 / 고치벌

해답 --

칠레이리응애, 팔라시스이리응애

38 다음 보기의 식물을 보고 질소함량이 많은 순서대로 적으시오

< 보기 >

호밀 / 헤어리비치 / 자운영

해답 --

헤어리비치 – 자운영 – 호밀

39 유기농업에서 해충의 방제 중 '경종적 방제법'의 종류 3가지를 적으시오

> **해답**
> · 내충성 품종을 선택한다.
> · 윤작을 실시한다.
> · 시비 및 객토를 실시하여 토양을 개선한다.

40 멀칭의 효과 3가지를 적으시오

> **해답**
> · 토양의 침식 방지
> · 비료 유실의 방지
> · 토양의 건조 방지

41 토양의 기지 현상의 대책 3가지를 적으시오

> **해답**
> · 윤작을 실시한다.
> · 토양을 소독한다.
> · 유기물을 공급한다.

42 토양의 중금속 검사 성분 중 6가지를 적으시오

> **해답**
> 비소(As), 카드뮴(Cd), 코발트(Co), 크롬(Cr), 구리(Cu), 수은(Hg)

43 다음 보기를 보고 아래 항목에 맞게 분류하시오

> < 보기 >
>
> 고치벌, 진딧물, 풀잠자리, 딱정벌레, 기생벌, 팔라시스이리응애
>
> ① 기생성 천적 :
> ② 포식성 천적 :

해답 ----------------------------------

① 기생성 천적 : 기생벌, 진딧물, 고치벌
② 포식성 천적 : 풀잠자리, 딱정벌레, 팔라시스이리응애

44 엽면시비의 효과 3가지를 적으시오

해답 ----------------------------------

· 작물의 품질이 향상된다.
· 토양시비가 곤란할 경우 효과적이다.
· 농약을 살포할 때 섞어 공급하면 시비의 노력이 절감된다.
· 급속한 영양회복에 도움이 된다.

45 다음 보기에서 흡비작물에 해당하는 것을 3가지 적으시오

> < 보기 >
>
> 메밀, 옥수수, 알팔파, 고구마, 수수, 피

해답 ----------------------------------

옥수수, 알팔파, 수수

46 논의 지력 증진을 위한 대책 3가지를 적으시오

해답 ----------------------------------

· 논토양에 적합한 토양을 객토한다.
· 퇴비 등 유기물을 시용한다.
· 답전윤환을 실시한다.

47 다음 보기의 토양의 종류를 보고 점토함량이 낮은 순서대로 나열하시오

> < 보기 >
>
> 식토, 양토, 사양토, 사토, 식양토

해답 --

사토, 사양토, 양토, 식양토, 식토

48 유기재배에서 잡초를 제거하는 물리적 방제법 3가지를 적으시오

해답 --

- 피복을 실시한다.
- 예취를 실시한다.
- 손이나 기구를 이용한 제초를 실시한다.

49 다음 보기의 물질을 보고 탄질율(C/N율)이 큰 순서대로 나열하시오

> < 보기 >
>
> 옥수수찌꺼기 / 밀짚 / 톱밥 / 곰팡이

해답 --

톱밥, 밀짚, 옥수수찌꺼기, 곰팡이

50 토양에 미숙퇴비를 공급했을 때 나타나는 현상 3가지를 적으시오

해답 --

- 토양이 산성화 된다.
- 유해가스가 발생한다.
- 선충 및 미생물이 많이 발생한다.

PART 2

법규

PART 02 법규

01 법률

친환경농어업 육성 및 유기식품 등의 관리·지원에 관한 법률
(약칭 : 친환경농어업법)

제1장 총칙

제1조(목적) [기출]

이 법은 농어업의 환경보전기능을 증대시키고 농어업으로 인한 환경오염을 줄이며, 친환경농어업을 실천하는 농어업인을 육성하여 지속가능한 친환경농어업을 추구하고 이와 관련된 친환경농수산물과 유기식품 등을 관리하여 생산자와 소비자를 함께 보호하는 것을 목적으로 한다.

제2조(정의) 이 법에서 사용하는 용어의 뜻은 다음과 같다.

1. "친환경농어업"이란 생물의 다양성을 증진하고, 토양에서의 생물적 순환과 활동을 촉진하며, 농어업생태계를 건강하게 보전하기 위하여 합성농약, 화학비료, 항생제 및 항균제 등 화학자재를 사용하지 아니하거나 사용을 최소화한 건강한 환경에서 농산물·수산물·축산물·임산물(이하 "농수산물"이라 한다)을 생산하는 산업을 말한다.

2. "친환경농수산물"이란 친환경농어업을 통하여 얻는 것으로 다음 각 목의 어느 하나에 해당하는 것을 말한다. [기출]

가. 유기농수산물

나. 무농약농산물

다. 무항생제수산물 및 활성처리제 비사용 수산물(이하 "무항생제수산물등"이라 한다)

3. "유기"(Organic)란 생물의 다양성을 증진하고, 토양의 비옥도를 유지하여 환경을 건강하게 보전하기 위하여 허용물질을 최소한으로 사용하고, 제19조제2항의 인증기준에 따라 유기식품 및 비식용유기가공품(이하 "유기식품등"이라 한다)을 생산, 제조·가공 또는 취급하는 일련의 활동과 그 과정을 말한다.

4. "유기식품"이란 「농업·농촌 및 식품산업 기본법」 제3조제7호의 식품과 「수산식품산업의 육성 및 지원에 관한 법률」 제2조제3호의 수산식품 중에서 유기적인 방법으로

생산된 유기농수산물과 유기가공식품(유기농수산물을 원료 또는 재료로 하여 제조·가공·유통되는 식품 및 수산식품을 말한다. 이하 같다)을 말한다.

5. "비식용유기가공품"이란 사람이 직접 섭취하지 아니하는 방법으로 사용하거나 소비하기 위하여 유기농수산물을 원료 또는 재료로 사용하여 유기적인 방법으로 생산, 제조·가공 또는 취급되는 가공품을 말한다. 다만, 「식품위생법」에 따른 기구, 용기·포장, 「약사법」에 따른 의약외품 및 「화장품법」에 따른 화장품은 제외한다.

5의2. "무농약원료가공식품"이란 무농약농산물을 원료 또는 재료로 하거나 유기식품과 무농약농산물을 혼합하여 제조·가공·유통되는 식품을 말한다.

6. "유기농어업자재"란 유기농수산물을 생산, 제조·가공 또는 취급하는 과정에서 사용할 수 있는 허용물질을 원료 또는 재료로 하여 만든 제품을 말한다.

7. **"허용물질"이란 유기식품등, 무농약농산물·무농약원료가공식품 및 무항생제수산물등 또는 유기농어업자재를 생산, 제조·가공 또는 취급하는 모든 과정에서 사용 가능한 것으로서 농림축산식품부령 또는 해양수산부령으로 정하는 물질을 말한다.** [기출]

8. **"취급"이란 농수산물, 식품, 비식용가공품 또는 농어업용자재를 저장, 포장[소분(小分) 및 재포장을 포함한다. 이하 같다], 운송, 수입 또는 판매하는 활동을 말한다.** [기출]

9. "사업자"란 친환경농수산물, 유기식품등·무농약원료가공식품 또는 유기농어업자재를 생산, 제조·가공하거나 취급하는 것을 업(業)으로 하는 개인 또는 법인을 말한다.

제3조(국가와 지방자치단체의 책무)

① 국가는 친환경농어업·유기식품등·무농약농산물·무농약원료가공식품 및 무항생제수산물등에 관한 기본계획과 정책을 세우고 지방자치단체 및 농어업인 등의 자발적 참여를 촉진하는 등 친환경농어업·유기식품등·무농약농산물·무농약원료가공식품 및 무항생제수산물등을 진흥시키기 위한 종합적인 시책을 추진하여야 한다.

② 지방자치단체는 관할구역의 지역적 특성을 고려하여 친환경농어업·유기식품등·무농약농산물·무농약원료가공식품 및 무항생제수산물등에 관한 육성정책을 세우고 적극적으로 추진하여야 한다.

제4조(사업자의 책무)

사업자는 화학적으로 합성된 자재를 사용하지 아니하거나 그 사용을 최소화하는 등 환경친화적인 생산, 제조·가공 또는 취급 활동을 통하여 환경오염을 최소화하면서 환경보전과 지속가능한 농어업의 경영이 가능하도록 노력하고, 다양한 친환경농수산물, 유기식품등, 무농약원료가공식품 또는 유기농어업자재를 생산·공급할 수 있도록 노력하여야 한다.

제5조(민간단체의 역할

친환경농어업 관련 기술연구와 친환경농수산물, 유기식품등, 무농약원료가공식품 또는 유기농어업자재 등의 생산·유통·소비를 촉진하기 위하여 구성된 민간단체(이하 "민간단체"라 한다)는 국가와 지방자치단체의 친환경농어업·유기식품등·무농약농산물·무농약원료가공식품 및 무항생제수산물등에 관한 육성시책에 협조하고 그 회원들과 사업자 등에게 필요한 교육·훈련·기술개발·경영지도 등을 함으로써 친환경농어업·유기식품등·무농약농산물·무농약원료가공식품 및 무항생제수산물등의 발전을 위하여 노력하여야 한다.

제5조의2(흙의 날)

① 농업의 근간이 되는 흙의 소중함을 국민에게 알리기 위하여 매년 3월 11일을 흙의 날로 정한다.

② 국가와 지방자치단체는 제1항에 따른 흙의 날에 적합한 행사 등 사업을 실시하도록 노력하여야 한다.

제6조(다른 법률과의 관계)

이 법에서 정한 친환경농수산물, 유기식품등, 무농약원료가공식품 및 유기농어업자재의 표시와 관리에 관한 사항은 다른 법률에 우선하여 적용한다.

제2장 친환경농어업·유기식품등·무농약농산물·무농약원료가공식품 및 무항생제수산물등의 육성·지원

제7조(친환경농어업 육성계획) [기출]

① 농림축산식품부장관 또는 해양수산부장관은 관계 중앙행정기관의 장과 협의하여 5년마다 친환경농어업 발전을 위한 친환경농업 육성계획 또는 친환경어업 육성계획(이하 "육성계획"이라 한다)을 세워야 한다. 이 경우 민간단체나 전문가 등의 의견을 수렴하여야 한다.

② 육성계획에는 다음 각 호의 사항이 포함되어야 한다.

1. 농어업 분야의 환경보전을 위한 정책목표 및 기본방향

2. 농어업의 환경오염 실태 및 개선대책

3. 합성농약, 화학비료 및 항생제·항균제 등 화학자재 사용량 감축 방안

3의2. 친환경 약제와 병충해 방제 대책

4. 친환경농어업 발전을 위한 각종 기술 등의 개발·보급·교육 및 지도 방안

5. 친환경농어업의 시범단지 육성 방안

6. 친환경농수산물과 그 가공품, 유기식품등 및 무농약원료가공식품의 생산·유통·수출

활성화와 연계강화 및 소비 촉진 방안

7. 친환경농어업의 공익적 기능 증대 방안

8. 친환경농어업 발전을 위한 국제협력 강화 방안

9. 육성계획 추진 재원의 조달 방안

10. 제26조 및 제35조에 따른 인증기관의 육성 방안

11. 그 밖에 친환경농어업의 발전을 위하여 농림축산식품부령 또는 해양수산부령으로 정하는 사항

③ 농림축산식품부장관 또는 해양수산부장관은 제1항에 따라 세운 육성계획을 특별시장·광역시장·특별자치시장·도지사 또는 특별자치도지사(이하 "시·도지사"라 한다)에게 알려야 한다.

제8조(친환경농어업 실천계획)

① 시·도지사는 육성계획에 따라 친환경농어업을 발전시키기 위한 특별시·광역시·특별자치시·도 또는 특별자치도(이하 "시·도"라 한다) 친환경농어업 실천계획(이하 "실천계획"이라 한다)을 세우고 시행하여야 한다. 이 경우 민간단체나 전문가 등의 의견을 수렴하여야 한다.

② 시·도지사는 제1항에 따라 시·도 실천계획을 세웠을 때에는 농림축산식품부장관 또는 해양수산부장관에게 제출하고, 시장·군수 또는 자치구의 구청장(이하 "시장·군수·구청장"이라 한다)에게 알려야 한다.

③ 시장·군수·구청장은 시·도 실천계획에 따라 친환경농어업을 발전시키기 위한 시·군·자치구 실천계획을 세워 시·도지사에게 제출하고 적극적으로 추진하여야 한다.

제9조(농어업으로 인한 환경오염 방지)

국가와 지방자치단체는 농약, 비료, 가축분뇨, 폐농어업자재 및 폐수 등 농어업으로 인하여 발생하는 환경오염을 방지하기 위하여 농약의 안전사용기준 및 잔류허용기준 준수, 비료의 작물별 살포기준량 준수, 가축분뇨의 방류수 수질기준 준수, 폐농어업자재의 투기(投棄) 방지 및 폐수의 무단 방류 방지 등의 시책을 적극적으로 추진하여야 한다.

제10조(농어업 자원 보전 및 환경 개선)

① 국가와 지방자치단체는 농지, 농어업 용수, 대기 등 농어업 자원을 보전하고 토양 개량, 수질 개선 등 농어업 환경을 개선하기 위하여 농경지 개량, 농어업 용수 오염 방지, 온실가스 발생 최소화 등의 시책을 적극적으로 추진하여야 한다.

② 제1항에 따른 시책을 추진할 때 「토양환경보전법」 제4조의2와 제16조 및 「환경정책기본법」 제12조에 따른 기준을 적용한다.

제11조(농어업 자원·환경 및 친환경농어업 등에 관한 실태조사·평가) [기출]

① 농림축산식품부장관·해양수산부장관 또는 지방자치단체의 장은 농어업 자원 보전과 농어업 환경 개선을 위하여 농림축산식품부령 또는 해양수산부령으로 정하는 바에 따라 다음 각 호의 사항을 주기적으로 조사·평가하여야 한다.

1. 농경지의 비옥도(肥沃度), 중금속, 농약성분, 토양미생물 등의 변동사항
2. 농어업 용수로 이용되는 지표수와 지하수의 수질
3. 농약·비료·항생제 등 농어업투입재의 사용 실태
4. 수자원 함양(涵養), 토양 보전 등 농어업의 공익적 기능 실태
5. 축산분뇨 퇴비화 등 해당 농어업 지역에서의 자체 자원 순환사용 실태
5의2. 친환경농어업 및 친환경농수산물의 유통·소비 등에 관한 실태
6. 그 밖에 농어업 자원 보전 및 농어업 환경 개선을 위하여 필요한 사항

② 농림축산식품부장관 또는 해양수산부장관은 농림축산식품부 또는 해양수산부 소속 기관의 장 또는 그 밖에 농림축산식품부령 또는 해양수산부령으로 정하는 자에게 제1항 각 호의 사항을 조사·평가하게 할 수 있다.

③ 농림축산식품부장관 및 해양수산부장관은 제1항에 따른 조사·평가를 실시한 후 그 결과를 지체 없이 국회 소관 상임위원회에 보고하여야 한다.

제12조(사업장에 대한 조사)

① 농림축산식품부장관·해양수산부장관 또는 지방자치단체의 장은 제11조에 따른 농어업 자원과 농어업 환경의 실태조사를 위하여 필요하면 관계 공무원에게 해당 지역 또는 그 지역에 잇닿은 다른 사업자의 사업장에 출입하게 하거나 조사 및 평가에 필요한 최소량의 조사 시료(試料)를 채취하게 할 수 있다.

② 조사 대상 사업장의 소유자·점유자 또는 관리인은 정당한 사유 없이 제1항에 따른 조사행위를 거부·방해하거나 기피하여서는 아니 된다.

③ 제1항에 따라 다른 사업자의 사업장에 출입하려는 사람은 그 권한을 표시하는 증표를 지니고 이를 관계인에게 보여주어야 한다.

제13조(친환경농어업 기술 등의 개발 및 보급)

① 농림축산식품부장관·해양수산부장관 또는 지방자치단체의 장은 친환경농어업을 발전시

키기 위하여 친환경농어업에 필요한 기술과 자재 등의 연구·개발과 보급 및 교육·지도에 필요한 시책을 마련하여야 한다.

② 농림축산식품부장관·해양수산부장관 또는 지방자치단체의 장은 친환경농어업에 필요한 기술 및 자재를 연구·개발·보급하거나 교육·지도하는 자에게 필요한 비용을 지원할 수 있다.

③ 농림축산식품부장관·해양수산부장관 또는 지방자치단체의 장은 친환경농어업에 필요한 자재를 사용하는 농어업인에게 비용을 지원할 수 있다.

제14조(친환경농어업에 관한 교육·훈련)

① 농림축산식품부장관·해양수산부장관 또는 지방자치단체의 장은 친환경농어업 발전을 위하여 농어업인, 친환경농수산물 소비자 및 관계 공무원에 대하여 교육·훈련을 할 수 있다.

② 농림축산식품부장관 또는 해양수산부장관은 제1항에 따른 교육·훈련을 위하여 필요한 시설 및 인력 등을 갖춘 친환경농어업 관련 기관 또는 단체를 교육훈련기관으로 지정할 수 있다.

③ 농림축산식품부장관 또는 해양수산부장관은 제2항에 따라 지정된 교육훈련기관(이하 "교육훈련기관"이라 한다)에 대하여 예산의 범위에서 교육·훈련에 필요한 비용의 전부 또는 일부를 지원할 수 있다.

④ 교육훈련기관의 지정 요건 및 절차, 그 밖에 필요한 사항은 농림축산식품부령 또는 해양수산부령으로 정한다.

제14조의2(교육훈련기관의 지정취소 등)

① 농림축산식품부장관 또는 해양수산부장관은 교육훈련기관이 다음 각 호의 어느 하나에 해당하는 경우에는 그 지정을 취소하거나 6개월 이내의 기간을 정하여 그 업무의 전부 또는 일부의 정지를 명할 수 있다. 다만, 제1호에 해당하는 경우에는 그 지정을 취소하여야 한다.

1. 거짓이나 그 밖의 부정한 방법으로 지정을 받은 경우
2. 정당한 사유 없이 1년 이상 계속하여 교육·훈련을 하지 아니한 경우
3. 제14조제3항에 따른 지원 비용을 용도 외로 사용한 경우
4. 제14조제4항에 따른 지정요건에 적합하지 아니하게 된 경우

② 제1항에 따른 행정처분의 세부기준은 농림축산식품부령 또는 해양수산부령으로 정한다.

제15조(친환경농어업의 기술교류 및 홍보 등)

① 국가, 지방자치단체, 민간단체 및 사업자는 친환경농어업의 기술을 서로 교류함으로써 친환경농어업 발전을 위하여 노력하여야 한다.

② 농림축산식품부장관·해양수산부장관 또는 지방자치단체의 장은 친환경농어업 육성을 효율적으로 추진하기 위하여 우수 사례를 발굴·홍보하여야 한다.

제16조(친환경농수산물 등의 생산·유통·수출 지원)

① 농림축산식품부장관·해양수산부장관 또는 지방자치단체의 장은 예산의 범위에서 다음 각 호의 물품의 생산자, 생산자단체, 유통업자, 수출업자 및 인증기관에 대하여 필요한 시설의 설치자금 등을 친환경농어업에 대한 기여도 및 제32조의2제1항에 따른 평가 등급에 따라 차등하여 지원할 수 있다.

1. 이 법에 따라 인증을 받은 유기식품등, 무농약원료가공식품 또는 친환경농수산물

2. 이 법에 따라 공시를 받은 유기농어업자재

② 제1항에 따른 친환경농어업에 대한 기여도 평가에 필요한 사항은 대통령령으로 정한다.

제17조(국제협력)

국가와 지방자치단체는 친환경농어업의 지속가능한 발전을 위하여 환경 관련 국제기구 및 관련 국가와의 국제협력을 통하여 친환경농어업 관련 정보 및 기술을 교환하고 인력교류, 공동조사, 연구·개발 등에서 서로 협력하며, 환경을 위해(危害)하는 농어업 활동이나 자재 교역을 억제하는 등 친환경농어업 발전을 위한 국제적 노력에 적극적으로 참여하여야 한다.

제18조(국내 친환경농어업의 기준 및 목표 수립)

국가와 지방자치단체는 국제 여건, 국내 자원, 환경 및 경제 여건 등을 고려하여 효과적인 국내 친환경농어업의 기준 및 목표를 세워야 한다.

제3장 유기식품등의 인증 및 관리

제1절 유기식품등의 인증 및 인증절차 등

제19조(유기식품등의 인증)

① 농림축산식품부장관 또는 해양수산부장관은 유기식품등의 산업 육성과 소비자 보호를 위하여 대통령령으로 정하는 바에 따라 유기식품등에 대한 인증을 할 수 있다.

② 제1항에 따른 인증을 하기 위한 유기식품등의 인증대상과 유기식품등의 생산, 제조·가공 또는 취급에 필요한 인증기준 등은 농림축산식품부령 또는 해양수산부령으로 정한다.

제20조(유기식품등의 인증 신청 및 심사 등)

① 유기식품등을 생산, 제조·가공 또는 취급하는 자는 유기식품등의 인증을 받으려면 해양수산부장관 또는 제26조제1항에 따라 지정받은 인증기관(이하 이 장에서 "인증기관"이라 한다)에 농림축산식품부령 또는 해양수산부령으로 정하는 서류를 갖추어 신청하여야 한다. 다만, 인증을 받은 유기식품등을 다시 포장하지 아니하고 그대로 저장, 운송, 수입 또는 판매하는 자는 인증을 신청하지 아니할 수 있다.

② 다음 각 호의 어느 하나에 해당하는 자는 제1항에 따른 인증을 신청할 수 없다.

1. 제24조제1항(같은 항 제4호는 제외한다)에 따라 인증이 취소된 날부터 1년이 지나지 아니한 자. 다만, 최근 10년 동안 인증이 2회 취소된 경우에는 마지막으로 인증이 취소된 날부터 2년, 최근 10년 동안 인증이 3회 이상 취소된 경우에는 마지막으로 인증이 취소된 날부터 5년이 지나지 아니한 자로 한다.

1의2. 고의 또는 중대한 과실로 유기식품등에서 「식품위생법」 제7조제1항에 따라 식품의약품안전처장이 고시한 농약 잔류허용기준을 초과한 합성농약이 검출되어 제24조제1항제2호에 따라 인증이 취소된 자로서 그 인증이 취소된 날부터 5년이 지나지 아니한 자

2. 제24조제1항에 따른 인증표시의 제거·정지 또는 시정조치 명령이나 제31조제7항제2호 또는 제3호에 따른 명령을 받아서 그 처분기간 중에 있는 자

3. 제60조에 따라 벌금 이상의 형을 선고받고 형이 확정된 날부터 1년이 지나지 아니한 자

③ 해양수산부장관 또는 인증기관은 제1항에 따른 신청을 받은 경우 제19조제2항에 따른 유기식품등의 인증기준에 맞는지를 심사한 후 그 결과를 신청인에게 알려주고 그 기준에 맞는 경우에는 인증을 해 주어야 한다. 이 경우 인증심사를 위하여 신청인의 사업장에 출입하는 사람은 그 권한을 표시하는 증표를 지니고 이를 신청인에게 보여주어야 한다.

④ 제3항에 따라 유기식품등의 인증을 받은 사업자(이하 "인증사업자"라 한다)는 동일한 인증기관으로부터 연속하여 2회를 초과하여 인증(제21조제2항에 따른 갱신을 포함한다. 이하 이 항에서 같다)을 받을 수 없다. 다만, 제32조의2에 따라 실시한 인증기관 평가에서 농림축산식품부령 또는 해양수산부령으로 정하는 기준 이상을 받은 인증기관으로부터 인증을 받으려는 경우에는 그러하지 아니하다.

⑤ 제3항에 따른 인증심사 결과에 대하여 이의가 있는 자는 인증심사를 한 해양수산부장관 또는 인증기관에 재심사를 신청할 수 있다.

⑥ 제5항에 따른 재심사 신청을 받은 해양수산부장관 또는 인증기관은 농림축산식품부령 또는 해양수산부령으로 정하는 바에 따라 재심사 여부를 결정하여 해당 신청인에게 통보하여야 한다.

⑦ 해양수산부장관 또는 인증기관은 제5항에 따른 재심사를 하기로 결정하였을 때에는 지체 없이 재심사를 하고 해당 신청인에게 그 재심사 결과를 통보하여야 한다.

⑧ 인증사업자는 인증받은 내용을 변경할 때에는 그 인증을 한 해양수산부장관 또는 인증기관으로부터 농림축산식품부령 또는 해양수산부령으로 정하는 바에 따라 인증 변경승인을 받아야 한다.

⑨ 그 밖에 인증의 신청, 제한, 심사, 재심사 및 인증 변경승인 등에 필요한 구체적인 절차와 방법 등은 농림축산식품부령 또는 해양수산부령으로 정한다.

제21조(인증의 유효기간 등) [기출]

① 제20조에 따른 인증의 유효기간은 인증을 받은 날부터 1년으로 한다.

② 인증사업자가 인증의 유효기간이 끝난 후에도 계속하여 제20조제3항에 따라 인증을 받은 유기식품등(이하 "인증품"이라 한다)의 인증을 유지하려면 그 유효기간이 끝나기 전까지 인증을 한 해양수산부장관 또는 인증기관에 갱신신청을 하여 그 인증을 갱신하여야 한다. 다만, 인증을 한 인증기관이 폐업, 업무정지 또는 그 밖의 부득이한 사유로 갱신신청이 불가능하게 된 경우에는 해양수산부장관 또는 다른 인증기관에 신청할 수 있다.

③ 제2항에 따른 인증 갱신을 하지 아니하려는 인증사업자가 인증의 유효기간 내에 출하를 종료하지 아니한 인증품이 있는 경우에는 해양수산부장관 또는 해당 인증기관의 승인을 받아 출하를 종료하지 아니한 인증품에 대하여만 그 유효기간을 1년의 범위에서 연장할 수 있다. 다만, 인증의 유효기간이 끝나기 전에 출하된 인증품은 그 제품의 소비기한이 끝날 때까지 그 인증표시를 유지할 수 있다.

④ 제2항에 따른 인증 갱신 및 제3항에 따른 유효기간 연장에 대한 심사결과에 이의가 있는 자는 심사를 한 해양수산부장관 또는 인증기관에 재심사를 신청할 수 있다.

⑤ 제4항에 따른 재심사 신청을 받은 해양수산부장관 또는 인증기관은 농림축산식품부령 또는 해양수산부령으로 정하는 바에 따라 재심사 여부를 결정하여 해당 인증사업자에게 통보하여야 한다.

⑥ 해양수산부장관 또는 인증기관은 제4항에 따른 재심사를 하기로 결정하였을 때에는 지체 없이 재심사를 하고 해당 인증사업자에게 그 재심사 결과를 통보하여야 한다.

⑦ 제2항부터 제6항까지의 규정에 따른 인증 갱신, 유효기간 연장 및 재심사에 필요한 구체적인 절차·방법 등은 농림축산식품부령 또는 해양수산부령으로 정한다.

제22조(인증사업자의 준수사항)

① 인증사업자는 인증품을 생산, 제조·가공 또는 취급하여 판매한 실적을 농림축산식품부령 또는 해양수산부령으로 정하는 바에 따라 정기적으로 해양수산부장관 또는 해당 인증기관에 알려야 한다.

② 인증사업자는 농림축산식품부령 또는 해양수산부령으로 정하는 바에 따라 인증심사와 관련된 서류 등을 보관하여야 한다.

제23조(유기식품등의 표시 등)

① 인증사업자는 생산, 제조·가공 또는 취급하는 인증품에 직접 또는 인증품의 포장, 용기, 납품서, 거래명세서, 보증서 등(이하 "포장등"이라 한다)에 유기 또는 이와 같은 의미의 도형이나 글자의 표시(이하 "유기표시"라 한다)를 할 수 있다. 이 경우 포장을 하지 아니한 상태로 판매하거나 낱개로 판매하는 때에는 표시판 또는 푯말에 유기표시를 할 수 있다.

② 농림축산식품부장관 또는 해양수산부장관은 인증사업자에게 인증품의 생산방법과 사용 자재 등에 관한 정보를 소비자가 쉽게 알아볼 수 있도록 표시할 것을 권고할 수 있다.

③ 농림축산식품부장관 또는 해양수산부장관은 유기농수산물을 원료 또는 재료로 사용하면서 제20조제3항에 따른 인증을 받지 아니한 식품 및 비식용가공품에 대하여는 사용한 유기농수산물의 함량에 따라 제한적으로 유기표시를 허용할 수 있다.

④ 제1항 및 제3항에도 불구하고 다음 각 호에 해당하는 유기식품등에 대해서는 외국의 유기표시 규정 또는 외국 구매자의 표시 요구사항에 따라 유기표시를 할 수 있다.

1. 「대외무역법」 제16조에 따라 외화획득용 원료 또는 재료로 수입한 유기식품등

2. 외국으로 수출하는 유기식품등

⑤ 제1항 및 제3항에 따른 유기표시에 필요한 도형이나 글자, 세부 표시사항 및 표시방법에 필요한 구체적인 사항은 농림축산식품부령 또는 해양수산부령으로 정한다.

제23조의2(수입 유기식품등의 신고)

① 제23조에 따라 유기표시가 된 인증품 또는 제25조에 따라 동등성이 인정된 인증을 받은 유기가공식품을 판매나 영업에 사용할 목적으로 수입하려는 자는 해당 제품의 통관절차가 끝나기 전에 농림축산식품부령 또는 해양수산부령으로 정하는 바에 따라 수입 품목, 수량 등을 농림축산식품부장관 또는 해양수산부장관에게 신고하여야 한다.

② 농림축산식품부장관 또는 해양수산부장관은 제1항에 따라 신고된 제품에 대하여 통관절차가 끝나기 전에 관계 공무원으로 하여금 유기식품등의 인증 및 표시 기준 적합성을 조사하게 하여야 한다.

③ 농림축산식품부장관 또는 해양수산부장관은 제1항에 따라 신고된 제품이 다음 각 호의 어느 하나에 해당하는 경우에는 제2항에도 불구하고 조사의 전부 또는 일부를 생략할 수 있다.

1. 제25조에 따라 동등성이 인정된 인증을 시행하고 있는 외국의 정부 또는 인증기관이 발행한 인증서가 제출된 경우

2. 제26조에 따라 지정된 인증기관이 발행한 인증서가 제출된 경우

3. 그 밖에 제1호 또는 제2호에 준하는 경우로서 농림축산식품부령 또는 해양수산부령으로 정하는 경우

④ 농림축산식품부장관 또는 해양수산부장관은 제1항에 따른 신고를 받은 경우 그 내용을 검토하여 이 법에 적합하면 신고를 수리하여야 한다.

⑤ 제1항 및 제2항에 따른 신고의 수리 및 조사의 절차와 방법, 그 밖에 필요한 사항은 농림축산식품부령 또는 해양수산부령으로 정한다.

제24조(인증의 취소 등)

① 농림축산식품부장관·해양수산부장관 또는 인증기관은 인증사업자가 다음 각 호의 어느 하나에 해당하는 경우에는 그 인증을 취소하거나 인증표시의 제거·정지 또는 시정조치를 명할 수 있다. 다만, 제1호에 해당할 때에는 인증을 취소하여야 한다.

1. 거짓이나 그 밖의 부정한 방법으로 인증을 받은 경우

2. 제19조제2항에 따른 인증기준에 맞지 아니한 경우

3. 정당한 사유 없이 제31조제7항에 따른 명령에 따르지 아니한 경우

4. 전업(轉業), 폐업 등의 사유로 인증품을 생산하기 어렵다고 인정하는 경우

② 농림축산식품부장관·해양수산부장관 또는 인증기관은 제1항에 따라 인증을 취소한 경우 지체 없이 인증사업자에게 그 사실을 알려야 하고, 인증기관은 농림축산식품부장관 또는 해양수산부장관에게도 그 사실을 알려야 한다.

③ 제1항에 따른 처분에 필요한 구체적인 절차와 세부기준 등은 농림축산식품부령 또는 해양수산부령으로 정한다.

제24조의2(과징금)

① 농림축산식품부장관 또는 해양수산부장관은 최근 3년 동안 2회 이상 다음 각 호의 어느 하나에 해당하는 위반행위를 한 자에게 해당 위반행위에 따른 판매금액의 100분의 50 이내의 범위에서 과징금을 부과할 수 있다.

1. 거짓이나 그 밖의 부정한 방법으로 인증을 받은 경우

2. 고의 또는 중대한 과실로 유기식품등에서 「식품위생법」 제7조제1항에 따라 식품의약품 안전처장이 고시한 농약 잔류허용기준을 초과한 합성농약이 검출된 경우

② 농림축산식품부장관 또는 해양수산부장관은 제1항에 따른 과징금을 내야 할 자가 그 납부기한까지 내지 아니하면 국세 체납처분의 예에 따라 징수한다.

③ 제1항에 따른 위반행위의 내용과 위반정도에 따른 과징금의 금액, 판매금액 산정의 세부기준 및 그 밖에 필요한 사항은 대통령령으로 정한다.

제25조(동등성 인정)

① 농림축산식품부장관 또는 해양수산부장관은 유기식품에 대한 인증을 시행하고 있는 외국의 정부 또는 인증기관이 우리나라와 같은 수준의 적합성을 보증할 수 있는 원칙과 기준을 적용함으로써 이 법에 따른 인증과 동등하거나 그 이상의 인증제도를 운영하고 있다고 인정하는 경우에는 그에 대한 검증을 거친 후 유기가공식품 인증에 대하여 우리나라의 유기가공식품 인증과 동등성을 인정할 수 있다. 이 경우 상호주의 원칙이 적용되어야 한다.

② 농림축산식품부장관 또는 해양수산부장관은 제1항에 따라 동등성을 인정할 때에는 그 사실을 지체 없이 농림축산식품부 또는 해양수산부의 인터넷 홈페이지에 게시하여야 한다.

③ 제1항에 따른 동등성 인정에 필요한 기준과 절차, 동등성을 인정할 수 있는 유기가공식품의 품목 범위, 동등성을 인정한 국가 또는 인증기관의 의무와 사후관리 방법, 유기가공식품의 표시방법, 그 밖에 필요한 사항은 농림축산식품부령 또는 해양수산부령으로 정한다.

제2절 유기식품등의 인증기관

제26조(인증기관의 지정 등)

① 농림축산식품부장관 또는 해양수산부장관은 유기식품등의 인증과 관련하여 제26조의2에 따른 인증심사원 등 필요한 인력·조직·시설 및 인증업무규정을 갖춘 기관 또는 단체를 인증기관으로 지정하여 유기식품등의 인증을 하게 할 수 있다.

② 제1항에 따라 인증기관으로 지정받으려는 기관 또는 단체는 농림축산식품부령 또는 해양수산부령으로 정하는 바에 따라 농림축산식품부장관 또는 해양수산부장관에게 인증기관의 지정을 신청하여야 한다.

③ 제1항에 따른 인증기관 지정의 유효기간은 지정을 받은 날부터 5년으로 하고, 유효기간이 끝난 후에도 유기식품등의 인증업무를 계속하려는 인증기관은 유효기간이 끝나기 전에 그 지정을 갱신하여야 한다.

④ 농림축산식품부장관 또는 해양수산부장관은 제1항에 따른 인증기관 지정업무와 제3항에 따른 지정갱신업무의 효율적인 운영을 위하여 인증기관 지정 및 갱신 관련 평가업무를 대통령령으로 정하는 기관 또는 단체에 위임하거나 위탁할 수 있다.

⑤ 인증기관은 지정받은 내용이 변경된 경우에는 농림축산식품부장관 또는 해양수산부장관에게 변경신고를 하여야 한다. 다만, 농림축산식품부령 또는 해양수산부령으로 정하는 중요 사항을 변경할 때에는 농림축산식품부장관 또는 해양수산부장관으로부터 승인을 받아야 한다.

⑥ 제1항부터 제5항까지의 인증기관의 지정기준, 인증업무의 범위, 인증기관의 지정 및 갱신 관련 절차, 인증기관의 지정 및 갱신 관련 평가업무의 위탁과 인증기관의 변경신고에 필요한 구체적인 사항은 농림축산식품부령 또는 해양수산부령으로 정한다.

제26조의2(인증심사원)

① 농림축산식품부장관 또는 해양수산부장관은 농림축산식품부령 또는 해양수산부령으로 정하는 기준에 적합한 자에게 제20조에 따른 인증심사, 재심사 및 인증 변경승인, 제21조에 따른 인증 갱신, 유효기간 연장 및 재심사, 제31조에 따른 인증사업자에 대한 조사 업무(이하 "인증심사업무"라 한다)를 수행하는 심사원(이하 "인증심사원"이라 한다)의 자격을 부여할 수 있다.

② 제1항에 따라 인증심사원의 자격을 부여받으려는 자는 농림축산식품부령 또는 해양수산부령으로 정하는 바에 따라 농림축산식품부장관 또는 해양수산부장관이 실시하는 교육을 받은 후 농림축산식품부장관 또는 해양수산부장관에게 이를 신청하여야 한다.

③ 농림축산식품부장관 또는 해양수산부장관은 인증심사원이 다음 각 호의 어느 하나에 해당하는 때에는 그 자격을 취소하거나 6개월 이내의 기간을 정하여 자격을 정지하거나 시정조치를 명할 수 있다. 다만, 제1호부터 제3호까지에 해당하는 경우에는 그 자격을 취소하여야 한다.

1. 거짓이나 그 밖의 부정한 방법으로 인증심사원의 자격을 부여받은 경우
2. 거짓이나 그 밖의 부정한 방법으로 인증심사 업무를 수행한 경우
3. 고의 또는 중대한 과실로 제19조제2항에 따른 인증기준에 맞지 아니한 유기식품등을 인증한 경우
3의2. 경미한 과실로 제19조제2항에 따른 인증기준에 맞지 아니한 유기식품등을 인증한 경우
4. 제1항에 따른 인증심사원의 자격 기준에 적합하지 아니하게 된 경우
5. 인증심사 업무와 관련하여 다른 사람에게 자기의 성명을 사용하게 하거나 인증심사원증을

빌려 준 경우

6. 제26조의4제1항에 따른 교육을 받지 아니한 경우

7. 제27조제2항 각 호에 따른 준수사항을 지키지 아니한 경우

8. 정당한 사유 없이 제31조제1항에 따른 조사를 실시하기 위한 지시에 따르지 아니한 경우

④ 제3항에 따라 인증심사원 자격이 취소된 자는 취소된 날부터 3년이 지나지 아니하면 인증심사원 자격을 부여받을 수 없다.

⑤ 인증심사원의 자격 부여 절차 및 자격 취소·정지 기준, 그 밖에 필요한 사항은 농림축산식품부령 또는 해양수산부령으로 정한다.

제26조의3(인증기관 임직원의 결격사유)

다음 각 호의 어느 하나에 해당하는 사람은 인증기관의 임원 또는 직원(인증심사업무를 담당하는 직원에 한정한다)이 될 수 없다.

1. 제26조의2제3항제1호·제2호·제3호 및 제7호(제27조제2항제2호를 위반한 경우로 한정한다)에 따라 자격취소를 받은 날부터 3년이 지나지 아니한 사람

2. 제29조제1항에 따라 지정이 취소된 인증기관의 대표로서 인증기관의 지정이 취소된 날부터 3년이 지나지 아니한 사람

3. 제60조제1항, 같은 조 제2항제1호·제2호·제3호·제4호·제4호의2·제4호의3 및 같은 조 제3항제2호의 죄(인증심사업무와 관련된 죄로 한정한다)를 범하여 100만원 이상의 벌금형 또는 금고 이상의 형을 선고받아 형이 확정된 날부터 3년이 지나지 아니한 사람

제26조의4(인증심사원의 교육)

① 농림축산식품부령 또는 해양수산부령으로 정하는 인증심사원은 업무능력 및 직업윤리의식 제고를 위하여 필요한 교육을 받아야 한다.

② 제1항에 따른 교육의 내용, 방법 및 실시기관 등 교육에 필요한 사항은 농림축산식품부령 또는 해양수산부령으로 정한다.

제27조(인증기관 등의 준수사항)

① 해양수산부장관 또는 인증기관은 다음 각 호의 사항을 준수하여야 한다.

1. 인증과정에서 얻은 정보와 자료를 인증 신청인의 서면동의 없이 공개하거나 제공하지 아니할 것. 다만, 이 법 또는 다른 법률에 따라 공개하거나 제공하는 경우는 제외한다.

2. 인증기관은 농림축산식품부장관 또는 해양수산부장관(제26조제4항에 따라 인증기관 지정 및 갱신 관련 평가업무를 위임받거나 위탁받은 기관 또는 단체를 포함한다)이 요청하는

경우에는 인증기관의 사무소 및 시설에 대한 접근을 허용하거나 필요한 정보 및 자료를 제공할 것

3. 인증 신청, 인증심사 및 인증사업자에 관한 자료를 농림축산식품부령 또는 해양수산부령으로 정하는 바에 따라 보관할 것

4. 인증기관은 농림축산식품부령 또는 해양수산부령으로 정하는 바에 따라 인증 결과 및 사후관리 결과 등을 농림축산식품부장관 또는 해양수산부장관에게 보고할 것

5. 인증사업자가 인증기준을 준수하도록 관리하기 위하여 농림축산식품부령 또는 해양수산부령으로 정하는 바에 따라 인증사업자에 대하여 불시(不時) 심사를 하고 그 결과를 기록·관리할 것

② 인증기관의 임직원은 다음 각 호의 사항을 준수하여야 한다.

1. 인증과정에서 얻은 정보와 자료를 인증 신청인의 서면동의 없이 공개하거나 제공하지 아니할 것. 다만, 이 법 또는 다른 법률에 따라 공개하거나 제공하는 경우는 제외한다.

2. 인증기관의 임원은 인증심사업무를 하지 아니할 것

3. 인증기관의 직원은 인증심사업무를 한 경우 그 결과를 기록할 것

제28조(인증업무의 휴업·폐업)

인증기관이 인증업무의 전부 또는 일부를 휴업하거나 폐업하려는 경우에는 농림축산식품부령 또는 해양수산부령으로 정하는 바에 따라 미리 농림축산식품부장관 또는 해양수산부장관에게 신고하고, 그 인증기관의 인증 유효기간이 끝나지 아니한 인증사업자에게 그 취지를 알려야 한다.

제29조(인증기관의 지정취소 등)

① 농림축산식품부장관 또는 해양수산부장관은 인증기관이 다음 각 호의 어느 하나에 해당하는 경우에는 지정을 취소하거나 6개월 이내의 기간을 정하여 그 업무의 전부 또는 일부의 정지 또는 시정조치를 명할 수 있다. 다만, 제1호, 제1호의2, 제2호부터 제5호까지 및 제11호의 경우에는 그 지정을 취소하여야 한다.

1. 거짓이나 그 밖의 부정한 방법으로 지정을 받은 경우

1의2. 인증기관의 장이 제60조제1항, 같은 조 제2항제1호·제2호·제3호·제4호·제4호의2·제4호의3 및 같은 조 제3항제2호의 죄(인증심사업무와 관련된 죄로 한정한다)를 범하여 100만원 이상의 벌금형 또는 금고 이상의 형을 선고받아 그 형이 확정된 경우

2. 인증기관이 파산 또는 폐업 등으로 인하여 인증업무를 수행할 수 없는 경우

3. 업무정지 명령을 위반하여 정지기간 중 인증을 한 경우

4. 정당한 사유 없이 1년 이상 계속하여 인증을 하지 아니한 경우

5. 고의 또는 중대한 과실로 제19조제2항에 따른 인증기준에 맞지 아니한 유기식품등을 인증한 경우

6. 고의 또는 중대한 과실로 제20조에 따른 인증심사 및 재심사의 처리 절차·방법 또는 제21조에 따른 인증 갱신 및 인증품의 유효기간 연장의 절차·방법 등을 지키지 아니한 경우

7. 정당한 사유 없이 제24조제1항에 따른 처분, 제31조제7항제2호·제3호에 따른 명령 또는 같은 조 제9항에 따른 공표를 하지 아니한 경우

8. 제26조제1항에 따른 지정기준에 맞지 아니하게 된 경우

9. 제27조제1항에 따른 인증기관의 준수사항을 위반한 경우

10. 제32조제2항에 따른 시정조치 명령이나 처분에 따르지 아니한 경우

11. 정당한 사유 없이 제32조제3항을 위반하여 소속 공무원의 조사를 거부·방해하거나 기피하는 경우

12. 제32조의2에 따라 실시한 인증기관 평가에서 최하위 등급을 연속하여 3회 받은 경우

② 농림축산식품부장관 또는 해양수산부장관은 제1항에 따라 지정취소 또는 업무정지 처분을 한 경우에는 그 사실을 농림축산식품부 또는 해양수산부의 인터넷 홈페이지에 게시하여야 한다.

③ 제1항에 따라 인증기관의 지정이 취소된 자는 취소된 날부터 3년이 지나지 아니하면 다시 인증기관으로 지정받을 수 없다. 다만, 제1항제2호에 해당하는 사유로 지정이 취소된 경우는 제외한다.

④ 제1항에 따른 행정처분의 세부적인 기준은 위반행위의 유형 및 위반 정도 등을 고려하여 농림축산식품부령 또는 해양수산부령으로 정한다.

제3절 유기식품등, 인증사업자 및 인증기관의 사후관리
제30조(인증 등에 관한 부정행위의 금지)

① 누구든지 다음 각 호의 어느 하나에 해당하는 행위를 하여서는 아니 된다.

1. 거짓이나 그 밖의 부정한 방법으로 제20조에 따른 인증심사, 재심사 및 인증 변경승인, 제21조에 따른 인증 갱신, 유효기간 연장 및 재심사 또는 제26조제1항 및 제3항에 따른 인증기관의 지정·갱신을 받는 행위

1의2. 거짓이나 그 밖의 부정한 방법으로 제20조에 따른 인증심사, 재심사 및 인증 변경승인, 제21조에 따른 인증 갱신, 유효기간 연장 및 재심사를 하거나 받을 수 있도록 도와주는 행위

1의3. 거짓이나 그 밖의 부정한 방법으로 인증심사원의 자격을 부여받는 행위

2. 인증을 받지 아니한 제품과 제품을 판매하는 진열대에 유기표시, 무농약표시, 친환경 문구 표시 및 이와 유사한 표시(인증품으로 잘못 인식할 우려가 있는 표시 및 이와 관련된 외국어 또는 외래어 표시를 포함한다)를 하는 행위

3. 인증품에 인증받은 내용과 다르게 표시하는 행위

4. 제20조제1항에 따른 인증 또는 제21조제2항에 따른 인증 갱신을 신청하는 데 필요한 서류를 거짓으로 발급하여 주는 행위

5. 인증품에 인증을 받지 아니한 제품 등을 섞어서 판매하거나 섞어서 판매할 목적으로 보관, 운반 또는 진열하는 행위

6. 제2호 또는 제3호의 행위에 따른 제품임을 알고도 인증품으로 판매하거나 판매할 목적으로 보관, 운반 또는 진열하는 행위

7. 인증이 취소된 제품임을 알고도 인증품으로 판매하거나 판매할 목적으로 보관·운반 또는 진열하는 행위

8. 인증을 받지 아니한 제품을 인증품으로 광고하거나 인증품으로 잘못 인식할 수 있도록 광고(유기, 무농약, 친환경 문구 또는 이와 같은 의미의 문구를 사용한 광고를 포함한다)하는 행위 또는 인증품을 인증받은 내용과 다르게 광고하는 행위

② 제1항제2호에 따른 친환경 문구와 유사한 표시의 세부기준은 농림축산식품부령 또는 해양수산부령으로 정한다.

제31조(인증품등 및 인증사업자등의 사후관리)

① 농림축산식품부장관 또는 해양수산부장관은 농림축산식품부령 또는 해양수산부령으로 정하는 바에 따라 소속 공무원 또는 인증기관으로 하여금 매년 다음 각 호의 조사(인증기관은 인증을 한 인증사업자에 대한 제2호의 조사에 한정한다)를 하게 하여야 한다. 이 경우 시료를 무상으로 제공받아 검사하거나 자료 제출 등을 요구할 수 있다.

1. 판매·유통 중인 인증품 및 제23조제3항에 따라 제한적으로 유기표시를 허용한 식품 및 비식용가공품(이하 "인증품등"이라 한다)에 대한 조사

2. 인증사업자의 사업장에서 인증품의 생산, 제조·가공 또는 취급 과정이 제19조제2항에 따른 인증기준에 맞는지 여부 조사

② 제1항에 따라 조사를 할 때에는 미리 조사의 일시, 목적, 대상 등을 관계인에게 알려야 한다. 다만, 긴급한 경우나 미리 알리면 그 목적을 달성할 수 없다고 인정되는 경우에는 그러하지 아니하다.

③ 제1항에 따라 조사를 하거나 자료 제출을 요구하는 경우 인증사업자, 인증품을 판매·유통

하는 사업자 또는 제23조제3항에 따라 제한적으로 유기표시를 허용한 식품 및 비식용가공품을 생산, 제조·가공, 취급 또는 판매·유통하는 사업자(이하 "인증사업자등"이라 한다)는 정당한 사유 없이 이를 거부·방해하거나 기피하여서는 아니 된다. 이 경우 제1항에 따른 조사를 위하여 사업장에 출입하는 자는 그 권한을 표시하는 증표를 지니고 이를 관계인에게 보여주어야 한다.

④ 농림축산식품부장관·해양수산부장관 또는 인증기관은 제1항에 따른 조사를 한 경우에는 인증사업자등에게 조사 결과를 통지하여야 한다. 이 경우 조사 결과 중 제1항 각 호 외의 부분 후단에 따라 제공한 시료의 검사 결과에 이의가 있는 인증사업자등은 시료의 재검사를 요청할 수 있다.

⑤ 제4항에 따른 재검사 요청을 받은 농림축산식품부장관·해양수산부장관 또는 인증기관은 농림축산식품부령 또는 해양수산부령으로 정하는 바에 따라 재검사 여부를 결정하여 해당 인증사업자등에게 통보하여야 한다.

⑥ 농림축산식품부장관·해양수산부장관 또는 인증기관은 제4항에 따른 재검사를 하기로 결정하였을 때에는 지체 없이 재검사를 하고 해당 인증사업자등에게 그 재검사 결과를 통보하여야 한다.

⑦ 농림축산식품부장관·해양수산부장관 또는 인증기관은 제1항에 따른 조사를 한 결과 제19조제2항에 따른 인증기준 또는 제23조에 따른 유기식품등의 표시사항 등을 위반하였다고 판단한 때에는 인증사업자등에게 다음 각 호의 조치를 명할 수 있다.

1. 제24조제1항에 따른 인증취소, 인증표시의 제거·정지 또는 시정조치

2. 인증품등의 판매금지·판매정지·회수·폐기

3. 세부 표시사항 변경

⑧ 농림축산식품부장관 또는 해양수산부장관은 인증사업자등이 제7항제2호에 따른 인증품등의 회수·폐기 명령을 이행하지 아니하는 경우에는 관계 공무원에게 해당 인증품등을 압류하게 할 수 있다. 이 경우 관계 공무원은 그 권한을 표시하는 증표를 지니고 이를 관계인에게 보여주어야 한다.

⑨ 농림축산식품부장관·해양수산부장관 또는 인증기관은 제7항 각 호에 따른 조치명령의 내용을 공표하여야 한다.

⑩ 제4항에 따른 조사 결과 통지 및 제6항에 따른 시료의 재검사 절차와 방법, 제7항 각 호에 따른 조치명령의 세부기준, 제8항에 따른 압류 및 제9항에 따른 공표에 필요한 사항은 농림축산식품부령 또는 해양수산부령으로 정한다.

제32조(인증기관에 대한 사후관리)

① 농림축산식품부장관 또는 해양수산부장관은 소속 공무원으로 하여금 인증기관이 제20조 및 제21조에 따라 인증업무를 적절하게 수행하는지, 제26조제1항에 따른 인증기관의 지정기준에 맞는지, 제27조제1항에 따른 인증기관의 준수사항을 지키는지를 조사하게 할 수 있다.

② 농림축산식품부장관 또는 해양수산부장관은 제1항에 따른 조사 결과 인증기관이 다음 각 호의 어느 하나에 해당하는 경우에는 제29조제1항에 따른 지정취소·업무정지 또는 시정조치 명령을 할 수 있다.

1. 제20조 또는 제21조에 따른 인증업무를 적절하게 수행하지 아니하는 경우
2. 제26조제1항에 따른 지정기준에 맞지 아니하는 경우
3. 제27조제1항에 따른 인증기관 준수사항을 지키지 아니하는 경우

③ 제1항에 따라 조사를 하는 경우 인증기관의 임직원은 정당한 사유 없이 이를 거부·방해하거나 기피해서는 아니 된다.

제32조의2(인증기관의 평가 및 등급결정)

① 농림축산식품부장관 또는 해양수산부장관은 인증업무의 수준을 향상시키고 우수한 인증기관을 육성하기 위하여 인증기관의 운영 및 업무수행 실태 등을 평가하여 등급을 결정하고 그 결과를 공표할 수 있다.

② 농림축산식품부장관 또는 해양수산부장관은 제1항에 따른 평가 및 등급결정 결과를 인증기관의 관리·지원·육성 등에 반영할 수 있다.

③ 제1항에 따른 인증기관의 평가와 등급결정의 기준·방법·절차 및 결과 공표 등에 필요한 사항은 농림축산식품부령 또는 해양수산부령으로 정한다.

제33조(인증기관 등의 승계)

① 다음 각 호의 어느 하나에 해당하는 자는 인증사업자 또는 인증기관의 지위를 승계한다.

1. 인증사업자가 사망한 경우 그 제품 등을 계속하여 생산, 제조·가공 또는 취급하려는 상속인
2. 인증사업자나 인증기관이 그 사업을 양도한 경우 그 양수인
3. 인증사업자나 인증기관이 합병한 경우 합병 후 존속하는 법인이나 합병으로 설립되는 법인

② 제1항에 따라 인증사업자의 지위를 승계한 자는 인증심사를 한 해양수산부장관 또는 인증기관(그 인증기관의 지정이 취소된 경우에는 해양수산부장관 또는 다른 인증기관을

말한다)에 그 사실을 신고하여야 하고, 인증기관의 지위를 승계한 자는 농림축산식품부장관 또는 해양수산부장관에게 그 사실을 신고하여야 한다.

③ 농림축산식품부장관·해양수산부장관 또는 인증기관은 제2항에 따른 신고를 받은 날부터 1개월 이내에 신고수리 여부를 신고인에게 통지하여야 한다.

④ 농림축산식품부장관·해양수산부장관 또는 인증기관이 제3항에서 정한 기간 내에 신고수리 여부 또는 민원 처리 관련 법령에 따른 처리기간의 연장을 신고인에게 통지하지 아니하면 그 기간(민원 처리 관련 법령에 따라 처리기간이 연장 또는 재연장된 경우에는 해당 처리기간을 말한다)이 끝난 날의 다음 날에 신고를 수리한 것으로 본다.

⑤ 제1항에 따른 지위의 승계가 있을 때에는 종전의 인증사업자 또는 인증기관에 한 제24조제1항, 제29조제1항 또는 제31조제7항 각 호에 따른 행정처분의 효과는 그 지위를 승계한 자에게 승계되며, 행정처분의 절차가 진행 중일 때에는 그 지위를 승계한 자에 대하여 그 절차를 계속 진행할 수 있다.

⑥ 제2항에 따른 신고에 필요한 사항은 농림축산식품부령 또는 해양수산부령으로 정한다.

제4장 무농약농산물·무농약원료가공식품 및 무항생제수산물등의 인증
제34조(무농약농산물·무농약원료가공식품 및 무항생제수산물등의 인증 등)

① 농림축산식품부장관 또는 해양수산부장관은 무농약농산물·무농약원료가공식품 및 무항생제수산물등에 대한 인증을 할 수 있다.

② 제1항에 따른 인증을 하기 위한 무농약농산물·무농약원료가공식품 및 무항생제수산물등의 인증대상과 무농약농산물·무농약원료가공식품 및 무항생제수산물등의 생산, 제조·가공 또는 취급에 필요한 인증기준 등은 농림축산식품부령 또는 해양수산부령으로 정한다.

③ 무농약농산물·무농약원료가공식품 또는 무항생제수산물등을 생산, 제조·가공 또는 취급하는 자는 무농약농산물·무농약원료가공식품 또는 무항생제수산물등의 인증을 받으려면 해양수산부장관 또는 제35조제1항에 따라 지정받은 인증기관(이하 이 장에서 "인증기관"이라 한다)에 인증을 신청하여야 한다. 다만, 인증을 받은 무농약농산물·무농약원료가공식품 또는 무항생제수산물등을 다시 포장하지 아니하고 그대로 저장, 운송 또는 판매하는 자는 인증을 신청하지 아니할 수 있다.

④ 제3항에 따른 인증의 신청, 제한, 심사 및 재심사, 인증 변경승인, 인증의 유효기간, 인증의 갱신 및 유효기간의 연장, 인증사업자의 준수사항, 인증의 취소, 인증표시의 제거·정지 및 과징금 부과 등에 관하여는 제20조부터 제22조까지, 제24조 및 제24조의2를 준용한다. 이 경우 "유기식품등"은 "무농약농산물·무농약원료가공식품 또는 무항생제수산물등"으

로 본다.

⑤ 무농약농산물·무농약원료가공식품 및 무항생제수산물등의 인증 등에 관한 부정행위의 금지, 인증품 및 인증사업자에 대한 사후관리, 인증기관의 사후관리, 인증사업자 또는 인증기관의 지위 승계 등에 관하여는 제30조부터 제33조까지의 규정을 준용한다. 이 경우 "유기식품등"은 "무농약농산물·무농약원료가공식품 또는 무항생제수산물등"으로, "제한적으로 유기표시를 허용한 식품"은 "제한적으로 무농약표시를 허용한 식품"으로 본다.

제35조(무농약농산물·무농약원료가공식품 및 무항생제수산물등의 인증기관 지정 등)

① 농림축산식품부장관 또는 해양수산부장관은 무농약농산물·무농약원료가공식품 또는 무항생제수산물등의 인증과 관련하여 인증심사원 등 필요한 인력과 시설을 갖춘 자를 인증기관으로 지정하여 무농약농산물·무농약원료가공식품 또는 무항생제수산물등의 인증을 하게 할 수 있다.

② 제1항에 따른 인증기관의 지정·유효기간·갱신·지정변경, 인증기관 등의 준수사항, 인증업무의 휴업·폐업 및 인증기관의 지정취소 등에 관하여는 제26조, 제26조의2부터 제26조의4까지 및 제27조부터 제29조까지의 규정을 준용한다. 이 경우 "유기식품등"은 "무농약농산물·무농약원료가공식품 또는 무항생제수산물등"으로 본다.

제36조(무농약농산물·무농약원료가공식품 및 무항생제수산물등의 표시기준 등)

① 제34조제3항에 따라 인증을 받은 자는 생산, 제조·가공 또는 취급하는 무농약농산물·무농약원료가공식품 및 무항생제수산물등에 직접 또는 그 포장등에 무농약, 무항생제(축산물 또는 수산물만 해당한다), 활성처리제 비사용(해조류만 해당한다) 또는 이와 같은 의미의 도형이나 글자를 표시(이하 "무농약농산물·무농약원료가공식품 및 무항생제수산물등 표시"라 한다)할 수 있다. 이 경우 포장을 하지 아니하고 판매하거나 낱개로 판매하는 때에는 표시판 또는 푯말에 표시할 수 있다.

② 농림축산식품부장관은 무농약농산물을 원료 또는 재료로 사용하면서 제34조제1항에 따른 인증을 받지 아니한 식품에 대해서는 사용한 무농약농산물의 함량에 따라 제한적으로 무농약 표시를 허용할 수 있다. 및 무항생제수산물등의 생산방법 등에 관한 정보의 표시, 그 밖에 표시사항 등에 관한 구체적인 사항에 관하여는 제23조제2항 및 제5항을 준용한다. 이 경우 "유기표시"는 "무농약농산물·무농약원료가공식품 및 무항생제수산물등 표시"로 본다.

제5장 유기농어업자재의 공시

제37조(유기농어업자재의 공시)

① 농림축산식품부장관 또는 해양수산부장관은 유기농어업자재가 허용물질을 사용하여 생산된 자재인지를 확인하여 그 자재의 명칭, 주성분명, 함량 및 사용방법 등에 관한 정보를 공시할 수 있다.

② 삭제

③ 제1항에 따른 공시(이하 "공시"라 한다)를 할 때에는 제4항에 따른 공시기준에 따라야 한다.

④ 제1항에 따른 공시를 하기 위한 공시의 대상 및 공시에 필요한 기준 등은 농림축산식품부령 또는 해양수산부령으로 정한다.

제38조(유기농어업자재 공시의 신청 및 심사 등)

① 유기농어업자재를 생산하거나 수입하여 판매하려는 자가 공시를 받으려는 경우에는 제44조제1항에 따라 지정된 공시기관(이하 "공시기관"이라 한다)에 제41조제1항에 따라 시험연구기관으로 지정된 기관이 발급한 시험성적서 등 농림축산식품부령 또는 해양수산부령으로 정하는 서류를 갖추어 신청하여야 한다. 다만, 다음 각 호의 어느 하나에 해당하는 자는 공시를 신청할 수 없다.

1. 제43조제1항(같은 항 제4호는 제외한다)에 따라 공시가 취소된 날부터 1년이 지나지 아니한 자

2. 제43조제1항에 따른 판매금지 또는 시정조치 명령이나 제49조제7항제2호 또는 제3호에 따른 명령을 받아서 그 처분기간 중에 있는 자

3. 제60조에 따라 벌금 이상의 형을 선고받고 그 형이 확정된 날부터 1년이 지나지 아니한 자

② 공시기관은 제1항에 따른 신청을 받은 경우 제37조제4항에 따른 공시기준에 맞는지를 심사한 후 그 결과를 신청인에게 알려 주고 기준에 맞는 경우에는 공시를 해 주어야 한다.

③ 제2항에 따른 공시심사 결과에 대하여 이의가 있는 자는 그 공시심사를 한 공시기관에 재심사를 신청할 수 있다.

④ 제2항에 따라 공시를 받은 자(이하 "공시사업자"라 한다)가 공시를 받은 내용을 변경할 때에는 그 공시심사를 한 공시기관에 농림축산식품부령 또는 해양수산부령으로 정하는 바에 따라 공시 변경승인을 받아야 한다.

⑤ 그 밖에 공시의 신청, 제한, 심사, 재심사 및 공시 변경승인 등에 필요한 구체적인 절차와 방법 등은 농림축산식품부령 또는 해양수산부령으로 정한다.

제39조(공시의 유효기간 등)

① 공시의 유효기간은 공시를 받은 날부터 3년으로 한다.

② 공시사업자가 공시의 유효기간이 끝난 후에도 계속하여 공시를 유지하려는 경우에는 그 유효기간이 끝나기 전까지 공시를 한 공시기관에 갱신신청을 하여 그 공시를 갱신하여야 한다. 다만, 공시를 한 공시기관이 폐업, 업무정지 또는 그 밖의 부득이한 사유로 갱신신청이 불가능하게 된 경우에는 다른 공시기관에 신청할 수 있다.

③ 제2항에 따른 공시의 갱신에 필요한 구체적인 절차와 방법 등은 농림축산식품부령 또는 해양수산부령으로 정한다.

제40조(공시사업자의 준수사항)

① 공시사업자는 공시를 받은 제품을 생산하거나 수입하여 판매한 실적을 농림축산식품부령 또는 해양수산부령으로 정하는 바에 따라 정기적으로 그 공시심사를 한 공시기관에 알려야 한다.

② 공시사업자는 농림축산식품부령 또는 해양수산부령으로 정하는 바에 따라 공시심사와 관련된 서류 등을 보관하여야 한다.

제41조(유기농어업자재 시험연구기관의 지정)

① 농림축산식품부장관 또는 해양수산부장관은 대학 및 민간연구소 등을 유기농어업자재에 대한 시험을 수행할 수 있는 시험연구기관으로 지정할 수 있다.

② 제1항에 따라 시험연구기관으로 지정받으려는 자는 농림축산식품부령 또는 해양수산부령으로 정하는 인력·시설·장비 및 시험관리규정을 갖추어 농림축산식품부장관 또는 해양수산부장관에게 신청하여야 한다.

③ 제1항에 따른 시험연구기관 지정의 유효기간은 지정을 받은 날부터 4년으로 하고, 유효기간이 끝난 후에도 유기농어업자재에 대한 시험업무를 계속하려는 자는 유효기간이 끝나기 전에 그 지정을 갱신하여야 한다.

④ 제1항에 따른 시험연구기관으로 지정된 자가 농림축산식품부령 또는 해양수산부령으로 정하는 중요한 사항을 변경하려는 경우에는 농림축산식품부장관 또는 해양수산부장관에게 지정변경을 신청하여야 한다.

⑤ 농림축산식품부장관 또는 해양수산부장관은 제1항에 따라 지정된 시험연구기관(이하 이 조, 제41조의2 및 제41조의3에서 "시험연구기관"이라 한다)이 다음 각 호의 어느 하나에 해당하는 경우에는 시험연구기관의 지정을 취소하거나 6개월 이내의 기간을 정하여 그 업무의 전부 또는 일부의 정지를 명할 수 있다. 다만, 제1호의 경우에는 그 지정을

취소하여야 한다.

1. 거짓이나 그 밖의 부정한 방법으로 지정을 받은 경우
2. 고의 또는 중대한 과실로 다음 각 목의 어느 하나에 해당하는 서류를 사실과 다르게 발급한 경우
   가. 시험성적서
   나. 원제(原劑)의 이화학적(理化學的) 분석 및 독성 시험성적을 적은 서류
   다. 농약활용기자재의 이화학적 분석 등을 적은 서류
   라. 중금속 및 이화학적 분석 결과를 적은 서류
   마. 그 밖에 유기농어업자재에 대한 시험·분석과 관련된 서류
3. 시험연구기관의 지정기준에 맞지 아니하게 된 경우
4. 시험연구기관으로 지정받은 후 정당한 사유 없이 1년 이내에 지정받은 시험항목에 대한 시험업무를 시작하지 아니하거나 계속하여 2년 이상 업무 실적이 없는 경우
5. 업무정지 명령을 위반하여 업무를 한 경우
6. 제41조의2에 따른 시험연구기관의 준수사항을 지키지 아니한 경우

⑥ 그 밖에 시험연구기관의 지정, 지정취소 및 업무정지 등에 관하여 필요한 사항은 농림축산식품부령 또는 해양수산부령으로 정한다.

제41조의2(유기농어업자재 시험연구기관의 준수사항)

시험연구기관은 다음 각 호의 사항을 준수하여야 한다.

1. 시험수행과정에서 얻은 정보와 자료를 신청인의 서면동의 없이 공개하거나 제공하지 아니할 것. 다만, 이 법 또는 다른 법률에 따라 공개하거나 제공하는 경우는 제외한다.
2. 농림축산식품부장관 또는 해양수산부장관이 요청하는 경우에는 시험연구기관의 사무소 및 시설에 대한 접근을 허용하거나 필요한 정보와 자료를 제공할 것
3. 시험의 신청 및 수행에 관한 자료를 농림축산식품부령 또는 해양수산부령으로 정하는 바에 따라 보관할 것

제41조의3(유기농어업자재 시험연구기관의 사후관리)

① 농림축산식품부장관 또는 해양수산부장관은 소속 공무원으로 하여금 시험연구기관이 제41조제2항에 따른 시험연구기관 지정기준을 갖추었는지 여부 및 제41조의2에 따른 시험연구기관의 준수사항을 지키는지 여부를 조사하게 할 수 있다.

② 제1항에 따라 조사를 하는 경우 시험연구기관의 임직원은 정당한 사유 없이 이를 거부·방해하거나 기피해서는 아니 된다.

제42조(공시의 표시 등)

공시사업자는 공시를 받은 유기농어업자재의 포장등에 농림축산식품부령 또는 해양수산부령으로 정하는 바에 따라 유기농어업자재 공시를 나타내는 도형 또는 글자를 표시할 수 있다. 이 경우 공시의 번호, 유기농어업자재의 명칭 및 사용방법 등의 관련 정보를 함께 표시하여야 하며, 제37조제4항의 공시기준에 따라 해당자재의 효능·효과를 표시할 수 있다.

제43조(공시의 취소 등)

① 농림축산식품부장관·해양수산부장관 또는 공시기관은 공시사업자가 다음 각 호의 어느 하나에 해당하는 경우에는 그 공시를 취소하거나 판매금지 또는 시정조치를 명할 수 있다. 다만, 제1호의 경우에는 그 공시를 취소하여야 한다.

1. 거짓이나 그 밖의 부정한 방법으로 공시를 받은 경우
2. 제37조제4항에 따른 공시기준에 맞지 아니한 경우
3. 정당한 사유 없이 제49조제7항에 따른 명령에 따르지 아니한 경우
4. 전업·폐업 등으로 인하여 유기농어업자재를 생산하기 어렵다고 인정되는 경우
5. 제3항에 따른 품질관리 지도 결과 공시의 제품으로 부적절하다고 인정되는 경우

② 농림축산식품부장관·해양수산부장관 또는 공시기관은 제1항에 따라 공시를 취소한 경우 지체 없이 해당 공시사업자에게 그 사실을 알려야 하고, 공시기관은 농림축산식품부장관 또는 해양수산부장관에게도 그 사실을 알려야 한다.

③ 공시기관은 직접 공시를 한 제품에 대하여 품질관리 지도를 실시하여야 한다.

④ 제1항에 따른 공시의 취소 등에 필요한 구체적인 절차 및 처분의 기준, 제3항에 따른 품질관리에 관한 사항 등은 농림축산식품부령 또는 해양수산부령으로 정한다.

제44조(공시기관의 지정 등)

① 농림축산식품부장관 또는 해양수산부장관은 공시에 필요한 인력과 시설을 갖춘 자를 공시기관으로 지정하여 유기농어업자재의 공시를 하게 할 수 있다.

② 제1항에 따라 공시기관으로 지정을 받으려는 자는 농림축산식품부장관 또는 해양수산부장관에게 공시기관의 지정을 신청하여야 한다.

③ 제1항에 따른 공시기관 지정의 유효기간은 지정을 받은 날부터 5년으로 하고, 유효기간이 끝난 후에도 유기농어업자재의 공시업무를 계속하려는 공시기관은 유효기간이 끝나기 전에 그 지정을 갱신하여야 한다.

④ 공시기관은 지정받은 내용이 변경된 경우에는 농림축산식품부장관 또는 해양수산부장관에게 변경신고를 하여야 한다. 다만, 농림축산식품부령 또는 해양수산부령으로 정하는

중요 사항을 변경할 때에는 농림축산식품부장관 또는 해양수산부장관으로부터 승인을 받아야 한다.

⑤ 공시기관의 지정기준, 지정신청, 지정갱신 및 변경신고 등에 필요한 사항은 농림축산식품 부령 또는 해양수산부령으로 정한다.

제45조(공시기관의 준수사항)

공시기관은 다음 각 호의 사항을 준수하여야 한다.

1. 공시 과정에서 얻은 정보와 자료를 공시의 신청인의 서면동의 없이 공개하거나 제공하지 아니할 것. 다만, 이 법률 또는 다른 법률에 따라 공개하거나 제공하는 경우는 제외한다.

2. 농림축산식품부장관 또는 해양수산부장관이 요청하는 경우에는 공시기관의 사무소 및 시설에 대한 접근을 허용하거나 필요한 정보 및 자료를 제공할 것

3. 공시의 신청·심사, 공시의 취소, 판매금지 처분, 품질관리 지도 및 유기농어업자재의 거래에 관한 자료를 농림축산식품부령 또는 해양수산부령으로 정하는 바에 따라 보관할 것

4. 농림축산식품부령 또는 해양수산부령으로 정하는 바에 따라 공시 결과 및 사후관리 결과 등을 농림축산식품부장관 또는 해양수산부장관에게 보고할 것

5. 공시사업자가 제37조제4항에 따른 공시기준을 준수하도록 관리하기 위하여 농림축산식품 부령 또는 해양수산부령으로 정하는 바에 따라 공시사업자에 대하여 불시 심사를 하고 그 결과를 기록·관리할 것

제46조(공시업무의 휴업·폐업)

공시기관은 공시업무의 전부 또는 일부를 휴업하거나 폐업하려는 경우에는 농림축산식품부령 또는 해양수산부령으로 정하는 바에 따라 미리 농림축산식품부장관 또는 해양수산부장관에게 신고하고, 그 공시기관이 공시를 하여 유효기간이 끝나지 아니한 공시사업자에게는 그 취지를 알려야 한다.

제47조(공시기관의 지정취소 등)

① 농림축산식품부장관 또는 해양수산부장관은 공시기관이 다음 각 호의 어느 하나에 해당하는 경우에는 지정을 취소하거나 6개월 이내의 기간을 정하여 그 업무의 전부 또는 일부의 정지 또는 시정조치를 명할 수 있다. 다만, 제1호부터 제3호까지의 경우에는 그 지정을 취소하여야 한다.

1. 거짓이나 그 밖의 부정한 방법으로 지정을 받은 경우

2. 공시기관이 파산, 폐업 등으로 인하여 공시업무를 수행할 수 없는 경우

3. 업무정지 명령을 위반하여 정지기간 중에 공시업무를 한 경우

4. 정당한 사유 없이 1년 이상 계속하여 공시업무를 하지 아니한 경우

5. 고의 또는 중대한 과실로 제37조제4항에 따른 공시기준에 맞지 아니한 제품에 공시를 한 경우

6. 고의 또는 중대한 과실로 제38조에 따른 공시심사 및 재심사의 처리 절차·방법 또는 제39조에 따른 공시 갱신의 절차·방법 등을 지키지 아니한 경우

7. 정당한 사유 없이 제43조제1항에 따른 처분, 제49조제7항제2호 또는 제3호에 따른 명령 및 같은 조 제9항에 따른 공표를 하지 아니한 경우

8. 제44조제5항에 따른 공시기관의 지정기준에 맞지 아니하게 된 경우

9. 제45조에 따른 공시기관의 준수사항을 지키지 아니한 경우

10. 제50조제2항에 따른 시정조치 명령이나 처분에 따르지 아니한 경우

11. 정당한 사유 없이 제50조제3항을 위반하여 소속 공무원의 조사를 거부·방해하거나 기피하는 경우

② 농림축산식품부장관 또는 해양수산부장관은 제1항에 따라 지정취소 또는 업무정지 등의 처분을 한 경우에는 그 사실을 농림축산식품부 또는 해양수산부의 인터넷 홈페이지에 게시하여야 한다.

③ 제1항에 따라 공시기관의 지정이 취소된 자는 취소된 날부터 2년이 지나지 아니하면 다시 공시기관으로 지정받을 수 없다. 다만, 제1항제2호의 사유에 해당하여 지정이 취소된 경우에는 제외한다.

④ 제1항에 따른 행정처분의 세부적인 기준은 위반행위의 유형 및 위반 정도 등을 고려하여 농림축산식품부령 또는 해양수산부령으로 정한다.

제48조(공시에 관한 부정행위의 금지)

누구든지 다음 각 호의 어느 하나에 해당하는 행위를 하여서는 아니 된다.

1. 거짓이나 그 밖의 부정한 방법으로 제38조에 따른 공시, 재심사 및 공시 변경승인, 제39조제2항에 따른 공시 갱신 또는 제44조제1항·제3항에 따른 공시기관의 지정·갱신을 받는 행위

2. 공시를 받지 아니한 자재에 제42조에 따른 유기농어업자재 공시를 나타내는 표시 또는 이와 유사한 표시(공시를 받은 유기농어업자재로 잘못 인식할 우려가 있는 표시 및 이와 관련된 외국어 또는 외래어 표시를 포함한다)를 하는 행위

3. 공시를 받은 유기농어업자재에 공시를 받은 내용과 다르게 표시하는 행위

4. 제38조제1항에 따른 공시 또는 제39조제2항에 따른 공시 갱신의 신청에 필요한 서류를 거짓으로 발급하여 주는 행위

5. 제2호 또는 제3호의 행위에 따른 자재임을 알고도 그 자재를 판매하는 행위 또는 판매할 목적으로 보관·운반하거나 진열하는 행위

6. 공시가 취소된 자재임을 알고도 공시를 받은 유기농어업자재로 판매하거나 판매할 목적으로 보관·운반 또는 진열하는 행위

7. 공시를 받지 아니한 자재를 공시를 받은 유기농어업자재로 광고하거나 공시를 받은 유기농어업자재로 잘못 인식할 수 있도록 광고하는 행위 또는 공시를 받은 유기농어업자재를 공시를 받은 내용과 다르게 광고하는 행위

8. 허용물질이 아닌 물질 또는 제37조제4항에 따른 공시기준에서 허용하지 아니한 물질 등을 유기농어업자재에 섞어 넣는 행위

제49조(유기농어업자재 및 공시사업자등의 사후관리)

① 농림축산식품부장관 또는 해양수산부장관은 농림축산식품부령 또는 해양수산부령으로 정하는 바에 따라 소속 공무원 또는 공시기관으로 하여금 매년 다음 각 호의 조사(공시기관은 공시를 한 공시사업자에 대한 제2호의 조사에 한정한다)를 하게 하여야 한다. 이 경우 시료를 무상으로 제공받아 검사하거나 자료 제출 등을 요구할 수 있다.

1. 판매·유통 중인 공시 받은 유기농어업자재에 대한 조사

2. 공시사업자의 사업장에서 유기농어업자재의 생산 과정을 확인하여 제37조제4항에 따른 공시기준에 맞는지 여부 조사

② 제1항에 따라 조사를 할 때에는 미리 조사의 일시, 목적, 대상 등을 관계인에게 알려야 한다. 다만, 긴급한 경우나 미리 알리면 그 목적을 달성할 수 없다고 인정되는 경우에는 그러하지 아니하다.

③ 제1항에 따라 조사를 하거나 자료 제출을 요구하는 경우 공시사업자 또는 공시 받은 유기농어업자재를 판매·유통하는 사업자(이하 "공시사업자등"이라 한다)는 정당한 사유 없이 거부·방해하거나 기피하여서는 아니 된다. 이 경우 제1항에 따른 조사를 위하여 사업장에 출입하는 자는 그 권한을 표시하는 증표를 지니고 이를 관계인에게 보여주어야 한다.

④ 농림축산식품부장관·해양수산부장관 또는 공시기관은 제1항에 따른 조사를 한 경우에는 공시사업자등에게 조사 결과를 통지하여야 한다. 이 경우 조사 결과 중 제1항 각 호 외의 부분 후단에 따라 제공한 시료의 검사 결과에 이의가 있는 공시사업자등은 시료의 재검사를 요청할 수 있다.

⑤ 제4항에 따른 재검사 요청을 받은 농림축산식품부장관·해양수산부장관 또는 공시기관은 농림축산식품부령 또는 해양수산부령으로 정하는 바에 따라 재검사 여부를 결정하여 해당 공시사업자등에게 통보하여야 한다.

⑥ 농림축산식품부장관·해양수산부장관 또는 공시기관은 제4항에 따른 재검사를 하기로 결정하였을 때에는 지체 없이 재검사를 하고 해당 공시사업자등에게 그 재검사 결과를 통보하여야 한다.

⑦ 농림축산식품부장관·해양수산부장관 또는 공시기관은 제1항에 따른 조사를 한 결과 제37조제4항에 따른 공시기준 또는 제42조에 따른 공시의 표시사항 등을 위반하였다고 판단한 때에는 공시사업자등에게 다음 각 호의 조치를 명할 수 있다.

1. 제43조제1항에 따른 공시취소, 판매금지 또는 시정조치

2. 유기농어업자재의 회수·폐기

3. 공시표시의 제거·정지 또는 세부 표시사항 변경

⑧ 농림축산식품부장관 또는 해양수산부장관은 공시사업자등이 제7항제2호에 따른 회수·폐기 명령을 이행하지 아니하는 경우에는 관계 공무원에게 해당 유기농어업자재를 압류하게 할 수 있다. 이 경우 관계 공무원은 그 권한을 표시하는 증표를 지니고 이를 관계인에게 보여주어야 한다.

⑨ 농림축산식품부장관·해양수산부장관 또는 공시기관은 제7항 각 호에 따른 조치명령의 내용을 공표하여야 한다.

⑩ 제4항에 따른 조사 결과 통지 및 제6항에 따른 시료의 재검사 절차와 방법, 제7항 각 호에 따른 조치명령의 세부기준, 제8항에 따른 압류 및 제9항에 따른 공표에 필요한 사항은 농림축산식품부령 또는 해양수산부령으로 정한다.

제50조(공시기관의 사후관리)

① 농림축산식품부장관 또는 해양수산부장관은 소속 공무원으로 하여금 공시기관이 제38조 및 제39조에 따라 공시업무를 적절하게 수행하는지, 제44조제5항에 따른 공시기관의 지정기준에 맞는지, 제45조에 따른 공시기관의 준수사항을 지키는지를 조사하게 할 수 있다.

② 농림축산식품부장관 또는 해양수산부장관은 제1항에 따른 조사결과 공시기관이 다음 각 호의 어느 하나에 해당하는 경우에는 제47조제1항에 따른 지정취소·업무정지 또는 시정조치 명령을 할 수 있다.

1. 제38조 또는 제39조에 따라 공시업무를 적절하게 수행하지 아니하는 경우

2. 제44조제5항에 따른 지정기준에 맞지 아니하는 경우

3. 제45조에 따른 공시기관의 준수사항을 지키지 아니하는 경우

③ 제1항에 따라 조사를 하는 경우 공시기관의 임직원은 정당한 사유 없이 이를 거부·방해하거나 기피해서는 아니 된다.

제51조(공시기관 등의 승계)

① 다음 각 호의 어느 하나에 해당하는 자는 공시사업자 또는 공시기관의 지위를 승계한다.

1. 공시사업자가 사망한 경우 그 유기농어업자재를 계속하여 생산하거나 수입하여 판매하려는 상속인

2. 공시사업자나 공시기관이 사업을 양도한 경우 그 양수인

3. 공시사업자나 공시기관이 합병한 경우 합병 후 존속하는 법인이나 합병으로 설립되는 법인

② 제1항에 따라 공시사업자의 지위를 승계한 자는 공시심사를 한 공시기관(그 공시기관의 지정이 취소된 경우에는 해양수산부장관 또는 다른 공시기관을 말한다)에 그 사실을 신고하여야 하고, 공시기관의 지위를 승계한 자는 농림축산식품부장관 또는 해양수산부장관에게 그 사실을 신고하여야 한다.

③ 농림축산식품부장관·해양수산부장관 또는 공시기관은 제2항에 따른 신고를 받은 날부터 1개월 이내에 신고수리 여부를 신고인에게 통지하여야 한다.

④ 농림축산식품부장관·해양수산부장관 또는 공시기관이 제3항에서 정한 기간 내에 신고수리 여부 또는 민원 처리 관련 법령에 따른 처리기간의 연장을 신고인에게 통지하지 아니하면 그 기간(민원 처리 관련 법령에 따라 처리기간이 연장 또는 재연장된 경우에는 해당 처리기간을 말한다)이 끝난 날의 다음 날에 신고를 수리한 것으로 본다.

⑤ 제1항에 따른 지위의 승계가 있을 때에는 종전의 공시기관 또는 공시사업자에게 한 제43조제1항 또는 제47조제1항에 따른 행정처분의 효과는 그 처분기간 내에 그 지위를 승계한 자에게 승계되며, 행정처분의 절차가 진행 중일 때에는 그 지위를 승계한 자에 대하여 그 절차를 계속 진행할 수 있다.

⑥ 제2항에 따른 신고에 필요한 사항은 농림축산식품부령 또는 해양수산부령으로 정한다.

제52조(「농약관리법」 등의 적용 배제)

① 공시를 받은 유기농어업자재에 대하여는 「농약관리법」 제8조 및 제17조, 「비료관리법」 제11조 및 제12조에도 불구하고 「농약관리법」에 따른 농약이나 「비료관리법」에 따른 비료로 등록하거나 신고하지 아니할 수 있다.

② 유기농어업자재를 생산하거나 수입하여 판매하려는 자가 공시를 받았을 때에는 「농약관리법」 제3조에 따른 등록을 하지 아니할 수 있다.

제6장 보칙

제53조(친환경 인증관리 정보시스템의 구축·운영)

① 농림축산식품부장관 또는 해양수산부장관은 다음 각 호의 업무를 수행하기 위하여 친환경 인증관리 정보시스템을 구축·운영할 수 있다.

1. 인증기관 지정·등록, 인증 현황, 수입증명서 관리 등에 관한 업무

2. 인증품 등에 관한 정보의 수집·분석 및 관리 업무

3. 인증품 등의 사업자 목록 및 생산, 제조·가공 또는 취급 관련 정보 제공

4. 인증받은 자의 성명, 연락처 등 소비자에게 인증품 등의 신뢰도를 높이기 위하여 필요한 정보 제공

5. 인증기준 위반품의 유통 차단을 위한 인증취소 등의 정보 공표

② 제1항에 따른 친환경 인증관리 정보시스템의 구축·운영에 필요한 사항은 농림축산식품부령 또는 해양수산부령으로 정한다.

제53조의2(유기농어업자재 정보시스템의 구축·운영)

① 농림축산식품부장관 또는 해양수산부장관은 다음 각 호의 업무를 수행하기 위하여 유기농어업자재 정보시스템을 구축·운영할 수 있다.

1. 공시기관 지정 현황, 공시 현황, 시험연구기관의 지정 현황 등의 관리에 관한 업무

2. 공시에 관한 정보의 수집·분석 및 관리 업무

3. 공시사업자 목록 및 공시를 받은 제품의 생산, 제조, 수입 또는 취급 관련 정보 제공 업무

4. 공시사업자의 성명, 연락처 등 소비자에게 공시의 신뢰도를 높이기 위하여 필요한 정보 제공 업무

5. 공시기준 위반품의 유통 차단을 위한 공시의 취소 등 정보 공표 업무

② 제1항에 따른 유기농어업자재 정보시스템의 구축·운영에 필요한 사항은 농림축산식품부령 또는 해양수산부령으로 정한다.

제54조(인증제도 활성화 지원)

① 농림축산식품부장관 또는 해양수산부장관은 인증제도 활성화를 위하여 다음 각 호의 사항을 추진하여야 한다.

1. 이 법에 따른 인증제도의 홍보에 관한 사항

2. 인증제도 운영에 필요한 교육·훈련에 관한 사항

3. 이 법에 따른 인증품의 생산, 제조·가공 또는 취급 계획서의 견본문서 개발 및 보급에

관한 사항

② 농림축산식품부장관 또는 해양수산부장관은 다음 각 호의 하나에 해당하는 자에게 예산의 범위에서 품질관리체제 구축 또는 기술지원 및 교육·훈련 사업 등에 필요한 자금을 지원할 수 있다.

1. 농어업인 또는 민간단체

2. 제품 등의 인증사업자, 공시사업자, 인증기관 또는 공시기관

3. 인증제도 관련 교육과정 운영자

4. 인증품 등의 생산, 제조·가공 또는 취급 관련 표준모델 개발 및 기술지원 사업자

제54조의2(명예감시원)

① 농림축산식품부장관 또는 해양수산부장관은 「농수산물 품질관리법」 제104조에 따른 농수산물 명예감시원에게 친환경농수산물, 유기식품등, 무농약원료가공식품 또는 유기농어업자재의 생산·유통에 대한 감시·지도·홍보를 하게 할 수 있다.

② 농림축산식품부장관 또는 해양수산부장관은 제1항에 따른 농수산물 명예감시원에게 예산의 범위에서 그 활동에 필요한 경비를 지급할 수 있다.

제55조(우선구매)

① 국가와 지방자치단체는 농어업의 환경보전기능 증대와 친환경농어업의 지속가능한 발전을 위하여 친환경농수산물·무농약원료가공식품 또는 유기식품을 우선적으로 구매하도록 노력하여야 한다.

② 농림축산식품부장관·해양수산부장관 또는 지방자치단체의 장은 이 법에 따른 인증품의 구매를 촉진하기 위하여 다음 각 호의 어느 하나에 해당하는 기관 및 단체의 장에게 인증품의 우선구매 등 필요한 조치를 요청할 수 있다.

1. 「중소기업제품 구매촉진 및 판로지원에 관한 법률」 제2조제2호에 따른 공공기관

2. 「국군조직법」에 따라 설치된 각군 부대와 기관

3. 「영유아보육법」에 따른 어린이집, 「유아교육법」에 따른 유치원, 「초·중등교육법」 또는 「고등교육법」에 따른 학교

4. 농어업 관련 단체 등

③ 국가 또는 지방자치단체는 이 법에 따른 인증품의 소비촉진을 위하여 제2항에 따라 우선구매를 하는 기관 및 단체 등에 예산의 범위에서 재정지원을 하는 등 필요한 지원을 할 수 있다.

제56조(수수료)

① 다음 각 호의 어느 하나에 해당하는 자는 수수료를 해양수산부장관이나 해당 인증기관 또는 공시기관에 납부하여야 한다.

1. 제20조제1항 또는 제34조제3항에 따라 인증을 받으려는 자

1의2. 제20조제8항(제34조제4항에서 준용하는 경우를 포함한다)에 따라 인증 변경승인을 받으려는 자

2. 제21조제2항(제34조제4항에서 준용하는 경우를 포함한다)에 따라 인증을 갱신하려는 자

2의2. 삭제

3. 제21조제3항(제34조제4항에서 준용하는 경우를 포함한다)에 따라 인증의 유효기간을 연장 받으려는 자

4. 제38조제1항에 따라 공시를 받으려는 자

5. 제39조제2항에 따라 공시를 갱신하려는 자

② 다음 각 호의 어느 하나에 해당하는 자는 수수료를 농림축산식품부장관 또는 해양수산부장 관에게 납부하여야 한다.

1. 제25조에 따라 동등성을 인정받으려는 외국의 정부 또는 인증기관

2. 제26조 또는 제35조에 따라 인증기관으로 지정받거나 인증기관 지정을 갱신하려는 자

2의2. 제41조에 따라 시험연구기관으로 지정받거나 시험연구기관 지정을 갱신하려는 자

3. 제44조에 따라 공시기관으로 지정받거나 공시기관 지정을 갱신하려는 자

③ 제1항 및 제2항에 따른 수수료의 금액, 납부방법 및 납부기간 등에 필요한 사항은 농림축산 식품부령 또는 해양수산부령으로 정한다.

제57조(청문 등)

① 농림축산식품부장관 또는 해양수산부장관은 다음 각 호의 어느 하나에 해당하는 경우에는 청문을 하여야 한다.

1. 제14조의2제1항에 따라 교육훈련기관의 지정을 취소하는 경우

2. 제26조의2제3항(제35조제2항에서 준용하는 경우를 포함한다)에 따라 인증심사원의 자격 을 취소하는 경우

3. 제29조제1항(제35조제2항에서 준용하는 경우를 포함한다) 또는 제47조제1항에 따라 인증 기관 또는 공시기관의 지정을 취소하는 경우

② 인증기관 또는 공시기관이 제24조제1항(제34조제4항에서 준용하는 경우를 포함한다) 또는 제43조제1항에 따라 인증이나 공시를 취소하려는 경우에는 해당 사업자에게 의견제 출의 기회를 주어야 한다. 다만, 해당 사업자가 청문을 신청하는 경우에는 청문을 하여야

한다.

③ 제2항에 따른 의견제출 및 청문에 관하여는 「행정절차법」 제22조제4항부터 제6항까지 및 같은 법 제2장제2절의 규정을 준용한다. 이 경우 "행정청"은 "인증기관" 또는 "공시기관"으로 본다.

제58조(권한의 위임 또는 위탁)

① 이 법에 따른 농림축산식품부장관 또는 해양수산부장관의 권한 또는 업무는 그 일부를 대통령령으로 정하는 바에 따라 농촌진흥청장, 산림청장, 시·도지사 또는 농림축산식품부 또는 해양수산부 소속 기관의 장에게 위임하거나, 식품의약품안전처장, 「과학기술분야 정부출연연구기관 등의 설립·운영 및 육성에 관한 법률」에 따라 설립된 한국식품연구원의 원장 또는 민간단체의 장이나 「고등교육법」 제2조에 따른 학교의 장에게 위탁할 수 있다.

② 제1항에 따라 위임 또는 위탁을 받은 농림축산식품부 또는 해양수산부 소속 기관의 장 또는 식품의약품안전처장, 농촌진흥청장은 그 위임 또는 위탁받은 권한의 일부 또는 전부를 소속 기관의 장에게 재위임하거나 민간단체에 재위탁할 수 있다.

제59조(벌칙 적용 시의 공무원 의제 등)

다음 각 호의 어느 하나에 해당하는 사람은 「형법」 제129조부터 제132조까지의 규정에 따른 벌칙을 적용할 때에는 공무원으로 본다.

1. 제26조제1항 또는 제35조제1항에 따라 인증업무에 종사하는 인증기관의 임직원
1의2. 제41조제1항에 따라 지정된 시험연구기관에서 유기농어업자재의 시험업무에 종사하는 임직원
2. 제44조제1항에 따라 공시업무에 종사하는 공시기관의 임직원
3. 제26조제4항 또는 제58조에 따라 위탁받은 업무에 종사하는 기관, 단체, 법인 또는 「고등교육법」 제2조에 따른 학교의 임직원

제7장 벌칙 등

제60조(벌칙)

① 제27조제1항제1호, 같은 조 제2항제1호, 제41조의2제1호 또는 제45조제1호를 위반하여 인증과정, 시험수행과정 또는 공시 과정에서 얻은 정보와 자료를 신청인의 서면동의 없이 공개하거나 제공한 자는 5년 이하의 징역 또는 5천만원 이하의 벌금에 처한다.

② 다음 각 호의 어느 하나에 해당하는 자는 3년 이하의 징역 또는 3천만원 이하의 벌금에

처한다.

1. 제26조제1항 또는 제35조제1항에 따라 인증기관의 지정을 받지 아니하고 인증업무를 하거나 제44조제1항에 따라 공시기관의 지정을 받지 아니하고 공시업무를 한 자

2. 제26조제3항(제35조제2항에서 준용하는 경우를 포함한다)에 따라 인증기관 지정의 유효기간이 지났음에도 인증업무를 하였거나 제44조제3항에 따라 공시기관 지정의 유효기간이 지났음에도 공시업무를 한 자

3. 제29조제1항(제35조제2항에서 준용하는 경우를 포함한다)에 따라 인증기관의 지정취소 처분을 받았음에도 인증업무를 하거나 제47조제1항에 따라 공시기관의 지정취소 처분을 받았음에도 공시업무를 한 자

4. 제30조제1항제1호(제34조제5항에서 준용하는 경우를 포함한다)를 위반하여 거짓이나 그 밖의 부정한 방법으로 제20조에 따른 인증심사, 재심사 및 인증 변경승인, 제21조에 따른 인증 갱신, 유효기간 연장 및 재심사 또는 제26조제1항 및 제3항에 따른 인증기관의 지정·갱신을 받은 자

4의2. 제30조제1항제1호의2(제34조제5항에서 준용하는 경우를 포함한다)를 위반하여 거짓이나 그 밖의 부정한 방법으로 제20조에 따른 인증심사, 재심사 및 인증 변경승인, 제21조에 따른 인증 갱신, 유효기간 연장 및 재심사를 하거나 받을 수 있도록 도와준 자

4의3. 제30조제1항제1호의3(제34조제5항에서 준용하는 경우를 포함한다)을 위반하여 거짓이나 그 밖의 부정한 방법으로 인증심사원의 자격을 부여받은 자

5. 제30조제1항제2호(제34조제5항에서 준용하는 경우를 포함한다)를 위반하여 인증을 받지 아니한 제품과 제품을 판매하는 진열대에 유기표시, 무농약표시, 친환경 문구 표시 및 이와 유사한 표시(인증품으로 잘못 인식할 우려가 있는 표시 및 이와 관련된 외국어 또는 외래어 표시를 포함한다)를 한 자

6. 제30조제1항제3호(제34조제5항에서 준용하는 경우를 포함한다) 또는 제48조제3호를 위반하여 인증품 또는 공시를 받은 유기농어업자재에 인증 또는 공시를 받은 내용과 다르게 표시를 한 자

7. 제30조제1항제4호(제34조제5항에서 준용하는 경우를 포함한다) 또는 제48조제4호를 위반하여 인증, 인증 갱신 또는 공시, 공시 갱신의 신청에 필요한 서류를 거짓으로 발급한 자

8. 제30조제1항제5호(제34조제5항에서 준용하는 경우를 포함한다)를 위반하여 인증품에 인증을 받지 아니한 제품 등을 섞어서 판매하거나 섞어서 판매할 목적으로 보관, 운반 또는 진열한 자

9. 제30조제1항제6호(제34조제5항에서 준용하는 경우를 포함한다)를 위반하여 인증을 받지

아니한 제품에 인증표시나 이와 유사한 표시를 한 것임을 알거나 인증품에 인증을 받은 내용과 다르게 표시한 것임을 알고도 인증품으로 판매하거나 판매할 목적으로 보관, 운반 또는 진열한 자

10. 제30조제1항제7호(제34조제5항에서 준용하는 경우를 포함한다) 또는 제48조제6호를 위반하여 인증이 취소된 제품 또는 공시가 취소된 자재임을 알고도 인증품 또는 공시를 받은 유기농어업자재로 판매하거나 판매할 목적으로 보관·운반 또는 진열한 자

11. 제30조제1항제8호(제34조제5항에서 준용하는 경우를 포함한다)를 위반하여 인증을 받지 아니한 제품을 인증품으로 광고하거나 인증품으로 잘못 인식할 수 있도록 광고(유기, 무농약, 친환경 문구 또는 이와 같은 의미의 문구를 사용한 광고를 포함한다)하거나 인증품을 인증받은 내용과 다르게 광고한 자

11의2. 제48조제1호를 위반하여 거짓이나 그 밖의 부정한 방법으로 제38조에 따른 공시, 재심사 및 공시 변경승인, 제39조제2항에 따른 공시 갱신 또는 제44조제1항·제3항에 따른 공시기관의 지정·갱신을 받은 자

12. 제48조제2호를 위반하여 공시를 받지 아니한 자재에 공시의 표시 또는 이와 유사한 표시를 하거나 공시를 받은 유기농어업자재로 잘못 인식할 우려가 있는 표시 및 이와 관련된 외국어 또는 외래어 표시 등을 한 자

13. 제48조제5호를 위반하여 공시를 받지 아니한 자재에 공시의 표시나 이와 유사한 표시를 한 것임을 알거나 공시를 받은 유기농어업자재에 공시를 받은 내용과 다르게 표시한 것임을 알고도 공시를 받은 유기농어업자재로 판매하거나 판매할 목적으로 보관, 운반 또는 진열한 자

14. 제48조제7호를 위반하여 공시를 받지 아니한 자재를 공시를 받은 유기농어업자재로 광고하거나 공시를 받은 유기농어업자재로 잘못 인식할 수 있도록 광고하거나 공시를 받은 자재를 공시 받은 내용과 다르게 광고한 자

15. 제48조제8호를 위반하여 허용물질이 아닌 물질이나 제37조제4항에 따른 공시기준에서 허용하지 아니하는 물질 등을 유기농어업자재에 섞어 넣은 자

③ 다음 각 호의 어느 하나에 해당하는 자는 1년 이하의 징역 또는 1천만원 이하의 벌금에 처한다.

1. 제23조의2제1항을 위반하여 수입한 제품(제23조에 따라 유기표시가 된 인증품 또는 제25조에 따라 동등성이 인정된 인증을 받은 유기가공식품을 말한다)을 신고하지 아니하고 판매하거나 영업에 사용한 자

2. 제29조(제35조제2항에서 준용하는 경우를 포함한다) 또는 제47조에 따른 인증심사업무 또는 공시업무의 정지기간 중에 인증심사업무 또는 공시업무를 한 자

3. 제31조제7항 각 호(제34조제5항에서 준용하는 경우를 포함한다) 또는 제49조제7항 각
   호의 명령에 따르지 아니한 자

제60조의2(벌금형의 분리 선고)

「형법」 제38조에도 불구하고 제60조제1항, 같은 조 제2항제1호·제2호·제3호·제4호·제
4호의2·제4호의3 및 같은 조 제3항제2호의 죄(인증심사업무와 관련된 죄로 한정한다)와 다른
죄의 경합범(競合犯)에 대하여 벌금형을 선고하는 경우에는 이를 분리하여 선고하여야 한다.

제61조(양벌규정)

법인의 대표자나 법인 또는 개인의 대리인, 사용인, 그 밖의 종업원이 그 법인 또는 개인의
업무에 관하여 제60조제1항, 같은 조 제2항 각 호 또는 같은 조 제3항 각 호에 따른 위반행위를
하면 그 행위자를 벌하는 외에 그 법인 또는 개인에게도 해당 조문의 벌금형을 과(科)한다.
다만, 법인 또는 개인이 그 위반행위를 방지하기 위하여 해당 업무에 관하여 상당한 주의와
감독을 게을리하지 아니한 경우에는 그러하지 아니한다.

제62조(과태료)

① 정당한 사유 없이 제32조제1항(제34조제5항에서 준용하는 경우를 포함한다), 제41조의3제
   1항 또는 제50조제1항에 따른 조사를 거부·방해하거나 기피한 자에게는 1천만원 이하의
   과태료를 부과한다.

② 다음 각 호의 어느 하나에 해당하는 자에게는 500만원 이하의 과태료를 부과한다.

1. 인증을 받지 아니한 사업자가 인증품의 포장을 해체하여 재포장한 후 제23조제1항 또는
   제36조제1항에 따른 표시를 한 자

2. 제23조제3항 또는 제36조제2항에 따른 제한적 표시기준을 위반한 자

3. 제27조제1항제3호·제5호(제35조제2항에서 준용하는 경우를 포함한다), 제41조의2제3호,
   제45조제3호 또는 제5호를 위반하여 관련 서류·자료 등을 기록·관리하지 아니하거나
   보관하지 아니한 자

4. 제27조제1항제4호(제35조제2항에서 준용하는 경우를 포함한다) 또는 제45조제4호를 위반
   하여 인증 결과 또는 공시 결과 및 사후관리 결과 등을 거짓으로 보고한 자

5. 제27조제2항제2호(제35조제2항에서 준용하는 경우를 포함한다)를 위반하여 인증심사업무
   를 한 자

6. 제27조제2항제3호(제35조제2항에서 준용하는 경우를 포함한다)를 위반하여 인증심사업무
   결과를 기록하지 아니한 자

7. 제28조(제35조제2항에서 준용하는 경우를 포함한다) 또는 제46조를 위반하여 신고하지 아니하고 인증업무 또는 공시업무의 전부 또는 일부를 휴업하거나 폐업한 자

8. 정당한 사유 없이 제31조제1항(제34조제5항에서 준용하는 경우를 포함한다) 또는 제49조 제1항에 따른 조사를 거부·방해하거나 기피한 자

9. 제33조(제34조제5항에서 준용하는 경우를 포함한다) 또는 제51조를 위반하여 인증기관 또는 공시기관의 지위를 승계하고도 그 사실을 신고하지 아니한 자

③ 다음 각 호의 어느 하나에 해당하는 자에게는 300만원 이하의 과태료를 부과한다.

1. 제20조제8항(제34조제4항에서 준용하는 경우를 포함한다) 또는 제38조제4항을 위반하여 해당 인증기관 또는 공시기관으로부터 승인을 받지 아니하고 인증받은 내용 또는 공시를 받은 내용을 변경한 자

2. 제26조제5항 단서(제35조제2항에서 준용하는 경우를 포함한다) 또는 제44조제4항 단서를 위반하여 중요 사항을 승인받지 아니하고 변경한 자

3. 제27조제1항제4호(제35조제2항에서 준용하는 경우를 포함한다) 또는 제45조제4호를 위반 하여 인증 결과 또는 공시 결과 및 사후관리 결과 등을 보고하지 아니한 자

4. 제33조(제34조제5항에서 준용하는 경우를 포함한다) 또는 제51조를 위반하여 인증사업자 또는 공시사업자의 지위를 승계하고도 그 사실을 신고하지 아니한 자

5. 제42조에 따른 표시기준을 위반한 자

④ 다음 각 호의 어느 하나에 해당하는 자에게는 100만원 이하의 과태료를 부과한다.

1. 제22조제1항(제34조제4항에서 준용하는 경우를 포함한다) 또는 제40조제1항을 위반하여 인증품 또는 공시를 받은 유기농어업자재의 생산, 제조·가공 또는 취급 실적을 농림축산 식품부장관 또는 해양수산부장관, 해당 인증기관 또는 공시기관에 알리지 아니한 자

2. 제22조제2항(제34조제4항에서 준용하는 경우를 포함한다) 또는 제40조제2항을 위반하여 관련 서류 등을 보관하지 아니한 자

3. 제23조제1항 또는 제36조제1항에 따른 표시기준을 위반한 자

4. 제26조제5항 본문(제35조제2항에서 준용하는 경우를 포함한다) 또는 제44조제4항 본문을 위반하여 변경사항을 신고하지 아니한 자

⑤ 제1항부터 제4항까지의 규정에 따른 과태료는 대통령령으로 정하는 바에 따라 농림축산식 품부장관 또는 해양수산부장관이 부과·징수한다.

02 시행령

친환경농어업 육성 및 유기식품 등의 관리·지원에 관한 법률 시행령
(약칭 : 친환경농어업법 시행령)

제1조(목적)

이 영은 「친환경농어업 육성 및 유기식품 등의 관리·지원에 관한 법률」에서 위임된 사항과 그 시행에 필요한 사항을 규정함을 목적으로 한다.

제2조(친환경농어업에 대한 기여도)

농림축산식품부장관·해양수산부장관 또는 지방자치단체의 장은 「친환경농어업 육성 및 유기식품 등의 관리·지원에 관한 법률」(이하 "법"이라 한다) 제16조제1항에 따른 친환경농어업에 대한 기여도를 평가하려는 경우에는 다음 각 호의 사항을 고려해야 한다.

1. 농어업 환경의 유지·개선 실적
2. 유기식품 및 비식용유기가공품(이하 "유기식품등"이라 한다), 친환경농수산물 또는 유기농어업자재의 생산·유통·수출 실적
3. 유기식품등, 무농약농산물, 무농약원료가공식품, 무항생제수산물 및 활성처리제 비사용 수산물의 인증 실적 및 사후관리 실적
4. 친환경농어업 기술의 개발·보급 실적
5. 친환경농어업에 관한 교육·훈련 실적
6. 농약·비료 등 화학자재의 사용량 감축 실적
7. 축산분뇨를 퇴비 및 액체비료 등으로 자원화한 실적

제3조(유기식품등 인증의 소관)

법 제19조제1항에 따라 유기식품등에 대한 인증을 하는 경우 유기농산물·축산물·임산물과 유기수산물이 섞여 있는 유기식품등의 소관은 다음 각 호의 구분에 따른다.

1. 유기농산물·축산물·임산물의 비율이 유기수산물의 비율보다 큰 경우: 농림축산식품부장관
2. 유기수산물의 비율이 유기농산물·축산물·임산물의 비율보다 큰 경우: 해양수산부장관
3. 유기수산물의 비율이 유기농산물·축산물·임산물의 비율과 같은 경우: 법 제20조제1항에

따른 신청에 따라 농림축산식품부장관 또는 해양수산부장관

제4조(과징금의 부과금액 등)

① 법 제24조의2제1항에 따른 과징금의 부과금액 및 판매금액 산정의 세부기준은 별표 1과 같다.

② 농림축산식품부장관 또는 해양수산부장관은 법 제24조의2제1항에 따라 과징금을 부과하려면 그 위반행위의 종류와 과징금의 금액 등을 명시하여 과징금을 낼 것을 과징금 부과대상자에게 서면으로 알려야 한다.

③ 제2항에 따라 통지를 받은 자는 통지를 받은 날부터 30일 이내에 농림축산식품부장관 또는 해양수산부장관이 정하는 수납기관에 과징금을 내야 한다.

④ 제3항에 따라 과징금의 납부를 받은 수납기관은 그 납부자에게 영수증을 발급해야 한다.

⑤ 과징금의 수납기관이 제3항에 따라 과징금을 수납한 때에는 납부받은 사실을 지체 없이 농림축산식품부장관 또는 해양수산부장관에게 알려야 한다.

⑥ 제1항부터 제5항까지의 규정에서 정한 사항 외에 과징금의 부과·징수에 필요한 사항은 농림축산식품부령 또는 해양수산부령으로 정한다.

제5조(과징금의 납부기한 연기 및 분할 납부)

농림축산식품부장관 또는 해양수산부장관이 「행정기본법」 제29조 단서에 따라 법 제24조의2 제1항에 따른 과징금의 납부기한을 연기하거나 분할 납부하게 하는 경우 납부기한의 연기는 그 납부기한의 다음 날부터 1년을 초과할 수 없고, 각 분할된 납부기한 간의 간격은 4개월 이내로 하며, 분할 납부의 횟수는 3회 이내로 한다.

제6조(인증기관 지정 등의 평가)

법 제26조제4항에서 "대통령령으로 정하는 기관 또는 단체"란 다음 각 호의 기관 또는 단체를 말한다.

1. 「정부출연연구기관 등의 설립·운영 및 육성에 관한 법률」 에 따른 한국농촌경제연구원 또는 한국해양수산개발원

2. 「과학기술분야 정부출연연구기관 등의 설립·운영 및 육성에 관한 법률」 에 따른 한국식품연구원

3. 「고등교육법」 에 따른 학교 또는 그 소속 법인

4. 「한국농수산대학교 설치법」 에 따른 한국농수산대학교

5. 그 밖에 친환경농어업 또는 유기식품등에 관하여 전문성이 있다고 인정되어 농림축산식품

부장관 또는 해양수산부장관이 고시하는 기관 또는 단체

제7조(권한의 위임 또는 위탁)

① 농림축산식품부장관 및 해양수산부장관은 법 제58조제1항에 따라 다음 각 호의 권한을 식품의약품안전처장에게 위탁한다.

1. 법 제23조의2제2항에 따른 수입 유기식품등(비식용유기가공품은 제외한다. 이하 이 항에서 같다)의 인증 및 표시 기준 적합성 조사

2. 법 제23조의2제4항에 따른 수입 유기식품등의 신고의 수리

② 농림축산식품부장관은 법 제58조제1항에 따라 다음 각 호의 권한 중 농업, 축산업, 농산물 및 축산물에 관한 권한을 농촌진흥청장에게 위임한다.

1. 법 제11조제1항제1호부터 제5호까지 및 제6호에 따른 실태조사·평가 및 같은 조 제3항에 따른 보고

2. 법 제12조제1항에 따른 사업장에의 출입 및 조사 시료(試料)의 채취

3. 법 제13조제1항 및 제2항에 따른 친환경농어업 기술과 자재 등의 연구·개발과 보급 및 교육·지도에 필요한 시책의 마련과 지원

③ 농림축산식품부장관은 법 제58조제1항에 따라 다음 각 호의 권한 중 임업 및 임산물에 관한 권한을 산림청장에게 위임한다.

1. 법 제11조제1항제1호부터 제5호까지 및 제6호에 따른 실태조사·평가 및 같은 조 제3항에 따른 보고

2. 법 제12조제1항에 따른 사업장에의 출입 및 조사 시료의 채취

3. 법 제13조에 따른 친환경농어업 기술과 자재 등의 연구·개발과 보급 및 교육·지도에 필요한 시책의 마련과 지원

4. 법 제15조제2항에 따른 우수 사례의 발굴·홍보

5. 법 제16조제1항에 따른 유기식품등, 무농약원료가공식품, 친환경농수산물 또는 유기농어업자재의 생산자, 생산자단체, 유통업자 및 수출업자에 대한 시설의 설치자금 등의 지원

6. 법 제55조제2항에 따른 우선구매의 요청

④ 농림축산식품부장관은 법 제58조제1항에 따라 다음 각 호의 권한 중 농업·축산업·임업, 농산물·축산물·임산물(이하 "농림축산물"이라 한다) 및 농림축산물 가공품(제3조제2호에 해당하는 경우는 제외한다)에 관한 권한을 국립농산물품질관리원장에게 위임한다.

1. 법 제14조제1항부터 제3항까지의 규정에 따른 교육·훈련, 교육훈련기관의 지정 및 지원

2. 법 제14조의2제1항에 따른 교육훈련기관의 지정취소 또는 업무정지 처분

3. 법 제19조제1항에 따른 유기식품등에 대한 인증

4. 법 제23조제2항(법 제36조제3항에서 준용하는 경우를 포함한다)에 따른 인증품의 생산방법과 사용자재 등에 관한 정보 표시의 권고

5. 법 제23조제3항에 따른 제한적인 유기표시의 허용

6. 법 제23조의2제2항에 따른 수입 유기식품등 중 비식용유기가공품의 인증 및 표시 기준 적합성 조사

7. 법 제23조의2제4항에 따른 수입 유기식품등 중 비식용유기가공품의 신고의 수리

8. 법 제24조제1항(법 제34조제4항에서 준용하는 경우를 포함한다)에 따른 인증의 취소, 인증표시의 제거·정지 또는 시정조치 명령

9. 법 제24조제2항(법 제34조제4항에서 준용하는 경우를 포함한다)에 따른 인증사업자에 대한 인증 취소의 통지 및 인증기관의 인증 취소 사실 보고의 수리

10. 법 제24조의2에 따른 과징금의 부과·징수

11. 법 제25조에 따른 동등성 인정(외국정부와의 동등성 인정 관련 협정 체결은 제외한다) 및 동등성 인정 사실의 인터넷 홈페이지 게시

12. 법 제26조제1항에 따른 인증기관의 지정

13. 법 제26조제2항부터 제5항(법 제35조제2항에서 준용하는 경우를 포함한다)까지의 규정에 따른 인증기관의 지정 신청 수리, 지정 갱신, 평가업무의 위임·위탁, 변경신고의 수리 및 변경승인

14. 법 제26조의2제1항(법 제35조제2항에서 준용하는 경우를 포함한다)에 따른 인증심사원의 자격 부여

15. 법 제26조의2제2항(법 제35조제2항에서 준용하는 경우를 포함한다)에 따른 인증심사원의 자격을 부여받으려는 자에 대한 교육

16. 법 제26조의2제3항(법 제35조제2항에서 준용하는 경우를 포함한다)에 따른 인증심사원의 자격 취소·정지 또는 시정조치 명령

17. 법 제26조의4제1항(법 제35조제2항에서 준용하는 경우를 포함한다)에 따른 인증심사원의 교육

18. 법 제27조제1항제2호(법 제35조제2항에서 준용하는 경우를 포함한다)에 따른 인증기관에 대한 접근 및 정보·자료 제공의 요청

19. 법 제27조제1항제4호(법 제35조제2항에서 준용하는 경우를 포함한다)에 따른 인증기관의 인증 결과 및 사후관리 결과 등에 대한 보고의 수리

20. 법 제27조제1항제5호(법 제35조제2항에서 준용하는 경우를 포함한다)에 따른 인증사업자에 대한 불시(不時) 심사 및 그 결과의 기록·관리

21. 법 제28조(법 제35조제2항에서 준용하는 경우를 포함한다)에 따른 인증기관의 인증업무

휴업·폐업 신고의 수리

22. 법 제29조제1항 및 제2항(법 제35조제2항에서 준용하는 경우를 포함한다)에 따른 인증기관의 지정취소·업무정지 또는 시정조치 명령 및 지정취소·업무정지 처분 사실의 인터넷 홈페이지 게시

23. 법 제31조제1항(법 제34조제5항에서 준용하는 경우를 포함한다)에 따른 판매·유통 중인 인증품등에 대한 조사, 사업장에 대한 조사, 검사 시료의 무상 제공 요청과 검사 및 자료 제출 등의 요구

24. 법 제31조제4항부터 제6항까지의 규정(법 제34조제5항에서 준용하는 경우를 포함한다)에 따른 조사 결과의 통지, 재검사 요청의 접수, 재검사 여부의 결정·통보, 재검사 및 재검사 결과의 통보

25. 법 제31조제7항부터 제9항까지의 규정(법 제34조제5항에서 준용하는 경우를 포함한다)에 따른 조치명령, 인증품등의 압류 및 조치명령의 내용 공표

26. 법 제32조제1항(법 제34조제5항에서 준용하는 경우를 포함한다)에 따른 인증기관에 대한 조사

27. 법 제32조제2항(법 제34조제5항에서 준용하는 경우를 포함한다)에 따른 인증기관에 대한 지정취소·업무정지 또는 시정조치 명령

28. 법 제32조의2제1항 및 제2항(법 제34조제5항에서 준용하는 경우를 포함한다)에 따른 인증기관 평가·등급결정 및 결과 공표, 평가 및 등급결정 결과의 인증기관 관리·지원·육성 등에의 반영

29. 법 제33조제2항 및 제3항(법 제34조제5항에서 준용하는 경우를 포함한다)에 따른 인증기관의 지위 승계 신고의 수리 및 신고수리 여부의 통지

30. 법 제34조제1항에 따른 무농약농산물·무농약원료가공식품에 대한 인증

31. 법 제35조제1항에 따른 인증기관의 지정

32. 법 제36조제2항에 따른 제한적인 무농약 표시의 허용

33. 법 제37조제1항에 따른 유기농어업자재의 공시

34. 법 제41조제1항부터 제5항까지의 규정에 따른 유기농어업자재 시험연구기관의 지정, 지정 신청의 접수, 지정 갱신, 지정변경 신청의 접수, 지정취소 및 업무정지 명령

35. 법 제41조의2제2호에 따른 유기농어업자재 시험연구기관에 대한 접근 허용의 요청 및 정보·자료 제공의 요청

36. 법 제41조의3제1항에 따른 유기농어업자재 시험연구기관에 대한 조사

37. 법 제43조제1항에 따른 공시의 취소·판매금지 처분 또는 시정조치 명령

38. 법 제43조제2항에 따른 공시 취소의 통지 및 그 취소 사실 보고의 수리

39. 법 제44조제1항부터 제4항까지의 규정에 따른 공시기관의 지정, 지정신청의 접수, 지정갱신, 변경신고 수리 및 변경승인

40. 법 제45조제2호에 따른 공시기관에 대한 접근 허용의 요청 및 정보·자료 제공의 요청

41. 법 제45조제4호에 따른 공시 결과 및 사후관리 결과 등에 대한 보고의 수리

42. 법 제46조에 따른 공시기관의 공시업무 휴업·폐업 신고의 수리

43. 법 제47조제1항 및 제2항에 따른 공시기관의 지정취소·업무정지 또는 시정조치 명령 및 그 처분 사실의 인터넷 홈페이지 게시

44. 법 제49조제1항에 따른 판매·유통 중인 공시 받은 유기농어업자재에 대한 조사, 공시사업자의 사업장에 대한 조사, 검사 시료의 무상 제공 요청과 검사 및 자료 제출 등의 요구

45. 법 제49조제4항부터 제6항까지의 규정에 따른 조사 결과의 통지, 재검사 요청의 접수, 재검사 여부의 결정·통보, 재검사 및 재검사 결과의 통보

46. 법 제49조제7항부터 제9항까지의 규정에 따른 조치명령, 유기농어업자재의 압류 및 조치명령의 내용 공표

47. 법 제50조제1항 및 제2항에 따른 공시기관에 대한 조사, 지정취소·업무정지 또는 시정조치 명령

48. 법 제51조제2항 및 제3항에 따른 공시기관의 지위 승계 신고의 수리 및 신고수리 여부의 통지

49. 법 제53조제1항에 따른 친환경 인증관리 정보시스템의 구축·운영

50. 법 제53조의2제1항에 따른 유기농어업자재 정보시스템의 구축·운영

51. 법 제54조에 따른 인증제도 활성화를 위한 사항의 추진 및 자금의 지원

52. 법 제54조의2에 따른 명예감시원 활동의 관리·운영

53. 법 제56조제2항 각 호에 따른 수수료의 수납

54. 법 제57조제1항에 따른 교육훈련기관의 지정취소, 인증심사원의 자격 취소, 인증기관 또는 공시기관의 지정취소에 대한 청문

55. 법 제62조제5항에 따른 과태료의 부과·징수

⑤ 해양수산부장관은 법 제58조제1항에 따라 다음 각 호의 권한 중 수산업, 수산물 및 그 가공품(제3조제1호에 해당하는 경우는 제외한다)에 관한 권한을 국립수산물품질관리원장에게 위임한다.

1. 법 제14조제1항부터 제3항까지의 규정에 따른 교육·훈련, 교육훈련기관의 지정 및 지원

2. 법 제14조의2제1항에 따른 교육훈련기관의 지정취소 또는 업무정지 처분

3. 법 제19조제1항에 따른 유기식품등에 대한 인증

4. 법 제20조제3항, 제5항부터 제8항(법 제34조제4항에서 준용하는 경우를 포함한다)까지의

규정에 따른 인증 심사·심사 결과 통지, 재심사 신청의 접수, 재심사 여부의 결정·통보, 재심사 및 재심사 결과의 통보, 인증 변경승인

5. 법 제21조제2항부터 제6항(법 제34조제4항에서 준용하는 경우를 포함한다)까지의 규정에 따른 인증 갱신, 유효기간 연장, 재심사 신청의 접수, 재심사 여부의 결정·통보, 재심사 및 재심사 결과의 통보

6. 법 제22조제1항(법 제34조제4항에서 준용하는 경우를 포함한다)에 따른 인증품의 생산, 제조·가공 또는 취급하여 판매한 실적에 대한 보고의 수리

7. 법 제23조제2항(법 제36조제3항에서 준용하는 경우를 포함한다)에 따른 인증품의 생산방법과 사용자재 등에 관한 정보 표시의 권고

8. 법 제23조제3항에 따른 제한적인 유기표시의 허용

9. 법 제24조제1항(법 제34조제4항에서 준용하는 경우를 포함한다)에 따른 인증의 취소, 인증표시의 제거·정지 또는 시정조치 명령

10. 법 제24조제2항(법 제34조제4항에서 준용하는 경우를 포함한다)에 따른 인증사업자에 대한 인증 취소의 통지 및 인증기관의 인증 취소 사실 보고의 수리

11. 법 제24조의2에 따른 과징금의 부과·징수

12. 법 제25조에 따른 동등성 인정(외국정부와의 동등성 인정 관련 협정 체결은 제외한다) 및 동등성 인정 사실의 인터넷 홈페이지 게시

13. 법 제26조제1항에 따른 인증기관의 지정

14. 법 제26조제2항부터 제5항(법 제35조제2항에서 준용하는 경우를 포함한다)까지의 규정에 따른 인증기관의 지정 신청 수리, 지정 갱신, 평가업무의 위임·위탁, 변경신고의 수리 및 변경승인

15. 법 제26조의2제1항(법 제35조제2항에서 준용하는 경우를 포함한다)에 따른 인증심사원의 자격 부여

16. 법 제26조의2제2항(법 제35조제2항에서 준용하는 경우를 포함한다)에 따른 인증심사원의 자격을 부여받으려는 자에 대한 교육

17. 법 제26조의2제3항(법 제35조제2항에서 준용하는 경우를 포함한다)에 따른 인증심사원의 자격 취소·정지 또는 시정조치 명령

18. 법 제26조의4제1항(법 제35조제2항에서 준용하는 경우를 포함한다)에 따른 인증심사원의 교육

19. 법 제27조제1항제2호(법 제35조제2항에서 준용하는 경우를 포함한다)에 따른 인증기관에 대한 접근 및 정보·자료 제공의 요청

20. 법 제27조제1항제4호(법 제35조제2항에서 준용하는 경우를 포함한다)에 따른 인증기관의

인증 결과 및 사후관리 결과 등에 대한 보고의 수리

21. 법 제27조제1항제5호(법 제35조제2항에서 준용하는 경우를 포함한다)에 따른 인증사업자에 대한 불시 심사 및 그 결과의 기록·관리

22. 법 제28조(법 제35조제2항에서 준용하는 경우를 포함한다)에 따른 인증기관의 인증업무 휴업·폐업 신고의 수리

23. 법 제29조제1항 및 제2항(법 제35조제2항에서 준용하는 경우를 포함한다)에 따른 인증기관의 지정취소·업무정지 또는 시정조치 명령 및 지정취소·업무정지 처분 사실의 인터넷 홈페이지 게시

24. 법 제31조제1항(법 제34조제5항에서 준용하는 경우를 포함한다)에 따른 판매·유통 중인 인증품등에 대한 조사, 사업장에 대한 조사, 검사 시료의 무상 제공 요청과 검사 및 자료 제출 등의 요구

25. 법 제31조제4항부터 제6항까지의 규정(법 제34조제5항에서 준용하는 경우를 포함한다)에 따른 조사 결과의 통지, 재검사 요청의 접수, 재검사 여부의 결정·통보, 재검사 및 재검사 결과의 통보

26. 법 제31조제7항부터 제9항까지의 규정(법 제34조제5항에서 준용하는 경우를 포함한다)에 따른 조치명령, 인증품등의 압류 및 조치명령의 내용 공표

27. 법 제32조제1항(법 제34조제5항에서 준용하는 경우를 포함한다)에 따른 인증기관에 대한 조사

28. 법 제32조제2항(법 제34조제5항에서 준용하는 경우를 포함한다)에 따른 인증기관에 대한 지정취소·업무정지 또는 시정조치 명령

29. 법 제32조의2제1항 및 제2항(법 제34조제5항에서 준용하는 경우를 포함한다)에 따른 인증기관의 평가·등급결정 및 결과 공표, 평가 및 등급결정 결과의 인증기관 관리·지원·육성 등에의 반영

30. 법 제33조제2항 및 제3항(법 제34조제5항에서 준용하는 경우를 포함한다)에 따른 인증사업자 또는 인증기관의 지위 승계 신고의 수리 및 신고수리 여부의 통지

31. 법 제34조제1항에 따른 무항생제수산물 및 활성처리제 비사용 수산물에 대한 인증

32. 법 제35조제1항에 따른 인증기관의 지정

33. 법 제53조제1항에 따른 친환경 인증관리 정보시스템의 구축·운영

34. 법 제53조의2제1항에 따른 유기농어업자재 정보시스템의 구축·운영

35. 법 제54조제2항제2호에 따른 인증사업자 또는 인증기관에 대한 자금 지원

36. 법 제54조의2에 따른 명예감시원 활동의 관리·운영

37. 법 제56조제1항제1호·제1호의2·제2호 및 제3호, 같은 조 제2항제1호·제2호에 따른

수수료의 수납

38. 법 제57조제1항에 따른 교육훈련기관의 지정취소, 인증심사원의 자격 취소 및 인증기관의 지정취소에 대한 청문

39. 법 제62조제5항에 따른 과태료[법 제20조제8항(법 제34조제4항에서 준용하는 경우를 포함한다), 법 제22조제1항(법 제34조제4항에서 준용하는 경우를 포함한다), 법 제22조제 2항(법 제34조제4항에서 준용하는 경우를 포함한다), 법 제23조제1항(인증을 받지 않은 사업자가 인증품의 포장을 해체하여 재포장한 후 법 제23조제1항에 따른 표시를 한 행위를 포함한다), 법 제23조제3항, 법 제26조제5항 본문·단서(법 제35조제2항에서 준용하는 경우를 포함한다), 법 제27조제1항제3호부터 제5호까지(법 제35조제2항에서 준용하는 경우를 포함한다), 법 제27조제2항제2호 및 제3호(법 제35조제2항에서 준용하는 경우를 포함한다), 법 제28조(법 제35조제2항에서 준용하는 경우를 포함한다), 법 제31조제1항(법 제34조제5항에서 준용하는 경우를 포함한다), 법 제32조제1항(법 제34조제5항에서 준용하는 경우를 포함한다), 법 제33조(법 제34조제5항에서 준용하는 경우를 포함한다), 법 제36조제1항(인증을 받지 않은 사업자가 인증품의 포장을 해체하여 재포장한 후 법 제36조제1항에 따른 표시를 한 행위를 포함한다) 및 법 제36조제2항의 위반행위에 대한 과태료만 해당한다]의 부과·징수

⑥ 해양수산부장관은 법 제58조제1항에 따라 다음 각 호의 권한 중 수산업 및 수산물에 관한 권한을 국립수산과학원장에게 위임한다.

1. 법 제11조제1항에 따른 실태조사·평가 및 같은 조 제3항에 따른 보고

2. 법 제12조제1항에 따른 사업장에의 출입 및 조사 시료의 채취

3. 법 제13조제1항 및 제2항에 따른 친환경농어업 기술과 자재 등의 연구·개발과 보급 및 교육·지도에 필요한 시책의 마련과 지원

⑦ 농촌진흥청장, 국립농산물품질관리원장, 국립수산물품질관리원장 또는 국립수산과학원 장은 제2항 및 제4항부터 제6항까지의 규정에 따라 위임받은 권한의 일부 또는 전부를 법 제58조제2항에 따라 소속 기관의 장에게 재위임한 경우에는 그 내용을 고시해야 한다.

제8조(민감정보 및 고유식별정보의 처리)

① 농림축산식품부장관·해양수산부장관(제7조에 따라 농림축산식품부장관 또는 해양수산 부장관의 권한을 위임받은 자를 포함한다) 또는 지방자치단체의 장(해당 권한이 위임된 경우에는 그 권한을 위임받은 자를 포함한다)은 다음 각 호의 사무를 수행하기 위하여 불가피한 경우 「개인정보 보호법 시행령」 제19조제1호에 따른 주민등록번호가 포함된 자료를 처리할 수 있다.

1. 법 제13조제2항 및 제3항에 따른 비용의 지원에 관한 사무

2. 법 제16조제1항에 따른 시설의 설치자금 등의 지원에 관한 사무

② 농림축산식품부장관 또는 해양수산부장관(제7조에 따라 농림축산식품부장관 또는 해양수산부장관의 권한을 위임받은 자를 포함한다)은 다음 각 호의 사무를 수행하기 위하여 불가피한 경우 「개인정보 보호법 시행령」 제18조제2호에 따른 범죄경력자료에 해당하는 정보 또는 같은 영 제19조제1호에 따른 주민등록번호가 포함된 자료를 처리할 수 있다.

1. 법 제24조의2에 따른 과징금의 부과·징수에 관한 사무

2. 법 제26조의3에 따른 인증기관의 임원 또는 직원의 결격사유 확인에 관한 사무

3. 법 제31조제7항에 따른 조치에 관한 사무

4. 법 제49조제7항에 따른 조치에 관한 사무

제9조(과태료의 부과기준)
법 제62조제1항부터 제4항까지의 규정에 따른 과태료의 부과기준은 별표 2와 같다.

03 시행규칙

농림축산식품부 소관 친환경농어업
육성 및 유기식품 등의 관리 · 지원에 관한 법률 시행규칙
(약칭: 친환경농어업법 시행규칙)

제1장 총칙

제1조(목적)

이 규칙은 「친환경농어업 육성 및 유기식품 등의 관리 · 지원에 관한 법률」 및 같은 법 시행령에서 위임된 사항과 그 시행에 필요한 사항 중 농림축산식품부 소관 사항을 규정함을 목적으로 한다.

제2조(정의)

이 규칙에서 사용하는 용어의 뜻은 다음과 같다.

1. "친환경농업"이란 친환경농어업 중 농산물 · 축산물 · 임산물(이하 "농축산물"이라 한다)을 생산하는 산업을 말한다.

2. "친환경농축산물"이란 친환경농업을 통해 얻는 것으로서 다음 각 목의 어느 하나에 해당하는 것을 말한다.
    가. 유기농산물 · 유기축산물 및 유기임산물(이하 "유기농축산물"이라 한다)
    나. 무농약농산물

3. "유기식품"이란 유기농축산물과 유기가공식품(유기농축산물을 원료 또는 재료로 하여 제조 · 가공 · 유통되는 식품을 말한다. 이하 같다)을 말한다.

4. "유기식품등"이란 유기식품 및 비식용유기가공품(유기농축산물을 원료 또는 재료로 사용하는 것으로 한정한다)을 말한다.

5. **"유기농업자재"란 유기농축산물을 생산, 제조 · 가공 또는 취급하는 과정에서 사용할 수 있는 허용물질을 원료 또는 재료로 하여 만든 제품을 말한다.** [기출]

제3조(허용물질)

① 「친환경농어업 육성 및 유기식품 등의 관리 · 지원에 관한 법률」 (이하 "법"이라 한다) 제2조제7호에서 "농림축산식품부령으로 정하는 물질"이란 별표 1의 허용물질을 말한다.

② 국립농산물품질관리원장은 별표 1의 허용물질이 질적·양적으로 충분하지 않아 새로운 허용물질을 선정할 필요가 있는 경우에는 별표 2의 허용물질의 선정 기준 및 절차에 따라 허용물질을 추가로 선정할 수 있다. 이 경우 국립농산물품질관리원장은 추가로 선정한 허용물질을 고시해야 한다.

제2장 친환경농업·유기식품등·무농약농산물·무농약원료가공식품의 육성·지원

제4조(친환경농업 육성계획)

법 제7조제2항제11호에서 "농림축산식품부령으로 정하는 사항"이란 다음 각 호의 사항을 말한다.

1. 농경지의 보전·개량 및 비옥도의 유지·증진 방안
2. 농업용수의 수질 등 농업 환경 관리 방안
3. 환경친화형 농업 자재의 개발 및 보급과 농업 폐자재의 활용 방안
4. 농업의 부산물 등의 자원화 및 적정 처리 방안
5. 유기식품등·무농약농산물 및 무농약원료가공식품의 품질관리 방안
6. 농업의 친환경적 육성 방안
7. 국내 친환경농업의 기준 및 목표에 관한 사항
8. 그 밖에 농림축산식품부장관이 친환경농업 발전을 위해 필요하다고 인정하는 사항

제5조(농업 자원·환경 및 친환경농업 등에 관한 실태조사·평가)

① 농촌진흥청장, 산림청장 또는 지방자치단체의 장은 법 제11조제1항에 따라 농업 자원 보전과 농업 환경 개선을 위해 같은 항 각 호의 사항을 조사·평가하려는 경우에는 항목별 조사·평가의 방법·시기 및 주기 등이 포함된 계획을 수립하고, 그 계획에 따라 조사·평가를 해야 한다.

② 지방자치단체의 장은 농촌진흥청장 또는 산림청장이 제1항에 따라 실시하는 실태조사 및 평가에 적극 협조해야 하며, 제1항에 따른 실태조사 및 평가를 실시한 경우에는 그 결과를 농촌진흥청장 및 산림청장에게 제출해야 한다.

③ 농촌진흥청장 및 산림청장은 제1항에 따른 조사·평가의 결과와 제2항에 따라 제출받은 조사·평가의 결과를 활용하기 위해 농업환경자원 정보체계를 구축해야 한다.

제6조(실태조사·평가 기관)

법 제11조제2항에서 "농림축산식품부령으로 정하는 자"란 다음 각 호의 어느 하나에 해당하는 자를 말한다.

1. 국립환경과학원
2. 「한국농어촌공사 및 농지관리기금법」에 따른 한국농어촌공사
3. 「정부출연연구기관 등의 설립·운영 및 육성에 관한 법률」에 따라 설립된 한국농촌경제연구원
4. 「농촌진흥법」에 따라 설립된 한국농업기술진흥원
5. 그 밖에 농림축산식품부장관이 정하여 고시하는 친환경농업 관련 단체·연구기관 또는 조사전문업체

제7조(조사공무원의 증표)
법 제12조제3항에 따른 조사공무원의 증표는 별지 제1호서식에 따른다.

제8조(교육훈련기관의 지정 요건 등)
① 법 제14조제2항에 따른 교육훈련기관의 지정 요건은 다음 각 호와 같다.
1. 친환경농업 관련 기술 개발·연구·지도 또는 교육 등을 목적으로 설립된 「민법」 제32조에 따른 비영리법인이나 그 밖의 기관 또는 단체일 것
2. 국립농산물품질관리원장이 정하여 고시하는 자격 기준을 갖춘 상근 강사인력을 1명 이상 둘 것
3. 교육훈련 과정을 운영·관리하는 상근 전담인력을 1명 이상 둘 것
4. 교육훈련 업무를 수행하는 전담조직을 갖출 것
5. 교육훈련기관의 운영을 위한 자체 교육훈련 규정을 갖출 것
6. 다음 각 목의 시설 및 장비에 대한 소유권 또는 사용권 등 정당한 사용권한을 확보할 것
   가. 독립적으로 구획되는 사무실·강의실·화장실 및 그 밖의 교육훈련생을 위한 편의시설
   나. 컴퓨터, 스크린 및 음향장비 등 교육훈련에 필요한 장비
② 국립농산물품질관리원장은 법 제14조제2항에 따라 교육훈련기관을 지정하려는 경우에는 해당 연도의 1월 31일까지 지정 신청기간 등 교육훈련기관의 지정에 관한 사항을 국립농산물품질관리원의 인터넷 홈페이지 등에 10일 이상 공고해야 한다.
③ 법 제14조제2항에 따라 교육훈련기관으로 지정을 받으려는 자는 제2항에 따른 지정 신청기간에 별지 제2호서식에 따른 교육훈련기관 지정 신청서에 다음 각 호의 서류를 첨부하여 국립농산물품질관리원장에게 제출해야 한다.
1. 제1항 각 호에 따른 지정 요건을 갖추었는지를 증명하는 서류
2. 교육과정·내용·방법 및 교육일정 등이 포함된 교육훈련 운영계획서

3. 정관(법인으로 한정한다) 또는 이에 준하는 사업운영규정

④ 제3항에 따른 교육훈련기관의 지정 신청을 받은 국립농산물품질관리원장은 신청인이 제1항에 따른 지정 요건을 갖춘 경우에는 교육훈련기관으로 지정하고, 신청인에게 별지 제3호서식에 따른 교육훈련기관 지정서를 발급해야 한다.

⑤ 국립농산물품질관리원장은 법 제14조제2항에 따라 교육훈련기관을 지정하면 다음 각 호의 사항을 국립농산물품질관리원의 인터넷 홈페이지에 게시해야 한다.

1. 교육훈련기관의 명칭·소재지 및 대표자 성명

2. 교육훈련 분야

3. 지정번호 및 지정일

⑥ 제1항부터 제5항까지에서 규정한 사항 외에 교육훈련기관의 지정 및 운영에 필요한 사항은 국립농산물품질관리원장이 정하여 고시한다.

제9조(교육훈련기관의 지정취소 등)

법 제14조의2제1항에 따른 교육훈련기관의 지정취소 및 업무정지 처분의 세부기준은 별표 3과 같다.

제3장 유기식품등의 인증 및 관리

제1절 유기식품등의 인증 및 인증절차 등

제10조(유기식품등의 인증대상)

① 법 제19조제1항에 따른 유기식품등의 인증대상은 다음 각 호와 같다. [기출]

1. 유기농축산물을 생산하는 자

2. 유기가공식품을 제조·가공하는 자

3. 비식용유기가공품을 제조·가공하는 자

4. 제1호부터 제3호까지에 해당하는 품목을 취급하는 자

② 제1항에 따른 인증대상에 관한 세부사항은 국립농산물품질관리원장이 정하여 고시한다. 다만, 농축산물과 수산물이 함께 사용된 유기가공식품 및 그 취급자에 대해서는 국립농산물품질관리원장이 국립수산물품질관리원장과 협의하여 고시한다.

제11조(유기식품등의 인증기준)

① 법 제19조제2항에 따른 유기식품등의 생산, 제조·가공 또는 취급에 필요한 인증기준은 별표 4와 같다.

② 제1항에 따른 인증기준에 관한 세부사항은 국립농산물품질관리원장이 정하여 고시한다.

제12조(유기식품등의 인증 신청)

법 제20조제1항 본문에 따라 유기식품등의 인증을 받으려는 자는 별지 제4호서식 또는 별지 제5호서식에 따른 인증신청서에 다음 각 호의 서류를 첨부하여 법 제26조제1항에 따라 지정받은 인증기관(이하 이 장에서 "인증기관"이라 한다)에 제출해야 한다.

1. 별지 제6호서식 · 별지 제7호서식에 따른 인증품 생산계획서 또는 별지 제8호서식에 따른 인증품 제조 · 가공 및 취급 계획서
2. 별표 5의 경영 관련 자료
3. 사업장의 경계면을 표시한 지도
4. 유기식품등의 생산, 제조 · 가공 또는 취급에 관련된 작업장의 구조와 용도를 적은 도면(작업장이 있는 경우로 한정한다)
5. 친환경농업에 관한 교육 이수 증명자료(전자적 방법으로 확인이 가능한 경우는 제외한다)

제13조(유기식품등의 인증심사 등) [기출]

① 인증기관은 다음 각 호의 어느 하나에 해당하는 신청을 받은 경우에는 10일 이내에 신청인에게 인증심사 일정과 법 제26조의2제1항에 따른 인증심사원(이하 "인증심사원"이라 한다) 명단을 알리고, 법 제20조제3항 전단에 따른 인증심사를 해야 한다.

1. 제12조에 따른 인증 신청
2. 제16조에 따른 인증 변경승인 신청
3. 제17조에 따른 인증의 갱신 또는 유효기간의 연장승인 신청

② 제1항에 따른 인증심사의 절차와 방법은 다음 각 호의 구분에 따른다.

1. 서류심사 : 제1항 각 호에 따른 신청 시 첨부하여 제출한 서류가 제11조에 따른 인증기준에 적합한지를 심사
2. 현장심사 : 현장에 직접 방문하여 사업장 및 시설물이 제11조에 따른 인증기준에 적합한지를 심사

③ 인증기관은 법 제20조제3항 전단에 따라 유기식품등의 인증을 한 경우에는 신청인에게 별지 제9호서식 또는 별지 제10호서식에 따른 인증서를 발급해야 한다.

④ 법 제20조제3항 후단에 따라 인증심사를 위해 신청인의 사업장에 출입하는 인증심사원은 별지 제24호서식에 따른 인증심사원증을 지니고 신청인에게 보여 주어야 한다.

⑤ 제2항에 따른 인증심사의 절차 및 방법에 관한 세부사항은 국립농산물품질관리원장이 정하여 고시한다.

제14조(인증기관의 등급 기준)
법 제20조제4항 단서에서 "농림축산식품부령으로 정하는 기준 이상을 받은 인증기관"이란 법 제32조의2에 따른 평가 및 등급결정 결과 우수, 양호 또는 보통 등급으로 결정된 인증기관을 말한다.

제15조(재심사 신청 등)
① 인증심사 결과에 대해 이의가 있는 자가 법 제20조제5항에 따라 재심사를 신청하려는 경우에는 같은 조 제3항 전단에 따라 인증심사 결과를 통지받은 날부터 7일 이내에 별지 제11호서식에 따른 인증 재심사 신청서에 재심사 신청사유를 증명하는 자료를 첨부하여 그 인증심사를 한 인증기관에 제출해야 한다.

② 제1항에 따른 재심사 신청을 받은 인증기관은 법 제20조제6항에 따라 재심사 신청을 받은 날부터 7일 이내에 인증 재심사 여부를 결정하여 신청인에게 통보해야 한다.

③ 제1항에 따른 재심사 신청을 받은 인증기관은 다음 각 호의 어느 하나에 해당하는 경우에는 재심사를 실시해야 한다.

1. 제1항에 따른 재심사 신청사유를 증명하는 자료로서 바람에 의한 흩날림 또는 농업용수로 인한 오염 등 비의도적 오염을 증명할 수 있는 자료를 제출한 경우

2. 재심사 신청을 받은 인증기관이 해당 인증심사 과정 또는 인증심사 결과판정의 오류를 인정한 경우

3. 국립농산물품질관리원이 해당 인증심사 과정 또는 인증심사 결과판정의 오류를 확인한 경우

④ 법 제20조제7항에 따른 재심사는 제1항에 따라 재심사를 신청한 항목에 대해서만 실시한다.

⑤ 법 제20조제7항에 따른 재심사의 절차 및 방법, 인증서의 발급 등에 관하여는 제13조제2항부터 제5항까지의 규정을 준용한다.

제16조(인증 변경승인 등)
① 법 제20조제3항에 따라 유기식품등의 인증을 받은 사업자(이하 "인증사업자"라 한다)가 다음 각 호의 인증받은 내용을 변경할 때에는 같은 조 제8항에 따라 인증 변경승인을 받아야 한다.

1. 법 제20조제3항에 따라 인증을 받은 유기식품등(이하 "인증품"이라 한다) 품목(별표 4 제2호부터 제6호까지의 구분에 따른 인증 품목을 같은 호 내에서 변경하는 경우로 한정한다)

2. 인증 사업장 규모(축소하려는 경우로 한정한다)

3. 인증사업자명, 인증사업자의 주소 또는 인증 부가조건

② 법 제20조제8항에 따라 인증 변경승인을 받으려는 인증사업자는 별지 제12호서식에 따른 인증 변경승인 신청서에 다음 각 호의 서류를 첨부하여 인증을 한 인증기관에 제출해야 한다.

1. 인증서

2. 변경하려는 내용 및 사유를 적은 서류

③ 법 제20조제8항에 따른 인증 변경승인의 절차 및 방법, 인증서의 발급 등에 관하여는 제13조제2항부터 제5항까지의 규정을 준용한다.

제17조(인증의 갱신 등)

① 법 제21조제2항에 따라 인증 갱신신청을 하거나 같은 조 제3항에 따른 인증의 유효기간 연장승인을 신청하려는 인증사업자는 그 유효기간이 끝나기 2개월 전까지 별지 제4호서식 또는 별지 제5호서식에 따른 인증신청서에 다음 각 호의 서류를 첨부하여 인증을 한 인증기관(같은 항 단서에 해당하여 인증을 한 인증기관에 신청이 불가능한 경우에는 다른 인증기관을 말한다)에 제출해야 한다. 다만, 제1호 및 제3호부터 제5호까지의 서류는 변경사항이 없는 경우에는 제출하지 않을 수 있다.

1. 별지 제6호서식·별지 제7호서식에 따른 인증품 생산계획서 또는 별지 제8호서식에 따른 인증품 제조·가공 및 취급 계획서

2. 별표 5의 경영 관련 자료

3. 사업장의 경계면을 표시한 지도

4. 인증품의 생산, 제조·가공 또는 취급에 관련된 작업장의 구조와 용도를 적은 도면(작업장이 있는 경우로 한정한다)

5. 친환경농업에 관한 교육 이수 증명자료(인증 갱신신청을 하려는 경우로 한정하며, 전자적 방법으로 확인이 가능한 경우는 제외한다)

② 인증사업자는 법 제21조제2항 단서에 따라 다른 인증기관에 인증 갱신 신청서 또는 유효기간 연장승인 신청서를 제출하려는 경우에는 원래 인증을 한 인증기관으로부터 그 인증의 신청에 관한 일체의 서류와 수수료 정산액(수수료를 미리 낸 경우로 한정한다)을 반환받아 인증업무를 새로 맡게 된 다른 인증기관에 낼 수 있다.

③ 인증기관은 인증의 유효기간이 끝나기 3개월 전까지 인증사업자에게 인증 갱신 또는 유효기간 연장승인 절차와 함께 유효기간이 끝나는 날까지 인증 갱신을 하지 않거나 유효기간 연장승인을 받지 않으면 인증을 유지할 수 없다는 사실을 미리 알려야 한다.

④ 제3항에 따른 통지는 서면(전자문서를 포함한다), 문자메시지, 전자우편, 팩스 또는 전화 등의 방법으로 할 수 있다.

⑤ 법 제21조제2항 및 제3항에 따른 인증 갱신 및 유효기간 연장승인의 절차 및 방법, 인증서의 발급 등에 관하여는 제13조제2항부터 제5항까지의 규정을 준용한다.

제18조(인증의 갱신 등의 재심사)

① 법 제21조제4항에 따라 재심사를 신청하려는 자는 같은 조 제2항 또는 제3항에 따른 심사결과를 통지받은 날부터 7일 이내에 별지 제11호서식에 따른 인증 갱신・유효기간 연장 재심사 신청서에 재심사 신청사유를 증명하는 자료를 첨부하여 심사를 한 인증기관에 제출해야 한다.

② 제1항에 따른 재심사 신청을 받은 인증기관은 법 제21조제5항에 따라 재심사 신청을 받은 날부터 7일 이내에 인증 갱신 또는 유효기간 연장 재심사 여부를 결정하여 통보해야 한다.

③ 제1항에 따른 재심사 신청을 받은 인증기관은 다음 각 호의 어느 하나에 해당하는 경우에는 재심사를 실시해야 한다.

1. 제1항에 따른 재심사 신청사유를 증명하는 자료로서 바람에 의한 흩날림 또는 농업용수로 인한 오염 등 비의도적 오염을 증명할 수 있는 자료를 제출한 경우

2. 재심사 신청을 받은 인증기관이 해당 인증심사 과정 또는 인증심사 결과판정의 오류를 인정한 경우

3. 국립농산물품질관리원이 해당 인증심사 과정 또는 인증심사 결과판정의 오류를 확인한 경우

④ 법 제21조제6항에 따른 재심사는 제1항에 따라 재심사를 신청한 항목에 대해서만 실시한다.

⑤ 법 제21조제6항에 따른 재심사의 절차 및 방법, 인증서의 발급은 제13조제2항부터 제5항까지의 규정을 준용한다.

제19조(인증서의 재발급)

다음 각 호의 어느 하나에 해당하여 인증서를 발급받은 자는 그 인증서를 잃어버리거나 헐어서 못 쓰게 된 경우에는 재발급 사유를 적은 서류 및 인증서(인증서를 헐어서 못 쓰게 된 경우로 한정한다)를 그 인증서를 발급한 인증기관에 제출하여 인증서를 재발급받을 수 있다.

1. 제12조에 따른 인증(제15조에 따른 재심사로 인증을 받은 경우를 포함한다)

2. 제16조에 따른 인증 변경승인

3. 제17조에 따른 인증 갱신 또는 인증의 유효기간 연장승인(제18조에 따른 재심사로 인증 갱신 또는 인증의 유효기간 연장승인을 받은 경우를 포함한다)

제20조(인증사업자의 준수사항)

① 인증사업자는 법 제22조제1항에 따라 매년 1월 20일까지 별지 제13호서식에 따른 실적 보고서에 인증품의 전년도 생산, 제조·가공 또는 취급하여 판매한 실적을 적어 해당 인증기관에 제출하거나 법 제53조에 따른 친환경 인증관리 정보시스템(이하 "친환경 인증관리 정보시스템"이라 한다)에 등록해야 한다.

② 인증사업자는 법 제22조제2항에 따라 인증심사와 관련된 다음 각 호의 자료 및 서류를 그 생산연도의 다음 해부터 2년간 보관해야 한다.

1. 인증심사와 관련된 유기식품등의 원료 또는 재료, 자재의 사용에 관한 자료 및 서류

2. 인증품의 생산, 제조·가공 또는 취급하여 판매한 실적에 관한 자료 및 서류

제21조(유기식품등의 표시)

① 법 제23조제1항 전단에 따른 유기 또는 이와 같은 의미의 도형이나 글자의 표시(이하 "유기표시"라 한다)의 기준은 별표 6과 같다.

② 제1항에 따른 유기표시를 하려는 인증사업자는 유기표시와 함께 인증사업자의 성명 또는 업체명, 전화번호, 사업장 소재지, 인증번호 및 생산지 등 유기식품등의 인증정보를 별표 7의 유기식품등의 인증정보 표시방법에 따라 표시해야 한다.

③ 법 제23조제3항에 따른 유기농축산물의 함량에 따른 제한적 유기표시의 허용기준은 별표 8과 같다.

제22조(수입 유기식품의 신고)

① 법 제23조의2제1항에 따라 인증품인 유기식품 또는 법 제25조에 따라 동등성이 인정된 인증을 받은 유기가공식품의 수입신고를 하려는 자는 식품의약품안전처장이 정하는 수입 신고서에 다음 각 호의 구분에 따른 서류를 첨부하여 식품의약품안전처장에게 제출해야 한다. 이 경우 수입되는 유기식품의 도착 예정일 5일 전부터 미리 신고할 수 있으며, 미리 신고한 내용 중 도착항, 도착 예정일 등 주요 사항이 변경되는 경우에는 즉시 그 내용을 문서(전자문서를 포함한다)로 신고해야 한다.

1. 인증품인 유기식품을 수입하려는 경우: 제13조에 따른 인증서 사본 및 별지 제19호서식에 따른 거래인증서 원본

2. 법 제25조에 따라 동등성이 인정된 인증을 받은 유기가공식품을 수입하려는 경우: 제27조에

따라 동등성 인정 협정을 체결한 국가의 인증기관이 발행한 인증서 사본 및 수입증명서 (Import Certificate) 원본

② 식품의약품안전처장은 제1항에 따라 수입신고된 유기식품에 대해 「수입식품안전관리 특별법 시행규칙」 제30조에 따라 유기식품의 인증 및 표시 기준 적합성을 조사하여 적합하다고 인정하는 경우에는 법 제23조의2제4항에 따라 그 신고를 수리하고, 수입신고 인에게 식품의약품안전처장이 정하는 유기식품 수입신고 확인증을 발급해야 한다.

③ 식품의약품안전처장은 제1항에 따라 수입신고된 유기식품이 유기식품의 인증 또는 표시 기준에 적합하지 않은 경우에는 신고를 수리하지 않고, 그 사실을 지체 없이 수입신고인에 게 알려야 한다. 이 경우 수입신고인은 유기식품의 표시 기준에 적합하지 않은 경우에 한정하여 그 위반사항을 보완하여 다시 신고할 수 있다.

④ 식품의약품안전처장은 제2항에 따라 수입신고를 수리한 경우에는 그 내용을 별지 제14호 서식에 따른 신고 수리대장(전자문서를 포함한다)에 적고, 매년 1월 31일까지 전년도 유기식품의 수입신고 상황을 별지 제15호서식의 유기식품의 수입신고 상황 통지서(전자 문서를 포함한다)에 따라 농림축산식품부장관에게 알려야 한다. 다만, 별지 제15호서식에 따른 통지는 식품의약품안전처 및 농림축산식품부의 수입검사 관련 전산시스템이 상호 연계되어 있는 경우에는 하지 않을 수 있다.

⑤ 세관장은 제2항에 따른 적합성 조사를 위해 관능검사[인간의 오감(五感)에 의해 평가하는 제품검사를 말한다. 이하 같다]를 하거나 해당 검체(檢體)를 채취하는 식품의약품안전처 소속 공무원이 보세구역을 출입하려는 때에는 이에 협조해야 한다. 이 경우 보세구역을 출입하려는 공무원은 공무원증을 세관장에게 보여 주어야 한다.

제23조(수입 비식용유기가공품의 신고)

① 법 제23조의2제1항에 따라 인증품인 비식용유기가공품의 수입신고를 하려는 자는 별지 제16호서식에 따른 비식용유기가공품 수입신고서에 다음 각 호의 서류를 첨부하여 국립농 산물품질관리원장에게 제출해야 한다. 이 경우 수입되는 비식용유기가공품의 도착 예정일 5일 전부터 미리 신고할 수 있으며, 미리 신고한 내용 중 도착항, 도착 예정일 등 주요 사항이 변경되는 경우에는 즉시 그 내용을 문서(전자문서를 포함한다)로 신고해야 한다.

1. 제13조에 따른 인증서 사본

2. 별지 제19호서식에 따른 거래인증서 원본

3. 국내에서 사용하려는 비식용유기가공품 포장지 견본 또는 포장지에 기재할 사항을 적은 서류. 이 경우 포장지 견본 및 서류는 한글로 작성되어야 한다.

② 국립농산물품질관리원장은 제1항에 따라 수입신고된 비식용유기가공품에 대해 비식용유

기가공품의 인증 및 표시 기준 적합성을 조사하여 적합하다고 인정하는 경우에는 법 제23조의2제4항에 따라 그 신고를 수리하고, 수입신고인에게 별지 제17호서식에 따른 비식용유기가공품 수입신고 확인증을 발급해야 한다.

③ 국립농산물품질관리원장은 제1항에 따라 수입신고된 비식용유기가공품이 비식용유기가 공품의 인증 또는 표시 기준에 적합하지 않은 경우에는 신고를 수리하지 않고, 그 사실을 지체 없이 수입신고인에게 알려야 한다. 이 경우 수입신고인은 비식용유기가공품의 표시 기준에 적합하지 않은 경우에 한정하여 그 위반사항을 보완하여 다시 신고할 수 있다.

④ 국립농산물품질관리원장은 제2항에 따라 수입신고를 수리한 경우에는 그 내용을 별지 제14호서식에 따른 신고 수리대장(전자문서를 포함한다)에 적어야 한다.

⑤ 세관장은 제2항에 따른 적합성 조사를 위해 관능검사를 하거나 해당 검체를 채취하는 국립농산물품질관리원 소속 공무원이 보세구역을 출입하려는 때에는 이에 협조해야 한다. 이 경우 보세구역을 출입하려는 공무원은 공무원증을 세관장에게 보여 주어야 한다.

⑥ 제2항에 따른 적합성 조사의 방법 등에 관한 세부사항은 국립농산물품질관리원장이 정하여 고시한다.

제24조(인증취소 등의 처분 기준 및 절차)

법 제24조제1항에 따른 인증취소, 인증표시의 제거·정지 또는 시정조치 명령의 기준 및 절차는 별표 9와 같다.

제25조(과징금 부과·징수 등)

① 「친환경농어업 육성 및 유기식품 등의 관리·지원에 관한 법률 시행령」(이하 "영"이라 한다) 제4조제6항에 따른 과징금의 징수절차에 관하여는 「국고금 관리법 시행규칙」을 준용한다. 이 경우 납입고지서에는 이의신청의 방법 및 기간을 함께 적어야 한다.

② 영 제5조제2항에 따른 과징금 납부기한 연장 또는 분할 납부 신청서는 별지 제18호서식에 따른다.

제26조(유기가공식품의 동등성 인정기준)

① 법 제25조제1항에 따른 유기가공식품 인증에 대한 동등성 인정에 필요한 기준은 다음 각 호와 같다.

1. 제3조에 따른 허용물질

2. 제11조에 따른 유기식품등의 인증기준

3. 제13조제2항에 따른 유기식품등의 인증심사의 절차 및 방법

4. 제33조에 따른 인증기관의 지정기준

5. 제45조에 따른 인증품등 및 인증사업자등의 사후관리

② 제1항에 따른 동등성 인정기준에 관한 세부사항은 국립농산물품질관리원장이 정하여 고시한다.

제27조(유기가공식품의 동등성 인정 절차)

① 외국의 정부는 법 제25조제1항에 따라 자국이 시행하는 유기가공식품 인증에 대해 우리나라로부터 동등성 인정을 받으려면 자국의 인증제도가 제26조에 따른 동등성 인정기준과 동등하거나 그 이상임을 증명하는 서류 등을 첨부하여 국립농산물품질관리원장에게 신청을 해야 한다.

② 국립농산물품질관리원장은 제1항에 따라 신청을 한 국가의 인증제도가 제26조에 따른 동등성 인정기준과 동등하거나 그 이상임이 인정되는지를 검증하고, 그 결과를 농림축산식품부장관에게 보고해야 한다.

③ 농림축산식품부장관은 제2항에 따른 검증 결과 그 동등성이 인정되면 해당 국가의 정부와 상호주의 원칙에 따라 동등성 인정 협정을 체결할 수 있다.

④ 제2항에 따른 동등성 검증의 방법과 절차 등에 관한 세부사항은 국립농산물품질관리원장이 정하여 고시한다.

제28조(동등성 인정 대상 품목 범위)

① 법 제25조제1항에 따라 동등성을 인정할 수 있는 유기가공식품의 품목 범위는 제2조제3호에 따른 유기가공식품으로 한정한다.

② 제1항에 따른 유기가공식품 중에서 동등성을 인정할 수 있는 유기가공식품의 구체적인 범위는 농림축산식품부장관이 동등성 인정을 신청한 해당 국가의 정부와 협의하여 정할 수 있다.

제29조(동등성을 인정받은 국가의 의무와 사후관리)

① 법 제25조제1항에 따라 동등성을 인정받은 외국의 정부는 우리나라로 수출하는 유기가공식품이 동등성 인정기준에 적합하도록 관리해야 한다.

② 국립농산물품질관리원장은 동등성을 인정받아 국내에 유통되는 유기가공식품(이하 "동등성 인정제품"이라 한다)이 제11조에 따른 유기식품등의 인증기준에 적합한지를 조사할 수 있다. 이 경우 조사의 종류와 절차, 처분 등에 관하여는 법 제31조를 준용한다.

③ 국립농산물품질관리원장은 제2항에 따른 조사 결과 동등성 인정제품이 제26조에 따른

동등성 인정기준에 부적합하다고 확인되면 제27조제3항에 따른 동등성 인정 협정이 정하는 바에 따라 해당 제품에 대해 법 제24조제1항 및 제31조제7항을 준용하여 인증취소, 인증표시의 제거·정지 또는 시정조치, 동등성 인정제품의 판매금지·판매정지·회수·폐기 또는 세부 표시사항 변경을 명하거나 동등성 인정 지위의 정지 또는 취소 조치나 그 밖의 필요한 조치를 요구할 수 있다.

제30조(동등성 인정 내용의 게시)

농림축산식품부장관은 제27조제3항에 따라 동등성 인정 협정을 체결한 때에는 법 제25조제2항에 따라 다음 각 호의 사항을 농림축산식품부의 인터넷 홈페이지에 게시해야 한다.

1. 국가명
2. 인정 범위(지역·품목 및 인증기관 목록 등)
3. 동등성 인정의 유효기간 및 제한조건
4. 동등성 인정 협정 전문(全文)

제31조(동등성 인정제품에 대한 유기표시)

동등성 인정제품의 유기표시에 관하여는 제21조를 준용한다.

제2절 유기식품등의 인증기관

제32조(유기식품등 인증업무의 범위)

① 법 제26조제1항에 따라 지정을 받은 인증기관(이하 "인증기관"이라 한다)의 인증업무의 범위는 다음 각 호의 구분에 따른다.

1. 다음 각 목의 인증대상에 따른 인증업무의 범위

  가. 유기농축산물을 생산하는 자
  나. 유기가공식품을 제조·가공하는 자
  다. 비식용유기가공품을 제조·가공하는 자
  라. 가목부터 다목까지에 해당하는 품목을 취급하는 자

2. 인증대상 지역에 따른 인증업무의 범위

  가. 대한민국에서 하는 제1호 각 목에 따른 인증. 이 경우 인증업무의 범위는 전국 단위 또는 특정 지역 단위를 기준으로 한다.
  나. 대한민국 외의 지역(해당 국가명을 말한다)에서 하는 제1호 각 목에 따른 인증

② 인증기관은 인증품의 거래를 위해 필요한 경우에는 인증사업자에게 거래품목, 거래물량 등 거래명세가 적힌 별지 제19호서식에 따른 거래인증서(Transaction Certificate)를 발급할

수 있다.

제33조(인증기관의 지정기준)
법 제26조제1항에 따른 인증기관의 지정기준은 별표 10과 같다.

제34조(인증기관의 지정 신청)
① 국립농산물품질관리원장은 법 제26조제1항에 따라 인증기관을 지정하려는 경우에는 해당 연도의 1월 31일까지 지정 신청기간 등 인증기관의 지정에 관한 사항을 국립농산물품질관리원의 인터넷 홈페이지 및 친환경 인증관리 정보시스템 등에 10일 이상 공고해야 한다.
② 법 제26조제2항에 따라 인증기관의 지정을 신청하려는 기관 또는 단체는 제1항에 따른 지정 신청기간에 별지 제20호서식에 따른 인증기관 지정 신청서에 다음 각 호의 서류를 첨부하여 국립농산물품질관리원장에게 제출해야 한다.
1. 인증업무의 범위 등을 적은 사업계획서
2. 제33조에 따른 인증기관의 지정기준을 갖추었음을 증명하는 서류

제35조(인증기관의 지정 절차)
① 국립농산물품질관리원장은 제34조제2항에 따라 인증기관의 지정 신청을 받은 경우에는 심사계획서를 작성하여 신청인에게 통지하고, 그 심사계획서에 따라 심사를 해야 한다.
② 국립농산물품질관리원장은 제1항에 따른 심사 결과 제33조에 따른 지정기준을 갖춘 경우에는 해당 기관 또는 단체를 인증기관으로 지정하고, 별지 제21호서식에 따른 인증기관 지정서를 발급해야 한다.
③ 국립농산물품질관리원장은 외국에서 유기식품등의 인증을 하는 인증기관(이하 "외국인증기관"이라 한다)을 지정할 때에는 인증업무에 관하여 법 및 이 규칙에서 정하는 사항 외에 필요한 사항을 그 외국인증기관과 약정할 수 있다.
④ 국립농산물품질관리원장은 제2항 또는 제3항에 따라 인증기관을 지정한 경우에는 다음 각 호의 사항을 친환경 인증관리 정보시스템에 게시해야 한다.
1. 인증기관의 명칭, 인력 및 대표자
2. 주사무소 및 지방사무소의 소재지
3. 인증업무의 범위 및 인증업무규정
4. 인증기관의 지정번호 및 지정일
5. 약정사항(외국인증기관의 경우로 한정한다)
⑤ 제1항부터 제4항까지에서 규정한 사항 외에 인증기관의 지정 절차 등에 필요한 사항은

국립농산물품질관리원장이 정하여 고시한다.

제36조(인증기관의 지정 갱신 절차)

① 법 제26조제3항에 따라 인증기관의 지정을 갱신하려는 인증기관은 인증기관 지정의 유효기간이 끝나기 3개월 전까지 별지 제20호서식에 따른 인증기관 지정 갱신 신청서에 다음 각 호의 서류를 첨부하여 국립농산물품질관리원장에게 제출해야 한다.

1. 인증기관 지정서

2. 인증업무의 범위 등을 적은 사업계획서

3. 제33조에 따른 인증기관의 지정기준을 갖추었음을 증명하는 서류

② 국립농산물품질관리원장은 제1항에 따른 인증기관의 지정 갱신 신청을 받으면 해당 인증기관이 제33조에 따른 인증기관 지정기준에 적합한지를 심사하여 지정 갱신 여부를 결정해야 한다. 이 경우 인증기관의 지정 갱신 절차에 관하여는 제35조를 준용한다.

③ 국립농산물품질관리원장은 인증기관 지정의 유효기간이 끝나기 4개월 전까지 인증기관에 지정 갱신 절차와 함께 유효기간이 끝나는 날까지 갱신을 하지 않으면 유기식품등의 인증업무를 계속할 수 없다는 사실을 미리 알려야 한다.

④ 제3항에 따른 통지는 서면, 문자메시지, 전자우편, 팩스 또는 전화 등의 방법으로 할 수 있다.

제37조(인증기관의 지정 및 지정 갱신 관련 평가업무의 위탁)

법 제26조제4항에 따른 인증기관 지정 및 갱신 관련 평가업무의 위탁 절차 등에 필요한 사항은 국립농산물품질관리원장이 정하여 고시한다.

제38조(인증기관의 지정내용 변경신고 등)

① 인증기관은 법 제26조제5항 본문에 따라 지정받은 내용 중 다음 각 호의 어느 하나에 해당하는 사항이 변경된 경우에는 변경된 날부터 1개월 이내에 별지 제22호서식에 따른 인증기관 지정내용 변경신고서에 지정내용이 변경되었음을 증명하는 서류를 첨부하여 국립농산물품질관리원장에게 제출해야 한다.

1. 인증기관의 명칭, 인력 및 대표자

2. 주사무소 및 지방사무소의 소재지

② 법 제26조제5항 단서에서 "농림축산식품부령으로 정하는 중요 사항"이란 다음 각 호의 어느 하나에 해당하는 사항을 말한다.

1. 인증업무의 범위

2. 인증업무규정

③ 인증기관은 법 제26조제5항 단서에 따라 제2항 각 호의 사항의 변경에 대해 승인을 받으려는 경우에는 별지 제22호서식의 인증기관 지정내용 변경승인 신청서에 변경하려는 사항이 제33조에 따른 인증기관의 지정기준에 적합함을 증명하는 서류를 첨부하여 국립농산물품질관리원장에게 제출해야 한다.

④ 국립농산물품질관리원장은 법 제26조제5항 본문에 따른 변경신고를 수리하거나 같은 항 단서에 따라 변경승인을 한 때에는 변경사항을 반영하여 인증기관에 별지 제21호서식에 따른 인증기관 지정서를 발급하고, 친환경 인증관리 정보시스템에 게시해야 한다.

제39조(인증심사원의 자격 기준 등)

① 법 제26조의2제1항에 따른 인증심사원의 자격 기준은 별표 11과 같다.

② 법 제26조의2제2항에 따라 인증심사원의 자격을 부여받으려는 사람은 국립농산물품질관리원장이 실시하는 다음 각 호의 내용에 관한 교육을 30시간 이상 받아야 한다.

1. 인증심사원의 역할과 자세

2. 친환경농축산물 및 인증 관련 법령

3. 인증 심사기준, 심사실무 및 평가방법

③ 법 제26조의2제2항에 따라 인증심사원의 자격을 부여받으려는 사람은 별지 제23호서식에 따른 인증심사원 자격 부여 신청서에 다음 각 호의 서류를 첨부하여 국립농산물품질관리원장에게 제출해야 한다.

1. 별표 11에 따른 인증심사원의 자격 기준을 갖추었음을 증명하는 서류

2. 제2항에 따른 교육을 이수하였음을 증명하는 서류

3. 최근 6개월 이내에 촬영한 반명함판 사진 2장

④ 국립농산물품질관리원장은 제3항에 따라 인증심사원의 자격 부여를 신청한 사람이 별표 11에 따른 자격 기준을 갖추고, 제2항에 따른 교육을 이수하였음이 확인된 경우에는 신청인에게 별지 제24호서식에 따른 인증심사원증을 발급해야 한다.

⑤ 법 제26조의2제3항에 따른 인증심사원의 자격취소, 자격정지 및 시정조치 명령의 기준은 별표 12와 같다.

⑥ 제2항 및 제4항에 따른 교육의 실시 및 인증심사원증의 발급·관리 등에 필요한 사항은 국립농산물품질관리원장이 정하여 고시한다.

제40조(인증심사원의 교육)

① 법 제26조의4제1항에서 "농림축산식품부령으로 정하는 인증심사원"이란 인증기관에서 법

제26조의2제1항에 따른 인증심사업무를 수행하는 인증심사원을 말한다.

② 법 제26조의4제1항에 따른 교육(이하 이 조에서 "교육"이라 한다)의 내용은 다음 각
호와 같다.

1. 인증업무와 관련된 법령

2. 인증심사원의 역할과 자세

3. 인증 심사기준 및 인증실무

4. 그 밖에 인증심사원의 업무능력 및 직업윤리의식 제고를 위해 필요한 내용

③ 교육은 국립농산물품질관리원장이 매년 1회 실시하되, 교육시간은 4시간 이상으로 한다.

④ 국립농산물품질관리원장은 법 제32조의2에 따른 인증기관의 평가 및 등급결정 결과 우수
등급을 받은 인증기관에서 인증업무를 수행하는 인증심사원에 대해서는 평가 및 등급결정
을 받은 연도의 다음 연도에 교육을 면제할 수 있다.

⑤ 제1항부터 제4항까지에서 규정한 사항 외에 교육의 내용·시간·방법 및 그 밖에 교육의
실시에 필요한 사항은 국립농산물품질관리원장이 정하여 고시한다.

제41조(인증기관의 준수사항)

① 인증기관은 법 제27조제1항제3호에 따라 인증 신청, 인증심사 및 인증사업자에 관한
자료를 법 제21조제1항에 따른 인증의 유효기간이 끝난 날부터 3년 동안 보관해야 한다.

② 인증기관은 지정취소·업무정지 처분을 받거나 지정의 유효기간이 끝난 때에는 지체
없이 해당 인증기관에 인증을 신청하여 인증절차가 진행 중인 자(이하 이 조에서 "인증신
청인"이라 한다)와 해당 인증기관에서 인증을 받은 인증사업자에게 해당 사실을 통보하고,
제1항에 따라 보관해야 하는 자료와 수수료 정산액(수수료를 미리 낸 경우로 한정한다)을
지정취소·업무정지 처분을 받은 날 또는 지정의 유효기간이 끝난 날부터 1개월 이내에
국립농산물품질관리원장에게 제출해야 한다. 다만, 인증신청인 또는 인증사업자에게 해
당 서류와 수수료 정산액을 돌려준 경우에는 그렇지 않다.

③ 국립농산물품질관리원장은 제2항에 따라 제출받은 자료와 수수료 정산액을 제50조제3항
에 따라 우수 등급을 받은 다른 인증기관에 이전하여 다음 각 호의 인증업무를 수행하게
할 수 있다. 다만, 인증신청자 또는 인증사업자가 희망하는 다른 인증기관이 있는 경우에는
그 기관으로 이전하여 인증업무를 수행하게 할 수 있다.

1. 법 제20조제8항에 따른 인증 변경승인

2. 법 제24조제1항에 따른 인증취소, 인증표시의 제거·정지 또는 시정조치 명령

3. 법 제31조에 따른 인증품등 및 인증사업자등의 사후관리

4. 법 제33조에 따른 인증사업자의 지위 승계

④ 인증기관은 법 제27조제1항제4호에 따라 인증 결과 및 사후관리 결과 등을 보고하려는 경우에는 친환경 인증관리 정보시스템에 등록하는 방법으로 해야 한다.

⑤ 인증기관은 법 제27조제1항제5호에 따라 다음 각 호의 어느 하나에 해당하는 인증사업자에 대해 제13조제2항에서 정한 인증심사의 절차와 방법을 준용하여 불시(不時) 심사를 하고 그 결과를 기록·관리해야 한다.

1. 제11조에 따른 인증기준 위반을 이유로 신고·진정·제보된 인증사업자

2. 최근 6개월 이내에 법 제24조제1항 또는 제31조제7항에 따라 행정처분을 받은 인증사업자

제42조(인증업무의 휴업·폐업 신고)

① 인증기관은 법 제28조에 따라 휴업 또는 폐업을 신고하려는 경우에는 휴업 또는 폐업하기 1개월 전까지 별지 제25호서식에 따른 인증기관 휴업·폐업 신고서에 인증기관 지정서를 첨부하여 국립농산물품질관리원장에게 제출해야 한다.

② 국립농산물품질관리원장은 제1항에 따른 인증기관 휴업·폐업 신고서를 수리한 경우에는 그 사실을 친환경 인증관리 정보시스템에 게시해야 한다.

③ 인증기관은 제1항에 따른 인증기관 휴업·폐업 신고서가 수리되면 7일 이내에 그 인증기관의 인증 유효기간이 끝나지 않은 인증사업자에게 휴업·폐업 사실을 통보해야 한다.

제43조(인증기관의 지정취소 등의 세부기준)

법 제29조제1항에 따른 인증기관에 대한 지정취소, 업무정지 및 시정조치 명령의 세부적인 기준은 별표 13과 같다.

제3절 유기식품등, 인증사업자 및 인증기관의 사후관리

제44조(친환경 문구 표시 및 유사한 표시의 세부기준)

① 법 제30조제1항제2호에 따른 친환경 문구 표시 및 이와 유사한 표시(이하 이 조에서 "친환경 표시"라 한다)는 다음 각 호의 어느 하나에 해당하는 표시를 말한다.

1. "유기", "무농약" 또는 "친환경"이라는 문구(문구의 일부 또는 전부를 한자로 표기하는 경우를 포함한다)가 포함된 문자 또는 도형의 표시

2. "Organic", "Non Pesticide", "Pesticide Free" 등 제1호에 따른 문구와 관련된 외국어 또는 외래어가 포함된 문자 또는 도형의 표시

3. 그 밖에 인증품으로 잘못 인식할 우려가 있는 표시 및 이와 관련된 외국어 또는 외래어 표시로서 국립농산물품질관리원장이 정하여 고시하는 표시

② 제1항에 따른 친환경 표시의 세부기준은 국립농산물품질관리원장이 정하여 고시한다.

제45조(인증품등 및 인증사업자등의 사후관리)

① 법 제31조제1항에 따라 국립농산물품질관리원장 또는 인증기관이 매년 실시하는 판매・유통 중인 인증품 및 법 제23조제3항에 따라 제한적으로 유기표시를 허용한 식품 및 비식용가공품(이하 "인증품등"이라 한다)과 인증사업자에 대한 조사는 다음 각 호의 구분에 따라 실시한다.

1. 정기조사: 인증품 판매・유통 사업장, 법 제23조제3항에 따라 제한적으로 유기표시를 허용한 식품 및 비식용가공품의 생산, 제조・가공, 취급 또는 판매・유통 사업장 또는 인증사업자의 사업장 중 일부를 선정하여 정기적으로 실시

2. 수시조사: 특정업체의 위반사실에 대한 신고・민원・제보 등이 접수되는 경우에 실시

3. 특별조사: 국립농산물품질관리원장이 필요하다고 인정하는 경우에 실시

② 제1항에 따른 조사의 방법 및 사항은 다음 각 호의 구분에 따른다.

1. 잔류물질 검정조사: 인증품등이 인증기준에 맞는지의 확인

2. 서류조사 또는 현장조사: 인증품등의 표시사항이 표시기준에 맞는지 및 인증품등의 생산, 제조・가공, 취급 또는 판매・유통 과정이 인증기준 또는 표시기준에 맞는지의 확인

③ 법 제31조제3항 후단에 따라 인증사업자, 인증품을 판매・유통하는 사업자 또는 법 제23조제3항에 따라 제한적으로 유기표시를 허용한 식품 및 비식용가공품을 생산, 제조・가공, 취급 또는 판매・유통하는 사업자(이하 "인증사업자등"이라 한다)의 사업장에 출입하는 사람은 그 권한을 표시하는 다음 각 호의 구분에 따른 증표를 지니고 관계인에게 보여주어야 하며, 사업장에 출입할 때에는 성명・출입시간 및 출입목적 등이 기재된 문서를 관계인에게 내주어야 한다.

1. 공무원의 경우: 별지 제26호서식에 따른 조사 공무원증

2. 인증심사원의 경우: 별지 제24호서식에 따른 인증심사원증

④ 국립농산물품질관리원장 또는 인증기관은 법 제31조제4항 전단에 따라 같은 조 제1항에 따른 조사 결과를 통지하려는 때에는 서면, 문자메시지, 전자우편, 팩스 또는 전화 등의 방법으로 할 수 있다.

⑤ 법 제31조제4항 후단에 따라 시료의 재검사를 요청하려는 인증사업자등은 제4항에 따른 통지를 받은 날부터 7일 이내에 별지 제27호서식에 따른 인증품등 재검사 요청서에 재검사 요청사유를 적고, 요청사유를 증명하는 자료를 첨부하여 국립농산물품질관리원장 또는 인증기관에 제출해야 한다.

⑥ 제5항에 따른 재검사를 요청받은 국립농산물품질관리원장 또는 인증기관은 법 제31조제5항에 따라 재검사 요청을 받은 날부터 7일 이내에 재검사 요청사유 및 증명자료를 확인하여 재검사가 필요하다고 인정되는 경우에는 재검사 여부를 결정하여 해당 인증사업자등에게

통보해야 한다.

⑦ 국립농산물품질관리원장 또는 인증기관은 법 제31조제6항에 따라 재검사 결과를 통보하려는 때에는 서면, 문자메시지, 전자우편, 팩스 또는 전화 등의 방법으로 통보할 수 있다.

⑧ 제1항부터 제7항까지에서 규정한 사항 외에 조사 및 재검사에 필요한 사항은 국립농산물질관리원장이 정하여 고시한다.

제46조(인증취소 등 조치명령의 세부기준)
법 제31조제7항에 따른 인증취소, 인증표시의 제거·정지 또는 시정조치, 인증품등의 판매금지·판매정지·회수·폐기 또는 세부 표시사항 변경 등 조치명령의 세부기준은 별표 9와 같다.

제47조(인증품등의 압류)
법 제31조제8항 전단에 따라 국립농산물품질관리원장이 관계 공무원에게 인증품등을 압류하게 한 때에는 별지 제28호서식에 따른 압류증을 발급해야 한다.

제48조(조치명령 내용의 공표)
① 국립농산물품질관리원장은 법 제31조제9항에 따라 같은 조 제7항 각 호에 따른 조치명령의 내용을 친환경 인증관리 정보시스템을 통해 공표해야 한다.

② 제1항에서 규정한 사항 외에 공표 방법 및 기간 등에 필요한 사항은 국립농산물품질관리원장이 정하여 고시한다.

제49조(인증기관의 평가 및 등급결정 기준)
① 법 제32조의2제1항에 따른 인증기관의 운영 및 업무수행 실태 등의 평가 및 등급결정의 기준은 다음 각 호와 같다.
1. 인증기관의 운영 및 업무수행의 적정성
2. 인증기관의 인증업무 수준 향상을 위한 노력의 정도
3. 인증심사원의 처우 개선을 위한 노력의 정도
4. 인증기관의 재무구조 건전성

② 제1항에 따른 평가 및 등급결정의 세부기준은 국립농산물품질관리원장이 정하여 고시한다.

제50조(인증기관의 평가 및 등급결정 절차)
① 국립농산물품질관리원장은 법 제32조의2제1항에 따른 인증기관의 평가 및 등급결정을

매년 1회 정기적으로 실시한다.

② 국립농산물품질관리원장은 인증기관의 공정한 평가 및 등급결정을 위해 등급결정심의위원회를 두고, 인증업무에 대한 학식과 경험이 풍부한 사람으로 구성·운영해야 한다.

③ 국립농산물품질관리원장은 제2항에 따른 등급결정심의위원회의 심의를 거쳐 인증기관의 등급을 우수, 양호, 보통 및 미흡으로 구분하여 결정한다.

④ 국립농산물품질관리원장은 제3항에 따라 우수, 양호 또는 보통 등급으로 결정된 인증기관을 친환경 인증관리 정보시스템을 통해 공표할 수 있다.

⑤ 제1항부터 제4항까지에서 규정한 사항 외에 등급결정심의위원회의 구성·운영, 인증기관의 등급결정 및 절차에 필요한 사항은 국립농산물품질관리원장이 정하여 고시한다.

제51조(평가 및 등급결정 결과의 반영)
국립농산물품질관리원장은 법 제32조의2제2항에 따라 인증기관의 평가 및 등급결정 결과를 인증기관의 관리·지원·육성 등을 위해 다음 각 호의 사항에 반영할 수 있다.

1. 법 제16조에 따른 인증기관에 대한 예산 지원

2. 법 제26조제3항에 따른 인증기관의 지정 갱신 심사

3. 법 제32조제1항에 따른 인증기관에 대한 조사

4. 제1호부터 제3호까지에서 규정한 사항 외에 국립농산물품질관리원장이 인증기관의 평가 및 등급결정 결과를 반영할 필요가 있다고 인정하는 사항

제52조(인증사업자 및 인증기관의 지위 승계 신고) [기출]

① 법 제33조제1항에 따라 인증사업자의 지위를 승계한 자는 그 지위를 승계한 날부터 1개월 이내에 별지 제29호서식에 따른 인증사업자 지위 승계신고서에 다음 각 호의 서류를 첨부하여 인증심사를 한 인증기관(그 인증기관의 지정이 취소된 경우에는 다른 인증기관을 말한다)에 제출해야 한다.

1. 별지 제6호서식·별지 제7호서식에 따른 인증품 생산계획서 또는 별지 제8호서식에 따른 인증품 제조·가공 및 취급 계획서

2. 법 제33조제1항 각 호에 따른 인증사업자의 지위 승계를 증명하는 자료

3. 상속·양도 등을 한 자의 인증서

② 법 제33조제1항에 따라 인증기관의 지위를 승계한 자는 그 지위를 승계한 날부터 1개월 이내에 별지 제30호서식에 따른 인증기관 지위 승계신고서에 다음 각 호의 서류를 첨부하여 국립농산물품질관리원장에게 제출해야 한다.

1. 인증업무의 범위 등을 적은 사업계획서

2. 법 제33조제1항제2호 또는 제3호에 따른 인증기관의 지위 승계를 증명하는 자료

3. 제33조에 따른 인증기관의 지정기준을 갖추었음을 증명하는 서류

4. 양도 등을 한 자의 인증기관 지정서

③ 국립농산물품질관리원장은 제2항에 따른 인증기관 지위 승계신고서를 제출받으면 「전자
정부법」 제36조제1항에 따른 행정정보의 공동이용을 통해 사업자등록증명 또는 법인
등기사항증명서(법인인 경우로 한정한다)를 확인해야 한다. 다만, 신고인이 확인에 동의하
지 않는 경우에는 해당 서류를 직접 제출하도록 해야 한다.

④ 인증기관은 법 제33조제2항에 따른 인증사업자 지위 승계 신고를 수리(같은 조 제4항에
따라 신고를 수리한 것으로 보는 경우를 포함한다)하였을 때에는 별지 제9호서식 또는
별지 제10호서식에 따른 인증서를 발급하고, 지위 승계 내용을 친환경 인증관리 정보시스
템에 반영해야 한다.

⑤ 국립농산물품질관리원장은 법 제33조제2항에 따른 인증기관 지위 승계 신고를 수리(같은
조 제4항에 따라 신고를 수리한 것으로 보는 경우를 포함한다)하였을 때에는 별지 제20호
서식에 따른 인증기관 지정서를 발급하고, 지위 승계 내용을 국립농산물품질관리원의
인터넷 홈페이지 및 친환경 인증관리 정보시스템 등에 게시해야 한다.

제4장 무농약농산물·무농약원료가공식품의 인증
제53조(무농약농산물·무농약원료가공식품의 인증대상)
① 법 제34조제2항에 따른 무농약농산물·무농약원료가공식품의 인증대상은 다음 각 호와
같다.

1. 무농약농산물을 생산하는 자

2. 무농약원료가공식품을 제조·가공하는 자

3. 제1호 또는 제2호에 해당하는 품목을 취급하는 자

② 제1항에 따른 인증대상에 관한 세부사항은 국립농산물품질관리원장이 정하여 고시한다.

제54조(무농약농산물·무농약원료가공식품의 인증기준)
① 법 제34조제2항에 따른 무농약농산물·무농약원료가공식품의 생산, 제조·가공 또는
취급에 필요한 인증기준은 별표 14와 같다.

② 제1항에 따른 인증기준에 관한 세부사항은 국립농산물품질관리원장이 정하여 고시한다.

제55조(무농약농산물·무농약원료가공식품의 인증 신청 등)
① 법 제34조제4항에 따라 인증의 신청, 심사 및 재심사, 인증 변경승인, 인증의 갱신 및

유효기간의 연장승인, 인증사업자의 준수사항 등에 관하여는 제12조부터 제20조까지의 규정을 준용한다. 이 경우 "유기식품등"은 "무농약농산물·무농약원료가공식품"으로 본다.

② 법 제34조제4항에 따른 무농약농산물·무농약원료가공식품에 대한 인증의 취소, 인증표시의 제거·정지 처분 또는 시정조치 명령의 세부기준은 별표 9와 같다.

③ 법 제34조제4항에 따라 무농약농산물·무농약원료가공식품에 대한 과징금의 부과·징수 등에 관하여는 제25조를 준용한다.

제56조(인증품등 및 인증사업자등에 대한 사후관리 등)

법 제34조제5항에 따라 무농약농산물·무농약원료가공식품의 인증 등에 관한 부정행위의 금지, 인증품등 및 인증사업자등에 대한 사후관리, 인증사업자 또는 인증기관의 지위 승계 등에 관하여는 제44조부터 제52조까지의 규정을 준용한다. 이 경우 "제한적으로 유기표시를 허용한 식품"은 "제한적으로 무농약표시를 허용한 식품"으로 본다.

제57조(무농약농산물·무농약원료가공식품 인증업무의 범위)

① 법 제35조제1항에 따라 지정받은 인증기관의 인증업무의 범위는 다음 각 호의 구분에 따른다.

1. 다음 각 목의 인증대상에 따른 인증업무의 범위

가. 무농약농산물을 생산하는 자

나. 무농약원료가공식품을 제조·가공하는 자

다. 가목 또는 나목에 해당하는 품목을 취급하는 자

2. 인증대상 지역에 따른 인증업무의 범위: 대한민국에서 하는 제1호에 따른 인증. 이 경우 인증업무의 범위는 전국 단위 또는 특정 지역 단위를 기준으로 한다.

② 인증기관은 인증품의 거래를 위해 필요한 경우에는 인증사업자에게 거래품목, 거래물량 등 거래명세가 적힌 별지 제19호서식에 따른 거래인증서(Transaction Certificate)를 발급할 수 있다.

제58조(무농약농산물·무농약원료가공식품의 인증기관 지정 등)

법 제35조제2항에 따라 무농약농산물·무농약원료가공식품의 인증과 관련하여 인증기관의 지정·갱신·지정변경, 인증기관의 준수사항, 인증업무의 휴업·폐업 및 인증기관의 지정취소 등에 관하여는 제33조부터 제43조까지의 규정을 준용한다. 이 경우 "유기식품등"은 "무농약농산물·무농약원료가공식품"으로 본다.

제59조(무농약농산물·무농약원료가공식품의 표시기준 등)

① 법 제36조제1항 전단에 따른 무농약 또는 이와 같은 의미의 도형이나 글자의 표시(이하 이 조에서 "무농약농산물·무농약원료가공식품 표시"라 한다)의 기준은 별표 15와 같다.

② 제1항에 따른 무농약농산물·무농약원료가공식품의 인증정보의 표시방법에 관하여는 제21조제2항을 준용한다. 이 경우 "유기표시"는 "무농약농산물·무농약원료가공식품 표시"로, "유기식품등"은 "무농약농산물·무농약원료가공식품"으로 본다.

③ 법 제36조제2항에 따른 무농약농산물의 함량에 따른 제한적 무농약 표시의 허용기준은 별표 16과 같다.

제5장 유기농업자재의 공시

제60조(유기농업자재 공시의 대상)

법 제37조제1항에 따른 유기농업자재의 공시(이하 "공시"라 한다)의 대상은 다음 각 호와 같다.

1. 토양 개량용 또는 작물 생육용 유기농업자재

2. 병해충 관리용 유기농업자재

제61조(유기농업자재 공시의 기준)

① 법 제37조제1항에 따른 유기농업자재의 공시기준은 별표 17과 같다.

② 제1항에 따른 공시기준에 관한 세부사항은 국립농산물품질관리원장이 정하여 고시한다.

제62조(유기농업자재 공시의 신청 등)

① 법 제38조제1항에 따라 유기농업자재 공시의 신청을 하려는 자는 별지 제31호서식에 따른 유기농업자재 공시 신청서에 다음 각 호의 자료·서류 및 시료를 첨부하여 법 제44조 제1항에 따라 지정된 공시기관(이하 "공시기관"이라 한다)에 제출해야 한다.

1. 별지 제32호서식에 따른 유기농업자재 생산계획서

2. 별표 18의 붙임에 따른 제출 자료 및 서류

3. 시료 500g(mL). 다만, 병해충 관리용 시료는 100g(mL)으로 한다.

② 제1항에 따른 유기농업자재 공시의 신청 시 제출되는 수입원료·재료의 사후관리에 필요한 사항은 국립농산물품질관리원장이 정하여 고시한다.

제63조(유기농업자재 공시의 심사 등)

① 공시기관은 제62조제1항에 따른 공시 신청을 받은 경우에는 10일 이내에 신청인에게 심사일정을 알리고 심사를 해야 한다. 이 경우 심사일정의 통지는 서면, 문자메시지,

전자우편, 팩스 또는 전화 등의 방법으로 할 수 있다.

② 공시기관은 제62조제1항에 따른 공시 신청을 받은 경우에는 제61조에 따른 공시기준에 맞는지를 심사한 후 그 심사 결과를 서면, 문자메시지, 전자우편, 팩스 또는 전화 등의 방법으로 신청인에게 통지해야 한다.

③ 공시기관은 법 제38조제2항에 따라 유기농업자재 공시를 한 경우에는 신청인에게 별지 제35호서식에 따른 유기농업자재 공시서를 발급하고, 별지 제36호서식에 따른 유기농업자재 공시 관리대장에 적어 관리하며, 별지 제37호서식에 따른 유기농업자재 공시 공고사항을 해당 공시기관의 인터넷 홈페이지 및 법 제53조의2에 따른 유기농업자재 정보시스템(이하 "유기농업자재 정보시스템"이라 한다)에 게시해야 한다.

④ 제2항에 따른 공시의 심사 절차와 방법에 관한 구체적인 사항은 별표 18과 같다.

⑤ 공시심사 결과에 대해 이의가 있는 자가 법 제38조제3항에 따라 재심사를 신청하려는 경우에는 같은 조 제2항에 따라 공시심사 결과를 통지받은 날부터 7일 이내에 별지 제33호서식에 따른 유기농업자재 공시 재심사 신청서에 재심사 신청사유를 증명하는 자료·서류 및 시료를 첨부하여 그 공시심사를 한 공시기관에 제출해야 한다.

⑥ 법 제38조제3항에 따른 재심사의 절차 및 방법에 관하여는 제1항부터 제4항까지의 규정을 준용한다.

제64조(유기농업자재 공시서의 재발급)
공시사업자는 제63조제3항에 따라 발급받은 유기농업자재 공시서를 잃어버리거나 헐어서 못 쓰게 된 경우에는 재발급 사유를 적은 서류 및 공시서(공시서를 헐어서 못 쓰게 된 경우로 한정한다)를 그 유기농업자재 공시서를 발급한 공시기관에 제출하여 유기농업자재 공시서를 재발급받을 수 있다.

제65조(유기농업자재 공시의 변경승인)

① 법 제38조제2항에 따라 유기농업자재 공시를 받은 자(이하 "공시사업자"라 한다)가 공시를 받은 내용을 변경하려는 경우에는 같은 조 제4항에 따라 별지 제34호서식에 따른 유기농업자재 공시 변경승인 신청서에 다음 각 호의 자료·서류 및 시료(사용방법을 변경하는 경우로 한정한다)를 첨부하여 그 공시를 한 공시기관에 제출해야 한다.

1. 유기농업자재 공시서

2. 변경 사유서

3. 변경사항을 증명하는 별표 18의 붙임에 따른 자료 및 서류

4. 시료 500g(mL). 다만, 병해충 관리용 시료는 100g(mL)으로 한다.

② 제1항에 따른 변경승인의 심사·절차 및 방법에 관하여는 제63조제1항부터 제4항까지의 규정을 준용한다.

제66조(유기농업자재 공시의 갱신)

① 공시사업자가 법 제39조제2항에 따라 유기농업자재 공시의 갱신을 신청하려는 경우에는 공시의 유효기간이 끝나기 3개월 전까지 별지 제38호서식에 따른 유기농업자재 공시 갱신신청서에 다음 각 호의 자료·서류 및 시료를 첨부하여 공시를 한 공시기관(같은 항 단서에 해당하는 경우에는 다른 공시기관으로 한다)에 제출해야 한다. 다만, 제1호부터 제3호까지의 자료·서류 및 시료는 변경사항이 없는 경우에는 제출하지 않을 수 있다.

1. 별지 제32호서식에 따른 유기농업자재 생산계획서

2. 별표 18의 붙임에 따른 제출 자료 및 서류

3. 시료 500g(mL). 다만, 병해충 관리용 시료는 100g(mL)으로 한다.

4. 유기농업자재 공시서

② 제1항에 따른 유기농업자재 공시 갱신의 심사·절차 및 방법에 관하여는 제63조제1항부터 제4항까지의 규정을 준용한다.

③ 공시기관은 유기농업자재 공시의 유효기간이 끝나기 4개월 전까지 공시사업자에게 공시의 갱신 절차와 함께 유효기간이 끝나는 날까지 공시의 갱신을 하지 않으면 공시를 유지할 수 없다는 사실을 미리 알려야 한다.

④ 제3항에 따른 통지는 서면, 문자메시지, 전자우편, 팩스 또는 전화 등의 방법으로 할 수 있다.

제67조(공시사업자의 준수사항)

① 공시사업자는 법 제40조제1항에 따라 공시를 받은 제품을 생산하거나 수입하여 판매한 실적을 그 공시심사를 한 공시기관에 알리려는 경우에는 매 반기가 끝나는 달의 다음 달 10일까지 유기농업자재의 종류별로 별지 제39호서식에 따라 유기농업자재 생산·수입 및 판매 실적을 작성하여 그 공시심사를 한 공시기관에 제출하거나 유기농업자재 정보시스템에 등록해야 한다.

② 공시사업자는 법 제40조제2항에 따라 공시심사와 관련된 다음 각 호의 자료 및 서류를 그 생산연도 다음 해부터 3년간 보관해야 한다.

1. 유기농업자재 공시의 신청 및 심사 관련 자료 및 서류

2. 유기농업자재 공시의 갱신신청 및 심사 관련 자료 및 서류

3. 유기농업자재 공시 표시에 관한 자료 및 서류

4. 별지 제40호서식에 따른 유기농업자재 공시 원료·재료 수급대장 및 원료·재료의 종류별 구입서류 등 원료·재료의 구입·사용에 관한 자료 및 서류

5. 유기농업자재의 생산·수입·판매에 관한 자료 및 서류

6. 유기농업자재의 품질관리에 관한 자료 및 서류

제68조(유기농업자재 시험연구기관의 지정기준)

법 제41조제2항에 따른 유기농업자재 시험연구기관의 지정기준은 별표 19와 같다.

제69조(유기농업자재 시험연구기관의 지정 등)

① 국립농산물품질관리원장은 법 제41조제1항에 따라 시험연구기관을 지정하려는 경우에는 해당 연도의 1월 31일까지 지정 신청기간 등 시험연구기관의 지정에 관한 사항을 국립농산물품질관리원의 인터넷 홈페이지 및 유기농업자재 정보시스템 등에 10일 이상 공고해야 한다.

② 법 제41조제2항에 따라 시험연구기관의 지정 신청을 하거나 같은 조 제3항에 따른 지정 갱신을 신청하려는 자는 별지 제41호서식에 따른 유기농업자재 시험연구기관 지정 신청서 또는 지정 갱신 신청서에 다음 각 호의 서류를 첨부하여 국립농산물품질관리원장에게 제출해야 한다. 이 경우 지정 갱신을 신청하려는 경우에는 지정의 유효기간이 끝나기 3개월 전까지 제출해야 한다.

1. 시험·분석 분야 등을 적은 업무계획서

2. 인력·시설·장비 현황

3. 시험관리규정

4. 유기농업자재 시험연구기관 지정서(지정을 갱신하려는 경우로 한정한다)

③ 국립농산물품질관리원장은 제2항에 따른 지정 신청 또는 지정 갱신 신청내용이 제68조에 따른 지정기준에 적합하면 별지 제42호서식에 따른 유기농업자재 시험연구기관 지정서를 발급하고, 지정내용을 유기농업자재 정보시스템에 게시해야 한다.

④ 법 제41조제4항에서 "농림축산식품부령으로 정하는 중요한 사항"이란 다음 각 호의 어느 하나에 해당하는 사항을 말한다.

1. 시험연구기관의 명칭 및 소재지

2. 대표자 성명

3. 시험연구기관의 시험·분석 분야

4. 시험연구기관의 시설

⑤ 시험연구기관은 법 제41조제4항에 따라 지정변경을 신청하려는 경우에는 제4항 각 호의

사항에 대해 변경 사유가 발생한 날부터 1개월 이내에 별지 제43호서식에 따른 유기농업자재 시험연구기관 지정변경 신청서에 다음 각 호의 서류를 첨부하여 국립농산물품질관리원장에게 제출해야 한다.

1. 유기농업자재 시험연구기관 지정서
2. 유기농업자재 시험연구기관의 변경내용을 증명하는 서류

⑥ 제5항에 따라 지정변경 신청을 받은 국립농산물품질관리원장은 변경내용이 제68조에 따른 지정기준에 적합하면 별지 제42호서식에 따른 유기농업자재 시험연구기관 지정서를 발급하고, 지정변경 내용을 유기농업자재 정보시스템에 게시해야 한다.

제70조(유기농업자재 시험연구기관의 지정취소 및 업무정지)
법 제41조제5항에 따른 시험연구기관의 지정취소 및 업무정지의 기준은 별표 20과 같다.

제71조(유기농업자재 시험연구기관의 준수사항)
① 시험연구기관은 법 제41조의2제3호에 따라 시험의 신청 및 수행에 관한 다음 각 호의 자료 및 서류를 그 생산연도의 다음 해부터 3년 동안 보관해야 한다.

1. 시험신청서 및 시험성적서
2. 이화학적(理化學的) 분석, 미생물 동정(同定: 생물 분류학상의 소속이나 명칭을 바르게 정하는 일), 식물시험·잔류시험·독성시험 성적을 적은 자료 및 서류
3. 그 밖에 유기농업자재에 대한 시험·분석과 관련된 자료 및 서류

② 제1항에 따른 자료 및 서류의 보관은 문서(전자문서를 포함한다)를 보관하는 방법으로 해야 하며, 제1항에 따른 자료 및 서류의 보관 등에 필요한 세부사항은 국립농산물품질관리원장이 정하여 고시한다.

제72조(공시의 표시 등)
법 제42조 전단에 따른 유기농업자재 공시를 나타내는 도형 또는 글자의 표시는 별표 21과 같다.

제73조(공시의 취소 등의 처분기준 및 절차)
법 제43조제1항에 따른 공시의 취소, 판매금지 및 시정조치 명령의 처분기준 및 절차는 별표 20과 같다.

제74조(공시 제품에 대한 품질관리 지도)

① 공시기관은 법 제43조제3항에 따라 직접 공시를 한 제품에 대해 품질관리 지도를 실시하려는 경우에는 품질관리 지도방안 및 사후관리 등에 관한 품질관리 지도계획을 수립하고, 그 계획에 따라 품질관리 지도를 실시해야 한다.

② 제1항에 따른 품질관리 지도에 필요한 세부사항은 국립농산물품질관리원장이 정하여 고시한다.

제75조(공시기관의 지정기준)

① 법 제44조제1항에 따른 공시기관의 지정기준은 별표 22와 같다.

② 제1항에서 규정한 사항 외에 공시기관의 지정 등에 필요한 사항은 국립농산물품질관리원장이 정하여 고시한다.

제76조(공시기관의 지정신청 등)

① 국립농산물품질관리원장은 법 제44조제1항에 따라 공시기관을 지정하려는 경우에는 해당 연도의 1월 31일까지 지정 신청기간 등 공시기관의 지정에 관한 사항을 국립농산물품질관리원의 인터넷 홈페이지 및 유기농업자재 정보시스템 등에 10일 이상 공고해야 한다.

② 법 제44조제2항에 따라 공시기관의 지정을 신청하려는 자는 제1항에 따른 지정 신청기간에 별지 제44호서식에 따른 유기농업자재 공시기관 지정 신청서에 다음 각 호의 서류를 첨부하여 국립농산물품질관리원장에게 제출해야 한다.

1. 인력 현황

2. 시설 및 장비 현황

3. 조직 현황

4. 공시 업무규정

③ 국립농산물품질관리원장은 제2항에 따른 유기농업자재 공시기관 지정 신청서를 제출받으면 「전자정부법」 제36조제1항에 따른 행정정보의 공동이용을 통해 법인 등기사항증명서를 확인해야 한다.

④ 국립농산물품질관리원장은 제2항에 따른 지정신청의 내용이 제75조에 따른 지정기준을 갖춘 경우에는 해당 기관을 공시기관으로 지정하고, 별지 제45호서식에 따른 유기농업자재 공시기관 지정서를 발급하며, 지정내용을 유기농업자재 정보시스템에 게시해야 한다.

제77조(공시기관의 지정갱신 절차 등)

① 법 제44조제3항에 따라 공시기관의 지정을 갱신하려는 공시기관은 공시기관 지정의 유효

기간이 끝나기 3개월 전까지 별지 제44호서식에 따른 유기농업자재 공시기관 지정갱신 신청서에 제76조제2항 각 호의 서류와 유기농업자재 공시기관 지정서를 첨부하여 국립농산물품질관리원장에게 제출해야 한다.

② 국립농산물품질관리원장은 제1항에 따른 유기농업자재 공시기관 지정갱신 신청서를 제출받으면 「전자정부법」 제36조제1항에 따른 행정정보의 공동이용을 통해 법인 등기사항 증명서를 확인해야 한다.

③ 국립농산물품질관리원장은 제1항에 따른 지정갱신 신청내용이 제75조에 따른 지정기준을 갖춘 경우에는 해당 기관을 공시기관으로 지정하고, 별지 제45호서식에 따른 유기농업자재 공시기관 지정서를 발급 하며, 지정내용을 유기농업자재 정보시스템에 게시해야 한다.

④ 국립농산물품질관리원장은 공시기관 지정의 유효기간이 끝나기 4개월 전까지 공시기관에 지정갱신 절차와 함께 유효기간이 끝나는 날까지 지정을 갱신하지 않으면 공시업무를 계속할 수 없다는 사실을 미리 알려야 한다.

⑤ 제4항에 따른 통지는 서면, 문자메시지, 전자우편, 팩스 또는 전화 등의 방법으로 할 수 있다.

제78조(공시기관의 변경신고 등)

① 공시기관은 법 제44조제4항 본문에 따라 변경신고를 하려는 경우에는 별지 제46호서식에 따른 유기농업자재 공시기관 지정내용 변경신고서에 다음 각 호의 서류를 첨부하여 국립농산물품질관리원장에게 제출해야 한다.

1. 유기농업자재 공시기관 지정서

2. 변경내용을 증명하는 서류

② 법 제44조제4항 단서에서 "농림축산식품부령으로 정하는 중요 사항"이란 다음 각 호의 어느 하나에 해당하는 사항을 말한다.

1. 제60조에 따른 유기농업자재 공시 대상

2. 공시 업무규정

③ 공시기관은 법 제44조제4항 단서에 따라 제2항 각 호의 사항의 변경에 대해 승인을 받으려는 경우에는 별지 제46호서식에 따른 유기농업자재 공시기관 지정사항 변경승인 신청서에 다음 각 호의 서류를 첨부하여 국립농산물품질관리원장에게 제출해야 한다.

1. 유기농업자재 공시기관 지정서

2. 변경사항을 증명하는 서류

④ 국립농산물품질관리원장은 제1항 또는 제3항에 따른 변경신고 또는 변경승인 신청내용이 제75조에 따른 지정기준에 적합한 경우에는 신고인 또는 신청인에게 별지 제45호서식에

따른 유기농업자재 공시기관 지정서를 발급하고, 변경내용을 유기농업자재 정보시스템에 게시해야 한다.

제79조(공시기관의 준수사항)

① 공시기관은 법 제45조제3호에 따라 공시의 신청·심사에 관한 다음 각 호의 자료 및 서류를 법 제39조제1항에 따른 공시의 유효기간이 끝난 날부터 3년 동안 보관해야 한다. 이 경우 공시가 갱신되었을 때에는 종전의 유효기간 동안 보관하던 자료 및 서류도 함께 보관해야 한다.

1. 유기농업자재 공시의 신청, 재심사 신청 또는 변경승인 신청, 공시의 갱신신청과 관련하여 공시기관에 제출된 자료 및 서류

2. 제1호와 관련된 심사 자료 및 서류

3. 공시사업자가 생산하거나 수입하여 판매한 실적에 대해 제출한 자료 및 서류

② 공시기관은 법 제45조제3호에 따라 공시의 취소, 판매금지 처분, 품질관리 지도에 관한 다음 각 호의 자료 및 서류를 법 제39조제1항에 따른 공시의 유효기간이 끝난 날부터 3년 동안 보관해야 한다. 다만, 공시가 취소된 경우에는 취소된 날부터 3년 동안 보관해야 한다.

1. 공시의 취소 또는 판매금지 처분과 관련된 자료 및 서류

2. 품질관리 지도와 관련된 자료 및 서류

③ 제1항 및 제2항에 따른 자료 및 서류의 보관은 문서(전자문서를 포함한다)를 보관하는 방법으로 해야 한다.

④ 공시기관은 지정취소·업무정지 처분을 받거나 지정의 유효기간이 끝난 때에는 지체 없이 해당 공시기관에 공시를 신청하여 공시절차가 진행 중인 자(이하 "공시신청인"이라 한다)와 해당 공시기관에서 공시를 받은 공시사업자에게 해당 사실을 통보하고, 제1항 및 제2항에 따라 보관해야 하는 자료와 수수료 정산액(수수료를 미리 낸 경우로 한정한다)을 지정취소·업무정지 처분을 받은 날 또는 지정의 유효기간이 끝난 날부터 1개월 이내에 국립농산물품질관리원장에게 제출해야 하며, 국립농산물품질관리원장은 공시사업자가 지정하는 다른 공시기관에 이전해야 한다. 다만, 공시기관이 공시신청인 또는 공시사업자에게 해당 자료 및 서류와 수수료 정산액을 돌려준 경우에는 그렇지 않다.

제80조(공시 결과 및 사후관리 결과 등 보고)

① 공시기관은 법 제45조제4호에 따라 공시 결과 및 사후관리 결과 등을 국립농산물품질관리원장에게 보고하려는 경우에는 다음 각 호의 구분에 따른 기한까지 유기농업자재 정보시스

1. 법 제38조 및 제39조에 따른 공시의 신청, 재심사 신청, 변경승인 신청 및 공시의 갱신신청이 제61조에 따른 공시의 기준에 부적합한 경우: 해당 신청내용과 부적합 사유를 즉시

2. 법 제40조제1항에 따라 공시사업자가 공시기관에 통보한 사항: 매 반기가 끝나는 달의 다음 달 말일까지

3. 공시의 신청, 심사, 공시 현황: 매 분기가 끝나는 달의 다음 달 10일까지

4. 법 제43조제3항에 따른 품질관리 지도 및 법 위반에 따른 조치 결과 등 사후관리에 관한 사항: 해당 지도 또는 조치 후 1개월 이내

② 공시기관은 법 제45조제5호에 따라 공시사업자가 공시기준을 준수하도록 관리하기 위해 다음 각 호의 사항에 대해 불시 심사를 하고, 그 결과를 국립농산물품질관리원장에게 직접 보고하거나 유기농업자재 정보시스템에 게시하는 방법으로 기록·관리해야 한다.

1. 법 제40조제2항에 따른 공시심사와 관련된 서류 등의 보관

2. 제61조에 따른 유기농업자재의 공시기준 적합성

제81조(공시업무의 휴업·폐업 신고)

① 공시기관은 법 제46조에 따라 휴업 또는 폐업을 신고하려는 경우에는 휴업 또는 폐업하기 1개월 전까지 별지 제47호서식에 따른 유기농업자재 공시기관 휴업·폐업 신고서에 다음 각 호의 자료를 첨부하여 국립농산물품질관리원장에게 제출해야 한다. 다만, 공시기관이 공시사업자에게 직접 돌려준 경우에는 제1호 및 제3호에 따른 자료 및 서류와 수수료 정산액은 제출하지 않을 수 있다.

1. 법 제45조제3호에 따라 보관하고 있는 공시의 신청·심사, 공시의 취소, 판매금지 처분, 품질관리 지도 및 유기농업자재의 거래에 관한 자료 및 서류(휴업의 경우에는 사본을 제출한다)

2. 공시기관의 지정서(폐업의 경우에만 제출한다)

3. 수수료 정산액

② 국립농산물품질관리원장은 제1항에 따른 공시기관 휴업·폐업 신고서를 수리한 경우에는 그 사실을 유기농업자재 정보시스템에 게시해야 한다.

③ 휴업을 한 공시기관이 공시업무를 재개하기 위해서는 휴업기간이 끝나기 10일 전까지 제75조에 따른 공시기관의 지정기준에 적합함을 증명하는 서류를 국립농산물품질관리원장에게 제출해야 한다.

④ 제1항부터 제3항까지에서 규정한 사항 외에 공시기관의 휴업 및 폐업 절차 등에 필요한 사항은 국립농산물품질관리원장이 정하여 고시한다.

제82조(공시기관의 지정취소 등)

법 제47조제1항 및 제50조제2항에 따른 공시기관의 지정취소·업무정지 또는 시정조치 명령의 세부적인 기준은 별표 20과 같다.

제83조(유기농업자재 및 공시사업자등의 사후관리)

① 법 제49조제1항에 따라 국립농산물품질관리원장 또는 공시기관이 매년 실시하는 판매·유통 중인 공시 받은 유기농업자재 및 공시사업자에 대한 조사는 다음 각 호의 구분에 따라 실시한다.

1. 정기조사: 유기농업자재 판매·유통 사업장 또는 공시사업자의 사업장 중 일부를 선정하여 정기적으로 실시

2. 수시조사 : 특정업체의 위반사실에 대한 신고·민원·제보 등이 접수되는 경우에 실시

3. 특별조사 : 국립농산물품질관리원장이 필요하다고 인정하는 경우에 실시

② 제1항에 따른 조사의 방법 및 사항은 다음 각 호의 구분에 따른다.

1. 주성분 등 품질검사항목에 대한 검정조사: 공시 받은 유기농업자재가 공시기준에 맞는지의 확인

2. 서류조사 또는 현장조사: 판매·유통 중인 공시 받은 유기농업자재의 표시사항이 표시기준에 맞는지 또는 유기농업자재의 수입, 생산 또는 판매·유통 과정이 공시기준에 맞는지의 확인

③ 법 제49조제3항 후단에 따라 공시사업자 또는 공시 받은 유기농업자재를 판매·유통하는 사업자(이하 "공시사업자등"이라 한다)의 사업장에 출입하는 사람은 그 권한을 표시하는 다음 각 호의 구분에 따른 증표를 지니고 관계인에게 보여 주어야 하며, 사업장에 출입할 때에는 성명·출입시간 및 출입목적 등이 기재된 문서를 관계인에게 내주어야 한다.

1. 공무원의 경우: 별지 제26호서식에 따른 조사 공무원증

2. 공시기관의 심사원인 경우: 별지 제48호서식에 따른 공시심사원증

④ 국립농산물품질관리원장 또는 공시기관은 법 제49조제4항 전단에 따라 같은 조 제1항에 따른 조사결과를 통지하려는 때에는 서면, 문자메시지, 전자우편, 팩스 또는 전화 등의 방법으로 통지할 수 있다.

⑤ 법 제49조제4항 후단에 따라 시료의 재검사를 요청하려는 공시사업자등은 제4항에 따른 통지를 받은 날부터 7일 이내에 별지 제49호서식에 따른 유기농업자재 재검사 요청서에 재검사 요청사유를 적고, 요청사유를 증명하는 자료를 첨부하여 국립농산물품질관리원장 또는 공시기관에 제출해야 한다.

⑥ 제5항에 따른 재검사를 요청받은 국립농산물품질관리원장 또는 공시기관은 법 제49조제5

항에 따라 재검사 요청을 받은 날부터 7일 이내에 재검사 요청사유 및 증명자료를 확인하여 재검사가 필요하다고 인정되는 경우에는 재검사 여부를 결정하여 해당 공시사업자등에게 통보해야 한다.

⑦ 국립농산물품질관리원장 또는 인증기관은 법 제49조제6항에 따라 재검사 결과를 통보하려는 때에는 서면, 문자메시지, 전자우편, 팩스 또는 전화 등의 방법으로 통보할 수 있다.

⑧ 제1항부터 제7항까지에서 규정한 사항 외에 조사 및 재검사에 필요한 사항은 국립농산물품질관리원장이 정하여 고시한다.

제84조(공시취소 등 조치명령의 세부기준)
법 제49조제7항 각 호에 따른 조치명령의 세부기준은 별표 20과 같다.

제85조(유기농업자재의 압류)
법 제49조제8항 전단에 따라 국립농산물품질관리원장이 관계 공무원에게 유기농업자재를 압류하게 한 때에는 별지 제50호서식에 따른 압류증을 발급해야 한다.

제86조(조치명령 내용의 공표)
① 국립농산물품질관리원장은 법 제49조제9항에 따라 같은 조 제7항 각 호에 따른 조치명령의 내용을 유기농업자재 정보시스템을 통해 공표해야 한다.

② 제1항에서 규정한 사항 외에 공표 방법 및 기간 등에 필요한 사항은 국립농산물품질관리원장이 정하여 고시한다.

제87조(공시기관 등의 승계)
① 법 제51조제1항에 따라 공시사업자의 지위를 승계한 자는 그 지위를 승계한 날부터 1개월 이내에 별지 제51호서식에 따른 유기농업자재 공시사업자 지위 승계신고서에 다음 각 호의 서류를 첨부하여 공시심사를 한 공시기관(그 공시기관의 지정이 취소된 경우에는 다른 공시기관을 말한다)에 제출해야 한다.

1. 유기농업자재 생산계획서
2. 법 제51조제1항 각 호에 따른 지위 승계를 증명하는 자료
3. 상속·양도 등을 한 자의 유기농업자재 공시서

② 법 제51조제1항에 따라 공시기관의 지위를 승계한 자는 그 지위를 승계한 날부터 1개월 이내에 별지 제52호서식에 따른 유기농업자재 공시기관 지위 승계신고서에 다음 각 호의 서류를 첨부하여 국립농산물품질관리원장에게 제출해야 한다.

1. 법 제51조제1항제2호 또는 제3호에 따른 공시기관의 지위 승계를 증명하는 자료

2. 제75조에 따른 공시기관의 지정기준을 갖추었음을 증명하는 서류

3. 양도 등을 한 자의 공시기관 지정서

③ 국립농산물품질관리원장은 제2항에 따른 공시기관 지위 승계신고서를 제출받으면 「전자정부법」 제36조제1항에 따른 행정정보의 공동이용을 통해 법인 등기사항증명서(합병 후 존속하는 법인이나 합병으로 설립되는 경우로 한정한다)를 확인해야 한다.

④ 공시기관은 법 제51조제2항에 따른 공시사업자 지위 승계 신고를 수리(같은 조 제4항에 따라 신고를 수리한 것으로 보는 경우를 포함한다)하였을 때에는 별지 제35호서식에 따른 유기농업자재 공시서를 발급하고, 지위 승계 내용을 유기농업자재 정보시스템에 반영해야 한다.

⑤ 국립농산물품질관리원장은 법 제51조제2항에 따른 공시기관 지위 승계 신고를 수리(같은 조 제4항에 따라 신고를 수리한 것으로 보는 경우를 포함한다)한 때에는 별지 제45호서식에 따른 유기농업자재 공시기관 지정서를 발급하고, 지위 승계 사실을 국립농산물품질관리원의 인터넷 홈페이지 및 유기농업자재 정보시스템 등에 게시해야 한다.

제6장 보칙

제88조(친환경 인증관리 정보시스템의 구축·운영)

① 국립농산물품질관리원장은 법 제53조제1항에 따라 친환경 인증관리 정보시스템을 통해 유기식품등 인증, 무농약농산물·무농약원료가공식품 및 「축산법」에 따른 무항생제축산물의 인증에 관한 다음 각 호의 정보를 소비자에게 제공해야 한다.

1. 인증사업자의 성명·연락처·인증번호, 사업장 소재지, 해당 인증을 한 인증기관의 명칭, 인증 유효기간 및 인증품의 품목

2. 다음 각 목에 해당하는 자의 성명·인증번호, 인증품의 품목 및 행정처분 사항

　가. 법 제24조제1항(법 제34조제4항에서 준용하는 경우를 포함한다)에 따른 인증 취소, 인증표시의 제거·정지 또는 시정조치 명령을 받은 자

　나. 법 제31조제7항(법 제34조제5항에서 준용하는 경우를 포함한다)에 따른 인증 취소, 인증표시의 제거·정지 또는 시정조치, 인증품등의 판매금지·판매정지·회수·폐기 또는 세부 표시사항 변경 조치 명령을 받은 자

　다. 「축산법」 제42조의7제1항에 따른 인증취소, 인증표시의 제거·사용정지 또는 시정조치 명령을 받은 자

　라. 「축산법」 제42조의10제8항에 따른 인증취소, 인증표시의 제거·사용정지 또는 시정조치, 인증품의 판매금지·판매정지·회수·폐기 또는 세부 표시사항 변경 조치 명령

을 받은 자

3. 인증기관의 명칭, 주사무소 및 지방사무소의 소재지와 연락처, 인증업무의 범위

4. 법 제29조제1항(「축산법」 제42조의12에서 준용하는 경우를 포함한다)에 따른 지정취소, 업무정지 및 시정조치 명령을 받은 인증기관의 명칭과 그 행정처분의 내용

② 제1항에서 규정한 사항 외에 친환경 인증관리 정보시스템의 구축·운영에 필요한 사항은 국립농산물품질관리원장이 정하여 고시한다.

제89조(유기농업자재 정보시스템의 구축·운영)

① 국립농산물품질관리원장은 법 제53조의2제1항에 따라 유기농업자재 정보시스템을 통해 유기농업자재 공시에 관한 다음 각 호의 정보를 소비자에게 제공해야 한다.

1. 공시사업자의 업체명·대표자의 성명·연락처·공시번호, 사업장 소재지, 공시 유효기간, 공시 받은 유기농업자재의 품목

2. 다음 각 목에 해당하는 자의 성명·공시번호, 공시 받은 유기농업자재의 품목 및 행정처분 사항

   가. 법 제43조제1항에 따른 공시취소, 판매금지 또는 시정조치 명령을 받은 자

   나. 법 제49조제7항에 따른 공시취소, 판매금지 또는 시정조치, 유기농업자재의 회수·폐기, 공시표시의 제거·정지 또는 세부 표시사항 변경 조치 명령을 받은 자

3. 시험연구기관의 명칭, 주사무소 및 지방사무소의 소재지와 연락처, 업무의 범위

4. 법 제41조제5항에 따른 지정취소 및 업무정지 처분을 받은 시험연구기관의 명칭과 그 행정처분의 내용

5. 공시기관의 명칭, 주사무소 및 지방사무소의 소재지와 연락처

6. 법 제47조제1항에 따른 지정취소, 업무정지 및 시정조치 명령을 받은 공시기관의 명칭과 그 행정처분의 내용

② 제1항에서 규정한 사항 외에 유기농업자재 정보시스템의 구축·운영에 필요한 사항은 국립농산물품질관리원장이 정하여 고시한다.

제90조(수수료)

① 법 제56조제1항 및 제2항에 따른 수수료는 별표 23과 같다.

② 제1항에 따른 수수료는 수입인지, 현금, 계좌이체, 신용카드, 직불카드 또는 정보통신망을 이용한 전자화폐, 전자결제 등의 방법으로 납부할 수 있다.

③ 삭제

제91조(규제의 재검토)

농림축산식품부장관은 다음 각 호의 사항에 대해 다음 각 호의 기준일을 기준으로 3년마다(매 3년이 되는 해의 기준일과 같은 날 전까지를 말한다) 그 타당성을 검토하여 개선 등의 조치를 해야 한다.

[별표 1]

■ 농림축산식품부 소관 친환경농어업 육성 및 유기식품 등의 관리·지원에 관한 법률 시행규칙

허용물질(제3조제1항 관련) [기출]

1. 유기식품등에 사용 가능한 물질

　가. 유기농산물 및 유기임산물

　　1) 토양 개량과 작물 생육을 위해 사용 가능한 물질

번호	사용 가능 물질	사용 가능 조건
1	가) 농장 및 가금류의 퇴구비[堆廐肥: 볏짚, 낙엽 등 부산물을 부숙(썩혀서 익히는 것을 말한다. 이하 같다)하여 만든 퇴비와 축사에서 나오는 두엄을 말한다] 나) 퇴비화된 가축배설물 다) 건조된 농장 퇴구비 및 탈수한 가금류의 퇴구비 라) 가축분뇨를 발효시킨 액상의 물질	(1) 제11조제2항에 따라 국립농산물품질관리원장이 정하여 고시하는 유기농산물 및 유기임산물 인증기준의 재배방법 중 가축분뇨를 원료로 하는 퇴비·액비의 기준에 적합할 것 (2) 사용 가능 물질 중 라)는 유기축산물 또는 무항생제축산물 인증 농장, 경축순환농법(耕畜循環農法: 친환경농업을 실천하는 자가 경종과 축산을 겸업하면서 각각의 부산물을 작물재배 및 가축사육에 활용하고, 경종작물의 퇴비소요량에 맞게 가축사육 마릿수를 유지하는 형태의 농법을 말한다) 등 친환경 농법으로 가축을 사육하는 농장 또는 「동물보호법」 제59조[법률 제18853호 동물보호법 전부개정법률 부칙 제17조에 따라 같은 법 제59조의 개정규정이 시행되기 전까지는 종전의 「동물보호법」(법률 제18853호로 개정되기 전의 것을 말한다) 제29조를 말한다]에 따른 동물복지축산농장 인증을 받은 농장에서 유래한 것만 사용하고, 「비료관리법」 제4조에 따른 공정규격설정 등의 고시에서 정한 가축분뇨발효액의 기준에 적합할 것
2	식물 또는 식물 잔류물로 만든 퇴비 [기출]	충분히 부숙된 것일 것
3	버섯재배 및 지렁이 양식에서 생긴 퇴비	버섯재배 및 지렁이 양식에 사용되는 자재는 이 표에서 사용 가능한 것으로 규정된 물질만을 사용

4	지렁이 또는 곤충으로부터 온 부식토	부식토의 생성에 사용되는 지렁이 및 곤충의 먹이는 이 표에서 사용 가능한 것으로 규정된 물질만을 사용할 것
5	식품 및 섬유공장의 유기적 부산물	합성첨가물이 포함되어 있지 않을 것
6	유기농장 부산물로 만든 비료	화학물질의 첨가나 화학적 제조공정을 거치지 않을 것
7	혈분·육분·골분·깃털분 등 도축장과 수산물 가공공장에서 나온 동물부산물 [기출]	화학물질의 첨가나 화학적 제조공정을 거치지 않아야 하고, 항생물질이 검출되지 않을 것
8	대두박(콩에서 기름을 짜고 남은 찌꺼기를 말한다. 이하 이 표에서 같다), 쌀겨 유박(油粕: 식물성 원료에서 원하는 물질을 짜고 남은 찌꺼기를 말한다. 이하 이 표에서 같다), 깻묵 등 식물성 유박류 [기출]	(1) 유전자를 변형한 물질이 포함되지 않을 것 (2) 최종제품에 화학물질이 남지 않을 것 (3) 아주까리 및 아주까리 유박을 사용한 자재는 「비료관리법」 제4조에 따른 공정규격설정 등의 고시에서 정한 리친(Ricin)의 유해성분 최대량을 초과하지 않을 것
9	제당산업의 부산물[당밀, 비나스(Vinasse: 사탕수수나 사탕무에서 알코올을 생산한 후 남은 찌꺼기를 말한다), 식품등급의 설탕, 포도당을 포함한다] [기출]	유해 화학물질로 처리되지 않을 것
10	유기농업에서 유래한 재료를 가공하는 산업의 부산물	합성첨가물이 포함되어 있지 않을 것
11	오줌 [기출]	충분한 발효와 희석을 거쳐 사용할 것
12	사람의 배설물(오줌만인 경우는 제외한다) [기출]	(1) 완전히 발효되어 부숙된 것일 것 (2) 고온발효: 50℃ 이상에서 7일 이상 발효된 것 (3) 저온발효: 6개월 이상 발효된 것일 것 (4) 엽채류 등 농산물·임산물 중 사람이 직접 먹는 부위에는 사용하지 않을 것
13	벌레 등 자연적으로 생긴 유기체	
14	구아노(Guano: 바닷새, 박쥐 등의 배설물)	화학물질 첨가나 화학적 제조공정을 거치지 않을 것
15	짚, 왕겨, 쌀겨 및 산야초	비료화하여 사용할 경우에는 화학물질 첨가나 화학적 제조공정을 거치지 않을 것
16	가) 톱밥, 나무껍질 및 목재 부스러기 [기출] 나) 나무 숯 및 나뭇재	원목상태 그대로이거나 원목을 기계적으로 가공·처리한 상태의 것으로서 가공·처리과정에서

		페인트·기름·방부제 등이 묻지 않은 폐목재 또는 그 목재의 부산물을 원료로 하여 생산한 것일 것
17	가) 황산칼륨, **랑베나이트**(해수의 증발로 생성된 암염) 또는 광물염 [기출] 나) **석회소다** 염화물 [기출] 다) 석회질 마그네슘 암석 라) 마그네슘 암석 마) 사리염(황산마그네슘) 및 천연석고(황산칼슘) 바) 석회석 등 자연에서 유래한 탄산칼슘 사) 점토광물(벤토나이트·펄라이트·제올라이트·일라이트 등) 아) 질석(Vermiculite: 풍화한 흑운모) 자) 붕소·철·망간·구리·몰리브덴 및 아연 등 미량원소	(1) 천연에서 유래하고, 단순 물리적으로 가공한 것일 것 (2) 사람의 건강 또는 농업환경에 위해(危害)요소로 작용하는 광물질(예: 석면광, 수은광 등)은 사용하지 않을 것
18	칼륨암석 및 채굴된 칼륨염	천연에서 유래하고 단순 물리적으로 가공한 것으로 염소함량이 60퍼센트 미만일 것
19	천연 인광석 및 인산알루미늄칼슘	천연에서 유래하고 단순 물리적 공정으로 가공된 것이어야 하며, 인을 오산화인(P_2O_5)으로 환산하여 1kg 중 카드뮴이 90mg/kg 이하일 것
20	**자연암석분말·분쇄석 또는 그 용액** [기출]	**(1) 화학물질의 첨가나 화학적 제조공정을 거치지 않을 것** **(2) 사람의 건강 또는 농업환경에 위해요소로 작용하는 광물질이 포함된 암석은 사용하지 않을 것**
21	광물을 제련하고 남은 찌꺼기[광재(鑛滓): 베이직 슬래그]	광물의 제련과정에서 나온 것으로서 화학물질이 포함되지 않을 것(예: 제조 시 화학물질이 포함되지 않은 규산질 비료)
22	염화나트륨(소금) 및 해수	(1) 염화나트륨(소금)은 채굴한 암염 및 천일염(잔류농약이 검출되지 않아야 함)일 것 (2) 해수는 다음 조건에 따라 사용할 것 (가) 천연에서 유래할 것 (나) 엽면시비용(葉面施肥用)으로 사용할 것 (다) 토양에 염류가 쌓이지 않도록 필요한 최소량

		만을 사용할 것
23	목초액	「산업표준화법」에 따른 한국산업표준의 목초액 (KSM3939) 기준에 적합할 것
24	키토산	국립농산물품질관리원장이 정하여 고시하는 품질 규격에 적합할 것
25	미생물 및 미생물 추출물	미생물의 배양과정이 끝난 후에 화학물질의 첨가나 화학적 제조공정을 거치지 않을 것
26	이탄(泥炭, Peat), 토탄(土炭, Peat moss), 토탄 추출물 [기출]	
27	해조류, 해조류 추출물, 해조류 퇴적물	
28	황	
29	주정 찌꺼기(Stillage) 및 그 추출물(암모니아 주정 찌꺼기는 제외한다)	
30	클로렐라(담수녹조) 및 그 추출물	클로렐라 배양과정이 끝난 후에 화학물질의 첨가나 화학적 제조공정을 거치지 않을 것

2) 병해충 관리를 위해 사용 가능한 물질

번호	사용 가능 물질	사용 가능 조건
1	제충국 추출물	제충국(*Chrysanthemum cinerariaefolium*)에서 추출된 천연물질일 것
2	데리스(Derris) 추출물	데리스(*Derris spp., Lonchocarpus spp.* 및 *Tephrosia spp.*)에서 추출된 천연물질일 것
3	쿠아시아(Quassia) 추출물	쿠아시아(*Quassia amara*)에서 추출된 천연물질일 것
4	라이아니아(Ryania) 추출물	라이아니아(*Ryania speciosa*)에서 추출된 천연물질일 것
5	님(Neem) 추출물	님(*Azadirachta indica*)에서 추출된 천연물질일 것
6	해수 및 천일염	잔류농약이 검출되지 않을 것
7	젤라틴(Gelatine) [기출]	크롬(Cr)처리 등 화학적 제조공정을 거치지 않을 것
8	난황(卵黃, 계란노른자 포함) [기출]	화학물질의 첨가나 화학적 제조공정을 거치지 않을 것

9	식초 등 천연산	화학물질의 첨가나 화학적 제조공정을 거치지 않을 것
10	누룩곰팡이속(Aspergillus spp.)의 발효 생산물	미생물의 배양과정이 끝난 후에 화학물질의 첨가나 화학적 제조공정을 거치지 않을 것
11	목초액	「산업표준화법」에 따른 한국산업표준의 목초액(KSM3939) 기준에 적합할 것
12	**담배잎차(순수 니코틴은 제외한다)** [기출]	**물로 추출한 것일 것**
13	키토산	국립농산물품질관리원장이 정하여 고시하는 품질규격에 적합할 것
14	밀랍(Beeswax) 및 프로폴리스(Propolis)	
15	동·식물성 오일	천연유화제로 제조할 경우만 수산화칼륨을 동물성·식물성 오일 사용량 이하로 최소화하여 사용할 것. 이 경우 인증품 생산계획서에 기록·관리하고 사용해야 한다.
16	해조류·해조류가루·해조류추출액	
17	인지질(Lecithin)	
18	카제인(유단백질)	
19	버섯 추출액	
20	클로렐라(담수녹조) 및 그 추출물	클로렐라 배양과정이 끝난 후에 화학물질의 첨가나 화학적 제조공정을 거치지 않을 것
21	천연식물(약초 등)에서 추출한 제재(담배는 제외)	
22	식물성 퇴비발효 추출액	(1) 제1호가목1)에서 정한 허용물질 중 식물성 원료를 충분히 부숙시킨 퇴비로 제조할 것 (2) 물로만 추출할 것
23	가) 구리염 나) 보르도액 다) 수산화동 라) 산염화동 마) 부르고뉴액	토양에 구리가 축적되지 않도록 필요한 최소량만을 사용할 것
24	생석회(산화칼슘) 및 소석회(수산화칼슘)	토양에 직접 살포하지 않을 것
25	석회보르도액 및 석회유황합제	
26	에틸렌	키위, 바나나와 감의 숙성을 위해 사용할 것

27	규산염 및 벤토나이트	천연에서 유래하고 단순 물리적으로 가공한 것만 사용할 것
28	규산나트륨	천연규사와 탄산나트륨을 이용하여 제조한 것일 것
29	**규조토** [기출]	천연에서 유래하고 단순 물리적으로 가공한 것일 것
30	맥반석 등 광물질 가루	(1) 천연에서 유래하고 단순 물리적으로 가공한 것일 것 (2) 사람의 건강 또는 농업환경에 위해요소로 작용하는 광물질(예: 석면광 및 수은광 등)은 사용하지 않을 것
31	인산철	달팽이 관리용으로만 사용할 것
32	파라핀 오일	
33	중탄산나트륨 및 중탄산칼륨	
34	과망간산칼륨	과수의 병해관리용으로만 사용할 것
35	황	액상화할 경우에만 수산화나트륨을 황 사용량 이하로 최소화하여 사용할 것. 이 경우 인증품 생산계획서에 기록·관리하고 사용해야 한다.
36	미생물 및 미생물 추출물	미생물의 배양과정이 끝난 후에 화학물질의 첨가나 화학적 제조공정을 거치지 않을 것
37	천적	생태계 교란종이 아닐 것
38	성 유인물질(페로몬)	(1) 작물에 직접 처리하지 않을 것 (2) 덫에만 사용할 것
39	**메타알데하이드** [기출]	(1) 별도 용기에 담아서 사용할 것 (2) 토양이나 작물에 직접 처리하지 않을 것 (3) 덫에만 사용할 것
40	이산화탄소 및 질소가스	과실 창고의 대기 농도 조정용으로만 사용할 것
41	비누(Potassium Soaps)	
42	에틸알콜	발효주정일 것
43	허브식물 및 기피식물	생태계 교란종이 아닐 것
44	**기계유** [기출]	**(1) 과수농가의 월동 해충 제거용으로만 사용할 것** **(2) 수확기 과실에 직접 사용하지 않을 것**

45	웅성불임곤충	

나. 유기축산물 및 비식용유기가공품

    1) 사료로 직접 사용되거나 배합사료의 원료로 사용 가능한 물질(「사료관리법」 제11조에 따라 고시된 사료공정을 준수한 원료로 한정한다)

번호	구분	사용 가능 물질	사용 가능 조건
1	식물성	곡류(곡물), 곡물부산물류(강피류), 박류(단백질류), 서류, 식품가공부산물류, 조류(藻類), 섬유질류, 제약부산물류, 유지류, 전분류, 콩류, 견과·종실류, 과실류, 채소류, 버섯류, 그 밖의 식물류	가) 유기농산물(유기수산물을 포함한다. 이하 같다) 인증을 받거나 유기농산물의 부산물로 만들어진 것일 것 나) 천연에서 유래한 것은 잔류농약이 검출되지 않을 것
2	동물성	**단백질류, 낙농가공부산물류** [기출]	**가) 수산물(골뱅이분을 포함한다)은 양식하지 않은 것일 것** **나) 포유동물에서 유래된 사료(우유 및 유제품은 제외한다)는 반추가축[소·양 등 반추(反芻)류 가축을 말한다. 이하 같다]에 사용하지 않을 것**
		곤충류, 플랑크톤류	가) 사육이나 양식과정에서 합성농약이나 동물용의약품을 사용하지 않은 것일 것 나) 야생의 것은 잔류농약이 검출되지 않은 것일 것
		무기물류	「사료관리법」 제2조제2호에 따라 농림축산식품부장관이 정하여 고시하는 기준에 적합할 것
		유지류	가) 「사료관리법」 제2조제2호에 따라 농림축산식품부장관이 정하여 고시하는 기준에 적합할 것 나) 반추가축에 사용하지 않을 것
3	광물성	식염류, 인산염류 및 칼슘염류, 다량광물질류, 혼합광물질류	가) 천연의 것일 것 나) 가)에 해당하는 물질을 상업적으로 조달할 수 없는 경우에는 화학적으로 충분히 정제된 유사물질 사용 가능

비고: 이 표의 사용 가능 물질의 구체적인 범위는 「사료관리법」 제2조제2호에 따라 농림축산식품부 장관이 정하여 고시하는 단미사료의 범위에 따른다.

2) 사료의 품질저하 방지 또는 사료의 효용을 높이기 위해 사료에 첨가하여 사용 가능한 물질

번호	구분	사용 가능 물질	사용 가능 조건
1	천연 결착제		가) 천연의 것이거나 천연에서 유래한 것일 것
	천연 유화제		나) 합성농약 성분 또는 동물용의약품 성분을 함유하지 않을 것
	천연 보존제	산미제, 항응고제, 항산화제, 항곰팡이제	다) 「유전자변형생물체의 국가간 이동 등에 관한 법률」 제2조제2호에 따른 유전자변형생물체(이하 "유전자변형생물체"라 한다) 및 유전자변형생물체에서 유래한 물질을 함유하지 않을 것
	효소제	당분해효소, 지방분해효소, 인분해효소, 단백질분해효소	
	미생물제제	유익균, 유익곰팡이, 유익효모, 박테리오파지	
	천연 향미제		
	천연 착색제		
	천연 추출제	초목 추출물, 종자 추출물, 세포벽 추출물, 동물 추출물, 그 밖의 추출물	
	올리고당		
2	규산염제		가) 천연의 것일 것
	아미노산제	아민초산, DL-알라닌, 염산L-라이신, 황산L-라이신, L-글루타민산나트륨, 2-디아미노-2-하이드록시메치오닌, DL-트립토판, L-트립토판, DL메치오닌 및 L-트레오닌과 그 혼합물	나) 가)에 해당하는 물질을 상업적으로 조달할 수 없는 경우에는 화학적으로 충분히 정제된 유사물질 사용 가능
	비타민제 (프로비타민 포함)	비타민A, 프로비타민A, 비타민B1, 비타민B2, 비타민B6, 비타민B12, 비타민C, 비타민D, 비타민D2, 비타민D3, 비타민E, 비타민K, 판토텐산, 이노시톨, 콜린, 나이아신, 바이오틴, 엽산과 그 유사체 및 혼합물	다) 합성농약 성분 또는 동물용의약품 성분을 함유하지 않을 것 라) 유전자변형생물체 및 유전자변형생물체에서 유래한 물질을 함유하지 않을 것
	완충제	산화마그네슘, 탄산나트륨(소다회), 중조	

		(탄산수소나트륨·중탄산나트륨)	

비고: 이 표의 사용 가능 물질의 구체적인 범위는 「사료관리법」 제2조제4호에 따라 농림축산식품부
　　장관이 정하여 고시하는 보조사료의 범위에 따른다.

3) 축사 및 축사 주변, 농기계 및 기구의 소독제로 사용 가능한 물질
　　「동물용 의약품등 취급규칙」 제5조에 따라 제조품목허가 또는 제조품목신고된 동물용의약외품
　　중 별표 4의 인증기준에서 사용이 금지된 성분을 포함하지 않은 물질을 사용할 것. 이 경우
　　가축 또는 사료에 접촉되지 않도록 사용해야 한다.

4) 비식용유기가공품에 사용 가능한 물질
　　제1호다목1)에 따른 식품첨가물 또는 가공보조제로 사용 가능한 물질. 이 경우 허용범위는
　　국립농산물품질관리원장이 정하여 고시한다.

5) 가축의 질병 예방 및 치료를 위해 사용 가능한 물질
　　가) 공통조건
　　　(1) 유전자변형생물체 및 유전자변형생물체에서 유래한 원료는 사용하지 않을 것
　　　(2) 「약사법」 제85조제6항에 따른 동물용의약품을 사용할 경우에는 수의사의 처방전을
　　　　　갖추어 둘 것
　　　(3) 동물용의약품을 사용한 경우 휴약기간의 2배의 기간이 지난 후에 가축을 출하할 것

　　나) 개별조건

번호	사용 가능 물질	사용 가능 조건
1	**생균제, 효소제, 비타민, 무기물** [기출]	**가) 합성농약, 항생제, 항균제, 호르몬제 성분을 함유하지 않을 것** **나) 가축의 면역기능 증진을 목적으로 사용할 것**
2	예방백신	「가축전염병 예방법」에 따른 가축전염병을 예방하거나 퍼지는 것을 막기 위한 목적으로만 사용할 것
3	구충제	가축의 기생충 감염 예방을 목적으로만 사용할 것
4	포도당	가) 분만한 가축 등 영양보급이 필요한 가축에 대해서만 사용할 것 나) 합성농약 성분은 함유하지 않을 것
5	외용 소독제	상처의 치료가 필요한 가축에 대해서만 사용할 것
6	국부 마취제	외과적 치료가 필요한 가축에 대해서만 사용할 것

7	약초 등 천연 유래 물질 [기출]	가) 가축의 면역기능의 증진 또는 치료 목적으로만 사용할 것 나) 합성농약 성분은 함유하지 않을 것 다) 인증품 생산계획서에 기록·관리하고 사용할 것

다. 유기가공식품

1) 식품첨가물 또는 가공보조제로 사용 가능한 물질

명칭(한)	명칭(영)	국제 분류 번호 (INS)	식품첨가물로 사용 시		가공보조제로 사용 시	
			사용 가능 여부	사용 가능 범위	사용 가능 여부	사용 가능 범위
과산화수소 [기출]	Hydrogen peroxide		×		○	식품 표면의 세척·소독제
구아검 [기출]	**Guar gum**	**412**	○	제한 없음	×	
구연산 [기출]	**Citric acid**	**330**	○	제한 없음	○	제한 없음
구연산삼나트륨	Trisodium citrate	331 (iii)	○	소시지, 난백의 저온살균, 유제품, 과립음료	×	
구연산칼륨	Potassium citrate	332	○	제한 없음	×	
구연산칼슘	Calcium citrate	333	○	제한 없음	×	
규조토 [기출]	**Diatomaceous earth**		×		○	**여과보조제**
글리세린	Glycerin	422	○	사용 가능 용도 제한 없음. 다만, 가수분해로 얻어진 식물 유래의 글리세린만 사용 가능	×	
퀼라야 추출물	Quillaia Extract	999	×		○	설탕 가공
레시틴	Lecithin	322	○	사용 가능 용도 제한 없음. 다만, 표백제 및 유기용매	×	

				를 사용하지 않고 얻은 레시틴만 사용 가능		
로커스트콩검	Locust bean gum	410	○	식물성제품, 유제품, 육제품	×	
무수아황산	Sulfur dioxide	220	○	과일주	×	
밀납	Beeswax	901	×		○	이형제
백도토 [기출]	**Kaolin**	**559**	×		○	**청징(clarification) 또는 여과보조제**
벤토나이트 [기출]	**Bentonite**	**558**	×		○	**청징(clarification) 또는 여과보조제**
비타민 C	Vitamin C	300	○	제한 없음	×	
DL-사과산	DL-Malic acid	296	○	제한 없음	×	
산소	Oxygen	948	○	제한 없음	○	제한 없음
산탄검	Xanthan gum	415	○	지방제품, 과일 및 채소제품, 케이크, 과자, 샐러드류	×	
수산화나트륨	Sodium hydroxide	524	○	곡류제품	○	설탕 가공 중의 산도 조절제, 유지 가공
수산화칼륨	Potassium hydroxide	525	×		○	설탕 및 분리대두단백 가공 중의 산도 조절제
수산화칼슘	Calcium hydroxide	526	○	토르티야	○	산도 조절제
아라비아검	Arabic gum	414	○	식물성 제품, 유제품, 지방제품	×	
알긴산	Alginic acid	400	○	제한 없음	×	
알긴산나트륨	Sodium alginate	401	○	제한 없음	×	
알긴산칼륨	Potassium alginate	402	○	제한 없음	×	
염화마그네슘	Magnesium chloride	511	○	두류제품	○	응고제
염화칼륨	Potassium chloride	508	○	과일 및 채소제품, 비유화소스류, 겨자제품	×	

염화칼슘	Calcium chloride	509	○	과일 및 채소제품, 두류제품, 지방제품, 유제품, 육제품	○	응고제
오존수	Ozone water		×		○	식품 표면의 세척·소독제
이산화규소 [기출]	**Silicon dioxide**	**551**	**○**	**허브, 향신료, 양념류 및 조미료**	**○**	**겔 또는 콜로이드 용액제**
이산화염소(수)	Chlorine dioxide	926	×		○	식품 표면의 세척·소독제
차아염소산수	Hypochlorous Acid Water		×		○	식품 표면의 세척·소독제
이산화탄소	Carbon dioxide	290	○	제한 없음	○	제한 없음
인산나트륨	Sodium phosphate (Mono-,Di-, Tribasic)	339 (i)(ii) (iii)	○	가공치즈	×	
젖산	Lactic acid	270	○	발효채소제품, 유제품, 식용케이싱	○	유제품의 응고제 및 치즈 가공 중 염수의 산도 조절제
젖산칼슘	Calcium Lactate	327	○	과립음료	×	
제일인산 칼슘	Calcium phosphate, monobasic	341 (i)	○	밀가루	×	
제이인산 칼륨	Potassium Phosphate, Dibasic	340 (ii)	○	커피화이트너	×	
조제해수 염화마그네슘	Crude Magnessium Chloride (Sea Water)		○	두류제품	○	응고제
젤라틴	Gelatin		×		○	포도주, 과일 및 채소 가공
젤란검	Gellan Gum	418	○	과립음료	×	
L-주석산	L-Tartaric acid	334	○	포도주	○	포도주 가공
L-주석산 나트륨	Disodium L-tartrate	335	○	케이크, 과자	○	제한 없음
L-주석산	Potassium	336	○	곡물제품,	○	제한 없음

수소칼륨	L-bitartrate				케이크, 과자	
주정 (발효주정)	Ethanol (fermented)		×			○ 제한 없음
질소	Nitrogen	941	○	제한 없음	○	제한 없음
카나우바 왁스	Carnauba wax	903	×		○	이형제
카라기난	Carrageenan	407	○	식물성제품, 유제품	×	
카라야검	Karaya gum	416	○	제한 없음	×	
카제인	Casein		×		○	포도주 가공
탄닌산	Tannic acid	181	×		○	여과보조제
탄산나트륨	Sodium carbonate	500 (i)	○	케이크, 과자	○	설탕 가공 및 유제품의 중화제
탄산수소 나트륨	Sodium bicarbonate	500 (ii)	○	케이크, 과자, 액상 차류	×	
세스퀴탄산나 트륨	Sodium sesquicarbonate	500 (iii)	○	케이크, 과자	×	
탄산 마그네슘	Magnesium carbonate	504 (i)	○	제한 없음	×	
탄산암모늄	Ammonium carbonate	503 (i)	○	곡류제품, 케이크, 과자	×	
탄산 수소암모늄	Ammonium bicarbonate	503 (ii)	○	곡류제품, 케이크, 과자	×	
탄산칼륨	Potassium carbonate	501 (i)	○	곡류제품, 케이크, 과자	○	포도 건조
탄산칼슘	Calcium carbonate	170 (i)	○	식물성제품, 유제품 (착색료로는 사용 하지 말 것)	○	제한 없음
d-토코페롤 (혼합형)	d-Tocopherol concentrate, mixed	306	○	유지류 (산화방지제로만 사용할 것)	×	
트라가칸스검	Tragacanth gum	413	○	제한 없음	×	

퍼라이트	Perlite		×		○	여과보조제
펙틴	Pectin	440	○	식물성제품, 유제품	×	
활성탄	Activated carbon		×		○	여과보조제
황산	Sulfuric acid	513	×		○	설탕 가공 중의 산도 조절제
황산칼슘	Calcium sulphate	516	○	케이크, 과자, 두류 제품, 효모제품	○	응고제
천연향료	Natural flavoring substances and preparations		○	사용 가능 용도 제한 없음. 다만, 「식품위생법」 제7조 제1항에 따라 식품 첨가물의 기준 및 규격이 고시된 천연향료로서 물, 발효주정, 이산화탄소 및 물리적 방법으로 추출한 것만 사용할 것	×	
효소제	Preparations of Microorganisms and Enzymes		○	사용 가능 용도 제한 없음. 다만, 「식품위생법」 제7조 제1항에 따라 식품 첨가물의 기준 및 규격이 고시된 효소제만 사용할 수 있다.	○	사용 가능 용도 제한 없음. 다만, 「식품위생법」 제7조제1항에 따라 식품첨가물의 기준 및 규격이 고시된 효소제만 사용할 수 있다.
영양강화제 및 강화제	Fortifying nutrients		○	「식품위생법」 제7조제1항 및 「축산물위생관리법」 제4조제2항에 따라 식품의약품안전처장이 고시하는 식품의 기준에 따	×	

			라 사용 가능한 제품	

   2) 기구·설비의 세척·살균소독제로 사용 가능한 물질

      제1호다목1)에 따른 식품첨가물 또는 가공보조제로 사용 가능한 물질 중 사용 가능 범위가 식품 표면의 세척·소독제인 물질, 「식품위생법」 제7조제1항에 따라 식품첨가물의 기준 및 규격이 고시된 기구 등의 살균소독제 및 「위생용품 관리법」 제10조에 따라 고시된 위생용품의 기준 및 규격에서 정한 1·2·3종 세척제를 사용할 수 있다.

  라. 그 밖에 제3조제2항에 따라 국립농산물품질관리원장이 별표 2의 허용물질 선정 기준 및 절차에 따라 추가로 선정하여 고시한 허용물질

2. 무농약농산물·무농약원료가공식품에 사용 가능한 물질

  가. 무농약농산물: 병해충 관리에는 제1호가목2)에 따른 사용 가능한 물질만을 사용할 수 있다.

  나. 무농약원료가공식품: 제1호다목에 따라 유기가공식품에 사용 가능한 물질만을 사용할 수 있다.

3. 유기농업자재 제조 시 보조제로 사용 가능한 물질

사용 가능 물질	사용 가능 조건
미국 환경보호국(EPA)에서 정한 농약제품에 허가된 불활성 성분 목록(Inert Ingredients List) 3 또는 4에 해당하는 보조제	가. 제1호가목2)의 병해충 관리를 위해 사용 가능한 물질을 화학적으로 변화시키지 않으면서 단순히 산도(pH) 조정 등을 위해 첨가하는 것으로만 사용할 것 나. 유기농업자재를 생산 또는 수입하여 판매하는 자는 물을 제외한 보조제가 주원료의 투입비율을 초과하지 않았다는 것을 유기농업자재 생산계획서에 기록·관리하고 사용할 것 다. 유기식품등을 생산, 제조·가공 또는 취급하는 자가 유기농업자재를 제조하는 경우에는 물을 제외한 보조제가 주원료의 투입비율을 초과하지 않았다는 것을 인증품 생산계획서에 기록·관리하고 사용할 것 라. 불활성 성분 목록 3의 식품등급에 해당하는 보조제는 식품의약품안전처장이 식품첨가물로 지정한 물질일 것

[별표 2]

■ 농림축산식품부 소관 친환경농어업 육성 및 유기식품 등의 관리·지원에 관한 법률 시행규칙

<u>허용물질의 선정 기준 및 절차</u>(제3조제2항 전단 관련)

1. 허용물질의 선정 기준: 다음 각 목의 기준을 모두 갖출 것 [기출]

가. 농산물·축산물·임산물·가공식품·비식용가공품 또는 농업자재를 유기적인 방법으로 생산, 제조·가공 또는 취급하는 데 적합한 물질일 것

나. 해당 물질이 사용목적에 필요하거나 필수적일 것

다. 해당 물질이 천연(식물, 동물, 광물 및 미생물 등을 말한다)에서 유래하고, 생물학적(퇴비화 및 발효 등을 말한다)·물리적 방법으로 제조되었을 것

라. 해당 물질의 제조, 사용 및 폐기 등의 과정에서 환경에 해로운 영향을 주지 않을 것

마. 해당 물질이 사람과 동물의 건강과 삶의 질에 중대한 영향을 미치지 않을 것

2. 허용물질의 선정 절차

가. 허용물질은 제1호에 따른 선정 기준 및 물질의 유래, 제조방법, 사용목적과 효능 및 위해성 등을 종합적으로 평가하고, 이해관계자에게 정보를 공개하며, 공정하게 결정할 것

나. 모든 이해관계자는 허용물질의 선정을 국립농산물품질관리원장에게 신청할 수 있으며, 국립농산물품질관리원장은 선정 신청을 받은 물질에 대해 전문가에 의한 기초평가를 실시할 것

다. 국립농산물품질관리원장은 선정 신청을 받은 물질에 대해 7명 이상의 분야별 학계 전문가, 생산자단체 및 소비자단체 등을 포함한 전문가심의회를 구성하여 평가를 실시하고, 평가과정에 기초평가를 실시한 전문가를 출석시켜 그 의견을 들을 수 있으며, 그 결과가 인체 및 농업환경에 위해성이 없어 유기농업에 적합하다고 판단되는 경우에 해당 물질을 허용물질로 선정할 것

3. 제1호 및 제2호에 따른 허용물질의 선정 기준 및 절차에 관한 세부사항은 국립농산물품질관리원장이 정하여 고시한다.

[별표 3]

■ 농림축산식품부 소관 친환경농어업 육성 및 유기식품 등의 관리·지원에 관한 법률 시행규칙

<u>교육훈련기관의 지정취소 및 업무정지 처분의 세부기준</u>(제9조 관련)

1. 일반기준

　가. 위반행위의 횟수에 따른 행정처분의 기준은 최근 1년간 같은 위반행위로 행정처분을 받은 경우에 적용한다. 이 경우 위반횟수는 같은 위반행위에 대하여 행정처분을 받은 날과 그 처분 후에 다시 같은 위반행위를 하여 적발된 날을 각각 기준으로 하여 계산한다.

　나. 위반행위가 둘 이상인 경우로서 그에 해당하는 각각의 처분기준이 다른 경우에는 그 중 무거운 처분기준에 따른다.

　다. 처분권자는 다음의 어느 하나에 해당하는 경우에는 제2호(가목은 제외한다)의 개별기준에 따른 처분을 감경할 수 있다. 이 경우 그 처분이 업무정지인 경우에는 그 업무정지 기간의 2분의 1 범위에서 그 기간을 줄일 수 있고, 지정취소인 경우에는 6개월의 업무정지 처분으로 감경할 수 있다.

　　1) 위반행위가 사소한 부주의나 오류로 인한 것으로 인정되는 경우

　　2) 위반행위자가 위반행위를 바로 정정하거나 시정하여 법 위반상태를 해소한 경우

　　3) 그 밖에 위반행위의 내용·정도·동기 및 결과 등을 고려하여 감경할 필요가 있다고 인정되는 경우

2. 개별기준

위반행위	근거 법조문	위반횟수별 행정처분 기준		
		1회 위반	2회 위반	3회 이상 위반
가. 거짓이나 그 밖의 부정한 방법으로 지정을 받은 경우	법 제14조의2 제1항제1호	지정취소		
나. 정당한 사유 없이 1년 이상 계속하여 교육·훈련을 하지 않은 경우	법 제14조의2 제1항제2호	시정조치 명령	지정취소	
다. 법 제14조제3항에 따른 지원 비용을 용도 외로 사용한 경우	법 제14조의2 제1항제3호	지정취소		
라. 법 제14조제4항에 따른 지정요건에 적합하지 않게 된 경우	법 제14조의2 제1항제4호	시정조치 명령	업무정지 3개월	지정취소

[별표 4]

■ 농림축산식품부 소관 친환경농어업 육성 및 유기식품 등의 관리·지원에 관한 법률 시행규칙

<u>유기식품등의 생산, 제조·가공 또는 취급에 필요한 인증기준(제11조제1항 관련)</u>

1. 이 표에서 사용하는 용어의 뜻은 다음과 같다.

　가. "재배포장"이란 작물을 재배하는 일정구역을 말한다.

　나. "관행농업"이란 화학비료와 합성농약을 사용하여 작물을 재배하는 일반 관행적인 농업 형태를 말한다. [기출]

　다. "화학비료"란 「비료관리법」 제2조제1호에 따른 비료 중 화학적인 과정을 거쳐 제조된 것을 말한다.

　라. "합성농약"이란 화학물질을 원료·재료로 사용하거나 화학적 과정으로 만들어진 살균제, 살충제, 제초제, 생장조절제, 기피제, 유인제 또는 전착제 등의 농약으로서, 별표 1 제1호가목2)에 따른 병해충 관리를 위해 사용 가능한 물질이 아닌 것으로 제조된 농약을 말한다.

　마. "돌려짓기(윤작)"란 동일한 재배포장에서 동일한 작물을 연이어 재배하지 않고, 서로 다른 종류의 작물을 순차적으로 조합·배열하여 차례로 심는 것을 말한다.

　바. "가축"이란 「축산법」 제2조제1호에 따른 가축을 말한다.

　사. "유기사료"란 제5호에 따른 비식용유기가공품의 인증기준에 맞게 제조·가공 또는 취급된 사료를 말한다. [기출]

　아. "동물용의약품"이란 동물질병의 예방·치료 및 진단을 위해 사용하는 의약품을 말한다.

　자. "사육장"이란 축사시설, 방목 장소 등 가축 사육을 위한 시설 또는 장소를 말한다.

　차. "휴약기간"이란 사육되는 가축에 대해 그 생산물이 식용으로 사용되기 전에 동물용의약품의 사용을 제한하는 일정기간을 말한다. [기출]

　카. "생산자단체"란 5명 이상의 생산자로 구성된 작목반, 작목회 등 영농 조직, 협동조합 또는 영농 단체를 말한다. [기출]

　타. "생산관리자"란 생산자단체 소속 농가의 생산지침서의 작성 및 관리, 영농 관련 자료의 기록 및 관리, 인증을 받으려는 신청인에 대한 인증기준의 준수를 위한 교육 및 지도, 인증기준에 적합한지를 확인하기 위한 예비심사 등을 담당하는 자를 말한다. 다만, 농업자재의 제조·유통·판매를 업(業)으로 하는 자는 제외한다. [기출]

　파. "식물공장"(Vertical Farm)이란 토양을 이용하지 않고 통제된 시설공간에서 빛(LED, 형광등), 온도, 수분 및 양분 등을 인공적으로 투입해 작물을 재배하는 시설을 말한다. [기출]

2. 유기농산물 및 유기임산물의 인증기준

심사 사항	인증기준
가. 일반	1) 토양비옥도의 유지, 생물다양성의 증진, 천적서식지의 제공, 자연의 순환 등 농업생태계를 건강하게 유지·보전하고 환경오염을 최소화하는 경작원칙을 적용할 것 **2) 별표 5의 경영 관련 자료를 기록·보관하고, 국립농산물품질관리원장 또는 인증기관이 열람을 요구할 때에는 이에 응할 것** [기출] 3) 신청인이 생산자단체인 경우에는 생산관리자를 지정하여 소속 농가에 대해 교육 및 예비심사 등을 실시하도록 할 것 4) 다음의 표에서 정하는 바에 따라 친환경농업에 관한 교육을 이수할 것. 다만, 인증사업자가 5년 이상 인증을 유지하는 등 인증사업자가 국립농산물품질관리원장이 정하여 고시하는 경우에 해당하는 경우에는 교육을 4년마다 1회 이수할 수 있다. <table><tr><td>과정명</td><td>친환경농업 기본교육</td></tr><tr><td>교육주기</td><td>2년마다 1회</td></tr><tr><td>교육시간</td><td>2시간 이상</td></tr><tr><td>교육기관</td><td>국립농산물품질관리원장이 정하는 교육기관</td></tr></table>
나. 재배포장, 재배용수, 종자	1) 재배포장은 최근 1년간 인증취소 처분을 받지 않은 재배지로서, 「토양환경보전법 시행규칙」 제1조의5 및 별표 3에 따른 토양오염우려기준을 초과하지 않으며, 주변으로부터 오염 우려가 없거나 오염을 방지할 수 있을 것 2) 작물별로 국립농산물품질관리원장이 정하여 고시하는 전환기간(轉換期間: 최소 재배기간) 이상을 다목의 재배방법에 따라 재배할 것 3) 재배용수는 「환경정책기본법 시행령」 제2조 및 별표 1에 따른 농업용수 이상의 수질기준에 적합해야 하며, 농산물의 세척 등에 사용되는 용수는 「먹는물 수질기준 및 검사 등에 관한 규칙」 제2조 및 별표 1에 따른 먹는물의 수질기준에 적합할 것 4) 종자는 최소한 1세대 이상 다목의 재배방법에 따라 재배된 것을 사용하며, 유전자변형농산물인 종자는 사용하지 않을 것 5) 인근 관행농업의 재배포장으로부터의 농약 흩날림, 관개·배수 등 농업용수나 그 밖의 농업자재 등으로 인한 오염과 같은 비의도적 오염을 방지할 수 있는 조치를 취할 것
다. 재배 방법	**1) 화학비료, 합성농약 또는 합성농약 성분이 함유된 자재를 사용하지 않을 것** **2) 장기간의 적절한 돌려짓기(윤작)를 실시할 것** **3) 가축분뇨를 원료로 하는 퇴비·액비는 유기축산물 또는 무항생제축산물 인증 농장, 경축순환농법 등 친환경 농법으로 가축을 사육하는 농장 또는 「동물보호법」 제59조 [법률 제18853호 동물보호법 전부개정법률 부칙 제17조에 따라 같은 법 제59조의**

	개정규정이 시행되기 전까지는 종전의 「동물보호법」(법률 제18853호로 개정되기 전의 것을 말한다) 제29조를 말한다)에 따라 동물복지축산농장으로 인증을 받은 농장에서 유래한 것만 완전히 부숙하여 사용하고, 「비료관리법」 제4조에 따른 공정규격설정등의 고시에서 정한 가축분뇨발효액의 기준에 적합할 것 **4) 병해충 및 잡초는 유기농업에 적합한 방법으로 방제·관리할 것** [기출]
라. 생산물의 품질관리 등	1) 유기농산물·유기임산물의 수확·저장·포장·수송 등의 취급과정에서 유기적 순수성이 유지되도록 관리할 것 2) 합성농약 또는 합성농약 성분이 함유된 자재를 사용하지 않으며, 합성농약 성분은 「식품위생법」 제7조제1항에 따라 식품의약품안전처장이 고시한 농약 잔류허용기준의 20분의 1 이하이어야 하고, 같은 고시에서 잔류허용기준을 정하지 않은 경우에는 0.01mg/kg 이하일 것 3) 수확 및 수확 후 관리를 수행하는 모든 작업자는 품목의 특성에 따라 적절한 위생조치를 할 것 4) 수확 후 관리시설에서 사용하는 도구와 설비를 위생적으로 관리할 것 5) 인증품에 인증품이 아닌 제품을 혼합하거나 인증품이 아닌 제품을 인증품으로 판매하지 않을 것
마. 그 밖의 사항	1) 토양을 기반으로 하지 않는 농산물·임산물은 수분 외에는 어떠한 외부투입 물질도 사용하지 않을 것 2) 식물공장에서 생산된 농산물·임산물이 아닐 것 3) 농장에서 발생한 환경오염 물질 또는 병해충 및 잡초 관리를 위해 인위적으로 투입한 동식물이 주변 농경지·하천·호수 또는 농업용수 등을 오염시키지 않도록 관리할 것

3. 유기축산물(제4호의 유기양봉 산물·부산물은 제외한다)의 인증기준

심사 사항	인증기준
가. 일반	1) 별표 5의 경영 관련 자료를 기록·보관하고, 국립농산물품질관리원장 또는 인증기관이 열람을 요구할 때에는 이에 응할 것 2) 신청인이 생산자단체인 경우에는 생산관리자를 지정하여 소속 농가에 대해 교육 및 예비심사 등을 실시하도록 할 것 3) 다음의 표에서 정하는 바에 따라 친환경농업에 관한 교육을 이수할 것. 다만, 인증사업자가 5년 이상 인증을 유지하는 등 인증사업자가 국립농산물품질관리원장이 정하여 고시하는 경우에 해당하는 경우에는 교육을 4년마다 1회 이수할 수 있다.

과정명	친환경농업 기본교육
교육주기	2년마다 1회
교육시간	2시간 이상
교육기관	국립농산물품질관리원장이 정하는 교육기관

나. 사육 조건	1) 사육장(방목지를 포함한다), 목초지 및 사료작물 재배지는 「토양환경보전법 시행규칙」 제1조의5 및 별표 3에 따른 토양오염우려기준을 초과하지 않아야 하며, 주변으로부터 오염될 우려가 없거나 오염을 방지할 수 있을 것 2) 축사 및 방목 환경은 가축의 생물적·행동적 욕구를 만족시킬 수 있도록 조성하고 국립농산물품질관리원장이 정하는 축사의 사육 밀도를 유지·관리할 것 3) 유기축산물 인증을 받거나 받으려는 가축(이하 "유기가축"이라 한다)과 유기가축이 아닌 가축(무항생제축산물 인증을 받거나 받으려는 가축을 포함한다. 이하 같다)을 병행하여 사육하는 경우에는 철저한 분리 조치를 할 것 4) 합성농약 또는 합성농약 성분이 함유된 동물용의약품 등의 자재를 축사 및 축사의 주변에 사용하지 않을 것 5) 사육 관련 업무를 수행하는 모든 작업자는 가축 종류별 특성에 따라 적절한 위생조치를 할 것 6) 가축 사육시설 및 장비(사료 보관·공급 및 먹는 물 관련 시설을 포함한다) 등을 주기적으로 청소, 세척 및 소독하여 오염이 최소화되도록 관리할 것 7) 쥐 등 설치류로부터 가축이 피해를 입지 않도록 방제하는 경우에는 물리적 장치 또는 관련 법령에 따라 허가받은 자재를 사용하되, 가축이나 사료에 접촉되지 않도록 관리할 것
다. 자급 사료기반	초식가축의 경우에는 유기적 방식으로 재배·생산되는 목초지 또는 사료작물 재배지를 확보할 것
라. 가축의 선택, 번식 방법 및 입식	1) 가축은 사육환경을 고려하여 적합한 품종 및 혈통을 선택하고, 수정란 이식기법, 번식호르몬 처리 또는 유전공학을 이용한 번식기법을 사용하지 않을 것 2) 다른 농장에서 가축을 입식하려는 경우 유기축산물 인증을 받은 농장(이하 "유기농장"이라 한다)에서 사육된 가축, 젖을 뗀 직후의 가축 또는 부화 직후의 가축 등 일정한 입식조건을 준수할 것
마. 전환 기간	유기농장이 아닌 농장이 유기농장으로 전환하거나 유기가축이 아닌 가축을 유기농장으로 입식하여 유기축산물을 생산·판매하려는 경우에는 다음 표에 따른 가축의 종류별 전환기간(최소 사육기간) 이상을 유기축산물의 인증기준에 맞게 사육할 것

가축의 종류	생산물	전환기간(최소 사육기간)
한우·육우	식육	입식 후 12개월

젖소	시유 (시판우유)	1) 착유우는 입식 후 3개월
		2) 새끼를 낳지 않은 암소는 입식 후 6개월
면양·염소	식육	입식 후 5개월
	시유 (시판우유)	1) 착유양은 입식 후 3개월
		2) 새끼를 낳지 않은 암양은 입식 후 6개월
돼지	식육	입식 후 5개월
육계	식육	입식 후 3주
산란계	알	입식 후 3개월
오리	식육	입식 후 6주
	알	입식 후 3개월
메추리	알	입식 후 3개월
사슴	식육	입식 후 12개월

바. 사료 및 영양관리
[기출]

1) 유기가축에게는 **100퍼센트 유기사료**를 공급하는 것을 원칙으로 할 것. 다만, 극한 기후조건 등의 경우에는 국립농산물품질관리원장이 정하여 고시하는 바에 따라 유기사료가 아닌 사료를 공급하는 것을 허용할 수 있다.

2) 반추가축에게 담근먹이(사일리지)만을 공급하지 않으며, 비반추가축도 가능한 조사료(粗飼料: 생초나 건초 등의 거친 먹이)를 공급할 것

3) 유전자변형농산물 또는 유전자변형농산물에서 유래한 물질은 공급하지 않을 것

4) 합성화합물 등 금지물질을 사료에 첨가하거나 가축에 공급하지 않을 것

5) 가축에게 「환경정책기본법 시행령」 제2조 및 별표 1에 따른 생활용수의 수질기준에 적합한 먹는 물을 상시 공급할 것

6) 합성농약 또는 합성농약 성분이 함유된 동물용의약품 등의 자재를 사용하지 않을 것

사. 동물복지 및 질병관리

1) 가축의 질병을 예방하기 위해 적절한 조치를 하고, 질병이 없는 경우에는 가축에 동물용의약품을 투여하지 않을 것

2) 가축의 질병을 예방하고 치료하기 위해 별표 1 제1호나목5)에 따른 물질을 사용하는 경우에는 사용 가능 조건을 준수하고 사용할 것

3) 가축의 질병을 치료하기 위해 불가피하게 동물용의약품을 사용한 경우에는 동물용의약품을 사용한 시점부터 전환기간(해당 약품의 휴약기간의 2배가 전환기간보다 더 긴 경우에는 휴약기간의 2배의 기간을 말한다) 이상의 기간 동안 사육한 후 출하할 것

4) 가축의 꼬리 부분에 접착밴드를 붙이거나 꼬리, 이빨, 부리 또는 뿔을 자르는 등의 행위를 하지 않을 것. 다만, 국립농산물품질관리원장이 고시로 정하는 경우에 해당될 때에는 허용할 수 있다.

5) 성장촉진제, 호르몬제의 사용은 치료목적으로만 사용할 것

	6) 3)부터 5)까지의 규정에 따라 동물용의약품을 사용하는 경우에는 수의사의 처방에 따라 사용하고 처방전 또는 그 사용명세가 기재된 진단서를 갖춰 둘 것
아. 운송·도축·가공과정의 품질관리	1) 살아 있는 가축을 운송할 때에는 가축의 종류별 특성에 따라 적절한 위생조치를 취해야 하고, 운송과정에서 충격과 상해를 입지 않도록 할 것 2) 가축의 도축 및 축산물의 저장·유통·포장 등 취급과정에서 사용하는 도구와 설비는 위생적으로 관리해야 하고, 축산물의 유기적 순수성이 유지되도록 관리할 것 3) 동물용의약품 성분은 「식품위생법」 제7조제1항에 따라 식품의약품안전처장이 정하여 고시하는 동물용의약품 잔류허용기준의 10분의 1을 초과하여 검출되지 않을 것 4) 합성농약 성분은 검출되지 않을 것 5) 인증품에 인증품이 아닌 제품을 혼합하거나 인증품이 아닌 제품을 인증품으로 판매하지 않을 것
자. 가축분뇨의 처리	「가축분뇨의 관리 및 이용에 관한 법률」 제10조부터 제13조의2까지 및 제17조를 준수하여 환경오염을 방지하고 가축분뇨는 완전히 부숙시킨 퇴비 또는 액비로 자원화하여 초지나 농경지에 환원함으로써 토양 및 식물과의 유기적 순환관계를 유지할 것

4. 유기양봉 산물·부산물의 인증기준

심사 사항	인증기준
가. 일반	1) 별표 5의 경영 관련 자료를 기록·보관하고, 국립농산물품질관리원장 또는 인증기관이 열람을 요구할 때에는 이에 응할 것 2) 꿀벌과 벌통의 관리는 유기농업의 원칙에 따라 이루어질 것 3) 벌통의 반경 3km 이내에는 유기적으로 재배되는 식물과 산림 등 자연상태에서 자생하는 식물로 조성되어 꿀벌이 영양원에 충분히 접근할 수 있을 것 4) 벌통은 천연재료를 사용하여 만들 것 5) 벌집은 유기적인 밀랍, 프로폴리스 및 식물성 기름 등 천연원료·재료를 소재로 한 제품만 사용할 것 6) 다음의 표에서 정하는 바에 따라 친환경농업에 관한 교육을 이수할 것. 다만, 인증사업자가 5년 이상 인증을 유지하는 등 인증사업자가 국립농산물품질관리원장이 정하여 고시하는 경우에 해당하는 경우에는 교육을 4년마다 1회 이수할 수 있다.

과정명	친환경농업 기본교육
교육주기	2년마다 1회
교육시간	2시간 이상
교육기관	국립농산물품질관리원장이 정하는 교육기관

나. 꿀벌의 선택, 번식 방법 및 입식

꿀벌의 품종은 지역조건에 대한 적응력, 활동력 및 질병저항성 등을 고려하여 선택할 것

다. 전환 기간

양봉의 산물·부산물(「양봉산업의 육성 및 지원에 관한 법률」 제2조제1호가목 및 나목에 따른 양봉의 산물·부산물을 말한다. 이하 "양봉의 산물등"이라 한다)을 생산·판매하려는 경우에는 유기양봉 산물·부산물의 인증기준을 1년 이상 준수할 것

라. 먹이 및 영양관리

꿀벌에게는 유기식품등의 인증 기준에 적합한 먹이를 제공할 것

마. 동물복지 및 질병관리

1) 양봉의 산물등을 수확하기 위해 벌통 내 꿀벌을 죽이거나 여왕벌의 날개를 자르지 않을 것
2) 합성농약이나 동물용의약품, 화학합성물질로 제조된 기피제를 사용하는 행위를 하지 않을 것
3) 꿀벌의 질병을 예방하기 위해 적절한 조치를 할 것
4) 꿀벌의 질병을 예방·관리하기 위한 조치에도 불구하고 질병이 발생한 경우에는 다음의 물질을 사용할 것 [기출]
　- 젖산, 옥살산, 초산, 개미산, 황, 자연산 에테르 기름[멘톨, 유칼립톨(eucalyptol), 캠퍼(camphor)], 바실루스 튜린겐시스(bacillus thuringiensis), 증기 및 직사 화염
5) 3) 및 4)의 규정에 따른 꿀벌의 질병에 대한 예방·관리 조치 및 물질의 사용에도 불구하고 질병의 치료 효과가 없는 경우에만 동물용의약품을 사용할 것
6) 동물용의약품을 사용하는 경우 인증품으로 판매하지 않아야 하며, 다시 인증품으로 판매하려는 경우에는 동물용의약품을 사용한 날부터 1년의 전환기간을 거칠 것

바. 생산물의 품질관리 등

1) 양봉의 산물등의 가공, 저장 및 포장에 사용되는 기구, 설비, 용기 등의 자재는 유기적 순수성이 유지되도록 관리할 것
2) 이온화 방사선은 해충방제, 식품보전, 병원체와 위생관리 등을 위해 양봉의 산물등에 사용하지 않을 것
3) 가공방법은 기계적, 물리적 또는 생물학적(발효를 포함한다)인 방법으로 하고, 가공으로 인해 양봉의 산물등이 오염되지 않도록 할 것
4) 동물용의약품 성분은 「식품위생법」 제7조제1항에 따라 식품의약품안전처장이 고시하는 동물용의약품 잔류허용기준의 10분의 1을 초과하여 검출되지 않을 것

5) 합성농약 성분은 검출되지 않을 것
6) 인증품에 인증품이 아닌 제품을 혼합하거나 인증품이 아닌 제품을 인증품으로 판매하지 않을 것

5. 유기가공식품·비식용유기가공품의 인증기준

심사 사항	인증기준
가. 일반	1) 별표 5의 경영 관련 자료를 기록·보관하고, 국립농산물품질관리원장 또는 인증기관이 열람을 요구할 때에는 이에 응할 것 2) 사업자는 유기가공식품·비식용유기가공품의 제조, 가공 및 취급 과정에서 원료·재료의 유기적 순수성이 훼손되지 않도록 할 것 3) 다음의 표에서 정하는 바에 따라 친환경농업에 관한 교육을 이수할 것. 다만, 인증사업자가 5년 이상 인증을 유지하는 등 인증사업자가 국립농산물품질관리원장이 정하여 고시하는 경우에 해당하는 경우에는 교육을 4년마다 1회 이수할 수 있다. | 과정명	친환경농업 기본교육 | |---|---| | 교육주기 | 2년마다 1회 | | 교육시간 | 2시간 이상 | | 교육기관 | 국립농산물품질관리원장이 정하는 교육기관 | 4) 자체적으로 실시한 품질검사에서 부적합이 발생한 경우에는 국립농산물품질관리원장 또는 인증기관에 통보하고, 국립농산물품질관리원 또는 인증기관이 분석 성적서 등의 제출을 요구할 때에는 이에 응할 것
나. 가공 원료·재료	1) 가공에 사용되는 원료·재료(첨가물과 가공보조제를 포함한다. 이하 같다)는 모두 유기적으로 생산된 것일 것 2) 1)에도 불구하고 제품 생산을 위해 비유기 원료·재료의 사용이 필요한 경우에는 다음 표의 구분에 따라 유기원료의 함량과 비유기 원료·재료의 사용조건을 준수할 것

제품구분	유기원료의 함량	비유기 원료·재료 사용조건		
		유기가공식품	비식용유기가공품	
			양축용	반려동물
유기로 표시하는 제품	인위적으로 첨가한 물과 소금을 제외한 제품 중량의	식품 원료(유기원료를 상업적으로 조달할 수 없는 경우로 한정한다) 또는	별표 1 제1호나목1)·2)에 따른 단미사료·보조사료	사료 원료(유기원료를 상업적으로 조달할 수 없는 경우로 한정한다) 또는 별표 1 제1호나목1)·2)에

	95퍼센트 이상	별표 1 제1호다목1)에 따른 식품첨가물 또는 가공보조제		따른 단미사료·보조사료 및 다목1)에 따른 식품첨가물·가공보조제
유기 70퍼센트 로 표시하는 제품	인위적으로 첨가한 물과 소금을 제외한 제품 중량의 70퍼센트 이상	식품 원료 또는 별표 1 제1호다목1)에 따른 식품첨가물 또는 가공보조제	해당 없음	사료 원료 또는 별표 1 제1호나목1)·2)에 따른 단미사료·보조사료 및 다목1)에 따른 식품첨가물·가공보조제

	3) 유전자변형생물체 및 유전자변형생물체에서 유래한 원료 또는 재료를 사용하지 않을 것 4) 가공원료·재료의 1)부터 3)까지의 규정에 따른 적합성 여부를 정기적으로 관리하고, 가공원료·재료에 대한 납품서·거래인증서·보증서 또는 검사성적서 등 국립농산물품질관리원장이 정하여 고시하는 증명자료를 보관할 것
다. 가공 방법	모든 원료·재료와 최종 생산물의 관리, 가공시설·기구 등의 관리 및 제품의 포장·보관·수송 등의 취급과정에서 유기적 순수성이 유지되도록 관리할 것
라. 해충 및 병원균 관리	해충 및 병원균 관리를 위해 예방적 방법, 기계적·물리적·생물학적 방법을 우선 사용해야 하고, 불가피한 경우 별표 1 제1호가목2)에서 정한 물질을 사용할 수 있으며, 그 밖의 화학적 방법이나 방사선 조사방법을 사용하지 않을 것
마. 세척 및 소독	1) 유기식품·유기가공품에 시설이나 설비 또는 원료·재료의 세척, 살균, 소독에 사용된 물질이 함유되지 않도록 할 것 2) 세척제·소독제를 시설 및 장비에 사용하는 경우에는 유기식품·유기가공품의 유기적 순수성이 훼손되지 않도록 할 것
바. 포장	유기가공식품·비식용유기가공품의 포장과정에서 유기적 순수성을 보호할 수 있는 포장재와 포장방법을 사용할 것
사. 유기원료·재료 및 가공식품·가공품의 수송 및 운반	사업자는 환경에 미치는 나쁜 영향이 최소화되도록 원료·재료, 가공식품 또는 가공품의 수송방법을 선택하고, 수송과정에서 원료·재료, 가공식품 또는 가공품의 유기적 순수성이 훼손되지 않도록 필요한 조치를 할 것

아. 기록·문서화 및 접근보장	1) 사업자는 유기가공식품·비식용유기가공품의 취급과정에서 대기, 물, 토양의 오염이 최소화되도록 문서화된 유기취급계획을 수립할 것
	2) 사업자는 국립농산물품질관리원 소속 공무원 또는 인증기관으로 하여금 유기가공식품·비식용유기가공품의 제조·가공 또는 취급의 전 과정에 관한 기록 및 사업장에 접근할 수 있도록 할 것
자. 생산물의 품질관리 등	1) 합성농약 성분은 검출되지 않을 것. 다만, 비유기 원료 또는 재료의 오염 등 비의도적인 요인으로 합성농약 성분이 검출된 것으로 입증되는 경우에는 0.01mg/kg 이하까지만 허용한다.
	2) 인증품에 인증품이 아닌 제품을 혼합하거나 인증품이 아닌 제품을 인증품으로 판매하지 않을 것

6. 취급자(유기식품등을 저장, 포장, 운송, 수입 또는 판매하는 자)

심사 사항	인증기준
가. 일반	1) 별표 5의 경영 관련 자료를 기록·보관하고, 국립농산물품질관리원장 또는 인증기관이 열람을 요구할 때에는 이에 응할 것
	2) 다음의 표에서 정하는 바에 따라 친환경농업에 관한 교육을 이수할 것. 다만, 인증사업자가 5년 이상 인증을 유지하는 등 인증사업자가 국립농산물품질관리원장이 정하여 고시하는 경우에 해당하는 경우에는 교육을 4년마다 1회 이수할 수 있다.
	<table><tr><td>과정명</td><td>친환경농업 기본교육</td></tr><tr><td>교육주기</td><td>2년마다 1회</td></tr><tr><td>교육시간</td><td>2시간 이상</td></tr><tr><td>교육기관</td><td>국립농산물품질관리원장이 정하는 교육기관</td></tr></table>
	3) 자체적으로 실시한 품질검사에서 부적합이 발생한 경우에는 국립농산물품질관리원장 또는 인증기관에 통보하고, 국립농산물품질관리원장 또는 인증기관이 분석성적서 등의 제출을 요구할 때에는 이에 응할 것
나. 작업장 시설기준	최근 1년간 인증취소 처분을 받지 않은 작업장일 것
다. 원료·재료 관리	원료·재료의 사용 적합성 여부를 정기적으로 점검·관리하고, 원료·재료에 대한 납품서·거래인증서·보증서 또는 검사성적서 등 국립농산물품질관리원장이 정하여 고시하는 증명자료를 보관할 것
라. 취급 방법 등	1) 소분·저장·포장·운송·수입 또는 판매 등의 취급과정에서 인증품에 인증 종류가 다른 인증품 및 인증품이 아닌 제품이 혼입(混入: 한데 섞거나 섞여 들어가는

	것을 말한다)되지 않도록 관리하고, 인증받은 내용과 같은 내용으로 표시할 것 2) 취급과정에서 방사선은 해충방제, 식품보존, 병원체의 제거 또는 위생관리 등을 위해 사용하지 않을 것 3) 생산물의 저장·포장·운송·수입 또는 판매 등의 취급과정에서 청결을 유지해야 하며, 외부로부터의 오염을 방지할 것
마. 생산물의 품질관리 등	1) 동물용의약품 성분은 「식품위생법」 제7조제1항에 따라 식품의약품안전처장이 정하여 고시하는 동물용의약품 잔류허용기준의 10분의 1을 초과하여 검출되지 않을 것 2) 합성농약 성분은 검출되지 않을 것 3) 인증품에는 제조단위번호(인증품 관리번호), 표준바코드 또는 전자태그(RFID tag)를 표시할 것 4) 인증품에 인증품이 아닌 제품을 혼합하거나 인증품이 아닌 제품을 인증품으로 판매하지 않을 것

[별표 5]

■ 농림축산식품부 소관 친환경농어업 육성 및 유기식품 등의 관리·지원에 관한 법률 시행규칙

<u>경영 관련 자료</u>(제12조제2호 관련)

1. 생산자의 경우: 다음 각 목의 구분에 따른 자료

　　가. 농산물·임산물
　　　　1) 재배포장의 재배 사항을 기록한 자료: 품목명, 파종·식재일, 수확일
　　　　2) 농산물·임산물 재배포장에 투입된 토양 개량용 자재, 작물 생육용 자재, 병해충 관리용 자재 등 농자재 사용 내용을 기록한 자료: 자재명, 일자별 사용량, 사용목적, 사용 가능한 자재임을 증명하는 서류
　　　　3) 농산물·임산물의 생산량 및 출하처별 판매량을 기록한 자료: 품목명, 생산량, 출하처별 판매량
　　　　4) 합성농약 및 화학비료의 구매·사용·보관에 관한 사항을 기록한 자료: 자재명, 일자별 구매량, 사용처별 사용량·보관량, 구매 영수증
　　　　5) 1)부터 4)까지의 규정에 따른 자료의 **기록 기간은 최근 2년간**(무농약농산물의 경우에는 최근 1년간)으로 하되, 재배품목과 재배포장의 특성 등을 고려하여 국립농산물품질관리원장이 정하는 바에 따라 3개월 이상 3년 이하의 범위에서 그 기간을 단축하거나 연장할 수 있다. [기출]

　　나. 축산물(양봉의 산물·부산물을 포함한다) [기출]
　　　　1) 가축입식 등 구입사항과 번식에 관한 사항을 기록한 자료: 일자별 가축 구입 마릿수·번식 마릿수, 가축 연령 및 가축 인증에 관한 사항
　　　　2) 사료의 생산·구입 및 공급에 관한 사항을 기록한 자료: 사료명, 사료의 종류, 일자별 생산량·구입량·공급량, 사용 가능한 사료임을 증명하는 서류
　　　　3) 예방 또는 치료목적의 질병관리에 관한 사항을 기록한 자료: 자재명, 일자별 사용량, 사용목적, 자재구매 영수증
　　　　4) 동물용의약품·동물용의약외품 등 자재 구매·사용·보관에 관한 사항을 기록한 자료: 약품명, 일자별 구매·사용량·보관량, 구매영수증
　　　　5) 질병의 진단 및 처방에 관한 자료: 「수의사법」에 따라 발급받은 진단서 또는 발급·등록된 처방전
　　　　6) 퇴비·액비의 발생·처리 사항을 기록한 자료: 기간별 발생량·처리량, 처리방법
　　　　7) 축산물의 생산량·출하량, 출하처별 거래 내용 및 도축·가공업체에 관하여 기록한 자료: 일자별 생산량, 일자별·출하처별 출하량, 일자별 도축·가공량, 도축·가공업체명
　　　　8) 1)부터 7)까지의 규정에 따른 자료의 기록 기간은 최근 1년간으로 하되, 가축의 종류별 전환기간 등을 고려하여 국립농산물품질관리원장이 정한 바에 따라 그 기간을 단축하거나 연장할 수 있다.

2. 제조·가공 및 취급자의 경우 ^[기출]

가. 원료·재료로 사용한 농축산물·가공식품·비식용가공품의 입고·사용·보관에 관한 사항을 기록한 자료: 원료·재료명, 일자별 입고량·사용량·보관량, 공급자 증명서

나. 제조·가공 및 취급에 사용된 식품첨가물 및 가공보조제 사용 내용을 기록한 자료: 자재명, 일자별 사용량, 사용목적, 사용 가능한 물질임을 증명하는 서류

다. 인증품의 생산 및 출하처별 판매량: 품목명, 일자별 생산량, 일자별·거래처별 판매량

라. 인증품의 취급(저장, 포장, 운송, 수입 또는 판매) 과정에 대한 자료

마. 가목에서 라목까지의 규정에 따른 자료의 기록 기간은 **최근 1년간으로 한다.** 다만, 신설된 사업장으로서 농축산물·가공식품·비식용가공품의 취급기간이 1년 미만인 경우에는 인증심사가 가능한 범위(1개월 이상의 기간을 말한다)에서 기록 기간을 단축하거나 연장할 수 있다.

[별표 6]

■ 농림축산식품부 소관 친환경농어업 육성 및 유기식품 등의 관리·지원에 관한 법률 시행규칙

<u>유기식품등의 유기표시 기준</u>(제21조제1항 관련)

1. 유기표시 도형

　가. 유기농산물, 유기축산물, 유기임산물, 유기가공식품 및 비식용유기가공품에 다음의 도형을 표시하되, 별표 4 제5호나목2)에 따른 유기 70퍼센트로 표시하는 제품에는 다음의 유기표시 도형을 사용할 수 없다.

인증번호:　　　　　　　　　　　Certification　Number:

　나. 제1호가목의 표시 도형 내부의 "유기"의 글자는 품목에 따라 "유기식품", "유기농", "유기농산물", "유기축산물", "유기가공식품", "유기사료", "비식용유기가공품"으로 표기할 수 있다.

　다. 작도법

　　1) 도형 표시방법

　　　가) 표시 도형의 가로 길이(사각형의 왼쪽 끝과 오른쪽 끝의 폭: W)를 기준으로 세로 길이는 **0.95×W**의 비율로 한다. [기출]

　　　나) 표시 도형의 흰색 모양과 바깥 테두리(좌우 및 상단부 부분으로 한정한다)의 간격은 **0.1×W**로 한다.

　　　다) 표시 도형의 흰색 모양 하단부 왼쪽 태극의 시작점은 상단부에서 **0.55×W** 아래가 되는 지점으로 하고, 오른쪽 태극의 끝점은 상단부에서 **0.75×W** 아래가 되는 지점으로 한다.

　　2) 표시 도형의 국문 및 영문 모두 활자체는 고딕체로 하고, 글자 크기는 표시 도형의 크기에 따라 조정한다.

　　3) 표시 도형의 색상은 녹색을 기본 색상으로 하되, 포장재의 색깔 등을 고려하여 파란색, 빨간색 또는 검은색으로 할 수 있다.

　　4) 표시 도형 내부에 적힌 "유기", "(ORGANIC)", "ORGANIC"의 글자 색상은 표시 도형 색상과 같게 하고, 하단의 "농림축산식품부"와 "MAFRA KOREA"의 글자는 흰색으로 한다.

　　5) 배색 비율은 녹색 C80+Y100, 파란색 C100+M70, 빨간색 M100+Y100+K10, 검은색

C20+K100으로 한다.

6) 표시 도형의 크기는 포장재의 크기에 따라 조정할 수 있다.

7) 표시 도형의 위치는 포장재 주 표시면의 옆면에 표시하되, 포장재 구조상 옆면 표시가 어려운 경우에는 표시 위치를 변경할 수 있다.

8) 표시 도형 밑 또는 좌우 옆면에 인증번호를 표시한다.

2. 유기표시 글자

구 분	표시 글자
가. 유기농축산물	1) 유기, 유기농산물, 유기축산물, 유기임산물, 유기식품, 유기재배 농산물 또는 유기농 2) 유기재배○○(○○은 농산물의 일반적 명칭으로 한다. 이하 이 표에서 같다), 유기축산○○, 유기○○ 또는 유기농○○
나. 유기가공식품	1) 유기가공식품, 유기농 또는 유기식품 2) 유기농○○ 또는 유기○○
다. 비식용유기가공품	1) 유기사료 또는 유기농 사료 2) 유기농○○ 또는 유기○○(○○은 사료의 일반적 명칭으로 한다). 다만, "식품"이 들어가는 단어는 사용할 수 없다.

3. 유기가공식품·비식용유기가공품 중 별표 4 제5호나목2)에 따라 비유기 원료를 사용한 제품의 표시 기준

가. 원재료명 표시란에 유기농축산물의 총함량 또는 원료·재료별 함량을 백분율(%)로 표시한다.

나. 비유기 원료를 제품 명칭으로 사용할 수 없다.

다. 유기 70퍼센트로 표시하는 제품은 주 표시면에 "유기 70%" 또는 이와 같은 의미의 문구를 소비자가 알아보기 쉽게 표시해야 하며, 이 경우 제품명 또는 제품명의 일부에 유기 또는 이와 같은 의미의 글자를 표시할 수 없다.

4. 제1호부터 제3호까지의 규정에 따른 유기표시의 표시방법 및 세부 표시사항 등은 국립농산물품질관리원장이 정하여 고시한다.

[별표 7]

■ 농림축산식품부 소관 친환경농어업 육성 및 유기식품 등의 관리·지원에 관한 법률 시행규칙

<u>유기식품등의 인증정보 표시방법</u>(제21조제2항 관련)

1. 인증품 또는 인증품의 포장·용기에 표시하는 방법
   가. 표시사항은 해당 인증품을 포장한 사업자의 인증정보와 일치해야 하며, 해당 인증품의 생
      산자가 포장자와 일치하지 않는 경우에는 생산자의 인증번호를 추가로 표시해야 한다.
   나. 각 항목의 구체적인 표시방법은 다음과 같다.
      1) 인증사업자의 성명 또는 업체명: 인증서에 기재된 명칭(단체로 인증받은 경우에는 단체
         명)을 표시하되, 단체로 인증받은 경우로서 개별 생산자명을 표시하려는 경우에는 단체
         명 뒤에 개별 생산자명을 괄호로 표시할 수 있다.
      2) 전화번호: 해당 제품의 품질관리와 관련하여 소비자 상담이 가능한 판매원의 전화번호를
         표시한다.
      3) 사업장 소재지: 해당 제품을 포장한 작업장의 주소를 번지까지 표시한다.
      4) 인증번호: 해당 사업자의 인증서에 기재된 인증번호를 표시한다.
      5) 생산지 : 「농수산물의 원산지 표시 등에 관한 법률」 제5조에 따른 원산지 표시방법에
         따라 표시한다.

2. 납품서, 거래명세서 또는 보증서 등에 표시하는 방법
   인증품을 포장하지 않고 거래하는 경우 또는 공급받는 자가 요구하는 경우에는 공급하는 자가
   발행하는 납품서, 거래명세서 또는 보증서 등에 다음 각 목의 사항을 표시해야 한다.
   가. 제1호나목1)부터 5)까지의 표시사항
   나. 공급하는 자의 명칭과 공급받는 자의 명칭
   다. 거래품목, 거래수량 및 거래일

3. 표시판 또는 푯말로 표시하는 방법
   가. 포장하지 않고 판매하거나 낱개로 판매하는 경우에는 해당 인증품 판매대의 표시판 또는
      푯말에 제1호나목1)부터 5)까지의 표시사항을 표시해야 한다.
   나. 가목의 방법에 따라 표시하려는 경우 인증품이 아닌 제품과 섞이지 않도록 판매대, 판매구
      역 등을 구분해야 한다.

4. 그 밖의 표시사항
   무공해, 저공해 등 소비자에게 혼동을 초래할 수 있는 표시를 해서는 안 된다.

5. 제1호부터 제4호까지의 규정에 따른 인증정보의 표시방법 및 세부 표시사항 등은 국립농산물
   품질관리원장이 정하여 고시한다.

[별표 8]

■ 농림축산식품부 소관 친환경농어업 육성 및 유기식품 등의 관리·지원에 관한 법률 시행규칙

<u>유기농축산물의 함량에 따른 제한적 유기표시의 허용기준</u>(제21조제3항 관련)

1. 유기농축산물의 함량에 따른 제한적 유기표시 허용의 일반원칙
   가. 법 제23조제3항에 따른 유기농축산물의 함량에 포함되는 원료 또는 재료는 다음과 같다.
      1) 법 제19조제1항에 따라 인증을 받은 유기식품등
      2) 법 제25조에 따라 동등성 인정을 받은 유기가공식품
   나. 가목에 해당하는 원료 또는 재료와 동일한 종류의 인증을 받지 않은 원료 또는 재료를 혼합해서는 안 된다.
   다. 법 제23조제3항에 따른 제한적 유기표시를 할 수 있는 식품 및 비식용가공품의 경우에도 다음의 어느 하나에 해당하는 사항을 표시해서는 안 된다.
      1) 해당 제품에 별표 6에 따른 유기표시
      2) 유기라는 용어를 제품명 또는 제품명의 일부로 표시

2. 유기농축산물의 함량에 따른 제한적 유기표시의 허용기준 [기출]
   가. 70퍼센트 이상이 유기농축산물인 제품
      1) 최종 제품에 남아 있는 원료 또는 재료(물과 소금은 제외한다. 이하 같다)의 70퍼센트 이상이 유기농축산물이어야 한다.
      2) 유기 또는 이와 유사한 용어를 제품명 또는 제품명의 일부로 사용할 수 없다.
      3) 표시장소는 주 표시면을 제외한 표시면에 표시할 수 있다.
      4) 원재료명 표시란에 유기농축산물의 총함량 또는 원료·재료별 함량을 백분율(%)로 표시해야 한다.
   나. 70퍼센트 미만이 유기농축산물인 제품
      1) 특정 원료 또는 재료로 유기농축산물만을 사용한 제품이어야 한다.
      2) 해당 원료·재료명의 일부로 "유기"라는 용어를 표시할 수 있다.
      3) 표시장소는 원재료명 표시란에만 표시할 수 있다.
      4) 원재료명 표시란에 유기농축산물의 총함량 또는 원료·재료별 함량을 백분율(%)로 표시해야 한다.

3. 제한적 유기표시 사업자의 준수사항
   제한적 유기표시를 하려는 자는 해당 식품 또는 비식용가공품에 사용된 유기농축산물의 원료 또는 재료의 함량 등 표시와 관련된 자료를 사업장 내에 갖추어 두고, 국립농산물품질관리원장이 자료의 제출을 요구하는 경우에는 이에 응해야 한다.

4. 제1호부터 제3호까지의 규정에 따른 제한적 유기표시의 기준 및 준수사항 등에 관한 세부사항은 국립농산물품질관리원장이 정하여 고시한다.

[별표 9]

■ 농림축산식품부 소관 친환경농어업 육성 및 유기식품 등의 관리·지원에 관한 법률 시행규칙

인증취소 등의 세부기준 및 절차(제24조, 제46조, 제55조제2항 및 제56조 관련)

1. 일반기준

　가. 위반행위의 횟수에 따른 행정처분의 가중된 부과기준은 최근 3년간 같은 위반행위로 행정
　　　처분을 받은 경우에 적용한다. 이 경우 기간의 계산은 위반행위에 대해 행정처분을 받은
　　　날과 그 처분 후 다시 같은 위반행위를 하여 적발된 날을 기준으로 한다.

　나. 가목에 따라 가중된 부과처분을 하는 경우 가중처분의 적용 차수는 그 위반행위 전 부과
　　　처분 차수(가목에 따른 기간 내에 행정처분이 둘 이상 있었던 경우에는 높은 차수를 말한
　　　다)의 다음 차수로 한다.

　다. 인증취소는 위반행위가 발생한 인증번호 전체(인증서에 기재된 인증 품목, 인증면적 및 인
　　　증종류 전체를 말한다)를 대상으로 적용한다.

　라. 다목에도 불구하고 생산자단체로 인증을 받은 경우 구성원 수 대비 인증취소 처분을 받은
　　　위반행위자 비율이 20퍼센트 이하인 경우에는 위반행위를 한 구성원에 대해서만 인증취소
　　　를 할 수 있다. 이 경우 위반행위자의 수는 인증 유효기간 동안 누적하여 계산한다.

　마. 인증품의 인증표시의 제거·정지, 인증품 및 제한적으로 유기표시를 허용한 식품 및 비식
　　　용가공품(이하 "인증품등"이라 한다)의 판매금지·판매정지, 회수·폐기 및 세부 표시사항
　　　의 변경 처분은 다음 1) 및 2)의 인증품등을 처분대상으로 한다. 다만, 해당 인증품등에
　　　다른 인증품등이 혼합되어 구분이 불가능한 경우에는 해당 인증품등과 그 혼합된 다른 인
　　　증품등 전체를 처분대상으로 한다.

　1) 위반사항이 발생한 인증품등

　2) 위반사항이 발생한 인증품등과 생산자, 품목, 생산시기가 동일한 인증품등(위반사항이 제
　　조·가공 또는 취급과정에서 발생한 경우에는 각각 제조·가공 또는 취급한 자, 품목,
　　제조·가공 또는 취급시기가 동일한 인증품등을 말한다)

　바. 인증품의 인증표시의 정지와 인증품등의 판매정지의 처분은 해당 인증품의 생산기간과 인
　　　증 유효기간 등을 고려하여 1년 이내의 기간을 정하여 처분할 수 있다.

　사. 같은 위반행위가 제2호가목 및 나목에 모두 해당되는 경우에는 각각의 처분기준을 적용한
　　　다.

2. 개별기준

　가. 인증사업자

위반행위	근거 법조문	위반횟수별 행정처분 기준		
		1차	2차	3차
1) 인증신청서, 첨부서류 또는 그 밖에 인증심사에 필요한 서류를 거짓으로 작성하여 인증을 받은 경우	법 제24조 제1항제1호 (법 제34조제4항)	인증취소		
2) 1) 외에 거짓이나 그 밖의 부정한 방법으로 인증을 받은 경우	법 제24조 제1항제1호 (법 제34조제4항)	인증취소		
3) 법 제19조제2항 또는 제34조제2항에 따른 인증기준에 맞지 않은 경우로서 다음 중 어느 하나에 해당하는 경우 가) 공통기준 (1) 별표 5의 경영 관련 자료(이하 이 표에서 "경영 관련 자료"라 한다)를 기록·보관하지 않은 경우 또는 거짓으로 기록하는 경우 (2) 경영 관련 자료를 국립농산물품질관리원장 또는 인증기관이 열람을 요구할 때에 이에 응하지 않은 경우 (3) 인증품에 인증품이 아닌 제품을 혼합하거나 인증품이 아닌 제품을 인증품으로 판매한 경우 나) 유기농산물·유기임산물 (1) 별표 4 제2호다목1) 및 라목2)를 위반하여 화학비료, 합성농약 또는 합성농약 성분이 함유된 자재를 사용한 경우 (2) 유기농산물·유기임산물에서 바람에 의한 흩날림, 농업용수로 인한 오염 등 비의도적인	법 제24조 제1항제2호 (법 제34조제4항)	인증취소 인증취소 시정조치 명령	 시정조치 명령	 인증취소

요인으로 합성농약 성분이 「식품위생법」제7조제1항에 따라 식품의약품안전처장이 정하여 고시하는 농약 잔류허용기준 이하로 검출된 경우				
(3) (2)외에 유기농산물·유기임산물에서 합성농약 성분이 검출된 경우	인증취소			
다) 유기축산물(유기양봉의 산물·부산물은 제외한다)				
(1) 별표 4 제3호나목2)를 위반하여 축사의 밀도조건을 유지·관리하지 않은 경우	인증취소			
(2) 별표 4 제3호마목을 위반하여 전환기간을 준수하지 않은 경우	인증취소			
(3) 별표 4 제3호바목1)을 위반하여 유기사료가 아닌 사료를 공급한 경우	인증취소			
(4) 별표 4 제3호바목3)·4)를 위반하여 사료에 첨가해서는 안 되는 물질을 첨가한 경우	인증취소			
(5) 별표 4 제3호바목6)을 위반하여 합성농약 또는 합성농약 성분이 함유된 동물용의약품 등의 자재를 사용한 경우	인증취소			
(6) 별표 4 제3호사목1)을 위반하여 질병이 없는데도 동물용의약품을 투여하거나, 치료목적 외에 성장촉진제 또는 호르몬제를 사용한 경우	인증취소			
(7) 별표 4 제3호사목3)을 위반하여 동물용의약품을 사용한 시점부터 별표 4 제3호마목의 전환기간(해당 약품 휴약기간의 2배가 전환기간보다 더 긴 경우 휴약기간의 2배 기간을	인증취소			

말한다) 이상의 기간 동안 가축을 사육하지 않고 출하한 경우			
(8) 별표 4 제3호사목6)을 위반하여 수의사의 처방전 또는 동물용의약품의 사용명세가 기재된 진단서를 갖춰 두지 않고 동물용의약품을 사용한 경우	인증취소		
(9) 유기축산물에서 동물용의약품 성분이 「식품위생법」 제7조제1항에 따라 식품의약품안전처장이 정하여 고시한 동물용의약품 잔류허용기준의 3분의 1 이하로 검출된 경우	시정조치명령	인증취소	
(10) 유기축산물에서 동물용의약품 성분이 「식품위생법」 제7조제1항에 따라 식품의약품안전처장이 정하여 고시한 동물용의약품 잔류허용기준의 3분의 1을 초과하여 검출된 경우	인증취소		
(11) 유기축산물에서 사료의 오염 등 비의도적인 요인으로 합성농약 성분이 「식품위생법」 제7조제1항에 따라 식품의약품안전처장이 정하여 고시한 농약 잔류허용기준 이하로 검출된 경우	시정조치명령	시정조치명령	인증취소
(12) (11)외에 유기축산물에서 합성농약 성분이 검출된 경우	인증취소		
라) 유기축산물 중 유기양봉의 산물·부산물			
(1) 별표 4 제4호다목을 위반하여 유기양봉의 인증기준을 1년 이상 준수하지 않고 판매한 경우	인증취소		
(2) 별표 4 제4호마목2)를 위반하	인증취소		

여 유기양봉의 산물등에 합성농약, 동물용의약품 및 화학합성물질로 제조된 기피제를 사용한 경우			
(3) 별표 4 제4호마목3)·4)에 따른 꿀벌의 질병에 대한 예방·관리 조치 및 물질의 사용으로 질병의 치료 효과가 있는 경우에도 동물용의약품을 사용한 경우	인증취소		
(4) 별표 4 제4호마목6)을 위반하여 동물용의약품을 사용하고 1년의 전환기간을 다시 거치지 않고 인증품으로 판매한 경우	인증취소		
(5) 유기양봉의 산물등에서 동물용의약품 성분이 「식품위생법」 제7조제1항에 따라 식품의약품안전처장이 정하여 고시하는 동물용의약품 잔류허용기준의 3분의 1 이하로 검출된 경우	시정조치 명령	인증취소	
(6) 유기양봉의 산물등에서 동물용의약품 성분이 「식품위생법」 제7조제1항에 따라 식품의약품안전처장이 정하여 고시하는 동물용의약품 잔류허용기준의 3분의 1을 초과하여 검출된 경우	인증취소		
(7) 유기양봉의 산물등에서 꿀벌의 먹이습성 등 비의도적인 요인으로 합성농약 성분이 「식품위생법」 제7조제1항에 따라 식품의약품안전처장이 정하여 고시하는 농약 잔류허용기준 이하로 검출되는 경우	시정조치 명령	시정조치 명령	인증취소

(8) (7)외에 유기양봉의 산물등에서 합성농약 성분이 검출된 경우	인증취소		
마) 유기가공식품·비식용유기가공품			
(1) 별표 4 제5호나목1)·3)을 위반하여 사용할 수 없는 원료 또는 재료·식품첨가물·가공보조제를 사용한 경우	인증취소		
(2) 별표 4 제5호라목을 위반하여 화학적 방법이나 방사선 조사 방법을 사용한 경우	인증취소		
(3) 별표 4 제5호자목1)을 위반하여 유기가공식품·비식용유기가공식품에서 합성농약 성분이 검출된 경우			
(가) 원료 또는 재료의 오염 등 비의도적인 요인으로 합성농약성분이 0.01mg/kg 를 초과하여 검출된 경우	시정조치명령		
(나) 인증사업자의 고의 또는 과실로 인해 검출된 경우 또는 검출된 사실을 알고도 해당 제품에 인증표시를 하여 보관·판매하는 경우	인증취소		
바) 무농약농산물			
(1) 별표 14 제2호다목1) 및 라목 3)을 위반하여 합성농약 또는 합성농약 성분이 함유된 자재를 사용하거나 무농약농산물의 화학비료 사용기준을 준수하지 않은 경우	인증취소		
(2) 무농약농산물에서 바람에 의한 흩날림, 농업용수로 인한 오염 등 비의도적인 요인으로 합성농약 성분이 「식품위생법」 제7조제1항에 따라 식품의약품안	시정조치명령	시정조치 명령	인증취소

전처장이 정하여 고시하는 농약 잔류허용기준 이하로 검출된 경우				
(3) (2)외에 무농약농산물에서 합성농약 성분이 검출된 경우	인증취소			
사) 무농약원료가공식품				
(1) 별표 14 제3호나목1)·3)를 위반하여 원료 또는 재료를 사용한 경우	인증취소			
(2) 별표 14 제3호다목1)을 위반하여 화학적 방법이나 방사선 조사방법을 사용한 경우	인증취소			
(3) 무농약원료가공식품에서 합성농약 성분이 검출된 경우				
(가) 식품첨가물의 오염 등 비의도적인 요인으로 0.01mg/kg를 초과하여 검출된 경우	시정조치 명령			
(나) 인증사업자의 고의 또는 과실로 인해 검출된 경우 또는 검출된 사실을 알고도 해당 제품에 인증 표시하여 보관·판매하는 경우	인증취소			
아) 취급자				
(1) 별표 4 제6호라목1)을 위반하여 소분·저장·포장·운송·수입 또는 판매 등의 취급과정에서 인증품에 인증 종류가 다른 인증품 및 인증품이 아닌 제품이 혼입되거나 인증받은 내용과 다르게 표시하는 경우	인증취소			
(2) 취급과정에서 합성농약, 동물용의약품을 사용하거나 인증기준에 맞지 않는 방법을 사용한 경우	인증취소			
(3) 유기식품등·무농약농산물 및 무농약원료가공식품에서 합성농				

위반행위	근거 법조문	행정처분 기준		
약 성분이 검출되거나 동물용의약품 성분이 「식품위생법」 제7조제1항에 따라 식품의약품안전처장이 정하여 고시한 동물용의약품 잔류허용기준의 10분의 1을 초과하여 검출된 경우				
(가) 원료 또는 재료 인증품의 오염 등 비의도적인 요인으로 검출된 경우		시정조치 명령		
(나) 인증사업자의 고의 또는 과실로 인해 검출된 경우		인증취소		
4) 인증사업자가 법 제19조제2항 또는 법 제34조제2항에 따른 그 밖의 인증기준을 준수하지 않은 경우	법 제24조제1항제2호 (법 제34조제4항)	시정조치 명령		
5) 정당한 사유 없이 법 제31조제7항 또는 법 제34조제5항에 따른 명령에 따르지 않은 경우	법 제24조제1항제3호 (법 제34조제4항)	인증취소		
6) 전업, 폐업 등의 사유로 인증품을 생산하기 어렵다고 인정하는 경우	법 제24조제1항제4호 (법 제34조제4항)	인증취소		

나. 인증품등

위반행위	근거 법조문	행정처분 기준
1) 인증품에서 합성농약 성분, 동물용의약품 성분 등 잔류 물질이 검출되는 등 법 제19조제2항 또는 법 제34조제2항에 따른 인증기준을 위반한 경우 [기출]	**법 제31조제7항 (법 제34조제5항)**	**해당 인증품의 인증표시의 제거·정지 또는 인증품등의 판매금지·판매정지**
2) 법 제23조제1항에 따른 유기식품 등의 표시 또는 법 제36조제1항에 따른 무농약농산물·무농약원료가공식품의 표시 방법을 위반한 경우	법 제31조제7항 (법 제34조제5항)	해당 인증품의 세부 표시사항의 변경
3) 인증품등에서 합성농약 성분 또는 동물용의약품 성분이 식품의약품안전처장이 정하여 고시하는 농약	법 제31조제7항(법 제34조제5항)	해당 인증품등의 판매금지·판매정지 ·회수·폐기

또는 동물용의약품 잔류허용기준을 초과해 검출된 경우		
4) 법 제23조제3항에 따른 제한적 유기표시 또는 법 제36조제2항에 따른 제한적 무농약 표시 방법을 위반한 경우	법 제31조제7항(법 제34조제5항)	해당 제품의 세부 표시사항의 변경
5) 인증품이 아닌 제품을 인증품으로 표시한 것으로 인정된 경우	법 제31조제7항(법 제34조제5항)	해당 제품의 인증표시의 제거 · 정지

3. 행정처분 절차

　가. 제2호의 위반사항에 대한 행정처분은 그 위반사항을 확인한 국립농산물품질관리원장 또는 인증기관이 실시한다.

　나. 가목에도 불구하고 해당 인증품에 대한 인증기관이 따로 있는 때에는 국립농산물품질관리원장은 그 인증기관에 행정처분을 하도록 요청할 수 있다. 이 경우 위반사항에 대한 확인자료를 그 인증기관에 제공해야 한다.

　다. 제2호나목3)에 따라 해당 인증품등의 회수 · 폐기 명령을 받은 자는 미리 회수 · 폐기 계획을 수립하여 국립농산물품질관리원장에게 제출하고, 그 계획에 따라 회수 · 폐기를 실시한 후 그 결과를 국립농산물품질관리원장에게 보고해야 한다. 이 경우 회수 · 폐기 결과를 보고받은 국립농산물품질관리원장은 지체 없이 농림축산식품부장관에게 보고해야 한다.

　라. 다목에 따른 회수 · 폐기 계획의 수립 및 결과 보고 등에 필요한 사항은 국립농산물품질관리원장이 정하여 고시한다.

[별표 14]

■ 농림축산식품부 소관 친환경농어업 육성 및 유기식품 등의 관리·지원에 관한 법률 시행규칙

<u>무농약농산물·무농약원료가공식품의 생산, 제조·가공 또는 취급에 필요한 인증기준</u>
(제54조제1항 관련)

1. 이 표에서 사용하는 용어의 뜻은 다음과 같다.
   가. "재배포장"이란 작물을 재배하는 일정구역을 말한다.
   나. "관행농업"이란 화학비료와 합성농약을 사용하여 작물을 재배하는 일반 관행적인 농업
       형태를 말한다.
   다. "화학비료"란 「비료관리법」 제2조제1호에 따른 비료 중 화학적인 과정을 거쳐 제조된 것
       을 말한다.

2. 무농약농산물의 인증기준

심사 사항	인증기준
가. 일반	1) 토양비옥도의 유지, 생물다양성의 증진, 천적서식지의 제공, 자연의 순환 등 농업생태계를 건강하게 유지·보전하고 환경오염을 최소화하는 경작원칙을 적용할 것 2) 별표 5의 경영 관련 자료를 기록·보관하고, 국립농산물품질관리원장 또는 인증기관이 열람을 요구할 때에는 이에 응할 것 3) 신청인이 생산자단체인 경우에는 생산관리자를 지정하여 소속 농가에 대해 교육 및 예비심사 등을 실시하도록 할 것 4) 다음의 표에서 정하는 바에 따라 친환경농업에 관한 교육을 이수할 것. 다만, 인증사업자가 5년 이상 인증을 유지하는 등 인증사업자가 국립농산물품질관리원장이 정하여 고시하는 경우에 해당하는 경우에는 교육을 4년마다 1회 이수할 수 있다.

과정명	친환경농업 기본교육 [기출]
교육주기	2년마다 1회
교육시간	2시간 이상
교육기관	국립농산물품질관리원장이 정하는 교육기관

나. 재배포장, 재배용수 및 종자	1) 재배포장은 최근 1년간 인증취소 처분을 받지 않은 재배지로서, 「토양환경보전법 시행규칙」 제1조의5 및 별표 3에 따른 토양오염우려기준을 초과하지 않으며, 주변으로부터 오염 우려가 없거나 오염을 방지할 수 있을 것 2) 재배용수는 「환경정책기본법 시행령」 제2조 및 별표 1에 따른 농업용수 이상의 수질기준에 적합해야 하며, 농산물의 세척 등에 사용되는 용수는 「먹는물 수질기준 및 검사 등에 관한 규칙」 제2조 및 별표 1에 따른 먹는물의

		수질기준에 적합할 것
		3) 유전자변형농산물인 종자는 사용하지 않을 것
		4) 인근 관행농업의 재배포장으로부터의 농약 흩날림, 관개·배수 등 농업용수나 그 밖의 농업자재 등으로 인한 오염과 같은 비의도적 오염을 방지할 수 있는 조치를 취할 것
다. 재배방법		1) 합성농약 또는 합성농약 성분이 함유된 자재를 사용하지 않고, 화학비료는 국립농산물품질관리원장이 정하여 고시하는 기준을 준수하여 사용할 것
		2) 장기간의 적절한 돌려짓기(윤작)가 이행되도록 노력할 것
		3) 가축분뇨를 원료로 하는 퇴비·액비는 완전히 부숙하여 사용할 것
		4) 병해충 및 잡초는 무농약재배에 적합한 방법으로 방제·관리할 것
라. 생산물의 품질관리 등		1) 무농약농산물의 수확·저장·포장·수송 등의 취급과정에서 일반 농산물과의 혼합 또는 외부로부터의 오염을 방지할 것
		2) 취급과정에서 방사선은 해충방제, 식품보존, 병원(病原)의 제거 또는 위생 등을 위해 사용하지 않을 것
		3) 합성농약 또는 합성농약 성분이 함유된 자재를 사용하지 않으며, 합성농약 성분은 「식품위생법」 제7조제1항에 따라 식품의약품안전처장이 고시한 농약 잔류허용기준의 20분의 1 이하이어야 하고, 같은 고시에서 잔류 허용기준을 정하지 않은 경우에는 0.01mg/kg 이하일 것
		4) 수확 및 수확 후 관리를 수행하는 모든 작업자는 품목의 특성에 따라 적절한 위생조치를 할 것
		5) 수확 후 관리시설에서 사용하는 도구와 설비를 위생적으로 관리할 것
		6) 인증품에 인증품이 아닌 제품을 혼합하거나 인증품이 아닌 제품을 인증품으로 판매하지 않을 것
마. 그 밖의 사항		1) 수경재배 및 양액(배양액을 말한다. 이하 같다)재배의 방식은 순환식 등으로 하여 양액으로 인한 환경오염이 없도록 할 것
		2) 농장에서 발생한 환경오염 물질이나 병해충 또는 잡초 관리를 위해 인위적으로 투입한 동식물이 주변 농경지·하천·호수 또는 농업용수 등을 오염시키지 않도록 관리할 것

3. 무농약원료가공식품의 인증기준

심사사항	인증기준
가. 일반	1) 별표 5의 경영 관련 자료를 기록·보관하고, 국립농산물품질관리원장 또는 인증기관이 열람을 요구할 때에는 이에 응할 것
	2) 사업자는 무농약원료가공식품의 가공 및 유통 과정에서 원료 또는 재료의 순수성이 훼손되지 않도록 할 것
	3) 다음의 표에서 정하는 바에 따라 친환경농업에 관한 교육을 이수할 것. 다

만, 인증사업자가 5년 이상 인증을 유지하는 등 인증사업자가 국립농산물품질관리원장이 정하여 고시하는 경우에 해당하는 경우에는 교육을 4년마다 1회 이수할 수 있다.

과정명	친환경농업 기본교육
교육주기	2년마다 1회
교육시간	2시간 이상
교육기관	국립농산물품질관리원장이 정하는 교육기관

4) 자체적으로 실시한 품질검사에서 부적합이 발생하는 경우에는 국립농산물품질관리원장 또는 인증기관에 통보하고, 국립농산물품질관리원장 또는 인증기관이 분석 성적서 등의 제출을 요구할 때에는 이에 응할 것

나. 가공 원료 · 재료	1) 가공에 사용되는 원료 또는 재료는 모두 무농약농산물, 유기식품 또는 무농약원료가공식품일 것. 다만, 전체 원료 또는 재료의 함량 중 무농약농산물의 함량이 50퍼센트 이상이어야 하며, 무농약농산물, 유기식품 또는 무농약원료가공식품을 상업적으로 조달할 수 없는 경우에는 제품 중량(제품 생산을 위해 인위적으로 첨가하는 물과 소금의 중량은 제외한다)의 5퍼센트 범위 내에서 무농약농산물, 유기식품 또는 무농약원료가공식품이 아닌 원료 또는 재료를 사용할 수 있다. 2) 화학적으로 합성된 식품첨가물과 가공보조제를 사용하지 않을 것. 다만, 제품 생산을 위해 필요한 경우에는 별표 1 제1호다목1)의 물질을 「식품위생법」 제7조제1항에 따라 식품의약품안전처장이 정하여 고시하는 식품첨가물의 기준에 따라 최소량으로 사용해야 한다. 3) 유전자변형생물체 및 유전자변형생물체에서 유래한 원료 또는 재료를 사용하지 않을 것 4) 원료 또는 재료의 적합성 여부를 정기적으로 관리하고, 원료 또는 재료에 대한 납품서 · 거래인증서 · 보증서 또는 검사성적서 등 국립농산물품질관리원장이 정하여 고시하는 증명자료를 보관할 것
다. 가공방법	1) 기계적 · 물리적 · 생물학적 방법만을 사용하고, 화학적 방법이나 방사선 조사방법을 사용하지 않을 것 2) 추출, 여과, 저장 등의 과정은 국립농산물품질관리원장이 정하여 고시하는 기준을 따를 것
라. 해충 및 병원균 관리	해충 및 병원균 관리를 위해 예방적 방법, 기계적 · 물리적 · 생물학적 방법을 우선 사용해야 하고, 불가피한 경우 별표 1 제1호가목2)에서 정한 물질을 사용할 수 있으며, 그 밖의 화학적 방법이나 방사선 조사방법을 사용하지 않을 것
마. 세척 및 소독	1) 무농약원료가공식품에 시설이나 설비 또는 원료 · 재료의 세척, 살균, 소독에 사용된 물질이 함유되지 않도록 할 것 2) 세척제 · 소독제를 시설 및 장비에 사용하는 경우에는 무농약원료가공식품

	의 순수성이 훼손되지 않도록 할 것
바. 포장	무농약원료가공식품의 포장과정에서 순수성을 보호할 수 있는 포장재와 포장방법을 사용할 것
사. 무농약원료가공식품의 수송 및 운반	사업자는 환경에 미치는 나쁜 영향이 최소화되도록 원료·재료나 가공식품의 수송방법을 선택하고, 수송과정에서 원료·재료 또는 가공식품의 순수성이 훼손되지 않도록 필요한 조치를 할 것
아. 기록·문서화 및 접근 보장	1) 사업자는 무농약원료가공식품의 취급과정에서 대기, 물, 토양의 오염이 최소화되도록 문서화된 취급계획을 수립할 것 2) 사업자는 국립농산물품질관리원 소속 공무원 또는 인증기관으로 하여금 무농약농산물·무농약원료가공식품의 생산, 제조·가공 또는 취급의 전 과정에 관한 기록 및 사업장에 접근할 수 있도록 할 것
자. 생산물의 품질관리 등	1) 합성농약 성분은 검출되지 않을 것. 다만, 식품첨가물의 오염 등 비의도적인 요인으로 합성농약 성분이 검출된 것으로 입증되는 경우에는 0.01mg/kg 이하까지만 허용한다. 2) 인증품에 인증품이 아닌 제품을 혼합하거나 인증품이 아닌 제품을 인증품으로 판매하지 않을 것

4. 무농약농산물·무농약원료가공식품의 취급에 필요한 인증기준에 관하여는 별표 4 제6호를 준용한다.

[별표 15]

■ 농림축산식품부 소관 친환경농어업 육성 및 유기식품 등의 관리·지원에 관한 법률 시행규칙

<u>무농약농산물·무농약원료가공식품 표시의 기준</u>(제59조제1항 관련)

1. 표시 도형
 가. 무농약농산물

    인증번호: Certification Number:

 나. 무농약원료가공식품

    인증번호: Certification Number:

 다. 작도법
 1) 도형 표시
  가) 표시 도형의 가로 길이(사각형의 왼쪽 끝과 오른쪽 끝의 폭: W)를 기준으로 세로 길이
     는 0.95×W의 비율로 한다.
  나) 표시 도형의 흰색 모양과 바깥 테두리(좌우 및 상단부 부분으로 한정한다)의 간격은
     0.1×W로 한다.
  다) 표시 도형의 흰색 모양 하단부 왼쪽 태극의 시작점은 상단부에서 0.55×W 아래가 되는
     지점으로 하고, 오른쪽 태극의 끝점은 상단부에서 0.75×W 아래가 되는 지점으로 한다.
 2) 표시 도형의 국문 및 영문 모두 활자체는 고딕체로 하고, 글자 크기는 표시 도형의 크기에
    따라 조정한다.
 3) 표시 도형의 색상은 녹색을 기본색상으로 하고, 포장재의 색깔 등을 고려해 파란색, 빨간
    색 또는 검은색으로 할 수 있다.

4) 표시 도형 내부의 "무농약", "무농약원료가공식품", "(NON PESTICIDE)", "(NON PESTICIDE FOODS)"의 글자 색상은 표시 도형 색상과 동일하게 하고, 하단의 "농림축산식품부"와 "MAFRA KOREA"의 글자는 흰색으로 한다.

5) 배색 비율은 녹색 C80+Y100, 파란색 C100+M70, 빨간색 M100+Y100+K10, 검은색 C20+K100으로 한다.

6) 표시 도형의 크기는 포장재의 크기에 따라 조정한다.

7) 표시 도형의 위치는 포장재 주 표시면의 옆면에 표시하되, 포장재 구조상 옆면표시가 어려울 경우에는 표시 위치를 변경할 수 있다.

8) 표시 도형 밑 또는 좌우 옆면에 인증번호를 표시한다.

2. 표시 글자

구분	표시 글자
가. 무농약농산물	1) 무농약, 무농약농산물, 무농약임산물 또는 무농약 ○○
	2) 무농약재배 농산물 또는 무농약재배 ○○
나. 무농약원료가공식품	1) 무농약원료가공식품
	2) 무농약원료 ○○
	3) 무농약 ○○(으)로 만든 가공식품
	4) 무농약 ○○(으)로 만든 ○○

3. 제1호 및 제2호에 따른 무농약농산물·무농약원료가공식품 표시의 표시방법 및 세부 표시사항 등은 국립농산물품질관리원장이 정하여 고시한다.

비고:

1. 무공해, 저공해 등 소비자에게 혼동을 초래할 수 있는 표시를 하지 않을 것

2. 토양이 아닌 시설 및 배지[培地, 버섯류, 양액(배양액을 말한다. 이하 같다)재배 농산물 등의 생육에 필요한 양분의 전부 또는 일부를 공급하거나 작물이 자랄 수 있도록 조성된 토양 외의 물질]에서 작물을 재배하되, 생육에 필요한 양분을 외부에서 공급하거나 외부에서 공급하지 않고 자연용수에 용존(溶存)한 물질에 의존하여 재배한 농산물은 양액재배 농산물 또는 수경재배 농산물로 별도로 표시할 것 [기출]

[별표 16]

■ 농림축산식품부 소관 친환경농어업 육성 및 유기식품 등의 관리·지원에 관한 법률 시행규칙

무농약농산물의 함량에 따른 제한적 무농약 표시의 허용기준(제59조제3항 관련)

1. 제한적 무농약 표시의 일반원칙
   가. 법 제36조제2항에 따른 무농약농산물의 함량에 포함되는 원료 또는 재료는 법 제34조제1항에 따라 인증을 받은 무농약농산물로 한다.
   나. 가목에 해당하는 원료 또는 재료와 동일한 종류의 인증을 받지 않은 원료 또는 재료를 혼합해서는 안 된다.
   다. 법 제36조제2항에 따른 제한적 무농약 표시를 할 수 있는 식품인 경우에도 다음의 어느 하나에 해당하는 사항을 표시해서는 안 된다.
      1) 해당 식품에 별표 15에 따른 무농약농산물·무농약원료가공식품의 표시
      2) 무농약이라는 용어를 식품명 또는 식품명의 일부로 표시

2. 무농약농산물의 함량에 따른 제한적 무농약 표시의 허용기준
   가. 70퍼센트 이상이 무농약농산물인 식품
      1) 최종 식품에 남아 있는 원료 또는 재료(물과 소금은 제외한다. 이하 같다)의 70퍼센트 이상이 무농약농산물이어야 한다.
      2) 무농약 또는 이와 유사한 용어를 식품의 제품명 또는 제품명의 일부로 사용할 수 없다.
      3) 표시장소는 주 표시면을 제외한 표시면에 표시할 수 있다.
      4) 원재료명 표시란에 무농약농산물의 총함량 또는 원료·재료별 함량을 백분율(%)로 표시해야 한다.
   나. 70퍼센트 미만이 무농약농산물인 제품
      1) 특정 원재료로 무농약농산물만을 사용한 식품이어야 한다.
      2) 해당 원재료명의 일부로 "무농약"이라는 용어를 표시할 수 있다.
      3) 표시장소는 원재료명 표시란에만 표시할 수 있다.
      4) 원재료명 표시란에 무농약농산물의 총함량 또는 원료·재료별 함량을 백분율(%)로 표시해야 한다.

3. 제한적 무농약 표시 사업자의 준수사항
   제한적 무농약 표시를 하려는 자는 해당 식품에 사용된 무농약농산물의 원료 또는 재료의 함량 등 표시와 관련된 자료를 사업장 내에 갖추어 두고, 국립농산물품질관리원장이 자료의 제출을 요구하는 경우에는 이에 응해야 한다.

4. 제1호부터 제3호까지의 규정에 따른 제한적 무농약 표시의 기준 및 준수사항 등에 관한 세부사항은 국립농산물품질관리원장이 정하여 고시한다.

■ 농림축산식품부 소관 친환경농어업 육성 및 유기식품 등의 관리·지원에 관한 법률 시행규칙

<u>유기농업자재의 공시기준</u>(제61조제1항 관련)

1. 현장기준

심사사항	공시기준
가. 경영관리	1) 공시를 받으려는 자재에 관한 국립농산물품질관리원장이 정하여 고시하는 경영 관련 자료를 보관하고, 공시기관이 보여줄 것을 요구하는 때에는 이에 응해야 한다. 2) 공시기관이 심사를 위해 필요한 정보를 요구하는 때에는 그 정보를 제공해야 한다.
나. 작업장	공시를 받으려는 자재의 오염방지시설 및 환기시설 등을 갖추어야 하고, 청결하게 유지하기 위해 노력해야 한다.
다. 제조설비	공시를 받으려는 자재의 생산에 적합한 제조시설을 갖추어야 하고, 제품 및 원료·재료 등의 보관시설을 확보해야 한다.
라. 공정 및 품질 관리	1) 공정 공시를 받으려는 자재가 아닌 자재를 공시를 받으려는 자재에 혼합되지 않도록 제조설비, 제조공정 등을 구분하여 관리해야 한다. 2) 품질관리 공시를 받으려는 자재에 대해 생산, 수입 또는 판매에 필요한 작업표준절차를 마련하고, 품질관리 계획을 수립·유지해야 하며, 제품하자 등의 처리에 대한 자체기준을 마련해야 한다.
마. 기록 및 이력 관리	공시를 받으려는 자재의 원료·재료 및 제품의 입출고에 관한 이력사항을 기록·관리해야 한다.
바. 그 밖의 사항	국제기구나 그 기구로부터 지정받은 인증기관 또는 수입국가나 그 국가가 공인한 인증기관에서 유기농업 관련 기준에 따라 유기농업에 사용할 수 있는 자재임을 확인받은 수입완제품은 나목부터 라목1)까지의 공시기준을 갖춘 것으로 본다.

2. 원료·재료의 특성 등에 관한 자료

심사사항	공시기준
가. 원료·재료	1) 공시를 받으려는 자재에 사용한 원료·재료는 별표 1의 허용물질에 한정해서

	사용해야 한다.
	2) 보조제는 천연에서 유래한 물질을 사용하는 것을 원칙으로 하되, 별표 1 제3호에 적합하게 사용해야 한다.
	3) 다음의 원료·재료는 유기농업자재에 혼입되어서는 안 된다. [기출]
	가) 인체·식물·동물에 해롭게 할 수 있는 병원성 미생물[병원성 미생물로부터 발생한 대사산물(물질대사 과정에서 생성되는 물질)을 포함한다], 원균이 함유되거나 오염된 원료·재료
	나) 유전자를 변형한 물질(추출물을 포함한다)이 함유되거나 오염된 원료·재료
	다) 항생제·합성항균제 및 합성호르몬이 함유되거나 오염된 원료·재료
	라) 합성농약 성분이 함유되거나 오염된 원료·재료
	마) 「식물방역법」 제10조제1항제2호에 따른 병해충 또는 병해충이 함유되거나 오염된 원료·재료
	바) 「축산물 위생관리법 시행규칙」 제9조 및 별표 3에서 정한 도축이 금지된 가축과 그 가축의 사체·축산물 및 부산물
	사) 석면이 함유되거나 석면에 오염된 원료·재료
	아) 아주까리 및 아주까리 유박(油粕: 식물성 원료·재료에서 원하는 물질을 짜고 남은 찌꺼기를 말한다. 이하 이 표에서 같다)을 사용한 자재는 「비료관리법」 제4조에 따른 비료에 관한 공정규격설정 등의 고시에서 정하는 리친(Ricin)의 유해성분 최대량을 초과하지 않을 것
나. 원료·재료의 특성 및 유래	1) 공시를 받으려는 자재에 사용된 원료·재료에 대한 특성을 기재해야 한다. 2) 공시를 받으려는 자재에 사용된 원료 또는 재료별로 출처가 명확해야 한다.
다. 제조조성비	공시를 받으려는 자재에 사용된 원료명·재료명, 주성분의 종류 및 함량, 투입비율을 정확하게 기재해야 한다.

3. 이화학(미생물검정) 검사성적서

심사사항	공시기준
가. 주성분 검사	1) 유기농업자재에 대한 주성분 검사성적은 다음의 사항이 적합해야 한다. 가) 토양 개량과 작물 생육에 효과를 나타내는 성분 또는 대표성분 나) 병이나 해충에 대하여 활성을 나타내는 성분 또는 대표성분 2) 미생물 자재의 경우 신청인이 제시한 미생물명, 보증균 수, 검사방법 등과 일치해야 한다. 3) 천적 자재의 경우 신청인이 제시한 천적명, 보증 수, 동정(同定) 방법 등과 일치해야 한다.

	4) 키토산을 원료 · 재료로 사용한 자재에 대해 공시를 받으려는 경우에는 국립농산물품질관리원장이 정한 기준에 적합해야 한다. 5) 효능 · 효과를 표시하려는 자재의 경우에는 해당 자재가 공시 받은 유기농업자재인 경우에 한정하여 주성분, 성분량 및 분석방법을 제출해야 한다. 다만, 「농약관리법」 또는 「비료관리법」에서 분석방법이 설정된 경우에는 그 분석방법에 따를 수 있으며, 분석방법의 제출을 생략할 수 있다.
나. 유해성분 검사	1) 유해중금속에 대한 유해성분 검사성적은 다음의 사항이 적합해야 한다. 가) 공시를 받으려는 자재가 「비료관리법」 제4조에 따른 비료에 관한 공정규격 설정 등의 고시에서 정하는 비료의 종류에 해당되는 경우에는 같은 고시에서 정한 유해성분 최대량을 초과하지 않아야 한다. 나) 그 외의 공시를 받으려는 자재는 국립농산물품질관리원장이 정한 기준을 초과하지 않아야 한다. 2) 병원성미생물, 항생물질 및 합성농약 성분은 검출되지 않아야 한다. 3) 아주까리 및 아주까리 유박을 사용한 자재는 「비료관리법」 제4조에 따른 비료에 관한 공정규격설정 등의 고시에서 정하는 리친(Ricin)의 유해성분 최대량을 초과하지 않아야 한다.

4. 식물에 대한 시험성적서

심사사항	공시기준
가. 유식물(幼植物) 등에 대한 농약 피해[藥害] · 비료피해[肥害] 시험성적	1) 다섯 종류 이상의 작물에 대해 적합하게 시험한 성적이어야 한다. 2) 농약피해 · 비료피해의 정도는 시험성적 모두가 기준량에서 0 이하이거나, 2배량에서 1 이하이어야 한다.
나. 비료효과[肥效] · 비료피해[肥害] 시험성적 (효능 · 효과를 표시하려는 경우로 한정한다)	1) 토양 개량 또는 작물 생육을 목적으로 하는 자재에 적용하고, 동일 작물에 대해서 적합하게 시험한 2개 이상의 재배 포장시험(圃場試驗: 밭 등에서 이루어지는 시험) 성적서를 제출해야 하며, 작물에 대한 재배 포장시험은 「비료관리법」에 따른 작물재배 시험법을 준용한다. 다만, 농작물의 종류를 추가하려는 경우에는 1개의 재배 포장시험성적서를 제출할 수 있다. 2) 비료효과 시험 결과 통계적으로 무처리구(無處理區) 대비 효과가 인정되어야 하고, 기준량과 2배량 모두에서 비료피해가 없어야 한다.
다. 농약효과[藥效] · 농약피해 시	1) 병해충 관리를 목적으로 하는 자재에 적용하고, 동일 작물 · 병해충에 대해서 적합하게 시험한 2개 이상의 재배 포장시험 성적서를 제출해야 하며, 작물에

험성적(효능 · 효과를 표시하 려는 경우로 한 정한다)	대한 재배 포장시험은 「농약관리법」에 따른 작물에 대한 농약효과 · 농약피해 시험법을 준용한다. 다만, 적용대상 병해충 및 농작물의 종류를 추가하려는 경우에는 1개의 재배 포장시험성적서를 제출할 수 있다. 2) 농약효과 시험 결과 통계적으로 무처리구 대비 방제가(防除價, 병해충에 대한 농약의 방제효과를 표시하는 수치)를 고려해 방제효과가 인정되어야 하고, 기준량과 2배량 모두에서 농약피해가 없어야 한다.
라. 예외사항	「농약관리법」에 따라 등록된 농약이거나 「비료관리법」에 따라 등록 또는 신고된 비료에 해당하는 경우에는 식물시험에 대한 재배 포장시험 성적서를 제출하지 않을 수 있다.

5. 독성에 대한 시험성적서

심사사항	공시기준
가. 공통조건	1) 독성시험은 별표 1의 병해충 관리를 위한 허용물질 중에서 국립농산물품질관리 원장이 정하는 물질이 함유된 유기농업자재를 시험대상으로 한다. 다만, 사용 물질 또는 유기농업자재의 특성상 일부의 독성평가가 필요 없는 경우에는 독성 시험성적서의 일부를 면제할 수 있다. 2) 1)의 본문에 해당하지 않는 유기농업자재 중 국내외에서 사람 또는 동물이나 환경에 위해성이 우려될 경우에는 시험대상으로 할 수 있다. 3) 살아있는 미생물을 원료 · 재료로 사용한 유기농업자재에서는 해당 시험동물의 병원성에 대해 검토된 것이어야 한다.
나. 독성	1) 인축독성은 급성경구 독성 시험성적서, 급성경피 독성 시험성적서, 안점막 자극성 시험성적서 및 피부자극성 시험성적서 평가 결과 안전성이 확보되어야 한다. 2) 환경독성은 급성어류독성 시험성적서, 물벼룩류에 대한 급성유영저해 시험성 적서(논벼용 유기농업자재) 및 꿀벌에 대한 급성접촉독성 또는 영향 시험성적 서 평가결과 환경생태계에 대한 안정성이 확보되어야 한다.

6. 제조공정, 품질관리 등에 대한 자료

심사사항	공시기준
가. 제조공정	1) 화학적 공정을 거치지 않아야 하고, 제조공정이 공시를 받으려는 자재의 생산에 적합해야 한다.

	2) 화학합성물질이나 다른 원료 · 재료 등이 혼입 · 오염되지 않아야 한다.
나. 품질관리	1) 공시를 받으려는 자재의 품질관리에 관한 사항을 명확하게 기술해야 한다.
	2) 공시를 받으려는 자재는 품질규격에 맞도록 유지해야 하며, 품질규격 및 품질기준에 관한 사항은 주기적으로 확인 · 검사를 해야 한다.

7. 포장 표시사항에 관한 자료

심사사항	공시기준
포장지 표기방법	유기농업자재의 포장지 표시 도안이 별표 21에 따른 유기농업자재의 표시기준에 적합해야 한다.

[별표 18]

■ 농림축산식품부 소관 친환경농어업 육성 및 유기식품 등의 관리·지원에 관한 법률 시행규칙

유기농업자재의 공시의 심사 절차와 방법(제63조제4항 관련)

1. 현장심사

　가. 공시기관은 공시 신청서류가 접수되면 현장심사 일정 등을 신청인에게 알리고, 국립농산물품질관리원장이 정하는 바에 따라 현장심사를 해야 한다.

　나. 공시심사원은 제품의 시료를 채취하는 경우에는 신청인 또는 그 대리인의 참관하에 수행해야 한다.

2. 제품심사

　공시기관은 신청인이 제출한 시료와 제1호나목에 따라 채취한 시료에 대해 외관검사를 실시해야 하며, 필요한 경우에는 주성분의 정성(定性)·정량(定量)분석을 하거나 유해성분(병원성미생물을 포함한다), 농약성분, 항생물질 등을 분석할 수 있다.

3. 서류심사

　가. 공시기관은 제62조제1항 및 제66조제1항에 따라 공시의 신청이나 그 갱신의 신청을 위해 제출된 붙임의 자료·서류 및 그 밖의 국립농산물품질관리원장이 정하는 서류에 대해 유기농업자재의 공시기준에 적합한지를 심사해야 한다. 다만, 갱신신청의 경우 국립농산물품질관리원장이 정하는 바에 따라 일부를 면제할 수 있다.

　나. 공시기관은 제출서류 중 독성 시험성적서에 대해 국립농산물품질관리원장이 정하는 바에 따라 국립농업과학원장에게 심사를 받아야 한다.

　다. 공시기관은 특별한 사유가 없을 경우에는 국립농업과학원장의 독성시험성적 심사결과를 수용해야 하며, 이의가 있을 때에는 국립농업과학원장에게 재심사를 요청해야 한다.

4. 종합심사

　가. 공시기관은 제1호부터 제3호까지의 규정에 따라 심사를 한 경우에는 국립농산물품질관리원장이 정한 바에 따라 심사결과보고서를 작성한 후 공시위원회의 심의를 거쳐야 한다.

　나. 공시기관은 신청인에게 심사 및 사후관리를 위해 필요한 자료의 원본 또는 사본을 추가로 요청할 수 있으며, 요청을 받은 신청인은 요청기한까지 자료를 제출해야 한다.

[별표 19]

■ 농림축산식품부 소관 친환경농어업 육성 및 유기식품 등의 관리 · 지원에 관한 법률 시행규칙

유기농업자재 시험연구기관의 지정기준(제68조 관련)

1. 일반기준

　가. 시험 · 분석 업무 범위

　　1) 이화학적(理化學的) 분석, 미생물 분석, 식물시험, 잔류시험, 독성시험 등 분야별로 지정을 받아야 한다.

　　2) 시험 분야별로 지정받으려는 경우에는 시험 분야별로 적합한 인력, 시설 및 장비를 갖추어야 한다.

　　나. 가목의 시험 분야별로 제2호에 따른 인력 · 시설 · 장비 및 시험관리규정을 갖추어야 한다.

2. 개별기준

　가. 인력

　　1) 시험연구기관의 관리와 운영에 책임을 지는 운영책임자를 확보해야 한다.

　　2) 시험 분야별로 해당 업무를 수행할 수 있는 능력을 갖춘 시험책임자를 확보해야 한다.

　　3) 시험책임자는 시험을 공정하고 객관적으로 수행해야 하며, 시험수행과정에서 수집한 자료 또는 서류 등을 보존해야 한다.

　나. 시설

　　1) 시험연구기관은 시험 수행에 필요한 사무실, 검정실 및 보관실 등을 확보해 시약 또는 시료가 오염되거나 변형되지 않도록 적절하게 보관해야 한다.

　　2) 시험 수행과정에서 발생하는 약품 등의 폐기물은 폐기물의 취급규정에 따라 적절하게 처리해야 한다.

　다. 장비

　　1) 시험연구기관은 작물재배시험이나 농자재의 주성분 또는 유해성분 등 성분종류별 분석에 적합한 장비를 갖추어야 한다.

　　2) 장비는 항상 작동이 원활하게 이루어질 수 있도록 자체관리계획을 수립해야 한다.

　라. 시험관리규정

　　1) 시험에 필요한 시험물질과 대조물질에 대하여는 오염, 변질 등을 예방할 수 있도록 관리기준을 마련해야 한다.

　　2) 시험이 공정하고 객관적으로 수행될 수 있도록 시험 수행에 필요한 표준작업지침서와 시험실시기준을 마련해야 한다.

　　3) 시험 수행을 완료하는 경우에는 시험의뢰자에게 제출한 시험결과보고서와 동일한 보고서를 보관해야 한다.

3. 제2호에 따른 인력 · 시설 · 장비 및 시험관리규정에 관한 세부적인 지정기준 및 운영 · 관리 등에 필요한 사항은 국립농산물품질관리원장이 정하여 고시한다.

[별표 20]

■ 농림축산식품부 소관 친환경농어업 육성 및 유기식품 등의 관리·지원에 관한 법률 시행규칙

유기농업자재 관련 행정처분 기준 및 절차(제70조, 제73조, 제82조 및 제84조 관련)

1. 일반기준

가. 위반행위의 횟수에 따른 행정처분 기준은 최근 1년간(제2호다목4)의 경우에는 3년으로 한다) 같은 위반행위로 행정처분을 받은 경우에 적용한다. 이 경우 위반 횟수는 위반행위에 대해 행정처분을 한 날과 다시 같은 위반행위를 하여 적발된 날을 각각 기준으로 하여 계산한다.

나. 가목에 따라 가중된 부과처분을 하는 경우 가중처분의 적용 차수는 그 위반행위 전 부과처분 차수(가목에 따른 기간 내에 행정처분이 둘 이상 있었던 경우에는 높은 차수를 말한다)의 다음 차수로 한다.

다. 위반행위의 횟수에 따른 행정처분 기준을 적용할 때 같은 날 생산된 같은 명칭의 유기농업자재에 대해서 같은 위반행위가 적발된 경우에는 하나의 위반행위로 본다. 다만, 위반사항이 부적합 원료·재료에서 발생한 것으로 확인되는 경우에는 그 부적합 원료·재료를 사용하여 생산한 모든 제품에 대해 적발된 위반행위를 하나의 위반행위로 본다.

라. 공시사업자등에 대한 공시취소, 판매금지, 시정조치 명령, 유기농업자재의 회수·폐기 및 공시의 세부 표시사항 변경 처분은 해당 위반행위가 발생한 유기농업자재를 처분대상으로 한다. 다만, 위반사항이 부적합 원료·재료에서 발생한 것으로 확인되는 경우에는 그 부적합 원료·재료를 사용하여 생산한 모든 공시 받은 유기농업자재를 처분대상으로 한다.

마. 위반행위가 둘 이상인 경우로서 그에 해당하는 각각의 처분기준이 다른 경우에는 그 중 무거운 처분기준에 따르되, 각각의 처분기준이 업무정지인 경우에는 각각의 처분기준을 합산한 기간을 넘지 않는 범위에서 무거운 처분기준의 2분의 1까지 그 기간을 늘릴 수 있다.

바. 제2호의 개별기준에 따른 행정처분 기준이 업무정지인 경우에는 위반행위의 동기, 위반의 정도 및 그 결과 등을 고려하여 제2호의 개별기준에 따른 업무정지 기간의 2분의 1 범위에서 그 기간을 줄일 수 있다.

2. 개별기준

가. 시험연구기관

위반행위	근거 법조문	위반 횟수별 행정처분 기준		
		1회 위반	2회 위반	3회 이상 위반
1) 거짓이나 그 밖의 부정한 방법으로 지정을 받은 경우	법 제41조 제5항제1호	지정취소		
2) 고의 또는 중대한 과실로 다음 가)부터 마)까지의 어느 하나에	법 제41조 제5항제2호	업무정지 3개월	지정취소	

위반행위	근거 법조문	1회 위반	2회 위반	3회 이상 위반
해당하는 서류를 사실과 다르게 발급한 경우 [기출] 가) 시험성적서 나) 원제의 이화학적 분석 및 독성 시험성적을 적은 서류 다) 농약활용기자재의 이화학적 분석 등을 적은 서류 라) 중금속 및 이화학적 분석 결과를 적은 서류 마) 그 밖에 유기농업자재에 대한 시험·분석과 관련된 서류				
3) 시험연구기관의 지정기준에 맞지 않게 된 경우	법 제41조제5항제3호	업무정지 3개월	업무정지 6개월	지정취소
4) 시험연구기관으로 지정받은 후 정당한 사유 없이 1년 이내에 지정받은 시험항목에 대한 시험업무를 시작하지 않거나 계속하여 2년 이상 업무 실적이 없는 경우	법 제41조제5항제4호	업무정지 1개월	업무정지 3개월	지정취소
5) 업무정지 명령을 위반하여 업무를 한 경우	법 제41조제5항제5호	지정취소		
6) 법 제41조의2에 따른 시험연구기관의 준수사항을 지키지 않은 경우	법 제41조제5항제6호	업무정지 3개월	업무정지 6개월	지정취소

나. 공시사업자등

위반행위	근거 법조문	위반 횟수별 행정처분 기준		
		1회 위반	2회 위반	3회 이상 위반
1) 거짓이나 그 밖의 부정한 방법으로 공시를 받은 경우	법 제43조제1항제1호	공시취소		
2) 법 제37조제4항에 따른 공시기준에 맞지 않은 경우	법 제43조제1항제2호 법 제49조제7항	판매금지	공시취소	
3) 정당한 사유 없이 법 제49조제7항	법 제43조	판매금지	공시취소	

에 따른 명령에 따르지 않은 경우	제1항제3호			
4) 전업·폐업 등으로 인하여 유기 농업자재를 생산하기 어렵다고 인정되는 경우	법 제43조 제1항제4호	공시취소		
5) 법 제49조제1항에 따른 조사 결과 법 제37조제4항에 따른 공시기준 을 위반한 경우 가) 별표 1의 허용물질 외의 물질을 사용하였거나 검출된 경우 [나)의 경우는 제외한다]	법 제49조 제7항제1호 및 제2호	공시취소 및 유기농업 자재의 회수·폐기		
나) 합성농약 성분이 원료·재료의 오염 등 불가항력적인 요인으 로 「식품위생법」 제7조제1항 에 따라 식품의약품안전처장 이 고시하는 농산물의 농약 잔 류허용기준의 농약성분별 잔 류허용기준 이하로 검출된 경 우		판매금지 및 유기농업 자재의 회수·폐기	공시취소 및 유기농업 자재의 회수·폐기	
다) 공시를 받은 원료·재료와 다 른 원료·재료를 사용하거나 제조 조성비를 다르게 한 경우		판매금지 및 유기농업 자재의 회수·폐기	공시취소 및 유기농업 자재의 회수·폐기	
라) 유해 중금속이 유기농업자재의 공시기준을 초과한 경우 (1) 10퍼센트 미만		판매금지 및 유기농업 자재의 회수·폐기	공시취소 및 유기농업 자재의 회수·폐기	
(2) 10퍼센트 이상		공시취소 및 유기농업 자재의 회수·폐기		
마) 효능·효과를 표시한 공시 받 은 유기농업자재에서 주성분 의 함량이 기준 미만으로 검출				

위반행위	근거 법조문	1회 위반	2회 위반	3회 이상 위반
된 경우 (1) 1퍼센트 이상 10퍼센트 미만이거나 미생물의 보증균수가 100분의 1 이상		시정조치 명령	판매금지 및 유기농업자재의 회수·폐기 공시취소	공시취소 및 유기농업자재의 회수·폐기
(2) 10퍼센트 이상 30퍼센트 미만이거나 미생물의 보증균수가 1000분의 1 이상 100분의 1 미만		판매금지 및 유기농업자재의 회수·폐기	공시취소 및 유기농업자재의 회수·폐기	
(3) 30퍼센트 이상이거나 미생물의 보증균수가 1000분의 1 미만		공시취소 및 유기농업자재의 회수·폐기		
6) 공시 받은 유기농업자재에 대해 법 제42조에 따른 공시의 표시사항을 위반한 경우	법 제49조 제7항제1호 및 제3호	공시의 세부 표시사항 변경	판매금지	

다. 공시기관

위반행위	근거 법조문	위반 횟수별 행정처분 기준		
		1회 위반	2회 위반	3회 이상 위반
1) 거짓이나 그 밖의 부정한 방법으로 지정을 받은 경우	법 제47조 제1항제1호	지정취소		
2) 공시기관이 파산, 폐업 등으로 인해 공시업무를 수행할 수 없는 경우	법 제47조 제1항제2호	지정취소		
3) 업무정지 명령을 위반하여 정지 기간 중에 공시업무를 한 경우	법 제47조 제1항제3호	지정취소		
4) 정당한 사유 없이 1년 이상 계속하여 공시업무를 하지 않은 경우	법 제47조 제1항제4호	업무정지 1개월	업무정지 3개월	지정취소
5) 고의 또는 중대한 과실로 법 제37조제4항에 따른 공시기준에 맞지 않은 제품에 공시를 한 경우	법 제47조 제1항제5호	업무정지 6개월	지정취소	
6) 고의 또는 중대한 과실로 법 제38조에 따른 공시심사 및 재심사의 처리 절차·방법 또는 법 제39조에 따른 공시 갱신의 절차·방법 등을 지키지 않은 경우	법 제47조 제1항제6호	업무정지 6개월	지정취소	

7) 정당한 사유 없이 법 제43조제1항에 따른 처분, 법 제49조제7항제2호 또는 제3호에 따른 명령 및 같은 조 제9항에 따른 공표를 하지 않은 경우	법 제47조제1항제7호	업무정지 3개월	업무정지 6개월	지정취소
8) 법 제44조제5항에 따른 공시기관의 지정기준에 맞지 않게 된 경우	법 제47조제1항제8호	업무정지 3개월	업무정지 6개월	지정취소
9) 법 제45조에 따른 공시기관의 준수사항을 지키지 않은 경우	법 제47조제1항제9호	업무정지 3개월	업무정지 6개월	지정취소
10) 법 제50조제2항에 따른 시정조치 명령이나 처분에 따르지 않은 경우	법 제47조제1항제10호	지정취소		
11) 정당한 사유 없이 법 제50조제3항을 위반하여 소속 공무원의 조사를 거부·방해하거나 기피하는 경우	법 제47조제1항제11호	업무정지 6개월	지정취소	
12) 법 제38조 또는 법 제39조에 따라 공시업무를 적절하게 수행하지 않은 경우	법 제50조제2항제1호	업무정지 6개월	지정취소	
13) 법 제44조제5항에 따른 지정기준에 맞지 않은 경우	법 제50조제2항제2호	업무정지 3개월	업무정지 6개월	지정취소
14) 법 제45조에 따른 공시기관의 준수사항을 지키지 않은 경우	법 제50조제2항제3호	업무정지 3개월	업무정지 6개월	지정취소

3. 행정처분절차

가. 제2호의 개별기준에 따른 행정처분은 그 위반행위를 적발한 국립농산물품질관리원장 또는 공시기관이 처분한다.

나. 가목에도 불구하고 해당 유기농업자재에 대한 공시기관이 따로 있는 경우에는 국립농산물품질관리원장은 그 공시기관에 행정처분을 하도록 요청할 수 있다. 이 경우 위반행위에 대한 적발자료를 그 공시기관에 제공해야 한다.

다. 제2호나목의 행정처분 기준에 따라 해당 유기농업자재의 회수·폐기 명령을 받은 자는 미리 회수·폐기 계획을 수립하여 국립농산물품질관리원장에게 제출하고, 그 계획에 따라 회수·폐기를 실시한 후 그 결과를 국립농산물품질관리원장에게 보고해야 한다. 이 경우 회수·폐기 결과를 보고받은 국립농산물품질관리원장은 그 내용을 지체 없이 농림축산식품부장관에게 보고해야 한다.

라. 다목에 따른 회수·폐기 계획의 수립 및 결과 보고 등에 필요한 사항은 국립농산물품질관리원장이 정하여 고시한다.

[별표 21]

■ 농림축산식품부 소관 친환경농어업 육성 및 유기식품 등의 관리·지원에 관한 법률 시행규칙

유기농업자재 공시를 나타내는 도형 또는 글자의 표시(제72조 관련)

1. 표시 도형

　가. 표시 도형: 효능·효과를 표시하려는 공시를 받은 유기농업자재에 대해서만 표시할 수 있다.

　나. 작도법(도형 표시방법)

　　1) 격자구조(Grid System)에 맞게 표시 도형을 도안한다.

　　2) 유기농업자재 공시마크의 크기는 포장재의 크기에 따라 조절할 수 있다.

　　3) **문자의 글자체는 나눔 명조체, 글자색은 연두색(PANTONE 376C)으로 한다. 다만, 공시기관명은 청록색(PANTONE 343C)으로 한다.** [기출]

　　4) 공시마크 하단부의 유기농업자재의 종류에는 공시를 받은 구분을 표기한다.

　　5) 공시기관명란에는 해당 자재를 공시를 한 공시기관명을 표기한다.

　　6) 공시마크 바탕색은 흰색으로 하고, 공시마크의 가장 바깥쪽 원은 연두색 (PANTONE 376C), 유기농업자재라고 표기된 글자의 바탕색은 청록색(PANTONE 343C), 태양, 햇빛 및 잎사귀의 둘레 색상은 청록색(PANTONE 343C), 유기농업자재의 종류라고 표기된 글자의 바탕색과 네모 둘레는 청록색(PANTONE 343C)으로 한다.

　　7) 배색 비율은 청록색(PANTONE 343C, C:98/M:0/Y:72/K:61), 연두색(PANTONE 376C, C:50/M:0/Y:100/K:0)으로 한다.

　　8) 각 모서리는 약간 둥글게 한다.

　　9) 표시 도형의 크기는 포장재의 크기에 따라 조정한다.

2. 공시 내용

　가. 유기농업자재의 표기사항

　　유기농업자재의 포장 또는 용기에 제63조제3항에 따라 발급받은 유기농업자재 공시서에 기재된 사항을 다음과 같이 표기해야 한다.

　　1) 업체명·주소·전화번호

2) 유기농업자재 공시번호

3) 자재의 명칭 및 구분과 상표명

4) 사업장 소재지 또는 수입원산지(국가, 제조사)

5) 제조 또는 수입 연월일

6) 유통기간

7) 주성분(원료)명 · 함량, 실중량, 사용방법

8) 국립농산물품질관리원장이 정하여 고시한 독성시험결과에 따른 표시문구 및 그림문자

9) 보관 · 사용 시 주의사항

10) "이 자재는 효과와 성분함량 등을 보증하지 않고 유기농산물 생산을 위해 사용가능 여부만 검토한 자재입니다."라는 문구(「농약관리법」에 따라 등록된 농약 또는 「비료관리법」에 따라 등록 또는 신고된 비료인 경우에는 생략 할 수 있다)

11) 농약피해 또는 비료피해 시험을 실시한 작물명

나. 효능 · 효과를 표시하려는 경우의 표기사항

1) 법 제38조제1항에 따라 효능 · 효과와 관련된 시험성적서를 제출한 경우에는 가목의 사항 외에 다음 사항과 "효능 · 효과는 공시사업자가 제출한 시험성적서에 준하여 표시하였음을 확인합니다."라는 문구를 반드시 표기해야 한다.

가) 효능(적용대상 작물명, 병해충명, 농약효과, 비료효과 등) 관련 사항

나) 비료효과 · 비료피해 시험성적에 따른 작물명 또는 농약효과 · 농약피해 시험성적에 따른 작물명 및 병해충명

2) 1)에 따른 시험성적서를 제출하지 않은 유기농업자재 중 「농약관리법」에 따라 등록된 농약 또는 「비료관리법」에 따라 등록 또는 신고된 비료인 경우에는 "이 제품은 농약으로 등록된 유기농업자재입니다." 또는 "이 제품은 비료로 등록 또는 신고된 유기농업자재입니다."라는 문구를 표기해야 한다.

다. 유기농업자재 공시 표시의 세부적인 기준은 국립농산물품질관리원장이 정하여 고시한다.

[별표 22]

■ 농림축산식품부 소관 친환경농어업 육성 및 유기식품 등의 관리·지원에 관한 법률 시행규칙

공시기관의 지정기준(제75조제1항 관련)

1. 인력

가. 공시 업무는 최근 1년 이내에 국립농산물품질관리원장이 정하는 교육(보수교육을 포함한다)을 이수한 심사원(이하 "공시심사원"이라 한다)이 수행하도록 해야 한다.

나. 공시심사원은 해당 전문분야 각 1명 이상씩 총 6명 이상 갖추어야 한다. 다만, 공시기관의 지정 이후에는 공시 업무량 등에 따라 국립농산물품질관리원장이 정하는 바에 따라 공시심사원을 추가적으로 확보할 수 있어야 한다.

다. 공시심사원은 다음의 어느 하나에 해당하는 행위를 해서는 안 된다.

1) 최근 1년 이내에 법 47조제1항제5호 또는 제6호에 해당하는 행위

2) 유기농업자재를 생산하거나 수입하여 판매하는 행위

3) 수수료를 받고 공시를 위한 컨설팅을 하거나 공시 신청서 등 서류를 작성하는 행위

4) 그 밖에 공시 업무가 불공정하게 수행될 우려가 있는 행위

2. 시설 및 장비

가. 공시기관은 공시 업무수행에 필요사항이 충족되도록 적절한 크기 및 구조의 시설 및 장비를 갖추어야 한다.

나. 공시기관은 공시에 필요한 유기농업자재에 대한 시험·분석을 직접 수행하려는 경우에는 해당 분야의 시험연구기관으로 지정을 받아야 한다.

다. 신청자료와 시료의 보관을 위한 보관실을 갖추어야 하며, 보관실은 보관물이 보관기간 중에 손상·분실되거나 도난당하지 않도록 관리해야 한다.

3. 조직

가. 법인으로서 공시 업무를 수행하는 데 필요한 조직을 갖추어야 한다.

나. 공시기관은 공정한 업무수행을 위해 노력해야 한다.

다. 공시기관과 공시심사원은 각각 독립적으로 업무를 수행해야 한다.

라. 공시 업무를 수행하는 상설 전담조직을 갖추고 공시기관의 운영에 필요한 재원을 확보해야 한다.

마. 공시 업무 외의 업무를 수행하고 있는 경우 그 업무를 행함으로써 공시 업무가 불공정하게 수행될 우려가 없도록 해야 한다.

4. 공시 업무규정

공시 업무규정에는 다음의 사항이 포함되어야 하고, 이를 준수해야 한다. 공시기관은 공시 업무규정을

변경한 경우에는 반드시 공시심사원을 대상으로 교육을 실시하고 그 사항을 기록해야 한다.

가. 공시 업무의 실시방법

나. 공시의 사후관리방법

다. 공시의 수수료

라. 공시심사원의 준수사항 및 자체 관리 · 감독 요령

마. 공시심사원에 대한 교육계획

바. 공시의 품질을 보장할 수 있는 관리지침과 이에 대한 시행 절차, 내부 감독 등을 포함한 매뉴얼

사. 공시 업무와 관련하여 제기된 불만 및 분쟁에 대한 처리 절차와 조치방법에 관한 사항

아. 공시의 심사, 결정, 활동 등 공시의 업무를 독립적으로 수행할 수 있는 관리체계에 관한 사항

자. 모든 신청인이 공시의 서비스를 이용할 수 있고, 공시의 결정 · 유지 · 변경 · 승계 · 취소 등의 결정에 대해 어떠한 상업적이나 재정적 요인 등의 압력으로부터 영향을 받지 않는다는 사항

차. 그 밖에 국립농산물품질관리원장이 공시 업무수행에 필요하다고 인정하는 사항

[별표 23]
■ 농림축산식품부 소관 친환경농어업 육성 및 유기식품 등의 관리·지원에 관한 법률 시행규칙

수수료(제90조제1항 관련)

1. 공통기준
   가. 수수료는 신청비, 출장비, 심사·관리비를 포함하며, 신청인이 부담한다.
   나. 출장비
      1) 공무원은 「공무원 여비 규정」에 따른 5급 공무원 상당의 지급기준을 적용하고, 공무원이 아닌 경우에는 같은 규정에 준하는 금액을 적용한다.
      2) 출장기간은 인증심사 또는 공시심사에 소요되는 기간 및 목적지까지 왕복에 드는 기간을 적용하고, 출장인원은 실제 심사에 필요한 인원을 적용한다.
   다. 심사·관리비
      1) 서류심사, 현장심사, 심사보고서 작성, 생산과정조사 및 그 밖에 심사·관리에 드는 비용으로 국립농산물품질관리원장, 인증기관 또는 공시기관이 정하는 금액으로 한다.
      2) 국립농산물품질관리원장은 1)에 따른 심사·관리비에 대한 표준관리비를 정하여 고시·징수하고, 인증기관에 권장할 수 있다.
   라. 그 밖의 사항
      1) 인증심사에 필요한 토양·수질 및 생산물 등에 대한 각종 검사비용은 공인 시험연구기관이 정한 수수료로 하되, 인증신청인이 납부해야 한다.
      2) 공시의 심사에 필요한 주성분·유해중금속 등의 분석 및 시험비용은 공인시험연구기관이 정한 수수료로 하되, 공시의 신청인이 납부해야 한다.
      3) 인증기관(해당 인증기관이 「농수산자조금의 조성 및 운용에 관한 법률」 제20조제1항에 따라 의무자조금의 수납을 위탁받은 기관인 경우로 한정한다)은 신청인이 동의하는 경우에는 법 제56조제1항제1호 및 제2호에 따른 인증수수료와 「농수산자조금의 조성 및 운용에 관한 법률」 제19조제1항에 따른 의무거출금을 통합하여 고지서를 발급할 수 있다.

2. 개별기준

납부 대상	신청비	출장비	심사·관리비
가. 법 제20조제1항 또는 제34조제3항에 따라 인증을 받으려는 경우	5만원	공통기준 적용	공통기준 적용
나. 법 제20조제8항(제34조제4항에서 준용하는 경우를 포함한다)	2만원	공통기준 적용 (현장심사를 한 경우로 한정함)	공통기준 적용 (현장심사를 한 경우로 한정함)

에 따라 인증 변경승인을 받으려는 경우			
다. 법 제21조제2항(제34조제4항에서 준용하는 경우를 포함한다)에 따라 인증을 갱신하려는 경우	5만원	공통기준 적용	공통기준 적용
라. 법 제21조제3항(제34조제4항에서 준용하는 경우를 포함한다)에 따라 인증의 유효기간을 연장받으려는 경우	5만원	공통기준 적용	공통기준 적용
마. 외국의 정부 또는 인증기관이 법 제25조에 따라 동등성을 인정받으려는 경우	국립농산물품질관리원장이 정하는 금액(상호주의에 따라 면제 가능)	국립농산물품질관리원장이 정하는 금액(상호주의에 따라 면제 가능)	국립농산물품질관리원장이 정하는 금액(상호주의에 따라 면제 가능)
바. 법 제26조 또는 제35조에 따라 인증기관으로 지정받거나 인증기관 지정을 갱신하려는 경우	10만원 (정보통신망을 이용하여 신청하는 경우에는 9만원)	공통기준 적용	없음
사. 법 제38조제1항에 따라 공시를 받으려는 경우	30만원	공통기준 적용	공통기준 적용
아. 법 제39조제2항에 따라 공시를 갱신하려는 경우	30만원	공통기준 적용	공통기준 적용
자. 법 제41조에 따라 시험연구기관으로 지정받거나 시험연구기관 지정을 갱신하려는 경우	30만원	공통기준 적용	없음
차. 법 제44조에 따라 공시기관으로 지정받거나 공시기관 지정을 갱신하려는 경우	40만원	공통기준 적용	없음

3. 납부방법 등

　가. 수수료는 신청 시 납부해야 한다.

　나. 납부된 수수료는 반환하지 않는다. 다만, 인증심사 또는 공시심사가 이루어지기 이전에 신청을 포기한 경우 출장비와 심사·관리비는 반환해야 한다.

　다. 인증기관 또는 공시기관이 폐업, 업무정지, 지정취소 또는 그 밖의 부득이한 사유로 인증 또는 공시 업무가 불가능하게 된 경우 수수료는 국립농산물품질관리원장이 정하여 고시하는 바에 따라 반환해야 한다.

　라. 수수료의 납부는 지정된 계좌로 납부받아야 하며, 납부받은 수수료는 구분하여 회계처리해야 한다.

[별표 10]

■ 농림축산식품부 소관 친환경농어업 육성 및 유기식품 등의 관리·지원에 관한 법률 시행규칙

인증기관의 지정기준(제33조 관련)

1. 인력 및 조직

기관 또는 단체가 국제표준화기구(ISO)와 국제전기기술위원회(IEC)가 정한 제품인증시스템을 운영하는 기관을 위한 요구사항(ISO/IEC Guide 17065)에 적합한 경우로서 다음 각 목의 기준을 충족해야 한다.

가. 법 제26조의2제1항에 따라 자격을 부여받은 인증심사원(이하 "인증심사원"이라 한다)을 상근인력으로 5명 이상 확보하고, 인증심사업무를 수행하는 상설 전담조직을 갖출 것. 다만, 인증기관의 지정 이후에는 인증업무량 등에 따라 국립농산물품질관리원장이 정하는 바에 따라 인증심사원을 추가로 확보할 수 있어야 한다.

나. 인증기관의 임원 또는 직원(인증업무를 담당하는 직원으로 한정한다) 중에 법 26조의3에 따른 결격사유에 해당하는 자가 없을 것

다. 재무구조의 건전성과 투명한 회계처리 절차를 마련하는 등 인증기관의 운영에 필요한 재정적 안정성을 확보할 것

라. 인증업무가 불공정하게 수행될 우려가 없도록 인증기관(대표, 인증심사원 등 소속 임원 또는 직원을 포함한다)은 다음의 업무를 수행하지 않을 것

1) 유기농업자재 등 농업용 자재의 제조·유통·판매
2) 유기식품등·무농약농산물 및 무농약원료가공식품의 유통·판매
3) 유기식품등·무농약농산물 및 무농약원료가공식품의 인증과 관련된 기술지도·자문 등의 서비스 제공

2. 시설

가. 인증기관이 인증품의 계측 및 분석을 직접 수행하는 경우에는 국립농산물품질관리원장이 정하여 고시하는 기준에 따라 검정실을 설치하고 공인시험연구기관의 지정을 받을 것

나. 인증품의 계측 및 분석 등의 업무를 다른 기관에 위탁하여 수행할 경우에는 가목에 따른 검정실을 갖추지 않을 수 있다. 이 경우 인증기관은 인증품의 계측 및 분석을 위탁받은 기관(이하 "수탁기관"이라 한다)이 그 결과의 신뢰성과 정확성을 확보할 수 있도록 다음의 사항을 준수해야 한다.

1) 수탁기관이 해당 분야의 공인시험연구기관으로 지정받았는지와 이를 유지하고 있는지를 확인하고 관련 증명자료를 갖춰둘 것

2) 수탁기관이 준수해야 하는 다음의 사항을 수탁기관에 통보하고 수탁기관이 성실하게 이행하지 않는 경우에는 해당 수탁기관에 대한 위탁을 중지할 것

가) 관련 규정에서 정한 절차와 방법에 따라 계측 및 분석을 실시한다는 사항

나) 계측 및 분석 관련 자료와 해당 시료를 보관하고, 인증기관 또는 국립농산물품질관리원의 요구가 있는 경우 제공해야 한다는 사항

다) 인증기관 또는 국립농산물품질관리원이 검사의 절차 및 방법 등에 대한 현장 확인을 요구하는 경우에는 이에 협조해야 한다는 사항

3) 수탁기관이 검사 관련 기록을 위조 · 변조하여 검사성적서를 발급하거나 검사를 하지 않고 검사성적서를 발급하는 등 검사성적서를 거짓으로 발급한 것으로 확인된 경우에는 지체 없이 국립농산물품질관리원장에게 보고하고 해당 기관에 대한 위탁을 중지할 것

3. 인증업무규정

다음 각 목의 사항이 포함된 인증업무규정을 갖출 것

가. 인증업무 실시방법

나. 인증의 사후관리방법

다. 인증 수수료

라. 인증심사원의 준수사항 및 인증심사원의 자체 관리 · 감독 요령

마. 인증심사원에 대한 교육계획

바. 인증의 품질을 보장할 수 있는 관리지침과 이에 대한 시행 절차, 내부 감독 등을 포함한 매뉴얼

사. 인증업무와 관련하여 제기된 불만 및 분쟁에 대한 처리 절차와 조치방법에 관한 사항

아. 인증심사 및 인증 결정, 인증활동 등 인증업무를 독립적으로 수행할 수 있는 관리체계에 관한 사항

자. 모든 신청인이 인증서비스를 이용할 수 있고, 인증의 결정 · 유지 · 변경 · 승계 · 취소 등의 결정에 대해 어떠한 상업적이나 재정적인 요인 등의 압력으로부터 영향을 받지 않는다는 사항

차. 인증의 적합 여부를 판정하기 위한 인증심의에 관한 사항

4. 제1호부터 제3호까지의 규정에 따른 인력, 조직, 시설 및 인증업무규정에 관한 세부 지정기준 등은 국립농산물품질관리원장이 정하여 고시한다.

[별표 11]

■ 농림축산식품부 소관 친환경농어업 육성 및 유기식품 등의 관리·지원에 관한 법률 시행규칙

인증심사원의 자격 기준(제39조제1항 관련)

자격 [기출]	경력
1. 「국가기술자격법」에 따른 농업·임업·축산 또는 식품 분야의 기사 이상의 자격을 취득한 사람	
2. 「국가기술자격법」에 따른 농업·임업·축산 또는 식품 분야의 산업기사 자격을 취득한 사람	친환경인증 심사 또는 친환경 농산물 관련 분야에서 2년(산업기사가 되기 전의 경력을 포함한다) 이상 근무한 경력이 있을 것
3. 「수의사법」 제4조에 따라 수의사 면허를 취득한 사람	

비고: 제1호부터 제3호까지의 규정에도 불구하고 외국에서 인증업무를 수행하려는 사람이 국립농산물 품질관리원장이 정하여 고시하는 자격을 갖춘 경우에는 인증심사원의 자격을 갖춘 것으로 본다.

[별표 12]

■ 농림축산식품부 소관 친환경농어업 육성 및 유기식품 등의 관리·지원에 관한 법률 시행규칙

인증심사원의 자격취소, 자격정지 및 시정조치 명령의 기준(제39조제5항 관련)

1. 일반기준

  가. 위반행위의 횟수에 따른 행정처분의 가중된 부과기준은 최근 3년간 같은 위반행위로 행정처분을 받은 경우에 적용한다. 이 경우 기간의 계산은 위반행위에 대해 행정처분을 받은 날과 그 처분 후 다시 같은 위반행위를 하여 적발된 날을 기준으로 한다.

  나. 가목에 따라 가중된 부과처분을 하는 경우 가중처분의 적용 차수는 그 위반행위 전 부과처분 차수(가목에 따른 기간 내에 행정처분이 둘 이상 있었던 경우에는 높은 차수를 말한다)의 다음 차수로 한다.

  다. 위반행위가 둘 이상의 경우로서 그에 해당하는 각각의 처분기준이 다른 경우에는 그 중 무거운 처분기준을 적용하되, 둘 이상의 처분기준이 모두 자격정지인 경우에는 무거운 처분기준의 2분의 1 범위에서 가중할 수 있다.

2. 개별기준

위반행위	근거 법조문	위반횟수별 행정처분 기준		
		1회 위반	2회 위반	3회 이상 위반
가. 거짓이나 그 밖의 부정한 방법으로 인증심사원의 자격을 부여받은 경우	법제26조의2 제3항제1호 (법 제35조제2항)	자격취소		
나. 거짓이나 그 밖의 부정한 방법으로 인증심사 업무를 수행한 경우	법 제26조의2 제3항제2호 (법 제35조제2항)	자격취소		
다. 고의 또는 중대한 과실로 법 제19조제2항 또는 제34조제2항에 따른 인증기준에 맞지 않은 유기식품등 또는 무농약농산물·무농약원료가공식품을 인증한 경우	법 제26조의2 제3항제3호 (법 제35조제2항)	자격취소		
라. 경미한 과실로 법 제19조제2항	법 제26조의2	시정조치	자격정지	자격정지

또는 제34조제2항에 따른 인증 기준에 맞지 않은 유기식품등 또는 무농약농산물·무농약원료 가공식품을 인증한 경우	제3항제3호의2 (법 제35조제2항)	명령	3개월	6개월
마. 법 제26조의2제1항에 따른 인증 심사원의 자격기준에 적합하지 않게 된 경우	법 제26조의2 제3항제4호 (법 제35조제2항)	자격정지 3개월	자격정지 6개월	자격 취소
바. 인증심사 업무와 관련하여 다른 사람에게 자기의 성명을 사용하게 하거나 인증심사원증을 빌려 준 경우	법 제26조의2 제3항제5호 (법 제35조제2항)	자격정지 6개월	자격취소	
사. 법 제26조의4제1항에 따른 교육을 받지 않은 경우	법 제26조의2 제3항제6호 (법 제35조제2항)	시정조치 명령	자격정지 3개월	자격정지 6개월
아. 법 제27조제2항 각 호에 따른 준수사항을 지키지 않은 경우	법 제26조의2 제3항제7호 (법 제35조제2항)	자격정지 3개월	자격정지 6개월	자격취소
자. 정당한 사유 없이 법 제31조제1항에 따른 조사를 실시하기 위한 지시에 따르지 않은 경우	법 제26조의2 제3항제8호 (법 제35조제2항)	자격정지 3개월	자격정지 6개월	자격취소

[별표 13]

■ 농림축산식품부 소관 친환경농어업 육성 및 유기식품 등의 관리·지원에 관한 법률 시행규칙

인증기관에 대한 행정처분의 세부기준(제43조 관련)

1. 일반기준

가. 위반행위의 횟수에 따른 행정처분의 가중된 부과기준은 최근 3년간 같은 위반행위로 행정처분을 받은 경우에 적용한다. 이 경우 기간의 계산은 위반행위에 대해 행정처분을 받은 날과 그 처분 후 다시 같은 위반행위를 하여 적발된 날을 기준으로 한다.

나. 가목에 따라 가중된 부과처분을 하는 경우 가중처분의 적용 차수는 그 위반행위 전 부과처분 차수(가목에 따른 기간 내에 행정처분이 둘 이상 있었던 경우에는 높은 차수를 말한다)의 다음 차수로 한다.

다. 위반행위가 둘 이상인 경우로서 그에 해당하는 각각의 처분기준이 다른 경우에는 그 중 무거운 처분기준을 적용한다. 다만, 둘 이상의 처분기준이 모두 업무정지인 경우에는 무거운 처분기준의 2분의 1 범위에서 가중할 수 있되, 각 처분기준을 합산한 기간을 초과할 수 없다.

라. 최근 3년간 업무정지 처분 2회를 받고 업무정지 처분에 해당하는 위반행위가 다시 적발된 경우 각 위반행위가 같은 위반행위인지 여부와 상관없이 지정취소 처분을 해야 한다. 다만, 법 제32조의2제1항에 따른 평가 결과 인증기관 지위 승계신청일을 기준으로 최근 5년간 1회 이상 양호 이상의 등급을 받은 인증기관이 다른 인증기관의 지위를 승계한 경우, 그 다른 인증기관이 행한 위반행위의 횟수에 대해서는 양호 이상의 등급을 받은 횟수 이내에서 감면할 수 있다.

마. 처분권자는 다음의 어느 하나에 해당하는 경우에는 제2호의 개별기준에 따른 업무정지 기간의 2분의 1 범위에서 감경할 수 있다.

1) 위반행위가 사소한 부주의나 오류로 인한 것으로 인정되는 경우

2) 위반행위자가 위반행위를 바로 정정하거나 시정하여 법 위반상태를 해소한 경우

3) 그 밖에 위반행위의 내용·정도·동기 및 결과 등을 고려하여 감경할 필요가 있다고 인정되는 경우

2. 개별기준

위반행위	근거 법조문	행정처분 기준		
		1회 위반	2회 위반	3회 이상 위반
가. 거짓이나 그 밖의 부정한 방법으로	법 제29조제1항제1호	지정		

지정을 받은 경우	(법 제35조제2항)	취소		
나. 인증기관의 장이 법 제60조제1항, 같은 조 제2항제1호 · 제2호 · 제3호 · 제4호 · 제4호의2 · 제4호의3 및 같은 조 제3항제2호의 죄(인증심사업무와 관련된 죄로 한정한다)를 범하여 100만원 이상의 벌금형 또는 금고 이상의 형을 선고받아 그 형이 확정된 경우	법 제29조제1항제1호의2 (법 제35조제2항)	지정 취소		
다. 인증기관이 파산 또는 폐업 등으로 인해 인증업무를 수행할 수 없는 경우	법 제29조제1항제2호 (법 제35조제2항)	지정 취소		
라. 업무정지 명령을 위반하여 정지기간 중 인증을 한 경우	법 제29조제1항제3호 (법 제35조제2항)	지정 취소		
마. 정당한 사유 없이 1년 이상 계속하여 인증을 하지 않은 경우	법 제29조제1항제4호 (법 제35조제2항)	지정 취소		
바. 고의 또는 중대한 과실로 법 제19조제2항 또는 제34조제2항에 따른 인증기준에 맞지 않은 유기식품등 또는 무농약농산물 · 무농약원료가공식품을 인증한 경우	법 제29조제1항제5호 (법 제35조제2항)	지정 취소		
사. 고의 또는 중대한 과실로 법 제20조(법 제34조제4항에서 준용하는 경우를 포함한다)에 따른 인증심사 및 재심사의 처리 절차 · 방법 또는 법 제21조(법 제34조제4항에서 준용하는 경우를 포함한다)에 따른 인증 갱신 및 인증품의 유효기간 연장의 절차 · 방법 등을 지키지 않은 경우	법 제29조제1항제6호 (법 제35조제2항)	업무 정지 6개월	지정 취소	
아. 정당한 사유 없이 법 제24조제1항(법 제34조제4항에서 준용하는 경우를 포함한다)에 따른 처분, 법 제	법 제29조제1항제7호 (법 제35조제2항)	업무 정지 3개월	업무 정지 6개월	지정 취소

31조제7항제2호 · 제3호에 따른 명령 또는 같은 조 제9항에 따른 공표를 하지 않은 경우				
자. 법 제26조제1항(법 제35조제2항에서 준용하는 경우를 포함한다)에 따른 지정기준 중 인력 및 조직, 시설에 관한 지정기준에 맞지 않게 된 경우	법 제29조제1항제8호 (법 제35조제2항)	업무 정지 3개월	업무 정지 6개월	지정 취소
차. 법 제26조제1항(법 제35조제2항에서 준용하는 경우를 포함한다)에 따른 지정기준 중 인증업무규정에 관한 지정기준에 맞지 않게 된 경우	법 제29조제1항제8호 (법 제35조제2항)	시정 명령	업무 정지 3개월	업무 정지 6개월
카. 법 제27조제1항(법 제35조제2항에서 준용하는 경우를 포함한다)에 따른 인증기관의 준수사항을 위반한 경우	법 제29조제1항제9호 (법 제35조제2항)	업무 정지 3개월	업무 정지 6개월	지정 취소
타. 법 제32조제2항(법 제34조제5항에서 준용하는 경우를 포함한다)에 따른 시정조치 명령이나 처분에 따르지 않은 경우	법 제29조제1항제10호 (법 제35조제2항)	업무 정지 6개월	지정 취소	
파. 정당한 사유 없이 법 제32조제3항 (법 제34조제5항에서 준용하는 경우를 포함한다)을 위반하여 소속 공무원의 조사를 거부 · 방해하거나 기피하는 경우	법 제29조제1항제11호 (법 제35조제2항)	지정 취소		
하. 법 제32조의2(법 제34조제5항에서 준용하는 경우를 포함한다)에 따라 실시한 인증기관 평가에서 최하위 등급을 연속하여 3회 받은 경우	법 제29조제1항제12호 (법 제35조제2항)	지정 취소		

법률 기본50제

01 『친환경농어업법 시행규칙』에서 말하는 '허용물질의 선정 기준' 5가지를 적으시오

해답

- 농산물·축산물·임산물·가공식품·비식용가공품 또는 농업자재를 유기적인 방법으로 생산, 제조·가공 또는 취급하는 데 적합한 물질일 것
- 해당 물질이 사용목적에 필요하거나 필수적일 것
- 해당 물질이 천연에서 유래하고, 생물학적·물리적 방법으로 제조되었을 것
- 해당 물질의 제조, 사용 및 폐기 등의 과정에서 환경에 해로운 영향을 주지 않을 것
- 해당 물질이 사람과 동물의 건강과 삶의 질에 중대한 영향을 미치지 않을 것

02 유기축산물의 생산 인증기준에서 유기가축과 비유기가축의 병행사육 시 준수해야 할 사항 3가지를 적으시오

해답

- 유기가축과 비유기가축의 생산부터 출하까지 구분관리 계획을 마련하여 이행하여야 한다.
- 유기가축, 사료취급, 약품투여 등은 비유기가축과 구분하여 정확히 기록 관리하고 보관하여야 한다.
- 인증가축은 비유기 가축사료, 금지물질 저장, 사료공급·혼합 및 취급 지역에서 안전하게 격리되어야 한다.

03 유기가공식품에서 과산화수소를 가공보조제로 사용 가능 범위에 적합한 것을 선택하시오

> < 보기 >
> 식품 표면의 세척·소독제 / 여과보조제 / 달팽이관리용 / 산도 조절제

해답

식품 표면의 세척·소독제

04 다음은 병해충 관리를 위해 사용 가능한 물질에 대한 내용이다. 다음 물질의 사용 가능 조건을 적으시오

사용 가능 물질	사용 가능 조건
담배잎차(순수 니코틴은 제외한다)	( )

해답

물로 추출한 것일 것

05 '토양 개량과 작물 생육을 위해 사용 가능한 물질' 중 대두박의 사용 가능 조건 1가지를 적으시오

해답

유전자를 변형한 물질이 포함되지 않을 것

06 『친환경농어업법 시행규칙』 의 '휴약기간' 및 '식물공장' 의 용어 정의를 적으시오

해답

- "휴약기간"이란 사육되는 가축에 대하여 그 생산물이 식용으로 사용하기 전에 동물용의약품의 사용을 제한하는 일정기간을 말한다.
- "식물공장"(Vertical Farm)이란 토양을 이용하지 않고 통제된 시설공간에서 빛(LED, 형광등), 온도, 수분 및 양분 등을 인공적으로 투입해 작물을 재배하는 시설을 말한다.

07 『친환경농어업 육성 및 유기식품 등의 관리·지원에 관한 법률 시행규칙』 에서 인증품 또는 인증품의 포장·용기에 표시해야 하는 5가지 항목을 적으시오

해답

- 인증사업자의 성명 또는 업체명
- 전화번호
- 사업장 소재지
- 인증번호
- 생산지

08 다음은 유기농산물의 생산에 필요한 인증기준에 재배포장에 대한 내용이다. 빈칸을 채우시오

> ◎ 재배포장은 유기농산물을 처음 수확 하기 전 (㉠)년 이상의 전환기간 동안 다목에 따른 재배방법을 준수한 구역이어야 한다.
> ◎ 재배포장의 전환기간은 인증기관이 (㉡)년 단위로 실시하는 심사 및 사후관리를 통해 재배방법을 준수한 것으로 확인된 기간을 인정한다.

해답

㉠ 3

㉡ 1

09 『친환경농어업법 시행규칙』 의 친환경농업 육성계획에 포함하는 사항 3가지를 적으시오

해답

· 농경지의 보전·개량 및 비옥도의 유지·증진 방안
· 농업용수의 수질 등 농업 환경 관리 방안
· 환경친화형 농업 자재의 개발 및 보급과 농업 폐자재의 활용 방안

10 다음은 『무농약농산물 생산에 필요한 인증기준』 의 재배방법에 대한 내용이다. 빈칸을 채우시오

> ◎ 화학비료는 농촌진흥청장·농업기술원장 또는 농업기술센터소장이 재배포장별로 권장하는 성분량의 ( )를 범위 내에서 사용시기와 사용자재에 대한 계획을 마련하여 사용하여야 한다.

해답

3분의 1 이하

11 『사료의 품질저하 방지 또는 사료의 효용을 높이기 위해 사료에 첨가하여 사용 가능한 물질』에서 아미노산제에 해당하는 물질을 아래 보기에서 모두 고르시오

< 보기 >

판토텐산 / 아민초산 / 산화마그네슘 / 황산L-라이신 / L-트립토판 / 나이아신

해답
아민초산, 황산L-라이신, L-트립토판

12 유기농산물 및 유기임산물의 '토양 개량과 작물 생육을 위해 사용 가능한 물질' 중에서 '사람의 배설물'의 사용 가능 조건 3가지를 적으시오

해답
· 완전히 발효되어 부숙된 것일 것
· 고온발효 : 50℃ 이상에서 7일 이상 발효된 것
· 저온발효 : 6개월 이상 발효된 것일 것
· 엽채류 등 농산물·임산물 중 사람이 직접 먹는 부위에는 사용하지 않을 것

13 『친환경농어업법 시행규칙』에서 말하는 '유기농축산물을 생산, 제조·가공 또는 취급하는 과정에서 사용할 수 있는 허용물질을 원료 또는 재료로 하여 만든 제품'의 용어를 적으시오

해답
유기농업자재

14 다음은 유기농산물 생산에 필요한 인증기준의 재배방법에 대한 내용이다. 빈칸을 채우시오

> ◎ (㉠)년 이내의 주기로 두과작물, 녹비작물 또는 심근성작물을 일정기간 이상 재배하여 토양에 환원 한다.
> ◎ 2년 이내의 주기로 식물분류학상 "(㉡)"가 다른 작물을 재배하되 재배작물에 두과작물, 녹비작물 또는 심근성작물을 포함한다.
> ◎ 2년 이내의 주기로 담수재배작물과 밭 재배작물을 조합하여 (㉢)한다.
> ◎ 매년 두과작물, 녹비작물, 심근성작물을 이용하여 (㉣)한다.

해답

㉠ 3
㉡ 과
㉢ 답전윤환
㉣ 초생재배

15 다음 보기는 『친환경농어업법』 의 허용물질이다. 아래 분류에 맞게 보기의 물질을 적으시오

> < 보기 >
> 골분 / 데리스 / 제당산업의 부산물 / 생석회 / 규조토 / 구아노
> ◎ 토양 개량과 작물 생육을 위해 사용 가능한 물질 :
> ◎ 병해충 관리를 위해 사용 가능한 물질 :

해답

· 토양 개량과 작물 생육을 위해 사용 가능한 물질 : 골분, 구아노, 제당산업의 부산물
· 병해충 관리를 위해 사용 가능한 물질 : 데리스, 생석회, 규조토

16 『친환경농어업법』 에서 말하는 "친환경농어업" 의 용어 정의를 적으시오

해답

"친환경농어업"이란 생물의 다양성을 증진하고, 토양에서의 생물적 순환과 활동을 촉진하며, 농어업생태계를 건강하게 보전하기 위하여 합성농약, 화학비료, 항생제 및 항균제 등 화학자재를 사용하지 아니하거나 사용을 최소화한 건강한 환경에서 농산물·수산물·축산물·임산물(이하 "농수산물"이라 한다)을 생산하는 산업을 말한다.

17 『친환경농어업법』에서 말하는 "유기농어업자재"의 용어 정의를 적으시오

해답
"유기농어업자재"란 유기농수산물을 생산, 제조·가공 또는 취급하는 과정에서 사용할 수 있는 허용물질을 원료 또는 재료로 하여 만든 제품을 말한다.

18 『유기식품 및 무농약농산물 등의 인증에 관한 세부실시 요령』의 '인증심사의 절차 및 방법의 세부사항'에서 농림산물 퇴비의 중금속 검사성분 3가지를 적으시오

해답
카드뮴, 구리, 비소

참고 퇴비의 중금속 검사성분
카드뮴, 구리, 비소, 수은, 납, 6가크롬, 아연, 니켈

19 『유기식품 및 무농약농산물 등의 인증에 관한 세부실시 요령』의 병해충 및 잡초의 방제·조절 방법 5가지를 적으시오

해답
· 적합한 작물과 품종의 선택
· 적합한 돌려짓기 체계
· 기계적 경운
· 멀칭·예취 및 화염제초
· 포식자와 기생동물의 방사 등 천적의 활용

20 『친환경농어업법 시행규칙』의 '유기식품등의 인증대상자' 3가지를 적으시오

해답
· 유기농축산물을 생산하는 자
· 유기가공식품을 제조·가공하는 자
· 비식용유기가공품을 제조·가공하는 자

21 『유기식품 및 무농약농산물 등의 인증에 관한 세부실시 요령』의 작물별 생육기간에 대한 내용이다. 아래 작물의 각각의 생육기간을 적으시오

> ㉠ 3년생 미만 작물 :
>
> ㉡ 3년 이상 다년생 작물(인삼, 더덕 등) :
>
> ㉢ 낙엽수(사과, 배, 감 등) :
>
> ㉣ 상록수(감귤, 녹차 등) :

해답

- 3년생 미만 작물 : 파종일부터 첫 수확일까지
- 3년 이상 다년생 작물(인삼, 더덕 등) : 파종일부터 3년의 기간을 생육기간으로 적용
- 낙엽수(사과, 배, 감 등) : 생장(개엽 또는 개화) 개시기부터 첫 수확일까지
- 상록수(감귤, 녹차 등) : 직전 수확이 완료된 날부터 다음 첫 수확일까지

22 다음은 『유기식품 및 무농약농산물 등의 인증에 관한 세부실시요령』의 "어린잎채소"의 정의이다. 빈칸을 채우시오

> ◎ "어린잎채소"란 생육기간이 (㉠)일 내외로 짧아 본잎이 (㉡) 내외로 재배되어 주로 (㉢)으로 이용되는 어린 채소류를 말한다.

해답

㉠ 15

㉡ 4엽

㉢ 생식용

23 『친환경농어업법』에서 말하는 "친환경농수산물"에 해당하는 항목 3가지를 적으시오

해답

- 유기농수산물
- 무농약농산물
- 무항생제수산물 및 활성처리제 비사용 수산물

24 다음은 '유기가공식품 · 비식용유기가공품 중 비유기 원료를 사용한 제품의 표시 기준'에 대한 내용이다. 빈칸을 채우시오

> ◎ 원재료명 표시란에 유기농축산물의 총함량 또는 원료 · 재료별 함량을 (㉠)로 표시한다.
> ◎ 유기 (㉡)퍼센트로 표시하는 제품은 (㉢)에 "유기 (㉡)%" 또는 이와 같은 의미의 문구를 소비자가 알아보기 쉽게 표시해야 하며, 이 경우 제품명 또는 제품명의 일부에 유기 또는 이와 같은 의미의 글자를 표시할 수 없다.

해답

㉠ 백분율

㉡ 70

㉢ 표시면

25 사료의 품질저하 방지 또는 사료의 효용을 높이기 위해 사료에 첨가하여 사용 가능한 물질에서 '천연보존제, 효소제, 미생물제제'에 해당하는 물질을 각각 1가지씩 적으시오

> ◎ 천연보존제 :
> ◎ 효소제 :
> ◎ 미생물제제 :

해답

· 천연보존제 : 산미제

· 효소제 : 당분해효소

· 미생물제제 : 유익균

참고

· 천연보존제 : 산미제, 항응고제, 항산화제, 항곰팡이제

· 효소제 : 당분해효소, 지방분해효소, 인분해효소, 단백질분해효소

· 미생물제제 : 유익균, 유익곰팡이, 유익효모, 박테리오파지

26 유기축산물의 인증기준의 전환기간에 대한 표이다. 아래 표를 보고 전환기간을 적으시오

가축의 종류	생산물	전환기간(최소 사육기간)
한우·육우	식육	(㉠)
돼지	식육	(㉡)
산란계	알	(㉢)

해답

㉠ 입식 후 12개월

㉡ 입식 후 5개월

㉢ 입식 후 3개월

27 다음은 『친환경농어업법 시행규칙』의 유기가공식품·비식용유기가공품의 인증기준에서 생산물의 품질관리 등에 대한 내용이다. 빈칸을 채우시오

◎ 비유기 원료 또는 재료의 오염 등 비의도적인 요인으로 (㉠) 성분이 검출된 것으로 입증되는 경우에는 (㉡)mg/kg 이하까지만 허용한다.

해답

㉠ 합성농약

㉡ 0.01

28 『친환경농어업법』에서 말하는 "비식용유기가공품" 용어의 정의를 적으시오

해답

"비식용유기가공품"이란 사람이 직접 섭취하지 아니하는 방법으로 사용하거나 소비하기 위하여 유기농수산물을 원료 또는 재료로 사용하여 유기적인 방법으로 생산, 제조·가공 또는 취급되는 가공품을 말한다.

29 『유기식품 및 무농약농산물 등의 인증에 관한 세부실시요령』 의 유기축산물 생산에 필요한 인증기준에 대한 내용이다. 빈칸을 채우시오.

◎ 유기축산물의 생산을 위한 가축에게는 100퍼센트 (㉠)를 급여하여야 한다.
◎ (㉡)에게 담근먹이(사일리지)만 급여해서는 아니 되며, 생초나 건초 등 조사료도 급여하여야 한다.
◎ 유전자변형농산물 또는 유전자변형농산물로부터 유래한 것이 함유되지 아니하여야 하나, 비의도적인 혼입은 (㉢)이 고시한 유전자변형식품등의 표시기준에 따라 유전자변형농산물로 표시하지 아니할 수 있는 함량의 (㉣) 이하여야 한다.

해답 ▶ -

㉠ 유기사료
㉡ 반추가축
㉢ 식품의약품안전처장
㉣ 1/10

30 『유기식품 및 무농약농산물 등의 인증에 관한 세부실시요령』 에서 말하는 '경축순환농법' 의 용어 정의를 적으시오

해답 ▶ -

"경축순환농법"이란 친환경농업을 실천하는 자가 경종과 축산을 겸업하면서 각각의 부산물을 작물재배 및 가축사육에 활용하고, 경종작물의 퇴비소요량에 맞게 가축사육 마리 수를 유지하는 형태의 농법을 말한다.

31 『친환경농어업법 시행규칙』 의 유기축산물의 인증기준에서 사육조건 3가지를 적으시오

해답 ▶ -

· 사육장, 목초지 및 사료작물 재배지는 토양오염우려기준을 초과하지 않아야 하며, 주변으로부터 오염될 우려가 없거나 오염을 방지할 수 있을 것
· 축사 및 방목 환경은 가축의 생물적·행동적 욕구를 만족시킬 수 있도록 조성하고 국립농산물품질관리원장이 정하는 축사의 사육 밀도를 유지·관리할 것
· 유기축산물 인증을 받거나 받으려는 가축과 유기가축이 아닌 가축을 병행하여 사육하는 경우에는 철저한 분리 조치를 할 것

32 다음은 『친환경농어업법』의 유효기간에 대한 내용이다. 빈칸을 채우시오

◎ 인증의 유효기간은 인증을 받은 날부터 (㉠)년으로 한다.
◎ 공시의 유효기간은 공시를 받은 날부터 (㉡)년으로 한다.

해답
㉠ 1
㉡ 3

33 유기농산물 생산에 필요한 인증기준의 재배방법에 대한 내용이다. 빈칸의 3가지를 순서에
관계없이 적으시오

◎ 3년 이내의 주기로 ( )작물, ( )작물 또는 ( )작물을 일정기간 이상 재배하여 토양에
환원 한다.

해답
두과, 녹비, 심근성

34 다음은 유기식품등에 사용 가능한 물질의 유기농산물 및 유기임산물에서 '병해충 관리를
위해 사용 가능한 물질' 중 '사용가능물질'과 '사용가능조건'을 나열하였다. 알맞은 것끼리
서로 연결하시오

식초   ·   ·과수의 병해관리용으로만 사용할 것
과망간산칼륨 ·   ·물로 추출한 것일 것
담배잎차 ·   ·화학물질의 첨가나 화학적 제조공정을 거치지 않을 것

해답
식초 – 화학물질의 첨가나 화학적 제조공정을 거치지 않을 것
담배잎차 – 물로 추출한 것일 것
과망간산칼륨 – 과수의 병해관리용으로만 사용할 것

35 유기축산물 및 비식용유기가공품의 사료의 품질저하 방지 또는 사료의 효용을 높이기 위해 사료에 첨가하여 사용 가능한 물질 중 완충제의 종류 3가지를 적으시오

해답 --

산화마그네슘, 탄산나트륨(소다회), 중조(탄산수소나트륨·중탄산나트륨)

36 『친환경농어업법 시행규칙』의 사료의 품질저하 방지 또는 사료의 효용을 높이기 위해 사료에 첨가하여 사용 가능한 물질 중 효소제와 미생물제제의 사용가능조건 2가지를 적으시오

해답 --

· 천연의 것이거나 천연에서 유래한 것일 것
· 합성농약 성분 또는 동물용의약품 성분을 함유하지 않을 것

37 유기농산물 생산에 필요한 인증기준의 생산물의 품질관리 등에서 저장구역 또는 수송컨테이너에 대한 병해충 관리방법 3가지를 적으시오

해답 --

물리적 장벽, 온도조절, 소리·초음파

38 『유기식품 및 무농약농산물 등의 인증에 관한 세부실시요령』의 인증심사의 절차 및 방법의 세부사항에서 서류심사과정에서 확인하여야 할 내용 3가지를 적으시오

해답 --

· 신청서류가 구비되어 있는지 여부
· 인증신청 품목을 재배·생산하는 규모에 따른 생산계획량 적정 여부
· 다른 신청인의 자료를 필사하는 등 사실과 다르게 작성한 자료인지 여부

39 『친환경농어업법 시행규칙』의 경영관련자료에서 생산자의 경우 축산물의 기록 관리해야 하는 자료 3가지를 적으시오

 해답

· 가축입식 등 구입사항과 번식에 관한 사항을 기록한 자료
· 사료의 생산·구입 및 공급에 관한 사항을 기록한 자료
· 예방 또는 치료목적의 질병관리에 관한 사항을 기록한 자료

40 『친환경농어업법 시행규칙』의 유기양봉 산물·부산물의 인증기준 '동물복지 및 질병관리'에 꿀벌의 질병을 예방·관리하기 위한 조치에도 불구하고 질병이 발생한 경우 사용 가능한 물질 3가지를 적으시오

해답

젖산, 옥살산, 초산

41 『유기식품 및 무농약농산물 등의 인증에 관한 세부실시요령』의 유기축산물 생산에 필요한 인증기준에서 사료에 첨가해서는 아니 되는 물질 3가지를 적으시오 (단, 항생제, 합성항균제, 성장촉진제 및 호르몬제, 구충제, 항콕시듐제 및 호르몬제는 제외한다)

해답

· 가축의 대사기능 촉진을 위한 합성화합물
· 반추가축에게 포유동물에서 유래한 사료(우유 및 유제품을 제외)는 어떠한 경우에도 첨가해서는 아니 됨
· 합성 질소 또는 비단백태 질소화합물
· 항생제·합성항균제·성장촉진제, 구충제, 항콕시듐제 및 호르몬제
· 그 밖에 인위적인 합성 및 유전자조작에 의해 제조·변형된 물질

42 『친환경농어업 육성 및 유기식품 등의 관리·지원에 관한 법률』에서 '제조·가공 및 취급자의 경우' 기록해야 할 경영관련자료 4가지와 그 자료의 기록 기간을 적으시오

◎ 자료의 기록 기간 :

◎ 경영관련자료 4가지

해답

· 자료의 기록기간 : 최근 1년간

· 경영관련자료 4가지

 - 원료·재료로 사용한 농축산물·가공식품·비식용가공품의 입고·사용·보관에 관한 사항을 기록한 자료: 원료·재료명, 일자별 입고량·사용량·보관량, 공급자 증명서

 - 제조·가공 및 취급에 사용된 식품첨가물 및 가공보조제 사용 내용을 기록한 자료: 자재명, 일자별 사용량, 사용목적, 사용 가능한 물질임을 증명하는 서류

 - 인증품의 생산 및 출하처별 판매량: 품목명, 일자별 생산량, 일자별·거래처별 판매량

 - 인증품의 취급(저장, 포장, 운송, 수입 또는 판매) 과정에 대한 자료

43 『유기식품 및 무농약농산물 등의 인증에 관한 세부실시요령』의 유기축산물 생산에 필요한 인증기준에서 가축의 생물적 및 행동적 욕구를 만족시킬수 있는 축사 조건 3가지를 적으시오

해답

· 사료와 음수는 접근이 용이할 것

· 공기순환, 온도·습도, 먼지 및 가스농도가 가축건강에 유해하지 아니한 수준 이내로 유지되어야 하고, 건축물은 적절한 단열·환기시설을 갖출 것

· 충분한 자연환기와 햇빛이 제공될 수 있을 것

44 『유기식품 및 무농약농산물 등의 인증에 관한 세부실시요령』의 유기축산물 생산에 필요한 인증기준 '동물복지 및 질병 관리'에서 가축의 질병을 예방하기 위한 조치 사항 4가지를 적으시오

해답
- 가축의 품종과 계통의 적절한 선택
- 질병발생 및 확산방지를 위한 사육장 위생관리
- 생균제, 비타민 및 무기물 급여를 통한 면역기능 증진
- 지역적으로 발생되는 질병이나 기생충에 저항력이 있는 종 또는 품종의 선택

45 『친환경농어업법 시행규칙』에 가축의 질병 예방 및 치료를 위해 사용 가능한 물질 중 '생균제, 효소제, 비타민, 무기물'의 사용 가능 조건 2가지를 적으시오

해답
- 합성농약, 항생제, 항균제, 호르몬제 성분을 함유하지 않을 것
- 가축의 면역기능 증진을 목적으로 사용할 것

46 『친환경농어업법 시행규칙』에서 말하는 '유기식품등'의 정의를 적으시오

해답
유기식품등 이란 유기식품 및 비식용유기가공품을 말한다.

47 『친환경농어업법 시행규칙』에 유기농산물 재배방법 인증기준 3가지를 적으시오

해답
- 화학비료, 합성농약 또는 합성농약 성분이 함유된 자재를 사용하지 않을 것
- 장기간의 적절한 돌려짓기를 실시할 것
- 병해충 및 잡초는 유기농업에 적합한 방법으로 방제·관리할 것

48 다음은 『친환경농어업법 시행규칙』에서 '구연산'의 식품첨가물 및 가공보조제의 가용 가능 여부를 선택하고 사용 가능 범위를 적으시오

> ◎ 식품첨가물로 사용 가능 여부 : (○ / ×)
> ◎ 가공보조제로 사용 가능 여부 : (○ / ×)
> ◎ 사용 가능 범위 :

해답

◎ 식품첨가물로 사용 가능 여부 : ○
◎ 가공보조제로 사용 가능 여부 : ○
◎ 사용 가능 범위 : 제한 없음

49 유기축산물 및 비식용유기가공품의 '사료로 직접 사용되거나 배합사료의 원료로 사용 가능한 물질'의 분류에서 광물성에 해당하는 물질 2가지를 적으시오

해답

식염류, 다량광물질류

참고 광물성 종류

식염류, 인산염류 및 칼슘염류, 다량광물질류, 혼합광물질류

50 『유기식품 및 무농약농산물 등의 인증에 관한 세부실시요령』의 무농약농산물 생산에 필요한 인증기준에서 재배 방법의 인증기준 3가지를 적으시오

해답

· 화학비료는 농촌진흥청장·농업기술원장 또는 농업기술센터소장이 재배포장별로 권장하는 성분량의 3분의 1 이하를 범위 내에서 사용시기와 사용자재에 대한 계획을 마련하여 사용하여야 한다.
· 합성농약 또는 합성농약 성분이 함유된 자재를 사용하지 아니하여야 한다.
· 장기간의 적절한 돌려짓기 계획에 따른 두과작물·녹비작물 또는 심근성작물을 재배하도록 권장한다.
· 가축분뇨 퇴·액비를 사용하는 경우에는 완전히 부숙시켜서 사용하여야 하며, 이의 과다한 사용, 유실 및 용탈 등으로 인하여 환경오염을 유발하지 아니하도록 하여야 한다.

부록

실기 복원문제

ORGANIC AGRICULTURE

01 『친환경농어업법』에서 말하는 '취급'의 정의를 적으시오.

 해답

"취급"이란 농수산물, 식품, 비식용가공품 또는 농어업용자재를 저장, 포장, 운송, 수입 또는 판매하는 활동을 말한다.

02 『친환경농어업법 시행규칙』의 유기식품등의 유기표시 기준에 작도법에서 표시 도형의 국문 및 영문은 모두 어떤 활자체를 사용하는지 적으시오.

 해답

고딕체

03 유기재배에서 방제법 중 '병해충종합관리'에 대해 설명하시오.

해답

병해충종합관리는 환경 친화적이고 지속가능한 방법으로 병해충을 관리하여 농약으로 인한 사회, 보건학적 위험을 줄이고 생태학적인 시각에서 관리를 요구하며 병해충의 박멸이 아닌 농작물에 피해를 입히지 않는 수준의 유지를 목적으로 한다.

04 유기농산물 및 유기임산물의 '토양 개량과 작물 생육을 위해 사용 가능한 물질' 중에서 '사람의 배설물'의 사용 가능 조건 3가지를 적으시오.

해답

· 완전히 발효되어 부숙된 것일 것
· 고온발효 : 50℃ 이상에서 7일 이상 발효된 것
· 저온발효 : 6개월 이상 발효된 것일 것
· 엽채류 등 농산물·임산물 중 사람이 직접 먹는 부위에는 사용하지 않을 것

05 『유기식품 및 무농약농산물 등의 인증에 관한 세부실시요령』의 "단순 처리" 용어의 정의를 적으시오.

> **해답**
>
> "단순 처리"란 농축산물의 원형을 알아볼 수 있는 정도로 자르거나 껍질을 벗기거나 도정하거나 건조하거나 냉동하거나 소금에 절이거나 가열하는 것을 말하며, 식품첨가물을 가하거나 분쇄하는 등 가공하는 것은 제외한다.

06 『친환경농어업법』에서 말하는 "비식용유기가공품" 용어의 정의를 적으시오.

> **해답**
>
> "비식용유기가공품"이란 사람이 직접 섭취하지 아니하는 방법으로 사용하거나 소비하기 위하여 유기농수산물을 원료 또는 재료로 사용하여 유기적인 방법으로 생산, 제조·가공 또는 취급되는 가공품을 말한다.

07 다음은 『친환경농어업법 시행규칙』에서 표시 도형의 작도법에 대한 내용이다. 빈칸을 채우시오.

> ◎ 문자의 글자체는 (   ), 글자색은 연두색(PANTONE 376C)으로 한다. 다만, 공시기관 명은 청록색(PANTONE 343C)으로 한다.

> **해답**
>
> 나눔 명조체

08 포장면적 10m^2 에 고추를 재배하여 고추 3.0kg, 잎과 줄기 4.5kg, 뿌리 1.8kg 으로 총 9.3kg 을 수확하였다. 이때 고추의 수확지수를 계산하시오.

> **해답**
>
> $$수확지수 = (\frac{고추의\ 무게}{고추의\ 무게 + 잎과\ 줄기의\ 무게}) \times 100 = (\frac{3}{3+4.5}) \times 100 = 40\%$$

참고 수확지수

작물의 총건물 생산량 가운데 경제적으로 이용 가치가 있는 양의 비율을 말한다. 대부분의 작물에서 뿌리를 제외한 지상부 총건물에 대한 경제 수량의 비율을 말한다.

09 다음은 식물의 일장형에 대한 내용이다. 아래 작물들의 화아분화 전, 후를 '장일성, 중일성, 단일성'으로 표기하시오.

	화아분화 전	화아분화 후
시금치	(㉠)	(㉡)
고추	(㉢)	(㉣)
벼(만생종)	(㉤)	(㉥)

해답 ---

㉠ 장일성
㉡ 장일성
㉢ 중일성
㉣ 중일성
㉤ 단일성
㉥ 중일성

참고 식물의 일장형

명칭	분화전	분화후	작물
LL식물	장일성	장일성	시금치
LI식물	장일성	중일성	사탕무
LS식물	장일성	단일성	볼토니아
IL식물	중일성	장일성	밀(적피적)
II식물	중일성	중일성	고추, 벼(조생종), 메밀, 토마토
IS식물	중일성	단일성	소빈국
SL식물	단일성	장일성	딸기, 시네라리아
SI식물	단일성	중일성	벼(만생종), 도꼬마리
SS식물	단일성	단일성	코스모스, 나팔꽃

10 단미사료 중 근괴류의 종류 3가지를 적으시오.

해답 ---

감자, 고구마, 당근

참고 근괴류 종류

감자, 고구마, 타피오카, 당근, 무우 등

11 작물재배에서 나타나는 '질소기아현상'에 대해 설명하시오.

> **해답**
>
> 질소기아현상은 토양에 탄질율이 높은 유기물이 투입되면 미생물이 원래 토양에 있는 질소를 이용하기에 작물이 일시적으로 질소 부족 현상이 나타나게 된다.

12 싸이크로메트리법(Psychrometry)의 측정목적과 원리를 적으시오.

◎ 원리 :

◎ 측정목적 :

> **해답**
>
> · 원리 : 2개의 수은 온도계를 사용하여, 물의 증발속도를 측정하는 원리를 이용한다.
> · 측정목적 : 토양공극 내의 상대습도를 측정하여 토양수분의 상태나 퍼텐셜을 측정하는 방법이다.

13 병해충의 방제 방법 중 물리적 방제법의 종류 3가지를 적으시오.

> **해답**
>
> 포살 및 채란, 소토, 담수

14 유기재배에서 잡초를 제거하는 물리적 방제법 3가지를 적으시오.

> **해답**
>
> · 피복을 실시한다.
> · 예취를 실시한다.
> · 손이나 기구를 이용한 제초를 실시한다.

15 논토양에서 발생하는 질산화과정을 설명하시오.

> **해답**
>
> 질산화성작용(질화작용)은 암모늄이온(NH_4^+)이 산소가 충분한 산화적 조건에서 호기성 무기영양세균인 아질산균과 질산균에 의해 아질산(NO_2^-)을 거쳐 질산태질소(NO_3^-)로 변화하는 것이다.

16 유기농업에서 엽면시비가 필요한 경우 3가지를 적으시오.

> **해답** --------------------------------------
>
> ・미량요소가 필요할 경우 실시한다.
> ・토양시비가 곤란할 경우 실시한다.
> ・급속한 영양회복이 필요할 경우 실시한다.

17 유기축산물 및 비식용유기가공품의 '사료로 직접 사용되거나 배합사료의 원료로 사용 가능한 물질' 의 분류에서 광물성에 해당하는 물질 2가지를 적으시오.

> **해답** --------------------------------------
>
> 식염류, 다량광물질류

> **참고** 광물성 종류
>
> 식염류, 인산염류 및 칼슘염류, 다량광물질류, 혼합광물질류

18 『유기식품 및 무농약농산물 등의 인증에 관한 세부실시요령』의 유기축산물 사료 및 영양관리 인증기준 5가지를 적으시오.

> **해답** --------------------------------------
>
> ・유기축산물의 생산을 위한 가축에게는 100퍼센트 유기사료를 급여하여야 하며, 유기사료 여부를 확인하여야 한다.
> ・유기축산물 생산과정 중 심각한 천재·지변, 극한 기후조건 등으로 인하여 사료급여가 어려운 경우 국립농산물품질관리원장 또는 인증기관은 일정기간 동안 유기사료가 아닌 사료를 일정 비율로 급여하는 것을 허용할 수 있다.
> ・반추가축에게 담근먹이만 급여해서는 아니 되며, 생초나 건초 등 조사료도 급여하여야 한다. 또한 비반추 가축에게도 가능한 조사료 급여를 권장한다.
> ・생활용수 수질기준에 적합한 신선한 음수를 상시 급여할 수 있어야 한다.
> ・합성농약 또는 합성농약 성분이 함유된 동물용의약외품 등의 자재를 사용하지 아니하여야 한다.

19 다음은 『유기식품 및 무농약농산물 등의 인증에 관한 세부실시요령』의 유기축산물 생산에 필요한 인증기준 중 '가축분뇨의 처리'에 대한 내용이다. 괄호 안에 알맞은 말을 적으시오.

> ◎ 가축사육 시 발생하는 가축분뇨는 완전히 부숙시킨 퇴비 또는 액비로 자원화하여 초지나 농경지에 환원함으로써 토양 및 식물과의 유기적 (㉠)를 유지하여야 한다.
> ◎ 가축분뇨 퇴.액비는 표면수 오염을 일으키지 아니하는 수준으로 사용하되, (㉡)에는 사용하지 아니하여야 한다.

해답
㉠ 순환관계
㉡ 장마철

20 '토양 개량과 작물 생육을 위해 사용 가능한 물질' 중 대두박의 사용 가능 조건 2가지를 적으시오.

해답
· 유전자를 변형한 물질이 포함되지 않을 것
· 최종제품에 화학물질이 남지 않을 것

01 토양개량을 위해 사용하는 석회질비료의 종류 3가지를 적으시오.

해답

생석회, 소석회, 탄산석회

02 유기재배에서 육묘의 상토 조건 3가지를 적으시오.

해답

· 통기성 및 배수성이 양호해야 한다.
· 병해충 및 잡초종자가 없어야 한다.
· 양분을 충분히 가지고 있어야 한다.

03 작물생육에 대한 수분의 기본역할 3가지를 적으시오.

해답

· 식물체 구성물질의 성분이 된다.
· 원형질의 생활상태를 유지한다.
· 필요물질을 흡수할 때 용매가 된다.
· 식물체 내의 물질분포를 고르게 하는 매개체가 된다.
· 필요물질의 합성, 분해의 매개체가 된다.
· 세포의 긴장상태를 유지하여 식물의 체제유지를 가능하게 한다.

04 토양의 관개 방법 중에서 '보더관개' 에 대해 설명하시오.

해답

보더관개는 완경사의 포장을 알맞게 구획하여 상단의 수로로부터 전체 표면에 물을 흘려 대는 방법이다.

05 작물의 연작 재배로 발생되는 기지현상의 원인 3가지를 적으시오.

> **해답**
> · 연작으로 인한 특정 양분의 소모
> · 토양의 물리성 악화
> · 토양전염병의 발생

06 유기농산물을 재배하기 위한 시설재배지 토양에 대한 특징 3가지를 적으시오.

> **해답**
> · 토양의 염류 집적이 높다.
> · 토양의 양분 불균일이 심하다.
> · 통기성이 낮아 유해가스 집적이 높다.

07 작물 생육에 필요한 무기원소 중에서 미량원소의 종류 7가지를 적으시오.

> **해답**
> 염소(Cl), 철(Fe), 망간(Mn), 붕소(B), 아연(Zn), 구리(Cu), 몰리브덴(Mo)

> **참고** 다량원소
> 탄소(C), 산소(O), 수소(H), 질소(N), 칼륨(K), 칼슘(Ca), 마그네슘(Mg), 인(P), 황(S)

08 작부체계 중에서 '개량 3포식 농법' 에 대해 설명하시오.

> **해답**
> 개량 3포식 농법은 1/3 의 휴한 지역을 토지 이용상 불리하다고 판단될 경우 휴한 대신 클로버나 콩과 작물을 재배하여 질소고정을 통해 지력의 증진을 유도하는 방식이다.

09 유기농업에서 상적발육에서 춘화처리 및 일장에 대한 내용이다. 빈칸을 채우시오.

> ◎ 춘화처리에 감응하는 식물의 부위는 (㉠)이고 일장에 감응하는 식물의 부위는
> (㉡)이다.

> **해답**
> ㉠ 생장점
> ㉡ 잎

10 토양의 수분측정 방법 중 TDR 법(Time Domain Reflectometry)의 측정 원리를 설명하시오.

해답
계측기로부터 고주파를 발생시켜 센서 막대를 타고 고주파가 흘러갔다가 막대의 끝으로 다시 돌아오는 전파속도를 읽어 측정하는 방법이다.

11 다음 보기를 보고 아래 항목에 맞게 분류하시오.

< 보기 >
맵시벌, 진딧물, 애꽃노린재, 칠레이리응애, 기생파리, 팔라시스이리응애
◎ 기생성 천적 :
◎ 포식성 천적 :

해답
· 기생성 천적 : 기생파리, 진딧물, 맵시벌
· 포식성 천적 : 애꽃노린재, 칠레이리응애, 팔라시스이리응애

12 종자의 휴면 원인 4가지를 적으시오.

해답
· 종피 불투수성
· 종피 불투기성
· 종피의 기계적 저항
· 발아 억제 물질의 존재
· 배의 미숙
· 배유의 미숙
· 식물호르몬 불균형

13 『유기식품 및 무농약농산물 등의 인증에 관한 세부실시요령』에 의거 유기양봉 인증기준의 동물복지 및 질병관리의 '꿀벌의 질병 사전 예방을 위한 조치' 4가지를 적으시오.

해답
· 지역 조건에 잘 적응할 수 있는 튼튼한 품종의 선택
· 필요한 경우 여왕벌의 갱신
· 정기적인 청소 및 시설·장비의 소독
· 밀랍의 정기적 교체

14 『유기식품 및 무농약농산물 등의 인증에 관한 세부실시요령』의 무농약농산물 생산에 필요한 인증기준에서 재배 방법의 인증기준 3가지를 적으시오.

해답

- 화학비료는 농촌진흥청장·농업기술원장 또는 농업기술센터소장이 재배포장별로 권장하는 성분량의 3분의 1 이하를 범위 내에서 사용시기와 사용자재에 대한 계획을 마련하여 사용하여야 한다.
- 합성농약 또는 합성농약 성분이 함유된 자재를 사용하지 아니하여야 한다.
- 장기간의 적절한 돌려짓기(윤작) 계획에 따른 두과작물(콩과작물)·녹비작물(풋거름 작물) 또는 심근성작물(깊은뿌리작물)을 재배하도록 권장한다.
- 가축분뇨 퇴·액비를 사용하는 경우에는 완전히 부숙시켜서 사용하여야 하며, 이의 과다한 사용, 유실 및 용탈 등으로 인하여 환경오염을 유발하지 아니하도록 하여야 한다.

15 『친환경농어업법』에서 말하는 "유기농어업자재"의 용어 정의를 적으시오.

해답

"유기농어업자재"란 유기농수산물을 생산, 제조·가공 또는 취급하는 과정에서 사용할 수 있는 허용물질을 원료 또는 재료로 하여 만든 제품을 말한다.

16 『유기식품 및 무농약농산물 등의 인증에 관한 세부실시 요령』에 의거 유기축산물의 '축사조건' 및 '축사의 밀도조건'을 각각 3가지씩 적으시오.

해답

- 축사 조건
  - 사료와 음수는 접근이 용이할 것
  - 공기순환, 온도·습도, 먼지 및 가스농도가 가축건강에 유해하지 아니한 수준 이내로 유지되어야 하고, 건축물은 적절한 단열·환기시설을 갖출 것
  - 충분한 자연환기와 햇빛이 제공될 수 있을 것
- 축사의 밀도조건
  - 가축의 품종·계통 및 연령을 고려하여 편안함과 복지를 제공할 수 있을 것
  - 축군의 크기와 성에 관한 가축의 행동적 욕구를 고려할 것
  - 자연스럽게 일어서서 앉고 돌고 활개 칠 수 있는 등 충분한 활동공간이 확보될 것

17 『친환경농어업법 시행규칙』의 토양 개량과 작물 생육을 위해 사용 가능한 물질 중에서 '혈분·육분·골분·깃털분'의 사용 가능 조건을 적으시오.

> **해답**
>
> 화학물질의 첨가나 화학적 제조공정을 거치지 않아야 하고, 항생물질이 검출되지 않을 것

18 『친환경농어업법 시행규칙』에서 말하는 '유기식품등'의 정의를 적으시오.

> **해답**
>
> 유기식품등 이란 유기식품 및 비식용유기가공품을 말한다.

19 『친환경농어업법 시행규칙』의 '토양 개량과 작물 생육을 위해 사용 가능한 물질' 중에서 '깻묵 등 식물성 유박류'의 사용 가능 조건 2가지를 적으시오.

> **해답**
>
> · 유전자를 변형한 물질이 포함되지 않을 것
> · 최종제품에 화학물질이 남지 않을 것

20 유기식품 등의 유기표시 기준의 '비식용유기가공품의 유기표시 글자'로 옳은 것을 보기에서 모두 고르시오.

> **< 보기 >**
>
> 유기농 사료 / 유기농산물 / 유기축산물 / 유기가공식품 / 유기식품 / 유기사료

해답 --

유기농 사료, 유기사료

참고 유기표시 글자

구 분	표시 글자
가. 유기농축산물	1) 유기, 유기농산물, 유기축산물, 유기임산물, 유기식품, 유기재배농산물 또는 유기농 2) 유기재배○○(○○은 농산물의 일반적 명칭으로 한다. 이하 이 표에서 같다), 유기축산○○, 유기○○ 또는 유기농○○
나. 유기가공식품	1) 유기가공식품, 유기농 또는 유기식품 2) 유기농○○ 또는 유기○○
다. 비식용유기가공품	1) 유기사료 또는 유기농 사료 2) 유기농○○ 또는 유기○○(○○은 사료의 일반적 명칭으로 한다). 다만, "식품"이 들어가는 단어는 사용할 수 없다.

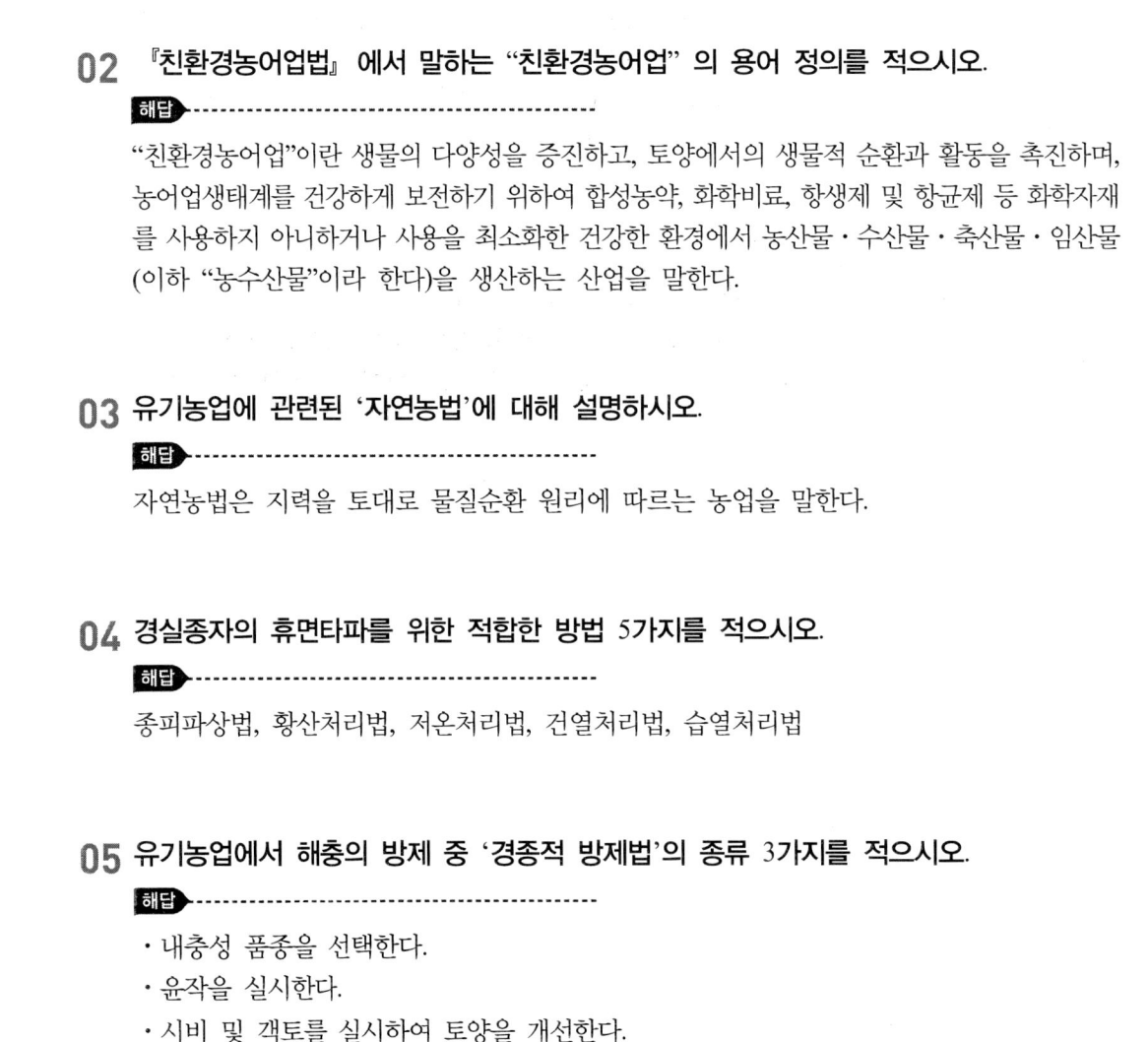

01 식물의 일장형 중 정일식물에 대해 설명하시오.

해답

단일, 장일에서 개화하지 않고 특정한 일장에서만 개화하는 식물로 중간식물이라고도 한다.

02 『친환경농어업법』에서 말하는 "친환경농어업"의 용어 정의를 적으시오.

해답

"친환경농어업"이란 생물의 다양성을 증진하고, 토양에서의 생물적 순환과 활동을 촉진하며, 농어업생태계를 건강하게 보전하기 위하여 합성농약, 화학비료, 항생제 및 항균제 등 화학자재를 사용하지 아니하거나 사용을 최소화한 건강한 환경에서 농산물·수산물·축산물·임산물(이하 "농수산물"이라 한다)을 생산하는 산업을 말한다.

03 유기농업에 관련된 '자연농법'에 대해 설명하시오.

해답

자연농법은 지력을 토대로 물질순환 원리에 따르는 농업을 말한다.

04 경실종자의 휴면타파를 위한 적합한 방법 5가지를 적으시오.

해답

종피파상법, 황산처리법, 저온처리법, 건열처리법, 습열처리법

05 유기농업에서 해충의 방제 중 '경종적 방제법'의 종류 3가지를 적으시오.

해답

· 내충성 품종을 선택한다.
· 윤작을 실시한다.
· 시비 및 객토를 실시하여 토양을 개선한다.

06 다음은 『유기식품 및 무농약농산물 등의 인증에 관한 세부실시요령』의 유기축산물 사육장 및 사육조건 인증기준에서 '닭' 1마리당 갖추어야 하는 가축사육시설의 소요면적(단위 : m^2)이다. 빈칸을 채우시오.

구분	소요면적
산란 성계, 종계	(㉠)m^2/마리
산란 육성계	(㉡)m^2/마리
육계	(㉢)m^2/마리

해답

㉠ 0.22

㉡ 0.16

㉢ 0.1

07 『유기식품 및 무농약농산물 등의 인증에 관한 세부실시요령』에서 말하는 '경축순환농법'의 용어 정의를 적으시오.

해답

"경축순환농법"이란 친환경농업을 실천하는 자가 경종과 축산을 겸업하면서 각각의 부산물을 작물재배 및 가축사육에 활용하고, 경종작물의 퇴비소요량에 맞게 가축사육 마리 수를 유지하는 형태의 농법을 말한다.

08 토양의 관개법 중 고랑관개에 대해 설명하시오.

해답

고랑관개는 포장에 이랑을 세우고 고랑에 물을 흘려 대는 방법이다.

09 유기가공식품에서 과산화수소를 가공보조제로 사용 가능 범위에 적합한 것을 선택하시오.

< 보기 >
식품 표면의 세척 · 소독제 / 여과보조제 / 달팽이관리용 / 산도 조절제

해답

식품 표면의 세척 · 소독제

10 다음 보기의 작물 중에서 산성토양에 강한 작물을 모두 고르시오.

> < 보기 >
> 귀리 / 콩 / 양파 / 토란 / 아마 / 시금치 / 부추 / 땅콩

해답 --

귀리, 토란, 아마, 땅콩

11 『친환경농어업법 시행규칙』의 토양 개량과 작물 생육을 위해 사용 가능한 물질 중에서 '혈분 · 육분 · 골분 · 깃털분'의 사용 가능 조건을 적으시오.

해답 --

화학물질의 첨가나 화학적 제조공정을 거치지 않아야 하고, 항생물질이 검출되지 않을 것

12 다음 보기의 작물에서 단명종자, 장명종자를 분류하여 적으시오.

> < 보기 >
> 수박, 콩, 고추, 토마토, 가지, 벼, 옥수수, 오이, 무, 상추

해답 --

• 단명종자 : 콩, 고추, 옥수수, 상추
• 장명종자 : 수박, 토마토, 가지, 오이

13 다음 보기의 작물에서 혐광성 종자를 모두 고르시오.

> < 보기 >
> 상추 / 양파 / 우엉 / 파 / 담배 / 토마토

해답 --

양파, 파, 토마토

14 토양의 수분 종류 중에서 결합수에 대해 설명하시오.

> **해답**
>
> 토양에 강하게 결합되어서 쉽게 제거할 수 없는 물이다

15 토양의 통기성을 개선하기 위한 재배적 방법 5가지를 적으시오.

> **해답**
>
> · 경운작업을 실시한다.
> · 중경작업을 실시한다.
> · 녹비작물을 재배한다.
> · 객토를 실시한다.
> · 윤작을 실시한다.

16 부식의 구성물질 중 모재가 될 수 있는 주요 물질 2가지를 적으시오.

> **해답**
>
> 리그닌, 단백질

17 다음은 『유기식품 및 무농약농산물 등의 인증에 관한 세부실시요령』의 유기축산물 자급사료 기반 인증기준에 가축 1마리당 목초지 또는 사료작물 재배지 면적에 대한 내용이다. 빈칸을 채우시오.

> ◎ 한.육우 : 목초지 (㉠)m² 또는 사료작물재배지 (㉡)m²
>
> ◎ 젖소 : 목초지 (㉢)m² 또는 사료작물재배지 (㉣)m²

> **해답**
>
> ㉠ 2,475
> ㉡ 825
> ㉢ 3,960
> ㉣ 1,320

18 『유기식품 및 무농약농산물 등의 인증에 관한 세부실시요령』의 유기가공식품 가공원료 인증기준에서 유기가공식품 제조·가공에 사용된 원료가 '유전자변형생물체 또는 유전자변형생물체 유래의 원료가 아니라는 것'을 해당 가공원료의 공급자로부터 확인해야 할 증빙서류 1가지를 적으시오.

> **해답**
> · 거래당사자, 품목, 거래량, 제조단위번호
> · 유전자변형생물체 또는 유전자변형생물체 유래의 원료가 아니라는 사실

19 해충의 방제에 활용되는 '생물적 방제법'의 장점과 단점을 각각 3가지씩 적으시오.

> **해답**
> ① 장점
> · 다른 식물이나 생태계에 피해를 주지 않는다.
> · 방제효과가 반영구적 혹은 영구적이다.
> · 생태계의 균형을 유지할 수 있다.
> ② 단점
> · 해충의 밀도가 높을 경우 효과가 없다.
> · 시간 및 경비가 많이 요구된다.
> · 대상 해충이 제한적이다.

20 『친환경농어업법 시행규칙』의 친환경농업 육성계획에 포함하는 사항 3가지를 적으시오.

> **해답**
> · 농경지의 보전·개량 및 비옥도의 유지·증진 방안
> · 농업용수의 수질 등 농업 환경 관리 방안
> · 환경친화형 농업 자재의 개발 및 보급과 농업 폐자재의 활용 방안

01 『유기식품 및 무농약농산물 등의 인증에 관한 세부실시요령』의 유기축산물 생산에 필요한 인증기준에서 사료에 첨가해서는 아니 되는 물질 3가지를 적으시오 (단, 항생제, 합성항균제, 성장촉진제 및 호르몬제, 구충제, 항콕시듐제 및 호르몬제는 제외한다)

> **해답**
> - 가축의 대사기능 촉진을 위한 합성화합물
> - 반추가축에게 포유동물에서 유래한 사료(우유 및 유제품을 제외)는 어떠한 경우에도 첨가해서는 아니 됨
> - 합성 질소 또는 비단백태 질소화합물
> - 항생제·합성항균제·성장촉진제, 구충제, 항콕시듐제 및 호르몬제
> - 그 밖에 인위적인 합성 및 유전자조작에 의해 제조·변형된 물질

02 유기재배에서 토양유기물의 기능 3가지를 적으시오.

> **해답**
> - 양분의 공급 효과가 있어 보비력 및 보수력 등을 향상시킨다.
> - 토양의 입단화가 촉진되고 공극이 형성되며 토양의 물리성이 개선된다.
> - 토양 미생물이 증가하고 활성도가 높아진다.

03 다음 보기에서 포식성 천적을 모두 고르시오.

> < 보기 >
>
> 꽃등애 / 풀잠자리 / 기생벌 / 칠레이리응애 / 고치벌 / 침파리

> **해답**
> 꽃등애, 칠레이리응애, 풀잠자리

04 토양의 수분측정 방법 중에서 '중성자법'에 대해 설명하시오.

> **해답** --------------------------------------
>
> 중성자수분측정기의 중성자가 방출원으로부터 나오는 중성자 에너지를 이용하는 방법으로 물분자의 수소원자와 충돌하면서 속력이 느려지고 반사되는 원리를 이용하는 방법이다.

05 작물 생육에 필요한 무기원소 중에서 미량원소의 종류 5가지를 적으시오.

> **해답** --------------------------------------
>
> 염소(Cl), 철(Fe), 망간(Mn), 붕소(B), 아연(Zn), 구리(Cu), 몰리브덴(Mo)
>
> **참고** **다량원소**
> 탄소(C), 산소(O), 수소(H), 질소(N), 칼륨(K), 칼슘(Ca), 마그네슘(Mg), 인(P), 황(S)

06 『친환경농어업법』에서 말하는 '허용물질'의 정의를 적으시오.

> **해답** --------------------------------------
>
> "허용물질"이란 유기식품등, 무농약농산물·무농약원료가공식품 및 무항생제수산물등 또는 유기농어업자재를 생산, 제조·가공 또는 취급하는 모든 과정에서 사용 가능한 것으로서 농림축산식품부령 또는 해양수산부령으로 정하는 물질을 말한다.

07 『친환경농어업법 시행규칙』에서 말하는 '유기식품등'의 정의를 적으시오.

> **해답** --------------------------------------
>
> 유기식품등 이란 유기식품 및 비식용유기가공품을 말한다.

08 『친환경농어업법』에서 말하는 "비식용유기가공품" 용어의 정의를 적으시오.

> **해답** --------------------------------------
>
> "비식용유기가공품"이란 사람이 직접 섭취하지 아니하는 방법으로 사용하거나 소비하기 위하여 유기농수산물을 원료 또는 재료로 사용하여 유기적인 방법으로 생산, 제조·가공 또는 취급되는 가공품을 말한다.

09 사료의 품질저하 방지 또는 사료의 효용을 높이기 위해 사료에 첨가하여 사용 가능한 물질에서 '천연보존제'의 종류 3가지를 적으시오.

해답
산미제, 항응고제, 항산화제, 항곰팡이제

10 다음은 병해충 관리를 위해 사용 가능한 물질에 대한 내용이다. 다음 물질의 사용 가능 조건을 적으시오.

사용 가능 물질	사용 가능 조건
담배잎차(순수 니코틴은 제외한다)	( )

해답
물로 추출한 것일 것

11 『친환경농어업법 시행규칙』에 의거 시험연구기관에서 고의 또는 중대한 과실로 유기농업자재에 대한 시험·분석과 관련된 서류를 사실과 다르게 발급한 경우 1회 위반 행정처분 기준을 적으시오.

해답
업무정지 3개월

12 『유기농업자재 공시 업무 규정』에서 유기농업자재의 공시의 대상에 대하여 그 사용 용도에 따른 분류 6가지를 적으시오.

해답
· 토양개량용 자재
· 작물생육용 자재
· 토양개량 및 작물생육용 자재
· 병해관리용 자재
· 충해관리용 자재
· 병해충관리용 자재

13 『유기식품 및 무농약농산물 등의 인증에 관한 세부실시요령』 에 의거 유기양봉 인증기준의 동물복지 및 질병관리의 '꿀벌의 질병 사전 예방을 위한 조치' 4가지를 적으시오.

해답 ┄┄┄┄┄┄┄┄┄┄┄┄┄┄┄┄┄┄┄┄┄┄┄┄┄

· 지역 조건에 잘 적응할 수 있는 튼튼한 품종의 선택
· 필요한 경우 여왕벌의 갱신
· 정기적인 청소 및 시설·장비의 소독
· 밀랍의 정기적 교체

참고 꿀벌의 질병은 다음과 같은 조치를 통해 사전 예방하여야 한다.

가) 지역 조건에 잘 적응할 수 있는 튼튼한 품종의 선택
나) 필요한 경우 여왕벌의 갱신
다) 정기적인 청소 및 시설·장비의 소독
라) 밀랍의 정기적 교체
마) 충분한 화분과 꿀이 수집될 수 있는 벌통의 크기
바) 이상을 탐지하기 위한 벌통의 정기적이고 체계적인 검사
사) 벌통의 크기에 적합한 수벌 무리의 조절
아) 질병에 감염된 벌통의 격리지역으로 이동
자) 오염된 벌통과 재료의 폐기

14 『친환경농어업법 시행규칙』 에 의거 유기축산물의 사료 및 영양관리 인증기준 3가지를 적으시오.

해답 ┄┄┄┄┄┄┄┄┄┄┄┄┄┄┄┄┄┄┄┄┄┄┄┄┄

· 반추가축에게 담근먹이만을 공급하지 않으며, 비반추가축도 가능한 조사료를 공급할 것
· 유전자변형농산물 또는 유전자변형농산물에서 유래한 물질은 공급하지 않을 것
· 가축에게 생활용수의 수질기준에 적합한 먹는 물을 상시 공급할 것

참고 사료 및 영양관리

1) 유기가축에게는 100퍼센트 유기사료를 공급하는 것을 원칙으로 할 것. 다만, 극한 기후조건 등의 경우에는 국립농산물품질관리원장이 정하여 고시하는 바에 따라 유기사료가 아닌 사료를 공급하는 것을 허용할 수 있다.
2) 반추가축에게 담근먹이(사일리지)만을 공급하지 않으며, 비반추가축도 가능한 조사료(粗飼料: 생초나 건초 등의 거친 먹이)를 공급할 것
3) 유전자변형농산물 또는 유전자변형농산물에서 유래한 물질은 공급하지 않을 것
4) 합성화합물 등 금지물질을 사료에 첨가하거나 가축에 공급하지 않을 것
5) 가축에게 「환경정책기본법 시행령」 제2조 및 별표 1에 따른 생활용수의 수질기준에 적합한 먹는 물을 상시 공급할 것
6) 합성농약 또는 합성농약 성분이 함유된 동물용의약품 등의 자재를 사용하지 않을 것

15 『친환경농어업법 시행규칙』의 친환경농업 육성계획에 포함하는 사항 3가지를 적으시오.

해답

- 농경지의 보전·개량 및 비옥도의 유지·증진 방안
- 농업용수의 수질 등 농업 환경 관리 방안
- 환경친화형 농업 자재의 개발 및 보급과 농업 폐자재의 활용 방안

참고

제4조(친환경농업 육성계획) "농림축산식품부령으로 정하는 사항"이란 다음 각 호의 사항을 말한다.
- 농경지의 보전·개량 및 비옥도의 유지·증진 방안
- 농업용수의 수질 등 농업 환경 관리 방안
- 환경친화형 농업 자재의 개발 및 보급과 농업 폐자재의 활용 방안
- 농업의 부산물 등의 자원화 및 적정 처리 방안
- 유기식품등·무농약농산물 및 무농약원료가공식품의 품질관리 방안
- 농업의 친환경적 육성 방안
- 국내 친환경농업의 기준 및 목표에 관한 사항
- 그 밖에 농림축산식품부장관이 친환경농업 발전을 위해 필요하다고 인정하는 사항

16 유기가공식품에서 과산화수소를 가공보조제로 사용 가능 범위에 적합한 것을 선택하시오.

< 보기 >

식품 표면의 세척·소독제 / 여과보조제 / 달팽이관리용 / 산도 조절제

해답

식품 표면의 세척·소독제

17 『친환경농어업법』의 제정 목적을 적으시오.

해답

이 법은 농어업의 환경보전기능을 증대시키고 농어업으로 인한 환경오염을 줄이며, 친환경농어업을 실천하는 농어업인을 육성하여 지속가능한 친환경농어업을 추구하고 이와 관련된 친환경농수산물과 유기식품 등을 관리하여 생산자와 소비자를 함께 보호하는 것을 목적으로 한다.

18 『친환경농어업법 시행규칙』에 유기농산물 재배방법 인증기준 3가지를 적으시오.

> **해답** --
>
> · 화학비료, 합성농약 또는 합성농약 성분이 함유된 자재를 사용하지 않을 것
> · 장기간의 적절한 돌려짓기를 실시할 것
> · 병해충 및 잡초는 유기농업에 적합한 방법으로 방제·관리할 것

19 '유기농산물 생산에 필요한 인증기준'의 재배방법에서 '병해충 및 잡초의 방제·조절' 방법 3가지를 적으시오.

> **해답** --
>
> · 적합한 작물과 품종의 선택
> · 적합한 돌려짓기(윤작) 체계
> · 기계적 경운

20 『친환경농어업법 시행규칙』에 의거 생산자의 경우 규정에 따른 농산물의 경영관련자료의 기록기간은 최근 몇 년으로 해야하는지 적으시오.

> **해답** --
>
> 2년

유기농업기사 복원문제

01 『유기식품 및 무농약농산물 등의 인증에 관한 세부실시 요령』의 병해충 및 잡초의 방제·조절 방법 3가지를 적으시오.

> **해답**
> · 적합한 작물과 품종의 선택
> · 적합한 돌려짓기(윤작) 체계
> · 기계적 경운

> **참고** 병해충 및 잡초는 다음의 방법으로 방제·조절하여야 한다.
> · 적합한 작물과 품종의 선택
> · 적합한 돌려짓기(윤작) 체계
> · 기계적 경운
> · 재배포장 내의 혼작·간작 및 공생식물의 재배 등 작물체 주변의 천적활동을 조장하는 생태계의 조성
> · 멀칭·예취 및 화염제초
> · 포식자와 기생동물의 방사 등 천적의 활용
> · 식물·농장퇴비 및 돌가루 등에 의한 병해충 예방 수단
> · 동물의 방사
> · 덫·울타리·빛 및 소리와 같은 기계적 통제

02 『유기식품 및 무농약농산물 등의 인증에 관한 세부실시요령』의 '유기축산물 가축의 선택, 번식 방법 및 입식'에서 사육하기 적합한 품종 및 혈통을 선택할 때 고려하여야 할 사항 3가지를 적으시오.

> **해답**
> · 산간지역·평야지역 및 해안지역 등 지역적인 조건에 적합할 것
> · 가축의 종류별로 주요 가축전염병에 감염되지 아니하여야 하고, 특정 품종 및 계통에서 발견되는 스트레스증후군 및 습관성 유산 등의 건강상 문제점이 없을 것
> · 품종별 특성을 유지하여야 하고, 내병성이 있을 것

03 『유기식품 및 무농약농산물 등의 인증에 관한 세부실시 요령』에 의거 유기축산물의 '축사조건' 및 '축사의 밀도조건'을 각각 3가지씩 적으시오.

해답

[축사 조건]
- 사료와 음수는 접근이 용이할 것
- 공기순환, 온도·습도, 먼지 및 가스농도가 가축건강에 유해하지 아니한 수준 이내로 유지되어야 하고, 건축물은 적절한 단열·환기시설을 갖출 것
- 충분한 자연환기와 햇빛이 제공될 수 있을 것

[축사의 밀도조건]
- 가축의 품종·계통 및 연령을 고려하여 편안함과 복지를 제공할 수 있을 것
- 축군의 크기와 성에 관한 가축의 행동적 욕구를 고려할 것
- 자연스럽게 일어서서 앉고 돌고 활개 칠 수 있는 등 충분한 활동공간이 확보될 것

04 『유기식품 및 무농약농산물 등의 인증에 관한 세부실시 요령』의 유기농산물 재배방법 인증기준에서 '두과작물, 녹비작물, 심근성작물을 이용하여 장기간의 적절한 윤작 계획'을 수립하고 이행하는 방법 3가지를 적으시오.

해답

· 3년 이내의 주기로 두과작물, 녹비작물 또는 심근성작물을 일정기간 이상 재배하여 토양에 환원한다.
· 2년 이내의 주기로 식물분류학상 "과"가 다른 작물을 재배하되 재배작물에 두과작물, 녹비작물 또는 심근성작물을 포함한다.
· 2년 이내의 주기로 담수재배작물과 밭 재배작물을 조합하여 답전윤환한다.
· 매년 두과작물, 녹비작물, 심근성작물을 이용하여 초생재배한다.

05 『유기식품 및 무농약농산물 등의 인증에 관한 세부실시요령』의 유기축산물 생산에 필요한 인증기준에서 사료에 첨가해서는 아니 되는 물질 3가지를 적으시오 (단, 항생제, 합성항균제, 성장촉진제 및 호르몬제, 구충제, 항콕시듐제 및 호르몬제는 제외한다)

해답

- 가축의 대사기능 촉진을 위한 합성화합물
- 반추가축에게 포유동물에서 유래한 사료(우유 및 유제품을 제외)는 어떠한 경우에도 첨가해서는 아니 됨
- 합성 질소 또는 비단백태 질소화합물
- 항생제·합성항균제·성장촉진제, 구충제, 항콕시듐제 및 호르몬제
- 그 밖에 인위적인 합성 및 유전자조작에 의해 제조·변형된 물질

06 『유기식품 및 무농약농산물 등의 인증에 관한 세부실시 요령』 유기농산물 재배포장 인증기준에 대한 내용이다. 빈칸에 적합한 것을 적으시오.

> ◎ 재배포장의 토양에 대해서는 매년 (   )회 이상의 검정을 실시하여 토양 비옥도가 유지·개선되고 염류가 과도하게 집적되지 않도록 노력하며, 토양비옥도 수치가 적정치 이하이거나 염류가 과도하게 집적된 경우 개선계획을 마련하여 이행하여야 한다.

해답

1

07 『유기식품 및 무농약농산물 등의 인증에 관한 세부실시요령』 의 인증의 신청에서 경영관련 자료의 기록기간을 단축하거나 연장할 수 있는 경우에 대한 내용이다. 빈칸을 채우시오.

> ◎ (㉠), 더덕 등 매년 수확하지 않는 (㉡) 또는 (㉢)년을 초과하여 사육 중인 가축을 인증 신청하는 경우에는 그 농산물·가축을 재배·사육한 기간만큼 기록기간을 연장할 수 있다.

해답

㉠ 인삼
㉡ 다년생 농산물
㉢ 1

08 다음은 『친환경농어업법 시행규칙』에서 식품첨가물 또는 가공보조제로 사용 가능한 물질 중 과산화수소에 대한 표이다. 빈칸에 사용 가능의 경우 ○, 사용이 불가할 경우 × 로 표기하시오.

명칭(한)	식품첨가물로 사용 시	가공보조제로 사용 시
	사용 가능 여부	사용 가능여부
과산화수소	(㉠)	(㉡)

해답--

㉠ ×

㉡ ○

09 다음은 『무농약농산물 생산에 필요한 인증기준』 의 재배방법에 대한 내용이다. 빈칸을 채우시오.

◎ 화학비료는 농촌진흥청장·농업기술원장 또는 농업기술센터소장이 재배포장별로 권장 하는 성분량의 ( )를 범위 내에서 사용시기와 사용자재에 대한 계획을 마련하여 사용 하여야 한다.

해답--

3분의 1 이하

10 『친환경농어업 육성 및 유기식품 등의 관리 · 지원에 관한 법률』 에서 말하는 '친환경농어 업'의 정의를 적으시오.

해답--

"친환경농어업"이란 생물의 다양성을 증진하고, 토양에서의 생물적 순환과 활동을 촉진하며, 농어업생태계를 건강하게 보전하기 위하여 합성농약, 화학비료, 항생제 및 항균제 등 화학자재 를 사용하지 아니하거나 사용을 최소화한 건강한 환경에서 농산물·수산물·축산물·임산물 을 생산하는 산업을 말한다.

11 다음 보기에서 포식성 천적을 모두 고르시오.

> < 보기 >
>
> 꽃등애 / 풀잠자리 / 기생벌 / 칠레이리응애 / 고치벌 / 침파리

해답 ---

꽃등애, 칠레이리응애, 풀잠자리

12 토양의 수분측정 방법 중에서 '중성자법'에 대해 설명하시오.

해답 ---

중성자수분측정기의 중성자가 방출원으로부터 나오는 중성자 에너지를 이용하는 방법으로 물분자의 수소원자와 충돌하면서 속력이 느려지고 반사되는 원리를 이용하는 방법이다.

13 『사료의 품질저하 방지 또는 사료의 효용을 높이기 위해 사료에 첨가하여 사용 가능한 물질』에서 아미노산제에 해당하는 물질을 아래 보기에서 모두 고르시오.

> < 보기 >
>
> 판토텐산 / 아민초산 / 산화마그네슘 / 황산L-라이신 / L-트립토판 / 나이아신

해답 ---

아민초산, 황산L-라이신, L-트립토판

참고 아미노산제

아민초산, DL-알라닌, 염산L-라이신, 황산L-라이신, L-글루타민산나트륨, 2-디아미노-2-하이드록시메치오닌, DL-트립토판, L-트립토판, DL메치오닌 및 L-트레오닌과 그 혼합물

14 『유기식품 및 무농약농산물 등의 인증에 관한 세부실시요령』의 유기가공식품 제조·가공에 필요한 인증기준에서 '포장의 인증기준' 2가지를 적으시오.

> **해답**
> · 포장재와 포장방법은 유기가공식품을 충분히 보호하면서 환경에 미치는 나쁜 영향을 최소화 되도록 선정하여야 한다.
> · 포장재는 유기가공식품을 오염시키지 않는 것이어야 한다.
> · 합성살균제, 보존제, 훈증제 등을 함유하는 포장재, 용기 및 저장고는 사용할 수 없다.
> · 유기가공식품의 유기적 순수성을 훼손할 수 있는 물질 등과 접촉한 재활용된 포장재나 그 밖의 용기는 사용할 수 없다.

15 유기축산물의 생산 인증기준에서 유기가축과 비유기가축의 병행사육 시 준수해야 할 사항 3가지를 적으시오.

> **해답**
> · 유기가축과 비유기가축의 생산부터 출하까지 구분관리 계획을 마련하여 이행하여야 한다.
> · 유기가축, 사료취급, 약품투여 등은 비유기가축과 구분하여 정확히 기록 관리하고 보관하여야 한다.
> · 인증가축은 비유기 가축사료, 금지물질 저장, 사료공급·혼합 및 취급 지역에서 안전하게 격리 되어야 한다.

16 『친환경농어업법 시행규칙』에 가축의 질병 예방 및 치료를 위해 사용 가능한 물질 중 '약초 등 천연 유래 물질'의 사용 가능 조건 3가지를 적으시오.

> **해답**
> · 가축의 면역기능의 증진 또는 치료 목적으로만 사용할 것
> · 합성농약 성분은 함유하지 않을 것
> · 인증품 생산계획서에 기록·관리하고 사용할 것

17 다음은 유기농산물의 생산에 필요한 인증기준에 재배포장에 대한 내용이다. 빈칸을 채우시오.

> ◎ 재배포장은 유기농산물을 처음 수확 하기 전 (㉠)년 이상의 전환기간 동안 다목에 따른 재배방법을 준수한 구역이어야 한다.
> ◎ 재배포장의 전환기간은 인증기관이 (㉡)년 단위로 실시하는 심사 및 사후관리를 통해 재배방법을 준수한 것으로 확인된 기간을 인정한다.

해답
㉠ 3
㉡ 1

18 『유기식품 및 무농약농산물 등의 인증에 관한 세부실시요령』 에서 비식용유기가공품의 세척 및 소독 인증기준 4가지를 적으시오.

해답
· 유기사료는 시설이나 설비 또는 원료의 세척, 살균, 소독에 사용된 물질을 함유하지 않아야 한다.
· 사업자는 유기사료가 제조·가공 또는 취급에 사용할 수 있도록 허용되지 않은 물질이나 해충, 병원균, 그 밖의 이물질로부터 오염되지 않도록 필요한 예방 조치를 하여야 한다.
· 같은 시설에서 유기사료와 일반 사료를 함께 제조·가공 또는 취급하는 사업장에서는 유기사료를 생산하기 전 설비의 청소를 충분히 실시하고 청소 상태를 점검·기록하여야 한다.
· 세척제·소독제를 시설 및 장비에 사용하는 경우 유기사료의 유기적 순수성이 훼손되지 않도록 조치하여야 한다.

19 『친환경농어업법 시행규칙』 에서 말하는 '생산자단체', '생산관리자' 정의를 적으시오.

해답
· "생산자단체"란 5명 이상의 생산자로 구성된 작목반, 작목회 등 영농 조직, 협동조합 또는 영농 단체를 말한다.
· "생산관리자"란 생산자단체 소속 농가의 생산지침서의 작성 및 관리, 영농 관련 자료의 기록 및 관리, 인증을 받으려는 신청인에 대한 인증기준의 준수를 위한 교육 및 지도, 인증기준에 적합한지를 확인하기 위한 예비심사 등을 담당하는 자를 말한다.

20 『친환경농어업법 시행규칙』의 '토양 개량과 작물 생육을 위해 사용 가능한 물질' 중에서 '깻묵 등 식물성 유박류'의 사용 가능 조건 2가지를 적으시오.

해답

- 유전자를 변형한 물질이 포함되지 않을 것
- 최종제품에 화학물질이 남지 않을 것

01 『친환경농어업법 시행규칙』에서 토양 개량과 작물 생육을 위해 사용 가능한 물질 중 '자연암석분말·분쇄석 또는 그 용액'의 사용 가능 조건 2가지를 적으시오.

> **해답**
> · 화학물질의 첨가나 화학적 제조공정을 거치지 않을 것
> · 사람의 건강 또는 농업환경에 위해요소로 작용하는 광물질이 포함된 암석은 사용하지 않을 것

02 『친환경농어업 육성 및 유기식품 등의 관리·지원에 관한 법률』에서 말하는 '친환경농어업'의 정의를 적으시오.

> **해답**
> "친환경농어업"이란 생물의 다양성을 증진하고, 토양에서의 생물적 순환과 활동을 촉진하며, 농어업생태계를 건강하게 보전하기 위하여 합성농약, 화학비료, 항생제 및 항균제 등 화학자재를 사용하지 아니하거나 사용을 최소화한 건강한 환경에서 농산물·수산물·축산물·임산물을 생산하는 산업을 말한다.

03 『친환경농어업법 시행규칙』의 친환경농업 육성계획에 포함하는 사항 3가지를 적으시오.

> **해답**
> · 농경지의 보전·개량 및 비옥도의 유지·증진 방안
> · 농업용수의 수질 등 농업 환경 관리 방안
> · 환경친화형 농업 자재의 개발 및 보급과 농업 폐자재의 활용 방안

> **참고**
> 제4조(친환경농업 육성계획) "농림축산식품부령으로 정하는 사항"이란 다음 각 호의 사항을 말한다.
> · 농경지의 보전·개량 및 비옥도의 유지·증진 방안
> · 농업용수의 수질 등 농업 환경 관리 방안
> · 환경친화형 농업 자재의 개발 및 보급과 농업 폐자재의 활용 방안
> · 농업의 부산물 등의 자원화 및 적정 처리 방안

• 유기식품등·무농약농산물 및 무농약원료가공식품의 품질관리 방안
• 농업의 친환경적 육성 방안
• 국내 친환경농업의 기준 및 목표에 관한 사항
• 그 밖에 농림축산식품부장관이 친환경농업 발전을 위해 필요하다고 인정하는 사항

04 다음은 『친환경농어업법 시행규칙』에서 '구연산'의 식품첨가물 및 가공보조제의 가용 가능 여부를 선택하고 사용 가능 범위를 적으시오.

◎ 식품첨가물로 사용 가능 여부 : (○ / ×)
◎ 가공보조제로 사용 가능 여부 : (○ / ×)
◎ 사용 가능 범위 :

해답 --
◎ 식품첨가물로 사용 가능 여부 : ○
◎ 가공보조제로 사용 가능 여부 : ○
◎ 사용 가능 범위 : 제한 없음

05 『친환경농어업법 시행규칙』의 '유기농업자재' 정의를 적으시오.

해답 --
"유기농업자재"란 유기농축산물을 생산, 제조·가공 또는 취급하는 과정에서 사용할 수 있는 허용물질을 원료 또는 재료로 하여 만든 제품을 말한다.

06 사료의 품질저하 방지 또는 사료의 효용을 높이기 위해 사료에 첨가하여 사용 가능한 물질에서 '효소제'에 해당하는 물질을 보기에서 모두 고르시오.

< 보기 >
산미제 / 당분해효소 / 유익균 / 인분해효소 / 항산화제 / 항곰팡이제

해답 --
당분해효소, 인분해효소

07 『유기식품 및 무농약농산물 등의 인증에 관한 세부실시 요령』에 의거 유기축산물의 '축사조건' 3가지 적으시오.

해답

· 사료와 음수는 접근이 용이할 것
· 공기순환, 온도·습도, 먼지 및 가스농도가 가축건강에 유해하지 아니한 수준 이내로 유지되어야 하고, 건축물은 적절한 단열·환기시설을 갖출 것
· 충분한 자연환기와 햇빛이 제공될 수 있을 것

08 『유기식품 및 무농약농산물 등의 인증에 관한 세부실시 요령』의 유기농산물 재배방법 인증기준에서 '두과작물, 녹비작물, 심근성작물을 이용하여 장기간의 적절한 윤작 계획'을 수립하고 이행하는 방법 3가지를 적으시오.

해답

· 3년 이내의 주기로 두과작물, 녹비작물 또는 심근성작물을 일정기간 이상 재배하여 토양에 환원한다.
· 2년 이내의 주기로 식물분류학상 "과"가 다른 작물을 재배하되 재배작물에 두과작물, 녹비작물 또는 심근성작물을 포함한다.
· 2년 이내의 주기로 담수재배작물과 밭 재배작물을 조합하여 답전윤환한다.
· 매년 두과작물, 녹비작물, 심근성작물을 이용하여 초생재배한다.

09 『유기식품 및 무농약농산물 등의 인증에 관한 세부실시요령』의 재배포장의 합성농약 성분이 검출되어서는 아니 된다. 다만 관행농업 과정에서 토양에 축적된 합성농약 성분의 검출량이 몇 mg/kg 이하인 경우 예외로 인정하는지 적으시오.

해답

0.01

10 『유기식품 및 무농약농산물 등의 인증에 관한 세부실시 요령』에 의거 가금류의 방목조건 2가지를 적으시오.

해답

· 가금은 개방조건에서 사육되어야 하고, 기후조건이 허용하는 한 야외 방목장에 접근이 가능하여야 하며, 케이지에서 사육하지 아니할 것
· 물오리류는 기후조건에 따라 가능한 시냇물·연못 또는 호수에 접근이 가능할 것

11 『유기식품 및 무농약농산물 등의 인증에 관한 세부실시요령』의 유기가공식품 가공원료 인증기준에서 유기원료의 비율을 계산할 때 고려해야할 사항 5가지를 적으시오.

해답 --

· 원료별로 단위가 달라 중량과 부피가 병존하는 때에는 최종 제품의 단위로 통일하여 계산한다.
· 유기가공식품 인증을 받은 식품첨가물은 유기원료에 포함시켜 계산한다.
· 계산 시 제외되는 물과 소금은 의도적으로 투입되는 것에 한하며, 가공되지 않은 원료에 원래 포함되어 있는 물과 소금은 함량 계산에 포함한다.
· 농축, 희석 등 가공된 원료 또는 첨가물은 가공 이전의 상태로 환원한 중량 또는 부피로 계산한다.
· 비유기원료 또는 식품첨가물이 포함된 유기가공식품을 원료로 사용하였을 때에는 해당 가공식품 중의 유기 비율만큼만 유기원료로 인정하여 계산한다.

12 『유기식품 및 무농약농산물 등의 인증에 관한 세부실시요령』의 인증의 신청에서 경영관련 자료의 기록기간을 단축하거나 연장할 수 있는 경우에 대한 내용이다. 빈칸을 채우시오.

◎ 싹을 틔워 먹는 농산물, 어린잎 채소, 버섯류 등 생육기간이 (㉠)개월 미만인 농산물 또는 축산물을 처음 인증 신청하는 경우에는 기록기간을 최근 (㉡)개월까지로 단축할 수 있다.
◎ 인삼, 더덕 등 매년 수확하지 않는 다년생 농산물 또는 (㉢)년을 초과하여 사육 중인 가축을 인증 신청하는 경우에는 그 농산물·가축을 재배·사육한 기간만큼 기록기간을 연장할 수 있다.

해답 --

㉠ 3
㉡ 6
㉢ 1

13 『유기식품 및 무농약농산물 등의 인증에 관한 세부실시요령』의 유기가공식품 제조·가공에 필요한 인증기준에서 '포장의 인증기준' 2가지를 적으시오.

> **해답**
> - 포장재와 포장방법은 유기가공식품을 충분히 보호하면서 환경에 미치는 나쁜 영향을 최소화되도록 선정하여야 한다.
> - 포장재는 유기가공식품을 오염시키지 않는 것이어야 한다.
> - 합성살균제, 보존제, 훈증제 등을 함유하는 포장재, 용기 및 저장고는 사용할 수 없다.
> - 유기가공식품의 유기적 순수성을 훼손할 수 있는 물질 등과 접촉한 재활용된 포장재나 그 밖의 용기는 사용할 수 없다.

14 『유기식품 및 무농약농산물 등의 인증에 관한 세부실시요령』의 '유기축산물 가축의 선택, 번식 방법 및 입식'에서 사육하기 적합한 품종 및 혈통을 선택할 때 고려하여야 할 사항 3가지를 적으시오.

> **해답**
> - 산간지역·평야지역 및 해안지역 등 지역적인 조건에 적합할 것
> - 가축의 종류별로 주요 가축전염병에 감염되지 아니하여야 하고, 특정 품종 및 계통에서 발견되는 스트레스증후군 및 습관성 유산 등의 건강상 문제점이 없을 것
> - 품종별 특성을 유지하여야 하고, 내병성이 있을 것

15 『유기식품 및 무농약농산물 등의 인증에 관한 세부실시 요령』의 병해충 및 잡초의 방제·조절 방법 5가지를 적으시오.

> **해답**
> - 적합한 작물과 품종의 선택
> - 적합한 돌려짓기(윤작) 체계
> - 기계적 경운
> - 멀칭·예취 및 화염제초
> - 포식자와 기생동물의 방사 등 천적의 활용

> **참고** 병해충 및 잡초는 다음의 방법으로 방제·조절하여야 한다.
> - 적합한 작물과 품종의 선택
> - 적합한 돌려짓기(윤작) 체계
> - 기계적 경운
> - 재배포장 내의 혼작·간작 및 공생식물의 재배 등 작물체 주변의 천적활동을 조장하는 생태계의 조성

· 멀칭·예취 및 화염제초
· 포식자와 기생동물의 방사 등 천적의 활용
· 식물·농장퇴비 및 돌가루 등에 의한 병해충 예방 수단
· 동물의 방사
· 덫·울타리·빛 및 소리와 같은 기계적 통제

16 『유기식품 및 무농약농산물 등의 인증에 관한 세부실시 요령』 유기농산물 재배포장 인증기준에 대한 내용이다. 빈칸에 적합한 것을 적으시오.

◎ 재배포장의 토양에 대해서는 매년 (   )회 이상의 검정을 실시하여 토양 비옥도가 유지·개선되고 염류가 과도하게 집적되지 않도록 노력하며, 토양비옥도 수치가 적정치 이하이거나 염류가 과도하게 집적된 경우 개선계획을 마련하여 이행하여야 한다.

해답
1

17 유기축산물의 생산 인증기준에서 유기가축과 비유기가축의 병행사육 시 준수해야 할 사항 3가지를 적으시오.

해답
· 유기가축과 비유기가축의 생산부터 출하까지 구분관리 계획을 마련하여 이행하여야 한다.
· 유기가축, 사료취급, 약품투여 등은 비유기가축과 구분하여 정확히 기록 관리하고 보관하여야 한다.
· 인증가축은 비유기 가축사료, 금지물질 저장, 사료공급·혼합 및 취급 지역에서 안전하게 격리되어야 한다.

18 다음 보기에서 포식성 천적을 모두 고르시오.

< 보기 >
꽃등애 / 풀잠자리 / 기생벌 / 칠레이리응애 / 고치벌 / 침파리

해답
꽃등애, 칠레이리응애, 풀잠자리

19 토양수분측정 방법 중 전기저항법의 측정 원리를 설명하시오.

해답 --

토양의 전기저항이 수분함량에 따라 변하는 원리를 이용하는 것이며, 한 쌍의 전극이 내장된 다공성의 전기저항괴를 토양에 묻은 후 저항괴와 토양 사이에 수분평형이 이루어졌을 때 전극 사이의 전기저항을 측정한다.

20 『유기식품 및 무농약농산물 등의 인증에 관한 세부실시 요령』 에서 유기가공식품 가공방법 인증기준에서 방사선을 사용할 수 없는 경우 3가지 적으시오

해답 --

해충방제, 식품보존, 병원의 제거, 위생의 목적

01 『친환경농어업 육성 및 유기식품 등의 관리 · 지원에 관한 법률 시행규칙』 에서 말하는 '허용물질의 선정 기준' 4가지를 적으시오.

해답 --------------------------------

· 해당 물질이 사용목적에 필요하거나 필수적일 것
· 해당 물질이 천연에서 유래하고, 생물학적 · 물리적 방법으로 제조되었을 것
· 해당 물질의 제조, 사용 및 폐기 등의 과정에서 환경에 해로운 영향을 주지 않을 것
· 해당 물질이 사람과 동물의 건강과 삶의 질에 중대한 영향을 미치지 않을 것

참고 허용물질의 선정 기준 : 다음 각 목의 기준을 모두 갖출 것
· 농산물 · 축산물 · 임산물 · 가공식품 · 비식용가공품 또는 농업자재를 유기적인 방법으로 생산, 제조 · 가공 또는 취급하는 데 적합한 물질일 것
· 해당 물질이 사용목적에 필요하거나 필수적일 것
· 해당 물질이 천연(식물, 동물, 광물 및 미생물 등을 말한다)에서 유래하고, 생물학적(퇴비화 및 발효 등을 말한다) · 물리적 방법으로 제조되었을 것
· 해당 물질의 제조, 사용 및 폐기 등의 과정에서 환경에 해로운 영향을 주지 않을 것
· 해당 물질이 사람과 동물의 건강과 삶의 질에 중대한 영향을 미치지 않을 것

02 다음 보기의 토양의 종류를 보고 점토함량이 낮은 것부터 순서대로 나열하시오.

> < 보기 >
> 식토, 양토, 사양토, 사토, 식양토

해답 --------------------------------

사토, 사양토, 양토, 식양토, 식토

03 유기재배에서 토양의 색깔에 영향을 주는 인자 3가지를 적으시오.

해답 --

모재의 종류, 토양 유기물 함량, 수분함량

04 다음 보기 중에서 기생성 천적을 모두 고르시오.

> < 보기 >
>
> 팔라시스이리응애 / 침파리 / 고치벌 / 꽃등애 / 칠레이리응애 / 맵시벌

해답 --

침파리, 고치벌, 맵시벌

05 작물 생육에 필요한 무기원소 중에서 미량원소의 종류 5가지를 적으시오.

해답 --

염소(Cl), 철(Fe), 망간(Mn), 붕소(B), 아연(Zn), 구리(Cu), 몰리브덴(Mo)

참고 다량원소

탄소(C), 산소(O), 수소(H), 질소(N), 칼륨(K), 칼슘(Ca), 마그네슘(Mg), 인(P), 황(S)

06 친환경농어업법에서 말하는 '돌려짓기'의 정의를 적으시오.

해답 --

"돌려짓기(윤작)"란 동일한 재배포장에서 동일한 작물을 연이어 재배하지 않고, 서로 다른 종류의 작물을 순차적으로 조합·배열하여 차례로 심는 것을 말한다.

07 유기농업에서 말하는 '생물적 방제'의 정의를 적으시오.

해답 --

생물적 방제는 해충이나 잡초, 병해충을 방제하기 위해 생물체를 이용하여 생물 사이의 길항 및 기생 등 다양한 방법을 이용하는 것을 말한다.

08 『유기식품 및 무농약농산물 등의 인증에 관한 세부실시 요령』의 병해충 및 잡초의 방제·조절 방법 5가지를 적으시오.

> **해답**
> · 적합한 작물과 품종의 선택
> · 적합한 돌려짓기(윤작) 체계
> · 기계적 경운
> · 멀칭·예취 및 화염제초
> · 동물의 방사

09 『유기식품 및 무농약농산물 등의 인증에 관한 세부실시요령』의 유기축산물 생산에 필요한 인증기준 '동물복지 및 질병 관리'에서 가축의 질병을 예방하기 위한 조치 사항 4가지를 적으시오.

> **해답**
> · 가축의 품종과 계통의 적절한 선택
> · 질병발생 및 확산방지를 위한 사육장 위생관리
> · 생균제, 비타민 및 무기물 급여를 통한 면역기능 증진
> · 지역적으로 발생되는 질병이나 기생충에 저항력이 있는 종 또는 품종의 선택

10 『유기식품 및 무농약농산물 등의 인증에 관한 세부실시요령』의 유기축산물 생산에 필요한 인증기준에서 가축의 생물적 및 행동적 욕구를 만족시킬 수 있는 축사 조건 3가지를 적으시오.

> **해답**
> · 사료와 음수는 접근이 용이할 것
> · 공기순환, 온도·습도, 먼지 및 가스농도가 가축건강에 유해하지 아니한 수준 이내로 유지되어야 하고, 건축물은 적절한 단열·환기시설을 갖출 것
> · 충분한 자연환기와 햇빛이 제공될 수 있을 것

11 『유기식품 및 무농약농산물 등의 인증에 관한 세부실시요령』 의 인증의 신청에서 경영관련 자료의 기록기간을 단축하거나 연장할 수 있는 경우에 대한 내용이다. 빈칸을 채우시오.

> ◎ 싹을 틔워 먹는 농산물, 어린잎 채소, 버섯류 등 생육기간이 (㉠)개월 미만인 농산물 또는 축산물을 처음 인증 신청하는 경우에는 기록기간을 최근 (㉡)개월까지로 단축할 수 있다.
> ◎ 인삼, 더덕 등 매년 수확하지 않는 다년생 농산물 또는 (㉢)년을 초과하여 사육 중인 가축을 인증 신청하는 경우에는 그 농산물·가축을 재배·사육한 기간만큼 기록기간을 연장할 수 있다.

해답

㉠ 3
㉡ 6
㉢ 1

12 『유기식품 및 무농약농산물 등의 인증에 관한 세부실시요령』 에서 말하는 '배지' 용어의 정의를 적으시오.

해답

"배지"란 버섯류, 양액재배농산물 등의 생육에 필요한 양분의 전부 또는 일부를 공급하거나 작물체가 자랄 수 있도록 하기 위해 조성된 토양 이외의 물질을 말한다.

13 유기축산물 및 비식용유기가공품의 '사료로 직접 사용되거나 배합사료의 원료로 사용 가능한 물질' 중 식물성에 해당하는 물질 3가지를 적으시오.

해답

곡류, 박류, 서류

참고 식물성의 종류
곡류(곡물), 곡물부산물류(강피류), 박류(단백질류), 서류, 식품가공부산물류, 조류, 섬유질류, 제약부산물류, 유지류, 전분류, 콩류, 견과·종실류, 과실류, 채소류, 버섯류, 그 밖의 식물류

14 『친환경농어업 육성 및 유기식품 등의 관리 · 지원에 관한 법률 시행규칙』 에서 말하는 '유기사료'의 정의를 적으시오.

해답

"유기사료"란 비식용유기가공품의 인증기준에 맞게 제조 · 가공 또는 취급된 사료를 말한다.

15 『친환경농어업법 시행규칙』 에서 말하는 '관행농업' 용어의 정의를 적으시오.

해답

"관행농업"이란 화학비료와 합성농약을 사용하여 작물을 재배하는 일반 관행적인 농업 형태를 말한다.

16 유기축산물 및 비식용유기가공품의 '사료로 직접 사용되거나 배합사료의 원료로 사용 가능한 물질' 의 분류에서 광물성에 해당하는 물질 2가지를 적으시오.

해답

식염류, 다량광물질류

참고 광물성 종류

식염류, 인산염류 및 칼슘염류, 다량광물질류, 혼합광물질류

17 다음은 『무농약농산물 생산에 필요한 인증기준』 의 재배방법에 대한 내용이다. 빈칸을 채우시오.

> ◎ 화학비료는 농촌진흥청장·농업기술원장 또는 농업기술센터소장이 재배포장별로 권장하는 성분량의 (   )를 범위 내에서 사용시기와 사용자재에 대한 계획을 마련하여 사용하여야 한다.

해답

3분의 1 이하

18 『유기식품 및 무농약농산물 등의 인증에 관한 세부실시요령』의 유기가공식품 제조·가공에 필요한 인증기준에서 '포장의 인증기준' 2가지를 적으시오.

해답

· 포장재와 포장방법은 유기가공식품을 충분히 보호하면서 환경에 미치는 나쁜 영향을 최소화되도록 선정하여야 한다.
· 포장재는 유기가공식품을 오염시키지 않는 것이어야 한다.
· 합성살균제, 보존제, 훈증제 등을 함유하는 포장재, 용기 및 저장고는 사용할 수 없다.
· 유기가공식품의 유기적 순수성을 훼손할 수 있는 물질 등과 접촉한 재활용된 포장재나 그 밖의 용기는 사용할 수 없다.

19 다음은 『유기축산물 생산에 필요한 인증기준』에서 유기가축 1마리당 갖추어야 하는 가축사육시설의 소요면적(단위 : m²)을 나타낸 표이다. 빈칸을 채우시오.

◎ 한우·육우

시설형태	번식우	비육우	송아지
방사식	(㉠)m²/마리	(㉡)m²/마리	(㉢)m²/마리

해답

㉠ 10
㉡ 7.1
㉢ 2.5

20 『유기식품 및 무농약농산물 등의 인증에 관한 세부실시요령』의 유기양봉의 산물·부산물 생산에 필요한 인증기준에 꿀벌의 질병을 사전 예방하기 위한 조치 5가지를 적으시오.

해답

· 지역 조건에 잘 적응할 수 있는 튼튼한 품종의 선택
· 필요한 경우 여왕벌의 갱신
· 정기적인 청소 및 시설·장비의 소독
· 밀랍의 정기적 교체
· 충분한 화분과 꿀이 수집될 수 있는 벌통의 크기
· 이상을 탐지하기 위한 벌통의 정기적이고 체계적인 검사
· 벌통의 크기에 적합한 수벌 무리의 조절
· 질병에 감염된 벌통의 격리지역으로 이동
· 오염된 벌통과 재료의 폐기

01 다음 보기를 보고 아래 항목에 맞게 분류하시오.

> < 보기 >
>
> 고치벌, 진딧물, 풀잠자리, 딱정벌레, 기생벌, 팔라시스이리응애
>
> ◎ 기생성 천적 :
>
> ◎ 포식성 천적 :

해답

· 기생성 천적 : 기생벌, 진딧물, 고치벌
· 포식성 천적 : 풀잠자리, 딱정벌레, 팔라시스이리응애

02 토양의 수분측정 방법 중에서 '중성자법'에 대해 설명하시오.

해답

중성자수분측정기의 중성자가 방출원으로부터 나오는 중성자 에너지를 이용하는 방법으로 물분자의 수소원자와 충돌하면서 속력이 느려지고 반사되는 원리를 이용하는 방법이다.

03 토양의 침식을 방지하기 위한 경작법 중 '등고선재배'에 대해 설명하시오.

해답

등고선 재배는 등고선 경작이라고 하며 경사지에서 등고선을 따라 이랑을 만들어 이랑 사이 유거수가 발생하지 않아 침식을 방지한다

04 『친환경농어업법』에서 말하는 "비식용유기가공품" 용어의 정의를 적으시오.

해답

"비식용유기가공품"이란 사람이 직접 섭취하지 아니하는 방법으로 사용하거나 소비하기 위하여 유기농수산물을 원료 또는 재료로 사용하여 유기적인 방법으로 생산, 제조·가공 또는 취급되는 가공품을 말한다.

05 『친환경농어업법 시행규칙』의 유기농업자재의 공시기준에서 유기농업재에 혼입되서
는 안되는 원료·재료 3가지를 적으시오.

해답 --

· 인체·식물·동물에 해롭게 할 수 있는 병원성 미생물, 원균이 함유되거나 오염된 원료·재료
· 유전자를 변형한 물질이 함유되거나 오염된 원료·재료
· 항생제·합성항균제 및 합성호르몬이 함유되거나 오염된 원료·재료
· 합성농약 성분이 함유되거나 오염된 원료·재료
· 병해충 또는 병해충이 함유되거나 오염된 원료·재료

06 『친환경농어업법 시행규칙』에 경영관련자료에서 축산물에 대한 내용이다. 빈칸을 채우시
오.

◎ 규정에 따른 자료의 기록 기간은 최근 1년간으로 하되, 가축의 종류별 전환기간 등을 고려
하여 국립농산물품질관리원장이 정한 바에 따라 그 기간을 단축하거나 연장할 수 있다.

해답 --
1

07 『친환경농어업법 시행규칙』의 인증취소 등의 세부기준 및 절차에 일반기준에 대한 내용
이다. 빈칸을 채우시오.

◎ 인증취소는 위반행위가 발생한 인증번호 전체를 대상으로 적용한다. 그럼에도 불구하고 생
산자단체로 인증을 받은 경우 구성원 수 대비 인증취소 처분을 받은 위반행위자 비율이
( )퍼센트 이하인 경우에는 위반행위를 한 구성원에 대해서만 인증취소를 할 수 있다.

해답 --
20

08 『친환경농어업법 시행규칙』의 유기가공식품에서 '이산화규소'의 식품첨가물 및 가공보
조제로 사용 시 사용 가능 범위를 각각 적으시오.

◎ 식품첨가물 사용 시 사용 가능 범위 :
◎ 가공보조제 사용 시 사용 가능 범위 :

해답
· 식품첨가물 사용 시 사용 가능 범위 : 허브, 향신료, 양념류 및 조미료
· 가공보조제 사용 시 사용 가능 범위 : 겔 또는 콜로이드 용액제

09 『친환경농어업법 시행규칙』에서 말하는 '허용물질의 선정 기준' 5가지를 적으시오.

해답
· 농산물·축산물·임산물·가공식품·비식용가공품 또는 농업자재를 유기적인 방법으로 생
산, 제조·가공 또는 취급하는 데 적합한 물질일 것
· 해당 물질이 사용목적에 필요하거나 필수적일 것
· 해당 물질이 천연에서 유래하고, 생물학적·물리적 방법으로 제조되었을 것
· 해당 물질의 제조, 사용 및 폐기 등의 과정에서 환경에 해로운 영향을 주지 않을 것
· 해당 물질이 사람과 동물의 건강과 삶의 질에 중대한 영향을 미치지 않을 것

10 『친환경농어업법 시행규칙』의 친환경농업 육성계획에 포함하는 사항 5가지를 적으시오.

해답
· 농경지의 보전·개량 및 비옥도의 유지·증진 방안
· 농업용수의 수질 등 농업 환경 관리 방안
· 환경친화형 농업 자재의 개발 및 보급과 농업 폐자재의 활용 방안
· 농업의 부산물 등의 자원화 및 적정 처리 방안
· 농업의 친환경적 육성 방안

참고
제4조(친환경농업 육성계획) "농림축산식품부령으로 정하는 사항"이란 다음 각 호의 사항을 말한다.
· 농경지의 보전·개량 및 비옥도의 유지·증진 방안
· 농업용수의 수질 등 농업 환경 관리 방안
· 환경친화형 농업 자재의 개발 및 보급과 농업 폐자재의 활용 방안
· 농업의 부산물 등의 자원화 및 적정 처리 방안
· 유기식품등·무농약농산물 및 무농약원료가공식품의 품질관리 방안

· 농업의 친환경적 육성 방안
· 국내 친환경농업의 기준 및 목표에 관한 사항
· 그 밖에 농림축산식품부장관이 친환경농업 발전을 위해 필요하다고 인정하는 사항

11 『친환경농어업법 시행규칙』의 유기농산물 및 유기임산물의 '일반' 심사사항 인증기준에 대한 내용이다. 빈칸을 적합한 것을 순서에 상관없이 적으시오.

> ◎ 경영 관련 자료를 기록·보관하고, (   ) 또는 (   )이 열람을 요구할 때에는 이에 응할 것

해답

국립농산물품질관리원장, 인증기관

12 『유기식품 및 무농약농산물 등의 인증에 관한 세부실시요령』의 유기축산물 생산에 필요한 인증기준 '동물복지 및 질병 관리'에서 가축의 질병을 예방하기 위한 조치 사항 4가지를 적으시오.

해답

· 가축의 품종과 계통의 적절한 선택
· 질병발생 및 확산방지를 위한 사육장 위생관리
· 생균제, 비타민 및 무기물 급여를 통한 면역기능 증진
· 지역적으로 발생되는 질병이나 기생충에 저항력이 있는 종 또는 품종의 선택

13 『친환경농어업법』에서 말하는 "친환경농수산물"에 해당하는 항목 3가지를 적으시오.

해답

· 유기농수산물
· 무농약농산물
· 무항생제수산물 및 활성처리제 비사용 수산물

14 『유기식품 및 무농약농산물 등의 인증에 관한 세부실시요령』의 무농약농산물 생산에 필요한 인증기준에서 재배 방법의 인증기준 3가지를 적으시오.

해답

- 화학비료는 농촌진흥청장·농업기술원장 또는 농업기술센터소장이 재배포장별로 권장하는 성분량의 3분의 1 이하를 범위 내에서 사용시기와 사용자재에 대한 계획을 마련하여 사용하여야 한다.
- 합성농약 또는 합성농약 성분이 함유된 자재를 사용하지 아니하여야 한다.
- 장기간의 적절한 돌려짓기(윤작) 계획에 따른 두과작물(콩과작물)·녹비작물(풋거름 작물) 또는 심근성작물(깊은뿌리작물)을 재배하도록 권장한다.
- 가축분뇨 퇴·액비를 사용하는 경우에는 완전히 부숙시켜서 사용하여야 하며, 이의 과다한 사용, 유실 및 용탈 등으로 인하여 환경오염을 유발하지 아니하도록 하여야 한다.

15 『친환경농어업법 시행규칙』에서 말하는 '유기농축산물을 생산, 제조 · 가공 또는 취급하는 과정에서 사용할 수 있는 허용물질을 원료 또는 재료로 하여 만든 제품'의 용어를 적으시오.

해답

유기농업자재

16 『유기식품 및 무농약농산물 등의 인증에 관한 세부실시요령』의 단체신청의 심사 방법에 심사결과의 판정에 대한 내용이다. 빈칸에 적합한 내용을 적으시오.

◎ 전체 구성원을 심사한 경우 (㉠)로 각각 적합과 부적합으로 판정한다.
◎ (㉡)를 하는 경우 심사대상자가 모두 적합한 경우에만 단체에 대해 적합으로 판정하고 부적합 농가가 발생한 경우에는 단체에 대해 부적합으로 판정한다.

해답

㉠ 구성원별
㉡ 표본심사

17 『유기식품 및 무농약농산물 등의 인증에 관한 세부실시요령』의 유기가공식품 제조·가공에 필요한 인증기준에서 '유기가공에 사용할 수 있는 원료, 식품첨가물, 가공보조제 등은 모두 유기적으로 생산된 것'에 해당하는 것을 2가지 적으시오.

해답
- 인증을 받은 유기식품
- 동등성 인정을 받은 유기가공식품

18 『친환경농어업법 시행규칙』에 가축의 질병 예방 및 치료를 위해 사용 가능한 물질 중 '생균제, 효소제, 비타민, 무기물'의 사용 가능 조건 2가지를 적으시오.

해답
- 합성농약, 항생제, 항균제, 호르몬제 성분을 함유하지 않을 것
- 가축의 면역기능 증진을 목적으로 사용할 것

19 『친환경농어업법 시행규칙』의 토양 개량과 작물 생육을 위해 사용 가능한 물질 중에서 '혈분·육분·골분·깃털분'의 사용 가능 조건을 적으시오.

해답
화학물질의 첨가나 화학적 제조공정을 거치지 않아야 하고, 항생물질이 검출되지 않을 것

20 『유기식품 및 무농약농산물 등의 인증에 관한 세부실시요령』의 유기축산물 생산에 필요한 인증기준에 대한 내용이다. 빈칸을 채우시오.

◎ 유기축산물의 생산을 위한 가축에게는 (   )퍼센트 유기사료를 급여하여야 한다.

해답
100

01 작물재배에서 열해에 대한 대책 3가지를 적으시오.

해답

· 관개시설을 만든다.
· 열해에 저항성이 강한 품종을 선택한다.
· 질소질 과용을 피한다.

02 다음 조건에 해당하는 작물을 보기에서 찾아 모두 적으시오.

< 보기 >

수박, 벼, 양파, 옥수수, 고구마, 인삼, 아마, 고추

◎ 연작의 피해가 적은 작물 :
◎ 5년 이상 휴작이 필요한 작물 :

해답

· 연작의 피해가 적은 작물 : 벼, 옥수수, 고구마, 양파
· 5년 이상 휴작이 필요한 작물 : 인삼, 아마, 고추, 수박

03 퇴비화하기 위해 함수율 97% 분뇨와 함수율 30% 유기물을 무게비로 1 : 2 로 혼합하였다. 이때 혼합물의 함수율을 계산하시오(단, 결과값은 소수점 셋째자리 반올림 할 것)

해답

· $\dfrac{(0.97 \times 1) + (0.3 \times 2)}{3} \times 100 = 52.333 \cdots$
· 답 : 52.33 %

04 토양의 지력 증진을 위한 대책 3가지를 적으시오.

해답
- 토양개량제를 시용한다.
- 퇴비 등 유기물을 시용한다.
- 답전윤환을 실시한다.

05 다음 보기의 식물을 보고 질소함량이 많은 순서대로 적으시오.

< 보기 >

호밀 / 헤어리비치 / 자운영

해답

헤어리비치 – 자운영 – 호밀

06 토양 면적 10a에 2L 의 발효액비량을 200배액으로 살포하려고 한다. 1.5ha 의 과수원에 살포하려고 할 때 필요한 발효액비량과 200배액으로 희석하는데 필요한 물의 양을 계산하시오.

해답
- 필요한 발효액비량 : 30L
  10a 당 소요 발효액비량이 2L 이며 1.5ha(150a) 의 경우 15배 많은 30L 가 필요하다
- 물의 소요량 : 5970L
  원액량에 소요희석배수를 곱하여 구하므로 <30L × 200배 = 6,000L> 이고 여기에 원액량 30L를 제외하면 <6,000L – 30L = 5970L> 희석할 물의 양을 알 수 있다.

07 벼 재배에서 종자에 의해 전염되는 병명 3가지를 적으시오.

해답

키다리병, 도열병, 깨씨무늬병

참고

종자에 의해 전반 및 발생하는 식물병은 종자소독에 의해 방제가 가능하며 대표적으로 도열병, 모썩음병, 키다리병, 깨씨무늬병 등이 방제 가능하다.

08 인증기관 심사원인 C씨가 B백화점에 납품된 A 농가의 깻잎을 검사하였는데 사용이 금지된 농약성분이 검출되었다. 원인을 추적하니 당해 처음 담당을 맡은 백화점 직원의 실수로 확인되었다. 이 경우 행정처분 기준을 적으시오.

해답▶ ---------------------------------

해당 인증품의 인증표시의 제거·정지 또는 인증품등의 판매금지·판매정지

09 『친환경농어업 육성 및 유기식품 등의 관리·지원에 관한 법률 시행규칙』에서 인증품 또는 인증품의 포장·용기에 표시해야 하는 5가지 항목을 적으시오.

해답▶ ---------------------------------

· 인증사업자의 성명 또는 업체명
· 전화번호
· 사업장 소재지
· 인증번호
· 생산지

10 『친환경농어업법 시행규칙』에서 사료로 직접 사용되거나 배합사료의 원료로 사용 가능한 물질 중 단백질류의 사용 가능 조건 2가지를 적으시오.

해답▶ ---------------------------------

· 수산물은 양식하지 않은 것일 것
· 포유동물에서 유래된 사료는 반추가축에 사용하지 않을 것

11 『친환경농어업법 시행규칙』의 토양 개량과 작물 생육을 위해 사용 가능한 물질에 대한 내용이다. '식물 또는 식물 잔류물로 만든 퇴비'의 사용 가능 조건을 빈칸에 적으시오.

사용 가능 물질	사용 가능 조건
식물 또는 식물 잔류물로 만든 퇴비	( )

해답▶ ---------------------------------

충분히 부숙된 것일 것

12 수수나 수단그래스 지대에 소를 방목시킬 때 흔히 발생하는 장해로 가축의 제1위 내에서 글루코시드 듀린이 가수분해 될 때 만들어지는 물질에 의한 중독증을 무엇이라 하는지 적으시오.

해답

시안화수소 중독(청산 중독)

13 유기축산물의 인증기준의 전환기간에 대한 표이다. 아래 표를 보고 전환기간을 적으시오(단, 젖소의 경우 새끼를 낳지 않은 암소를 기준으로 한다).

가축의 종류	생산물	전환기간(최소 사육기간)
한우·육우	식육	(㉠)
젖소	시유(시판우유)	(㉡)
돼지	식육	(㉢)

해답

㉠ 입식 후 12개월
㉡ 입식 후 6개월
㉢ 입식 후 5개월

14 『유기식품 및 무농약농산물 등의 인증에 관한 세부실시요령』의 무농약농산물 생산에 필요한 인증기준에서 재배 방법의 인증기준 3가지를 적으시오.

해답

· 화학비료는 농촌진흥청장·농업기술원장 또는 농업기술센터소장이 재배포장별로 권장하는 성분량의 3분의 1 이하를 범위 내에서 사용시기와 사용자재에 대한 계획을 마련하여 사용하여야 한다.
· 합성농약 또는 합성농약 성분이 함유된 자재를 사용하지 아니하여야 한다.
· 장기간의 적절한 돌려짓기 계획에 따른 두과작물·녹비작물 또는 심근성작물을 재배하도록 권장한다.
· 가축분뇨 퇴·액비를 사용하는 경우에는 완전히 부숙시켜서 사용하여야 하며, 이의 과다한 사용, 유실 및 용탈 등으로 인하여 환경오염을 유발하지 아니하도록 하여야 한다.

15 유기축산물 및 비식용유기가공품의 사료의 품질저하 방지 또는 사료의 효용을 높이기 위해 사료에 첨가하여 사용 가능한 물질 중 완충제의 종류 3가지를 적으시오.

> **해답**
> 산화마그네슘, 탄산나트륨(소다회), 중조(탄산수소나트륨·중탄산나트륨)

16 다음은 시설재배에서 태양열을 이용한 소독방법의 순서이다. 빈칸에 적합한 내용을 적고 태영열 소독법의 효과를 1가지 적으시오.

> ◎ 순서
> 경운 – (㉠) – 이랑 만들기 – (㉡) – 일시적인 담수 진행 – 하우스 밀폐 – 하우스 개방
> ◎ 효과 : ㉢

> **해답**
> ㉠ 유기물과 석회 시용
> ㉡ 지표의 피복 작업
> ㉢ 토양전염병을 방제한다.

17 『친환경농어업법』의 농어업 자원·환경 및 친환경농어업 등에 관한 실태조사·평가에서 주기적으로 조사·평가해야하는 사항 3가지를 적으시오.

> **해답**
> • 농경지의 비옥도, 중금속, 농약성분, 토양미생물 등의 변동사항
> • 농어업 용수로 이용되는 지표수와 지하수의 수질
> • 농약·비료·항생제 등 농어업투입재의 사용 실태

18 『유기식품 및 무농약농산물 등의 인증에 관한 세부실시요령』에서 말하는 '휴약기간' 및 '경축순환농법' 정의를 적으시오.

> **해답**
> • "휴약기간"이란 사육되는 가축에 대하여 그 생산물이 식용으로 사용하기 전에 동물용의약품의 사용을 제한하는 일정기간을 말한다.
> • "경축순환농법"이란 친환경농업을 실천하는 자가 경종과 축산을 겸업하면서 각각의 부산물을 작물재배 및 가축사육에 활용하고, 경종작물의 퇴비소요량에 맞게 가축사육 마리 수를 유지하는 형태의 농법을 말한다.

19 『친환경농어업 육성 및 유기식품 등의 관리·지원에 관한 법률 시행규칙』 의 '토양 개량과 작물 생육을 위해 사용 가능한 물질' 중에서 대두박의 사용가능조건 1가지를 적으시오.

해답 --

유전자를 변형한 물질이 포함되지 않을 것

20 『유기농업자재 공시 업무 규정』 에서 유기농업자재의 공시의 대상에 대하여 그 사용 용도에 따른 분류 6가지를 적으시오.

해답 --

· 토양개량용 자재
· 작물생육용 자재
· 토양개량 및 작물생육용 자재
· 병해관리용 자재
· 충해관리용 자재
· 병해충관리용 자재

01 『유기식품 및 무농약농산물 등의 인증에 관한 세부실시요령』 의 "단순 처리" 용어의 정의를 적으시오.

해답

"단순 처리"란 농축산물의 원형을 알아볼 수 있는 정도로 자르거나 껍질을 벗기거나 도정하거나 건조하거나 냉동하거나 소금에 절이거나 가열하는 것을 말하며, 식품첨가물을 가하거나 분쇄하는 등 가공하는 것은 제외한다.

02 『친환경농어업법 시행규칙』 의 사료의 품질저하 방지 또는 사료의 효용을 높이기 위해 사료에 첨가하여 사용 가능한 물질 중 효소제와 미생물제제의 사용가능조건 2가지를 적으시오.

해답

· 천연의 것이거나 천연에서 유래한 것일 것
· 합성농약 성분 또는 동물용의약품 성분을 함유하지 않을 것

03 다음 보기는 『친환경농어업법』 의 허용물질이다. 아래 분류에 맞게 보기의 물질을 적으시오.

< 보기 >
석회소다 염화물 / 이탄 / 규조토 / 젤라틴 / 카올린 /유카추출물

◎ 토양 개량과 작물 생육을 위해 사용 가능한 물질 :
◎ 병해충 관리를 위해 사용 가능한 물질 :

해답

· 토양 개량과 작물 생육을 위해 사용 가능한 물질 : 이탄, 석회소다 염화물
· 병해충 관리를 위해 사용 가능한 물질 : 젤라틴, 규조토

04 『친환경농어업법』에서 말하는 "비식용유기가공품" 용어의 정의를 적으시오.

해답

"비식용유기가공품"이란 사람이 직접 섭취하지 아니하는 방법으로 사용하거나 소비하기 위하여 유기농수산물을 원료 또는 재료로 사용하여 유기적인 방법으로 생산, 제조·가공 또는 취급되는 가공품을 말한다.

05 『친환경농어업 육성 및 유기식품 등의 관리·지원에 관한 법률』에서 '제조·가공 및 취급자의 경우' 기록해야 할 경영관련자료 4가지와 그 자료의 기록 기간을 적으시오.

◎ 자료의 기록 기간 :
◎ 경영관련자료 4가지

해답

· 자료의 기록기간 : 최근 1년간
· 경영관련자료 4가지
  - 원료·재료로 사용한 농축산물·가공식품·비식용가공품의 입고·사용·보관에 관한 사항을 기록한 자료 : 원료·재료명, 일자별 입고량·사용량·보관량, 공급자 증명서
  - 제조·가공 및 취급에 사용된 식품첨가물 및 가공보조제 사용 내용을 기록한 자료 : 자재명, 일자별 사용량, 사용목적, 사용 가능한 물질임을 증명하는 서류
  - 인증품의 생산 및 출하처별 판매량 : 품목명, 일자별 생산량, 일자별·거래처별 판매량
  - 인증품의 취급(저장, 포장, 운송, 수입 또는 판매) 과정에 대한 자료

06 『친환경농어업법 시행규칙』의 병해충 관리를 위해 사용 가능한 물질 중 난황의 사용 가능 조건을 적으시오.

해답

화학물질의 첨가나 화학적 제조공정을 거치지 않을 것

Engineer Organic Agriculture

07 다음은 『친환경농어업법 시행규칙』의 '유기식품등'에 내용이다. 빈칸을 순서에 관계 없이 적으시오.

> ◎ '유기식품등'이란 (   ) 및 (   )을 말한다.

해답
유기식품, 비식용유기가공품

08 『유기식품 및 무농약농산물 등의 인증에 관한 세부실시요령』의 현장심사에서 시료수거 방법에 대한 내용이다. 빈칸을 채우시오.

> ◎ 재배포장의 토양은 대상 모집단의 대표성이 확보될 수 있도록 Z자형 또는 (㉠)으로 최소한 10개소 이상의 수거지점을 선정하여 수거한다.
> ◎ 시료수거는 신청인, 신청인 가족 참여하에 (㉡)이 직접 수거하여야 한다.
> ◎ 시료 수거량은 (㉢)이 정한 양으로 한다.

해답
㉠ W자형
㉡ 인증심사원
㉢ 시험연구기관

09 유기축산물의 인증기준에서 '한우·육우'의 생산물이 식육일 경우 전환기간은 입식 후 몇 개월인지 적으시오.

해답
12개월

10 토양의 입단구조를 형성하기 위한 방법 3가지를 적으시오.

해답
· 유기물을 공급한다.
· 콩과식물을 재배한다.
· 토양개량제를 공급한다.

11 다음 중 길항미생물을 이용하여 병원균의 생육을 억제하는 작용의 종류 2가지를 적으시오.

해답 --

포식작용, 항생작용

12 토양에 미숙퇴비를 공급했을 때 나타나는 문제점 3가지를 적으시오.

해답 --

· 토양이 산성화 된다.
· 유해가스가 발생한다.
· 선충 및 미생물이 많이 발생한다.

13 토양미생물의 긍정적인 효과 3가지를 적으시오.

해답 --

· 탄소의 순환에 도움을 준다.
· 토양의 입단구조 형성에 도움을 준다.
· 토양미생물간 길항작용을 촉진한다.

14 『친환경농어업법 시행규칙』에 의거 인증사업자가 유기농산물·유기임산물에 화학비료, 합성농약 또는 합성농약 성분이 함유된 자재를 사용한 경우 1차 위반의 행정처분기준을 적으시오.

해답 --

인증취소

15 『친환경농어업법 시행규칙』 에 관련된 용어의 정의이다. 빈칸을 채우시오.

◎ "휴약기간"이란 사육되는 가축에 대하여 그 생산물이 식용으로 사용하기 전에 (㉠)의 사용을 제한하는 일정기간을 말한다.
◎ "유기사료"란 (㉡)의 인증기준에 맞게 제조·가공 또는 취급된 사료를 말한다.

해답 --

㉠ 동물용의약품
㉡ 비식용유기가공품

16 유기축산물 생산에 필요한 인증기준의 사육장 및 사육조건에서 유기가축과 비유기가축의 병행사육 시 준수해야할 사항 3가지를 적으시오.

> 해답 --

- 일반 가축을 유기 가축 축사로 입식(사육시설에 새로운 가축을 들여 옴)하여서는 아니 된다. 다만, 입식시기가 경과하지 않은 어린 가축은 예외를 인정한다.
- 유기가축과 비유기가축의 생산부터 출하까지 구분관리 계획을 마련하여 이행하여야 한다.
- 유기가축, 사료취급, 약품투여 등은 비유기가축과 구분하여 정확히 기록 관리하고 보관하여야 한다.

17 『유기식품 및 무농약농산물 등의 인증에 관한 세부실시요령』 의 유기농산물 생산에 필요한 인증기준에 대한 내용이다. 빈칸을 채우시오.

> ◎ 재배포장의 토양은 주변으로부터 오염 우려가 없거나 오염을 방지할 수 있어야 하고, 「(㉠) 시행규칙」 에 따른 1지역의 토양오염우려기준을 초과하지 아니하며, 합성농약 성분이 검출되어서는 아니 된다.
> ◎ 토양 검정 결과 (㉡)와 염류 집적도가 적정 수준을 유지하는 경우 다음 해의 토양검정을 생략 할 수 있다.

> 해답 --

㉠ 토양환경보전법
㉡ 토양비옥도

18 다음 항목의 내용을 보고 계산하시오.

> 가) 밭 면적 10a 에 100L 발효액비량 0.25L를 사용하는데 배액은 몇배인지 구하시오

> 해답 --

$$\frac{100L}{0.25L} = 400 \text{ 배}$$

> 나) 밭 1500a 에 발효액을 살포할 경우 필요한 발효액비량을 구하시오

> 해답 --

$$1500a \times \frac{10a}{0.75L} = 37.5L$$

19 유기농산물 생산에 필요한 인증기준의 재배방법에 대한 내용이다. 빈칸의 3가지를 순서에 관계없이 적으시오.

◎ 3년 이내의 주기로 (　　)작물, (　　)작물 또는 (　　)작물을 일정기간 이상 재배하여 토양에 환원 한다.

해답---

두과, 녹비, 심근성

20 유기가공식품에서 과산화수소를 가공보조제로 사용 가능 범위에 적합한 것을 선택하시오.

< 보기 >
식품 표면의 세척·소독제 / 여과보조제 / 달팽이관리용 / 산도 조절제

해답---

식품 표면의 세척·소독제

01 『친환경농어업법』에서 말하는 "유기농어업자재" 의 용어 정의를 적으시오.

해답

"유기농어업자재"란 유기농수산물을 생산, 제조·가공 또는 취급하는 과정에서 사용할 수 있는 허용물질을 원료 또는 재료로 하여 만든 제품을 말한다.

02 친환경농업에서 활용되는 멀칭의 효과 3가지를 적으시오.

해답

· 토양의 침식 방지
· 비료 유실의 방지
· 토양의 건조 방지

03 해충의 방제에 활용되는 '생물적 방제법'의 장점과 단점을 각각 3가지씩 적으시오.

해답

[장점]
· 다른 식물이나 생태계에 피해를 주지 않는다.
· 방제효과가 반영구적 혹은 영구적이다.
· 생태계의 균형을 유지할 수 있다.
[단점]
· 해충의 밀도가 높을 경우 효과가 없다.
· 시간 및 경비가 많이 요구된다.
· 대상 해충이 제한적이다.

04 토양의 수분측정 방법 중에서 '중성자법'에 대해 설명하시오

해답

중성자수분측정기의 중성자가 방출원으로부터 나오는 중성자 에너지를 이용하는 방법으로 물분자의 수소원자와 충돌하면서 속력이 느려지고 반사되는 원리를 이용하는 방법이다.

05 다음 보기 중에서 '총채벌레의 천적'을 찾아 적고, 포식성 천적 3가지를 찾아 적으시오.

< 보기 >

애꽃노린재 / 진디혹파리 / 토양선충 / 무당벌레 / 굴파리좀벌

◎ 총채벌레의 천적 :

◎ 포식성 천적 :

해답

· 총채벌레의 천적 : 애꽃노린재
· 포식성 천적 : 애꽃노린재, 무당벌레, 진디혹파리

06 『친환경농어업법 시행규칙』에 따른 유기식품등의 유기표시 기준의 작도법에 대한 내용이다. 빈칸을 순서에 관계 없이 채우시오.

◎ 표시 도형의 색상은 녹색을 기본 색상으로 하되, 포장재의 색깔 등을 고려하여
(   ), (   ) 또는 (   )으로 할 수 있다.

해답

파란색, 빨간색, 검은색

07 『친환경농어업법 시행규칙』의 경영관련자료에서 생산자의 경우 축산물의 기록 관리해야 하는 자료 3가지를 적으시오.

해답

· 가축입식 등 구입사항과 번식에 관한 사항을 기록한 자료
· 사료의 생산·구입 및 공급에 관한 사항을 기록한 자료
· 예방 또는 치료목적의 질병관리에 관한 사항을 기록한 자료

참고 경영 관련 자료

축산물(양봉의 산물·부산물을 포함한다)

1) 가축입식 등 구입사항과 번식에 관한 사항을 기록한 자료: 일자별 가축 구입 마릿수·번식 마릿수, 가축 연령 및 가축 인증에 관한 사항

2) 사료의 생산·구입 및 공급에 관한 사항을 기록한 자료 : 사료명, 사료의 종류, 일자별 생산량·구입량·공급량, 사용 가능한 사료임을 증명하는 서류

3) 예방 또는 치료목적의 질병관리에 관한 사항을 기록한 자료 : 자재명, 일자별 사용량, 사용목적, 자재구매 영수증

4) 동물용의약품·동물용의약외품 등 자재 구매·사용·보관에 관한 사항을 기록한 자료: 약품명, 일자별 구매·사용량·보관량, 구매영수증

5) 질병의 진단 및 처방에 관한 자료 : 「수의사법」에 따라 발급받은 진단서 또는 발급·등록된 처방전

6) 퇴비·액비의 발생·처리 사항을 기록한 자료: 기간별 발생량·처리량, 처리방법

7) 축산물의 생산량·출하량, 출하처별 거래 내용 및 도축·가공업체에 관하여 기록한 자료: 일자별 생산량, 일자별·출하처별 출하량, 일자별 도축·가공량, 도축·가공업체명

8) 1)부터 7)까지의 규정에 따른 자료의 기록 기간은 최근 1년간으로 하되, 가축의 종류별 전환기간 등을 고려하여 국립농산물품질관리원장이 정한 바에 따라 그 기간을 단축하거나 연장할 수 있다.

08 유기농산물 생산에 필요한 인증기준의 생산물의 품질관리 등에서 저장구역 또는 수송컨테이너에 대한 병해충 관리방법 3가지를 적으시오.

해답

물리적 장벽, 온도조절, 소리·초음파

참고 저장구역 또는 수송컨테이너에 대한 병해충 관리방법

물리적 장벽, 소리·초음파, 빛·자외선, 덫(페로몬 및 전기유혹 덫을 말한다), 온도조절, 대기조절(탄산가스·산소·질소의 조절을 말한다) 및 규조토를 이용할 수 있다.

09 다음은 유기농산물의 생산에 필요한 인증기준에 재배포장에 대한 내용이다. 빈칸을 채우시오.

◎ 재배포장은 유기농산물을 처음 수확 하기 전 ( )년 이상의 전환기간 동안 다목에 따른 재배방법을 준수한 구역이어야 한다.

해답

3

10 『유기식품 및 무농약농산물 등의 인증에 관한 세부실시요령』의 유기축산물 생산에 필요한 인증기준에 대한 내용이다. 빈칸을 채우시오.

> ◎ 유기축산물로 출하되는 축산물에 동물용의약품 성분이 잔류되어서는 아니 된다. 다만, 동물용의약품을 사용한 경우 이를 허용하되, 식품의약품안전처장이 고시한 동물용의약품 잔류 허용기준의 (　　　)을 초과하여 검출되지 아니하여야 한다.

해답
‐‐

10분의 1

11 『친환경농어업법 시행규칙』에서 유기가축이 아닌 가축을 유기농장으로 입식하여 유기축산물을 생산·판매하려는 경우 최소 사육기간 이상을 유기축산물의 인증기준에 맞게 사육해야 한다. 이때 최소사육기간을 무엇이라 하는지 적으시오.

해답
‐‐

전환기간

12 『유기식품 및 무농약농산물 등의 인증에 관한 세부실시요령』의 인증심사의 절차 및 방법의 세부사항에서 서류심사과정에서 확인하여야 할 내용 3가지를 적으시오.

해답
‐‐

· 신청서류가 구비되어 있는지 여부
· 인증신청 품목을 재배·생산하는 규모에 따른 생산계획량 적정 여부
· 다른 신청인의 자료를 필사하는 등 사실과 다르게 작성한 자료인지 여부

참고 서류심사과정에서 확인하여야 할 내용

가) 신청서류가 구비되어 있는지 여부
나) 각 기재항목이 빠짐없이 모두 기재되어 있는지 여부와 기재되어 있는 내용이 인증기준에 적합한지 여부
다) 인증신청 품목을 재배·생산하는 규모에 따른 생산계획량 적정 여부
라) 다른 신청인의 자료를 필사하는 등 사실과 다르게 작성한 자료인지 여부
마) 신청필지가 최근 1년간 인증기준 위반으로 인증취소 또는 인증부적합 필지인지 여부
바) 기타 현장 심사 시 확인이 필요한 사항의 점검

13 여름철 작물에 발생하는 열해의 피해를 줄이기 위한 방법 3가지를 적으시오

해답

- 내열성에 강한 작물을 선택한다.
- 토양의 피복작업을 실시한다.
- 질소질 비료의 과용을 피하고 인산 및 칼륨을 시용한다.

14 『유기식품 및 무농약농산물 등의 인증에 관한 세부실시요령』 의 인증품 등의 사후관리 조사요령에서 생산과정조사의 세부조사내용 3가지를 적으시오.

해답

- 경영관련 자료를 기록하고 있는지를 확인한다.
- 인증품의 출하내역을 확인한다.
- 항목별 인증기준의 준수여부를 확인한다.

15 『친환경농어업법 시행규칙』 의 무농약농산물·무농약원료가공식품 표시의 기준에서 '양액재배 농산물 또는 수경재배 농산물로 별도로 표시'해야 하는 경우를 적으시오.

해답

토양이 아닌 시설 및 배지에서 작물을 재배하되, 생육에 필요한 양분을 외부에서 공급하거나 외부에서 공급하지 않고 자연용수에 용존한 물질에 의존하여 재배한 농산물은 양액재배 농산물 또는 수경재배 농산물로 별도로 표시해야 한다.

16 『유기식품 및 무농약농산물 등의 인증에 관한 세부실시요령』 의 생산물의 품질관리에 대한 내용이다. 빈칸을 채우시오.

◎ 유기농산물의 저장, 수송 및 포장 시 저장·포장장소와 수송수단의 (㉠)을 유지하고, 외부로부터의 오염을 방지하여야 한다.

◎ (㉡) 검출원인이 비의도적 오염으로 확인된 경우, 검출량은 잔류 허용기준의 20분의 1이하이어야 한다.

◎ (㉢)를 하지 않은 농산물을 인증품으로 판매하여서는 아니 된다.

◎ 수확 및 수확 후 관리를 수행하는 모든 작업자는 (㉣)의 특성에 따라 적절한 위생조치를 취하여야 한다.

해답 --

㉠ 청결
㉡ 합성농약
㉢ 인증표시
㉣ 품목

17 『유기식품 및 무농약농산물 등의 인증에 관한 세부실시요령』 의 인증품등의 사후관리 조사요령에 대한 내용이다. 빈칸에 적합한 말을 적으시오.

◎ 정기조사 : 인증기관은 각 인증 건별로 인증서 교부일 부터 10개월이 지나기 전까지 (㉠) 이상의 (㉡)를 실시한다.

해답 --

㉠ 1회
㉡ 생산과정조사

18 『친환경농어업법 시행규칙』의 유기농축산물의 함량에 따른 제한적 유기표시의 허용기준에서 '70퍼센트 이상이 유기농축산물인 제품'에 대한 기준 4가지를 적으시오.

해답

- 최종 제품에 남아 있는 원료 또는 재료(물과 소금은 제외한다. 이하 같다)의 70퍼센트 이상이 유기농축산물이어야 한다.
- 유기 또는 이와 유사한 용어를 제품명 또는 제품명의 일부로 사용할 수 없다.
- 표시장소는 주 표시면을 제외한 표시면에 표시할 수 있다.
- 원재료명 표시란에 유기농축산물의 총함량 또는 원료·재료별 함량을 백분율(%)로 표시해야 한다.

19 다음은 『유기식품 및 무농약농산물 등의 인증에 관한 세부실시요령』의 유기축산물 생산에 필요한 인증기준 중 '가축분뇨의 처리'에 대한 내용이다. 괄호 안에 알맞은 말을 적으시오

◎ 가축사육 시 발생하는 가축분뇨는 완전히 부숙시킨 퇴비 또는 액비로 자원화하여 초지나 농경지에 환원함으로써 토양 및 식물과의 유기적 (   )를 유지하여야 한다.

해답

순환관계

20 다음 보기는 『친환경농어업법』의 허용물질이다. 아래 분류에 맞게 보기의 물질을 적으시오.

< 보기 >
오줌 / 메타알데하이드 / 제충국 / 규조토 / 칼륨암석 / 톱밥

◎ 토양 개량과 작물 생육을 위해 사용 가능한 물질 :
◎ 병해충 관리를 위해 사용 가능한 물질 :

해답

- 토양 개량과 작물 생육을 위해 사용 가능한 물질 : 오줌, 칼륨암석, 톱밥
- 병해충 관리를 위해 사용 가능한 물질 : 메타알데하이드, 제충국, 규조토

01 유기가공식품에서 과산화수소를 가공보조제로 사용 가능 범위에 적합한 것을 선택하시오.

> **< 보기 >**
> 식품 표면의 세척·소독제 / 여과보조제 / 달팽이관리용 / 산도 조절제

해답 --

식품 표면의 세척·소독제

02 『유기식품 및 무농약농산물 등의 인증에 관한 세부실시요령』에서 말하는 '휴약기간'의 정의를 적으시오.

해답 --

"휴약기간"이란 사육되는 가축에 대하여 그 생산물이 식용으로 사용하기 전에 동물용의약품의 사용을 제한하는 일정기간을 말한다.

03 『친환경농어업법 시행규칙』의 경영관련자료에서 생산자의 경우 축산물의 기록 관리해야 하는 자료 3가지를 적으시오.

해답 --

· 가축입식 등 구입사항과 번식에 관한 사항을 기록한 자료
· 사료의 생산·구입 및 공급에 관한 사항을 기록한 자료
· 예방 또는 치료목적의 질병관리에 관한 사항을 기록한 자료

참고 경영 관련 자료

축산물(양봉의 산물·부산물을 포함한다)
1) 가축입식 등 구입사항과 번식에 관한 사항을 기록한 자료 : 일자별 가축 구입 마릿수·번식 마릿수, 가축 연령 및 가축 인증에 관한 사항
2) 사료의 생산·구입 및 공급에 관한 사항을 기록한 자료 : 사료명, 사료의 종류, 일자별 생산량·구입량 ·공급량, 사용 가능한 사료임을 증명하는 서류

3) 예방 또는 치료목적의 질병관리에 관한 사항을 기록한 자료: 자재명, 일자별 사용량, 사용목적, 자재구매 영수증

4) 동물용의약품·동물용의약외품 등 자재 구매·사용·보관에 관한 사항을 기록한 자료: 약품명, 일자별 구매·사용량·보관량, 구매영수증

5) 질병의 진단 및 처방에 관한 자료: 「수의사법」에 따라 발급받은 진단서 또는 발급·등록된 처방전

6) 퇴비·액비의 발생·처리 사항을 기록한 자료: 기간별 발생량·처리량, 처리방법

7) 축산물의 생산량·출하량, 출하처별 거래 내용 및 도축·가공업체에 관하여 기록한 자료: 일자별 생산량, 일자별·출하처별 출하량, 일자별 도축·가공량, 도축·가공업체명

8) 1)부터 7)까지의 규정에 따른 자료의 기록 기간은 최근 1년간으로 하되, 가축의 종류별 전환기간 등을 고려하여 국립농산물품질관리원장이 정한 바에 따라 그 기간을 단축하거나 연장할 수 있다.

04 『친환경농어업 육성 및 유기식품 등의 관리·지원에 관한 법률』에서 유기식품 등의 인증대상자 3가지를 적으시오.

> **해답**
> · 유기농축산물을 생산하는 자
> · 유기가공식품을 제조·가공하는 자
> · 비식용유기가공품을 제조·가공하는 자

05 『친환경농어업법 시행규칙』의 유기식품등의 유기표시 기준에 작도법에 대한 내용이다. 빈칸에 알맞은 말을 적으시오.

> ◎ 표시 도형의 국문 및 영문 모두 활자체는 (㉠)로 하고, 글자 크기는 표시 도형의 크기에 따라 조정한다.
> ◎ 표시 도형의 색상은 (㉡)을 기본 색상으로 하되, 포장재의 색깔 등을 고려하여 파란색, 빨간색 또는 검은색으로 할 수 있다.
> ◎ 표시 도형 내부에 적힌 "유기", "(ORGANIC)", "ORGANIC"의 글자 색상은 표시 도형 색상과 같게 하고, 하단의 "농림축산식품부"와 "MAFRA KOREA"의 글자는 (㉢)으로 한다.

> **해답**
> ㉠ 고딕체
> ㉡ 녹색
> ㉢ 흰색

06 『친환경농어업법 시행규칙』의 유기식품등의 유기표시 기준 도형 표시방법에 대한 내용이다. 빈칸에 알맞은 말을 적으시오.

> ◎ 표시 도형의 가로 길이(사각형의 왼쪽 끝과 오른쪽 끝의 폭: W)를 기준으로 세로 길이는 (㉠)의 비율로 한다.
> ◎ 표시 도형의 흰색 모양과 바깥 테두리(좌우 및 상단부 부분으로 한정한다)의 간격은 (㉡)로 한다.
> ◎ 표시 도형의 흰색 모양 하단부 왼쪽 태극의 시작점은 상단부에서 (㉢) 아래가 되는 지점으로 하고, 오른쪽 태극의 끝점은 상단부에서 0.75×W 아래가 되는 지점으로 한다.

해답 --
㉠ 0.95×W
㉡ 0.1×W
㉢ 0.55×W

07 『친환경농어업법 시행규칙』의 유기농산물 및 유기임산물에 '토양 개량과 작물 생육을 위해 사용 가능한 물질'에서 사용가능조건이 '화학물질의 첨가나 화학적 제조공정을 거치지 않아야 하고, 항생물질이 검출되지 않을 것'에 해당하는 사용 가능 물질을 다음 보기에서 고르시오.

> < 보기 >
> 톱밥 / 혈분 / 설탕 / 포도당

해답 --
혈분

08 유기농업에서 작물재배를 위해 활용하는 토양의 가열소독방법 3가지를 적으시오.
해답 --
소토법, 증기소독법, 태양열소독법

09 유기농업에서 해충의 방제 중 '경종적 방제법'의 정의와 방제법 3가지를 적으시오.

> **해답**
>
> • 정의 : 재배법을 개선하여 작물을 건전하게 육성하여 병해충에 대한 저항력을 증대시켜 병해충의 발생을 억제한다.
> • 방제법 종류
>   - 내충성 품종을 선택한다.
>   - 윤작을 실시한다.
>   - 시비 및 객토를 실시하여 토양을 개선한다.

10 유기농산물을 재배하기 위한 시설재배지 토양에 대한 특징 3가지를 적으시오.

> **해답**
>
> • 토양의 염류 집적이 높다.
> • 토양의 양분 불균일이 심하다.
> • 통기성이 낮아 유해가스 집적이 높다.

11 작물을 재배하는 시설재배지의 토양에 염류집적에 대한 대책 4가지를 적으시오.

> **해답**
>
> • 담수처리를 실시한다.
> • 제염작물을 재배한다.
> • 답전윤환을 실시한다.
> • 염류에 대한 저항성 품종을 재배한다.

12 작물의 재배에서 윤작의 종류 3가지를 적으시오.

> **해답**
>
> 삼포식, 개량삼포식, 노포크식

13 다음 보기의 작물에서 단명종자, 장명종자를 분류하여 적으시오.

> < 보기 >
> 콩, 고추, 토마토, 가지, 벼, 옥수수, 오이, 무

해답
- 단명종자 : 콩, 고추, 옥수수
- 장명종자 : 토마토, 가지, 오이

참고
벼와 무는 중명(상명)종자이다

14 『친환경농어업 육성 및 유기식품 등의 관리·지원에 관한 법률 시행규칙』에서 인증품 또는 인증품의 포장·용기에 표시해야 하는 5가지 항목을 적으시오.

해답
- 인증사업자의 성명 또는 업체명
- 전화번호
- 사업장 소재지
- 인증번호
- 생산지

15 『친환경농어업법 시행규칙』의 '인증취소 등의 세부기준 및 절차'에서 위반행위로 '인증품 에서 합성농약 성분, 동물용의약품 성분 등 잔류 물질이 검출되는 경우' 관련 행정처분의 기준을 적으시오.

해답
해당 인증품의 인증표시의 제거·정지 또는 인증품등의 판매금지·판매정지

16 유기농산물 생산에 필요한 인증기준의 생산물의 품질관리 등에서 저장구역 또는 수송컨테이 너에 대한 병해충 관리방법 3가지를 적으시오.

해답
물리적 장벽, 온도조절, 소리·초음파

17 『친환경농어업 육성 및 유기식품 등의 관리 · 지원에 관한 법률 시행규칙』에 관련된 내용이다. 아래 내용을 보고 관련된 용어를 적으시오.

◎ (㉠) : 토양을 이용하지 않고 통제된 시설공간에서 빛(LED, 형광등), 온도, 수분 및 양분 등을 인공적으로 투입해 작물을 재배하는 시설을 말한다.
◎ (㉡) : 비식용유기가공품의 인증기준에 맞게 제조 · 가공 또는 취급된 사료를 말한다.

해답 --------------------------------------

㉠ 식물공장
㉡ 유기사료

18 『친환경농어업법 시행규칙』의 토양 개량과 작물 생육을 위해 사용 가능한 물질에 사용가능조건으로 '충분히 부숙 및 발효 된 것'에 해당하는 사용가능물질 3가지를 적으시오.

해답 --------------------------------------

식물 또는 식물 잔류물로 만든 퇴비, 오줌, 사람의 배설물

19 『친환경농어업법 시행규칙』의 유기양봉 산물 · 부산물의 인증기준 '동물복지 및 질병관리'에 꿀벌의 질병을 예방 · 관리하기 위한 조치에도 불구하고 질병이 발생한 경우 사용 가능한 물질 3가지를 적으시오.

해답 --------------------------------------

젖산, 옥살산, 초산

참고

꿀벌의 질병을 예방 · 관리하기 위한 조치에도 불구하고 질병이 발생한 경우에는 다음의 물질을 사용할 것
- 젖산, 옥살산, 초산, 개미산, 황, 자연산 에테르 기름[멘톨, 유칼립톨(eucalyptol), 캠퍼(camphor)], 바실루스 튜린겐시스(bacillus thuringiensis), 증기 및 직사 화염

20 단미사료 중 근괴류의 종류 3가지를 적으시오.

해답 --------------------------------------

감자, 고구마, 당근

참고 근괴류 종류

감자, 고구마, 타피오카, 당근, 무우 등

유기농업기사 복원문제

01 『유기식품 및 무농약농산물 등의 인증에 관한 세부실시요령』에서 말하는 '경축순환농법'의 용어 정의를 적으시오.

 해답

"경축순환농법"이란 친환경농업을 실천하는 자가 경종과 축산을 겸업하면서 각각의 부산물을 작물재배 및 가축사육에 활용하고, 경종작물의 퇴비소요량에 맞게 가축사육 마리 수를 유지하는 형태의 농법을 말한다.

02 다음은 『유기식품 및 무농약농산물 등의 인증에 관한 세부실시요령』의 "어린잎채소"의 정의를 적으시오.

 해답

"어린잎채소"란 생육기간(15일 내외)이 짧아 본잎이 4엽 내외로 재배되어 주로 생식용으로 이용되는 어린 채소류를 말한다.

03 토양의 수분측정 방법 중 TDR 법(Time Domain Reflectometry)의 측정 원리를 설명하시오.

 해답

계측기로부터 고주파를 발생시켜 센서 막대를 타고 고주파가 흘러갔다가 막대의 끝으로 다시 돌아오는 전파속도를 읽어 측정하는 방법이다.

04 작물 재배시 부숙되지 않은 볏짚이나 보리짚을 토양에 사용하는 경우 일시적으로 질소가 부족한 현상이 나타나는데 이러한 현상의 명칭을 적고 그 현상의 원인을 적으시오.

해답

· 명칭 : 질소기아현상
· 원인 : 토양에 탄질율이 높은 유기물이 투입되면 미생물이 원래 토양에 있는 질소를 이용하기에 작물이 일시적으로 질소 부족 현상이 나타나게 된다.

05 유기농업에서 엽면시비가 필요한 경우 3가지를 적으시오.

> 해답 --
> · 미량요소가 필요할 경우 실시한다.
> · 토양시비가 곤란할 경우 실시한다.
> · 급속한 영양회복이 필요할 경우 실시한다.

06 멀칭의 정의를 적고 멀칭 재료 중 흑색비닐을 이용할 경우 이점 1가지를 적으시오.

> 해답 --
> · 정의 : 피복재료인 비닐, 플라스틱 필름, 건초를 이용하여 포장 토양의 표면을 덮는 작업을 멀칭이라 한다.
> · 이점 : 검은색 비닐은 뿌리의 지온 유지에 효과적이다.

07 유기재배 토양의 입자밀도가 2.5g/cm³, 용적밀도가 1.2g/cm³ 일 때 토양공극률을 계산하시오.

> 해답 --
> $$공극률(\%) = (1 - \frac{용적밀도}{입자밀도}) \times 100 = (1 - \frac{1.2}{2.5}) \times 100 = 52\%$$

08 유기재배에서 육묘의 상토 조건 3가지를 적으시오.

> 해답 --
> · 통기성 및 배수성이 양호해야 한다.
> · 병해충 및 잡초종자가 없어야 한다.
> · 양분을 충분히 가지고 있어야 한다.

09 유기농산물 및 유기임산물의 '토양 개량과 작물 생육을 위해 사용 가능한 물질' 중에서 '사람의 배설물'의 사용 가능 조건 3가지를 적으시오.

> 해답 --
> · 완전히 발효되어 부숙된 것일 것
> · 고온발효 : 50℃ 이상에서 7일 이상 발효된 것
> · 저온발효 : 6개월 이상 발효된 것일 것
> · 엽채류 등 농산물·임산물 중 사람이 직접 먹는 부위에는 사용하지 않을 것

10 유기재배에서 사용하는 미생물농약의 장점 및 단점을 각각 3가지씩 적으시오.

> **해답**

- 장점
  - 인축에 대한 독성이 없다.
  - 개발비용이 적다.
  - 생태계에 큰 영향을 주지 않는다.
- 단점
  - 유효기간이 짧다.
  - 적용 범위가 제한적이다.
  - 약효의 발현속도가 느리다.

11 『친환경농어업법 시행규칙』의 유기양봉 산물·부산물의 인증기준 '동물복지 및 질병관리'에 꿀벌의 질병을 예방·관리하기 위한 조치에도 불구하고 질병이 발생한 경우 사용 가능한 물질 3가지를 적으시오.

> **해답**

젖산, 옥살산, 초산

12 『유기식품 및 무농약농산물 등의 인증에 관한 세부실시요령』의 유기축산물 생산에 필요한 인증기준에서 사료에 첨가해서는 아니 되는 물질 3가지를 적으시오 (단, 항생제, 합성항균제, 성장촉진제 및 호르몬제, 구충제, 항콕시듐제 및 호르몬제는 제외한다)

> **해답**

- 가축의 대사기능 촉진을 위한 합성화합물
- 반추가축에게 포유동물에서 유래한 사료(우유 및 유제품을 제외)는 어떠한 경우에도 첨가해서는 아니 됨
- 합성 질소 또는 비단백태 질소화합물
- 항생제·합성항균제·성장촉진제, 구충제, 항콕시듐제 및 호르몬제
- 그 밖에 인위적인 합성 및 유전자조작에 의해 제조·변형된 물질

13 『친환경농어업법 시행규칙』의 토양 개량과 작물 생육을 위해 사용 가능한 물질 중 '칼륨암석 및 채굴된 칼륨염'의 사용가능조건에서 염소함량은 몇 % 미만인지 적으시오.

해답

60

14 『친환경농어업법 시행규칙』에서 인증사업자의 지위를 승계한 자는 인증사업자 지위 승계 신고서에 첨부해야 할 서류 3가지를 적으시오.

해답

· 인증품 생산계획서 또는 인증품 제조·가공 및 취급 계획서
· 인증사업자의 지위 승계를 증명하는 자료
· 상속·양도 등을 한 자의 인증서

15 『친환경농어업법 시행규칙』의 유기농산물 및 유기임산물의 인증기준에서 친환경농업에 관한 기본교육에 대한 내용이다. 빈칸에 채우시오.

교육주기	2년마다 (㉠)회
교육시간	(㉡)시간 이상
교육기관	(㉢)이 정하는 교육기관

해답

㉠ 1
㉡ 2
㉢ 국립농산물품질관리원장

16 유기축산물 생산에 필요한 인증기준의 사육장 및 사육조건에서 유기가축과 비유기가축의 병행사육 시 준수해야할 사항 3가지를 적으시오.

해답

· 일반 가축을 유기 가축 축사로 입식(사육시설에 새로운 가축을 들여 옴)하여서는 아니 된다. 다만, 입식시기가 경과하지 않은 어린 가축은 예외를 인정한다.
· 유기가축과 비유기가축의 생산부터 출하까지 구분관리 계획을 마련하여 이행하여야 한다.
· 유기가축, 사료취급, 약품투여 등은 비유기가축과 구분하여 정확히 기록 관리하고 보관하여야 한다.

17 유기기농업자재의 공시 기준에서 이화학검사성적서의 심사사항 중 유해성분검사에서 살아 있는 미생물을 주·부원료로 사용한 유기농업자재나 미생물 발효 공정을 거친 유기농업자재에서 검출되서는 안되는 병원성미생물 3가지를 적으시오.

> **해답**
> · 병원성대장균
> · 살모넬라
> · 황색포도상구균
> · 리스테리아 모노사이토제네스
> · 바실러스 세레우스

18 다음은 『친환경농어업법 시행규칙』의 유기식품등의 인증심사에 대한 내용이다. 빈칸을 채우시오.

> ◎ 인증기관은 신청을 받은 경우에는 (   )일 이내에 신청인에게 인증심사 일정과 인증심사원 명단을 알리고, 인증심사를 해야 한다.

> **해답**
> 10

19 유기가공식품 가공원료의 중량이 유기원료 10kg, 비유기원료 2kg, 비유기식품첨가물 0.1kg 일 때 유기원료의 비율을 계산하고, 이 가공식품이 95% 유기가공식품의 인증이 가능한지를 여부를 설명하시오.

> **해답**
> · $\dfrac{10}{10+2+0.1} \times 100 = 82.6446\cdots$ → 유기원료의 비율 : 약 82.64%
> · 95% 유기가공식품은 상업적으로 유기원료를 조달할 수 없는 경우 제품에 인위적으로 첨가하는 소금과 물을 제외한 제품 중량의 5퍼센트 비율 내에서 비유기 원료의 사용하여야 한다. 그런데 비유기원료의 비율이 17.36% 이므로 5%를 초과하여 95% 유기가공식품의 인증을 받을 수 없다.

20 『친환경농어업 육성 및 유기식품 등의 관리·지원에 관한 법률』에서 '제조·가공 및 취급자의 경우' 기록해야 할 경영관련자료 4가지와 그 자료의 기록 기간을 적으시오.

◎ 자료의 기록 기간 :
◎ 경영관련자료 4가지

해답 --

· 자료의 기록기간 : 최근 1년간
· 경영관련자료 4가지
  - 원료·재료로 사용한 농축산물·가공식품·비식용가공품의 입고·사용·보관에 관한 사항을 기록한 자료: 원료·재료명, 일자별 입고량·사용량·보관량, 공급자 증명서
  - 제조·가공 및 취급에 사용된 식품첨가물 및 가공보조제 사용 내용을 기록한 자료: 자재명, 일자별 사용량, 사용목적, 사용 가능한 물질임을 증명하는 서류
  - 인증품의 생산 및 출하처별 판매량: 품목명, 일자별 생산량, 일자별·거래처별 판매량
  - 인증품의 취급(저장, 포장, 운송, 수입 또는 판매) 과정에 대한 자료

01 토양의 수분측정 방법 중에서 '중성자법'에 대해 설명하시오.

 해답

중성자수분측정기의 중성자가 방출원으로부터 나오는 중성자 에너지를 이용하는 방법으로 물분자의 수소원자와 충돌하면서 속력이 느려지고 반사되는 원리를 이용하는 방법이다.

02 경사가 있는 과수원에 수식의 피해를 줄이기 위한 경작법 3가지를 적으시오.

 해답

초생재배, 대상재배, 계단재배

03 토양의 중금속 검사 성분 중 4가지를 적으시오.

 해답

수은, 망간, 카드뮴, 비소

참고

토양오염에 영향을 주는 무기원소로 비소(As), 카드뮴(Cd), 코발트(Co), 크롬(Cr), 구리(Cu), 수은(Hg), 납(Pb), 망간(Mn) 등이 있다.

04 다음은 '유기가공식품·비식용유기가공품 중 비유기 원료를 사용한 제품의 표시 기준'에 대한 내용이다. 빈칸을 채우시오.

> ◎ 원재료명 표시란에 유기농축산물의 총함량 또는 원료·재료별 함량을 (㉠)로 표시한다.
> ◎ 유기 (㉡)퍼센트로 표시하는 제품은 (㉢)에 "유기 (㉡)%" 또는 이와 같은 의미의 문구를 소비자가 알아보기 쉽게 표시해야 하며, 이 경우 제품명 또는 제품명의 일부에 유기 또는 이와 같은 의미의 글자를 표시할 수 없다.

해답 --
㉠ 백분율
㉡ 70
㉢ 주 표시면

05 사료의 품질저하 방지 또는 사료의 효용을 높이기 위해 사료에 첨가하여 사용 가능한 물질에서 '천연보존제, 효소제, 미생물제제'에 해당하는 물질을 각각 1가지씩 적으시오.

> ◎ 천연보존제 :
> ◎ 효소제 :
> ◎ 미생물제제 :

해답 --
· 천연보존제 : 산미제
· 효소제 : 당분해효소
· 미생물제제 : 유익균

참고
· 천연보존제 : 산미제, 항응고제, 항산화제, 항곰팡이제
· 효소제 : 당분해효소, 지방분해효소, 인분해효소, 단백질분해효소
· 미생물제제 : 유익균, 유익곰팡이, 유익효모, 박테리오파지

06 유기농산물 생산에 필요한 인증기준에서 농산물의 세척에 사용하는 용수의 수질기준을 적으시오.

해답 --------------------------------------

먹는물 수질기준

07 유기축산물의 인증기준의 전환기간에 대한 표이다. 아래 표를 보고 전환기간을 적으시오.

가축의 종류	생산물	전환기간(최소 사육기간)
한우·육우	식육	(㉠)
돼지	식육	(㉡)
산란계	알	(㉢)

해답 --------------------------------------

㉠ 입식 후 12개월
㉡ 입식 후 5개월
㉢ 입식 후 3개월

참고

가축의 종류	생산물	전환기간(최소 사육기간)
한우·육우	식육	입식 후 12개월
젖소	시유 (시판우유)	1) 착유우는 입식 후 3개월 2) 새끼를 낳지 않은 암소는 입식 후 6개월
면양·염소	식육	입식 후 5개월
	시유 (시판우유)	1) 착유양은 입식 후 3개월 2) 새끼를 낳지 않은 암양은 입식 후 6개월
돼지	식육	입식 후 5개월
육계	식육	입식 후 3주
산란계	알	입식 후 3개월
오리	식육	입식 후 6주
	알	입식 후 3개월
메추리	알	입식 후 3개월
사슴	식육	입식 후 12개월

08 다음은 『친환경농어업법 시행규칙』의 유기가공식품·비식용유기가공품의 인증기준에서 생산물의 품질관리 등에 대한 내용이다. 빈칸을 채우시오.

> ◎ 비유기 원료 또는 재료의 오염 등 비의도적인 요인으로 (㉠) 성분이 검출된 것으로 입증되는 경우에는 (㉡)mg/kg 이하까지만 허용한다.

해답

㉠ 합성농약
㉡ 0.01

09 『유기식품 및 무농약농산물 등의 인증에 관한 세부실시요령』에서 말하는 '경축순환농법'의 용어 정의를 적으시오.

해답

"경축순환농법"이란 친환경농업을 실천하는 자가 경종과 축산을 겸업하면서 각각의 부산물을 작물재배 및 가축사육에 활용하고, 경종작물의 퇴비소요량에 맞게 가축사육 마리 수를 유지하는 형태의 농법을 말한다.

10 유기농어업자재의 공시의 유효기간은 공시를 받은 날부터 몇년으로 하는지 적으시오.

해답

3년

11 다음은 『친환경농어업법 시행규칙』에서 식품첨가물 또는 가공보조제로 사용 가능한 물질 중 과산화수소에 대한 표이다. 빈칸에 사용 가능의 경우 ○, 사용이 불가할 경우 × 로 표기하시오.

명칭(한)	식품첨가물로 사용 시	가공보조제로 사용 시
	사용 가능 여부	사용 가능여부
과산화수소	(㉠)	(㉡)

해답

㉠ ×
㉡ ○

12 '토양 개량과 작물 생육을 위해 사용 가능한 물질' 중 대두박의 사용 가능 조건 1가지를 적으시오.

해답 --

유전자를 변형한 물질이 포함되지 않을 것

참고 대두박의 사용가능조건
· 유전자를 변형한 물질이 포함되지 않을 것
· 최종제품에 화학물질이 남지 않을 것
· 아주까리 및 아주까리 유박을 사용한 자재는 공정규격설정등의 고시에서 정한 리친(Ricin)의 유해성분 최대량을 초과하지 않을 것

13 『친환경농어업법 시행규칙』의 '유기식품등의 인증대상자' 3가지를 적으시오.

해답 --

· 유기농축산물을 생산하는 자
· 유기가공식품을 제조 · 가공하는 자
· 비식용유기가공품을 제조 · 가공하는 자

14 『친환경농어업법 시행령』의 '유기식품 등 인증의 소관'에 따라 다음 내용이 어디에 소관인지 적으시오.

◎ 유기농산물 · 축산물 · 임산물의 비율이 유기수산물의 비율보다 큰 경우

해답 --

농림축산식품부장관

15 『유기식품 및 무농약농산물 등의 인증에 관한 세부실시요령』 의 유기축산물 생산에 필요한 인증기준에 대한 내용이다. 빈칸을 채우시오

> ◎ 유기축산물의 생산을 위한 가축에게는 100퍼센트 (㉠)를 급여하여야 한다.
> ◎ (㉡)에게 담근먹이(사일리지)만 급여해서는 아니 되며, 생초나 건초 등 조사료도 급여하여야 한다.
> ◎ 유전자변형농산물 또는 유전자변형농산물로부터 유래한 것이 함유되지 아니하여야 하나, 비의도적인 혼입은 (㉢)이 고시한 유전자변형식품등의 표시기준에 따라 유전자변형농산물로 표시하지 아니할 수 있는 함량의 (㉣) 이하여야 한다.

해답

㉠ 유기사료
㉡ 반추가축
㉢ 식품의약품안전처장
㉣ 1/10

16 유기농산물 생산에 필요한 인증기준의 생산물의 품질관리 등에서 병해충 관리 및 방제를 위하여 우선적으로 조치하여야 할 사항 1가지를 적으시오.

해답

병해충 서식처의 제거, 시설에의 접근방지 등 예방조치

17 『친환경농어업 육성 및 유기식품 등의 관리ㆍ지원에 관한 법률 시행규칙』 에서 인증품 또는 인증품의 포장ㆍ용기에 표시해야 하는 5가지 항목을 적으시오.

해답

· 인증사업자의 성명 또는 업체명
· 전화번호
· 사업장 소재지
· 인증번호
· 생산지

18 토양소독 중 태영열소독법의 장점 2가지를 적으시오.

해답 --

· 토양전염병을 방제한다.
· 유기물의 부숙을 촉진한다.

19 『유기식품 및 무농약농산물 등의 인증에 관한 세부실시요령』의 인증심사의 절차 및 방법의 세부사항의 현장심사에서 '농림산물 재배포장의 용수, 생산물'의 검사가 필요한 경우를 각 1가지씩 적으시오.

◎ 용수 :

◎ 생산물 :

해답 --

· 재배포장의 용수 : 최근 5년 이내에 검사가 이루어지지 않은 용수를 사용하는 경우
· 생산물 : 최근 1년 이내에 농약이 검출된 경우

20 『친환경농어업법 시행규칙』의 '유기식품 등의 인증신청'을 할 경우 첨부해야하는 서류 3가지를 적으시오.

해답 --

· 인증품 제조·가공 및 취급 계획서
· 경영 관련 자료
· 사업장의 경계면을 표시한 지도

01 다음 보기의 물질의 질소함량이 많은 것부터 순서대로 나열하시오.

> < 보기 >
> 톱밥 / 자운영 / 볏짚 / 유박

해답

유박, 자운영, 볏짚, 톱밥

참고 질소함량

유박(약 4~5%), 자운영(약 2.9%), 볏짚(약 0.72%), 톱밥(약 0.25%)

02 재배기술 중 혼작의 장점 3가지를 적으시오.

해답

· 병해충의 발생이 줄어든다.
· 잡초의 발생이 줄어든다.
· 작물간의 생육이 촉진된다.

03 재배·이용에 따른 분류의 작부방식에서 '경작지 사용의 효율을 높이고 수량성을 증대하는 등 서로 도움을 주는 특성을 가진 2가지 작물' 의 명칭을 적으시오.

해답

동반작물

04 화학적 반응에 따른 비료에서 염기성비료의 종류 3가지를 적으시오.

해답

생석회, 소석회, 용성인비

05 유기재배에서 발생되는 기지현상의 정의를 적고, 기지현상의 대책 3가지를 적으시오.

해답

· 정의 : 연작을 할 경우 작물이 선호하는 양분의 선택적 이용으로 토양에 특정 양분이 부족하게
  되어 작물이 제대로 못자라게 되는데 이때 발생되는 피해를 기지라고 한다.
· 대책
  - 윤작을 실시한다.
  - 토양을 소독한다.
  - 유기물을 공급한다.

06 유기재배에서 토양유기물의 기능 3가지를 적으시오.

해답

· 양분의 공급 효과가 있어 보비력 및 보수력 등을 향상시킨다.
· 토양의 입단화가 촉진되고 공극이 형성되며 토양의 물리성이 개선된다.
· 토양 미생물이 증가하고 활성도가 높아진다.

07 다음 보기를 보고 설명에 적합한 것을 찾아 적으시오.

< 보기 >

Azotobacter / 방선균 / 광합성균 / 유산균 / 고초균 / *Pseudomonas*

◎ (㉠) : 병원성 곰팡이의 천적 미생물로 토양 내에서 자라면서 병원균의 항생물질을
  만드는 유익균이다.
◎ (㉡) : 토양유기물을 분해하면서 단백질, 섬유소, 전분 등의 분해효소를 공급한다.
◎ (㉢) : 유기산을 분비하여 불용화된 인산을 가용화하는 세균이다.

해답

㉠ 방선균
㉡ 유산균
㉢ *Pseudomonas*

08 다음 보기를 보고 아래 항목에 맞게 분류하시오.

> < 보기 >
> 기생벌, 침파리, 풀잠자리, 칠레이리응애, 고치벌, 팔라시스이리응애
>
> ◎ 기생성 천적 :
> ◎ 포식성 천적 :

해답
- 기생성 천적 : 기생벌, 침파리, 고치벌
- 포식성 천적 : 풀잠자리, 칠레이리응애, 팔라시스이리응애

09 유기축산물 생산에 필요한 인증기준의 사육장 및 사육조건에서 유기가축과 비유기가축의 병행사육 시 준수해야할 사항 1가지를 적으시오.

해답
유기가축과 비유기가축의 생산부터 출하까지 구분관리 계획을 마련하여 이행하여야 한다.

참고 유기가축과 비유기가축의 병행사육 시 다음의 사항을 준수 사항
- 유기가축과 비유기가축은 서로 독립된 축사(건축물)에서 사육하고 구별이 가능하도록 각 축사 입구에 표지판을 설치하고, 유기 가축과 비유기가축은 성장단계 또는 색깔 등 외관상 명확하게 구분될 수 있도록 하여야 한다.
- 일반 가축을 유기 가축 축사로 입식(사육시설에 새로운 가축을 들여 옴)하여서는 아니 된다. 다만, 입식시기가 경과하지 않은 어린 가축은 예외를 인정한다.
- 유기가축과 비유기가축의 생산부터 출하까지 구분관리 계획을 마련하여 이행하여야 한다.
- 유기가축, 사료취급, 약품투여 등은 비유기가축과 구분하여 정확히 기록 관리하고 보관하여야 한다.
- 인증가축은 비유기 가축사료, 금지물질 저장, 사료공급·혼합 및 취급 지역에서 안전하게 격리되어야 한다.

10 무농약원료가공식품의 인증기준에 대한 내용이다. 빈칸을 채우시오.

> ◎ 가공에 사용되는 원료 또는 재료는 모두 무농약농산물, 유기식품 또는 무농약원료가공
> 식품일 것. 다만, 전체 원료 또는 재료의 함량 중 무농약농산물의 함량이 50퍼센트 이
> 상이어야 하며, 무농약농산물, 유기식품 또는 무농약원료가공식품을 상업적으로 조달
> 할 수 없는 경우에는 제품 중량〔제품 생산을 위해 인위적으로 첨가하는 (㉠)과
> (㉡)의 중량은 제외한다〕의 (㉢) 범위 내에서 무농약농산물, 유기식품 또는 무농
> 약원료가공식품이 아닌 원료 또는 재료를 사용할 수 있다.

해답

㉠ 물
㉡ 소금
㉢ 5퍼센트

11 『친환경농어업법』에서 말하는 "비식용유기가공품" 용어의 정의를 적으시오.

해답

"비식용유기가공품"이란 사람이 직접 섭취하지 아니하는 방법으로 사용하거나 소비하기 위하
여 유기농수산물을 원료 또는 재료로 사용하여 유기적인 방법으로 생산, 제조·가공 또는
취급되는 가공품을 말한다.

12 『친환경농어업법 시행규칙』의 친환경농업 육성계획에 포함하는 사항 3가지를 적으시오.

해답

· 농경지의 보전·개량 및 비옥도의 유지·증진 방안
· 농업용수의 수질 등 농업 환경 관리 방안
· 환경친화형 농업 자재의 개발 및 보급과 농업 폐자재의 활용 방안

13 『친환경농어업법 시행규칙』의 유기축산물의 인증기준에서 사육조건 3가지를 적으시오.

해답

- 사육장, 목초지 및 사료작물 재배지는 토양오염우려기준을 초과하지 않아야 하며, 주변으로부터 오염될 우려가 없거나 오염을 방지할 수 있을 것
- 축사 및 방목 환경은 가축의 생물적·행동적 욕구를 만족시킬 수 있도록 조성하고 국립농산물품질관리원장이 정하는 축사의 사육 밀도를 유지·관리할 것
- 유기축산물 인증을 받거나 받으려는 가축과 유기가축이 아닌 가축을 병행하여 사육하는 경우에는 철저한 분리 조치를 할 것

참고 유기축산물의 인증기준에서 사육조건

- 사육장(방목지를 포함한다), 목초지 및 사료작물 재배지는 토양오염우려기준을 초과하지 않아야 하며, 주변으로부터 오염될 우려가 없거나 오염을 방지할 수 있을 것
- 축사 및 방목 환경은 가축의 생물적·행동적 욕구를 만족시킬 수 있도록 조성하고 국립농산물품질관리원장이 정하는 축사의 사육 밀도를 유지·관리할 것
- 유기축산물 인증을 받거나 받으려는 가축(이하 "유기가축"이라 한다)과 유기가축이 아닌 가축(무항생제축산물 인증을 받거나 받으려는 가축을 포함한다. 이하 같다)을 병행하여 사육하는 경우에는 철저한 분리 조치를 할 것
- 합성농약 또는 합성농약 성분이 함유된 동물용의약품 등의 자재를 축사 및 축사의 주변에 사용하지 않을 것
- 사육 관련 업무를 수행하는 모든 작업자는 가축 종류별 특성에 따라 적절한 위생조치를 할 것
- 가축 사육시설 및 장비(사료 보관·공급 및 먹는 물 관련 시설을 포함한다) 등을 주기적으로 청소, 세척 및 소독하여 오염이 최소화되도록 관리할 것
- 쥐 등 설치류로부터 가축이 피해를 입지 않도록 방제하는 경우에는 물리적 장치 또는 관련 법령에 따라 허가받은 자재를 사용하되, 가축이나 사료에 접촉되지 않도록 관리할 것

14 『유기식품 및 무농약농산물 등의 인증에 관한 세부실시요령』의 현장심사에서 시료수거 방법에 대한 내용이다. 빈칸을 채우시오.

◎ 재배포장의 토양은 대상 모집단의 대표성이 확보될 수 있도록 (㉠) 또는 W자형으로 최소한 (㉡)개소 이상의 수거지점을 선정하여 수거한다.
◎ 시료수거는 신청인, 신청인 가족(단체인 경우에는 대표자나 생산관리자, 업체인 경우에는 근무하는 정규직원을 포함한다) 참여하에 (㉢)이 직접 수거하여야 한다.

해답

㉠ Z자형
㉡ 10
㉢ 인증심사원

15 『친환경농어업 육성 및 유기식품 등의 관리 · 지원에 관한 법률』 에서 말하는 '식물공장'의 정의를 적으시오.

해답

"식물공장"(Vertical Farm)이란 토양을 이용하지 않고 통제된 시설공간에서 빛(LED, 형광등), 온도, 수분 및 양분 등을 인공적으로 투입해 작물을 재배하는 시설을 말한다.

16 유기농산물 생산에 필요한 인증기준의 재배방법에 대한 내용이다. 빈칸을 채우시오

◎ 두과작물·녹비작물 또는 심근성작물을 이용하여 아래 어느 하나의 방법으로 장기간의 적절한 돌려짓기(윤작) 계획을 수립하고 이행하여야 한다.
 - (㉠) 이내의 주기로 두과작물, 녹비작물 또는 심근성작물을 일정기간 이상 재배하여 토양에 환원 한다.
 - (㉡) 이내의 주기로 식물분류학상 "과"가 다른 작물을 재배하되 재배작물에 두과작물, 녹비작물 또는 심근성작물을 포함한다.
 - (㉢) 이내의 주기로 담수재배작물과 밭 재배작물을 조합하여 답전윤환한다.

해답

㉠ 3년
㉡ 2년
㉢ 2년

17 다음은 『친환경농어업법』 의 유효기간에 대한 내용이다. 빈칸을 채우시오.

◎ 인증의 유효기간은 인증을 받은 날부터 (㉠)년으로 한다.
◎ 공시의 유효기간은 공시를 받은 날부터 (㉡)년으로 한다.

해답

㉠ 1
㉡ 3

18 『친환경농어업 육성 및 유기식품 등의 관리·지원에 관한 법률 시행규칙』에서 말하는 '허용물질의 선정 기준' 3가지를 적으시오.

> **해답** --

- 해당 물질이 사용목적에 필요하거나 필수적일 것
- 해당 물질의 제조, 사용 및 폐기 등의 과정에서 환경에 해로운 영향을 주지 않을 것
- 해당 물질이 사람과 동물의 건강과 삶의 질에 중대한 영향을 미치지 않을 것

19 다음은 병해충 관리를 위해 사용 가능한 물질에 대한 내용이다. 다음 물질의 사용 가능 조건을 적으시오.

사용 가능 물질	사용 가능 조건
담배잎차(순수 니코틴은 제외한다)	( )

> **해답** --

물로 추출한 것일 것

20 유기가공식품 제조·가공에 필요한 인증기준의 가공방법에서 추출을 위하여 사용할 수 있는 물질 3가지를 적으시오.

> **해답** --

물, 에탄올, 식물성 및 동물성 유지, 식초, 이산화탄소, 질소

01 『친환경농어업법』에서 말하는 "유기농어업자재"의 용어 정의를 적으시오.

> **해답**
>
> "유기농어업자재"란 유기농수산물을 생산, 제조 · 가공 또는 취급하는 과정에서 사용할 수 있는 허용물질을 원료 또는 재료로 하여 만든 제품을 말한다.

02 『친환경농어업법』에서 말하는 "친환경농어업"의 용어 정의를 적으시오.

> **해답**
>
> "친환경농어업"이란 생물의 다양성을 증진하고, 토양에서의 생물적 순환과 활동을 촉진하며, 농어업생태계를 건강하게 보전하기 위하여 합성농약, 화학비료, 항생제 및 항균제 등 화학자재를 사용하지 아니하거나 사용을 최소화한 건강한 환경에서 농산물 · 수산물 · 축산물 · 임산물(이하 "농수산물"이라 한다)을 생산하는 산업을 말한다.

03 토양의 수분측정 방법 중에서 '중성자법'에 대해 설명하시오.

> **해답**
>
> 중성자수분측정기의 중성자가 방출원으로부터 나오는 중성자 에너지를 이용하는 방법으로 물분자의 수소원자와 충돌하면서 속력이 느려지고 반사되는 원리를 이용하는 방법이다.

04 유기농산물 생산에 필요한 인증기준의 재배포장에 대한 내용이다. 빈칸을 채우시오.

> ◎ 재배포장의 토양에 대해서는 매년 (㉠) 이상의 검정을 실시하여 (㉡)가 유지·개선되고 (㉢)가 과도하게 집적되지 않도록 노력한다.

> **해답**
>
> ㉠ 1회   ㉡ 토양 비옥도   ㉢ 염류

05 『유기식품 및 무농약농산물 등의 인증에 관한 세부실시 요령』의 '인증심사의 절차 및 방법의 세부사항'에서 농림산물 퇴비의 중금속 검사성분 3가지를 적으시오.

해답 --
카드뮴, 구리, 비소

참고 퇴비의 중금속 검사성분
카드뮴, 구리, 비소, 수은, 납, 6가크롬, 아연, 니켈

06 『친환경농어업 육성 및 유기식품 등의 관리 · 지원에 관한 법률 시행규칙』의 '토양 개량과 작물 생육을 위해 사용 가능한 물질' 중에서 대두박의 사용가능조건 1가지를 적으시오.

해답 --
유전자를 변형한 물질이 포함되지 않을 것

참고 대두박의 사용가능조건
· 유전자를 변형한 물질이 포함되지 않을 것
· 최종제품에 화학물질이 남지 않을 것
· 아주까리 및 아주까리 유박을 사용한 자재는 「비료관리법」 제4조에 따른 공정규격설정등의 고시에서 정한 리친(Ricin)의 유해성분 최대량을 초과하지 않을 것

07 『친환경농어업법 시행규칙』의 '유기식품등의 인증대상자' 3가지를 적으시오.

해답 --
· 유기농축산물을 생산하는 자
· 유기가공식품을 제조 · 가공하는 자
· 비식용유기가공품을 제조 · 가공하는 자

08 『친환경농어업 육성 및 유기식품 등의 관리 · 지원에 관한 법률 시행규칙』의 '병해충 관리를 위해 사용 가능한 물질' 중에서 기계유의 사용가능조건 2가지를 적으시오.

해답 --
· 과수농가의 월동 해충 제거용으로만 사용할 것
· 수확기 과실에 직접 사용하지 않을 것

09 『사료의 품질저하 방지 또는 사료의 효용을 높이기 위해 사료에 첨가하여 사용 가능한 물질』에서 아미노산제에 해당하는 물질을 아래 보기에서 모두 고르시오.

> < 보기 >
>
> 판토텐산 / 아민초산 / 산화마그네슘 / 황산L-라이신 / L-트립토판 / 나이아신

> **해답** --------------------------------
>
> 아민초산, 황산L-라이신, L-트립토판

> **참고** 아미노산제
>
> 아민초산, DL-알라닌, 염산L-라이신, 황산L-라이신, L-글루타민산나트륨, 2-디아미노-2-하이드록시메치오닌, DL-트립토판, L-트립토판, DL메치오닌 및 L-트레오닌과 그 혼합물

10 엽면시비의 효과 3가지를 적으시오.

> **해답** --------------------------------
>
> · 작물의 품질이 향상된다.
> · 토양시비가 곤란할 경우 효과적이다.
> · 농약을 살포할 때 섞어 공급하면 시비의 노력이 절감된다.
> · 급속한 영양회복에 도움이 된다.

11 『유기식품 및 무농약농산물 등의 인증에 관한 세부실시 요령』의 병해충 및 잡초의 방제·조절 방법 3가지를 적으시오.

> **해답** --------------------------------
>
> · 적합한 작물과 품종의 선택
> · 적합한 돌려짓기(윤작) 체계
> · 기계적 경운

> **참고** 병해충 및 잡초는 다음의 방법으로 방제·조절하여야 한다.
>
> · 적합한 작물과 품종의 선택
> · 적합한 돌려짓기(윤작) 체계
> · 기계적 경운
> · 재배포장 내의 혼작·간작 및 공생식물의 재배 등 작물체 주변의 천적활동을 조장하는 생태계의 조성
> · 멀칭·예취 및 화염제초
> · 포식자와 기생동물의 방사 등 천적의 활용

· 식물·농장퇴비 및 돌가루 등에 의한 병해충 예방 수단
· 동물의 방사
· 덫·울타리·빛 및 소리와 같은 기계적 통제

12 다음 보기에서 포식성 곤충을 모두 고르시오.

> < 보기 >
>
> 침파리 / 풀잠자리 / 진디혹파리 / 기생벌 / 고치벌 / 칠레이리응애

해답 ---

풀잠자리, 진디혹파리, 칠레이리응애

13 유기재배에서 토양에 퇴비를 사용했을 때 효과 3가지를 적으시오.

해답 ---

· 토양의 입단구조 형성이 촉진된다.
· 토양의 생물의 활성 및 증진 효과가 있다.
· 질소기아현상을 방지해준다.

14 토양에서 나타나는 탈질작용에 대해 설명하시오.

해답 ---

탈질작용은 암모니아태질소가 산화조건에서 질산태질소로 변화하고 질산태질소가 혐기성균인 탈질균에 의해 질소가스(N_2) 혹은 아산화질소(N_2O) 등으로 날아간다.

15 다음 작물을 보고 식물분류학상 적합한 과에 연결하시오.

유채 ·   · 두과
옥수수 ·   · 화본과
뚱딴지 ·   · 십자화과
베치류(vetch) ·   · 국화과

해답 ---

유채-십자화과, 옥수수-화본과, 뚱딴지-국화과, 베치류-두과

16 『유기식품 및 무농약농산물 등의 인증에 관한 세부실시 요령』의 용어의 정의 중 하나이다. 빈칸을 채우시오.

> ◎ (　　　)란 인접지역에서 사용한 금지물질이 인증을 받은 지역으로 유입되지 않도록 인증을 받은 지역을 두르는 일정한 구역을 말한다.

해답 --

완충지대

17 『유기식품 및 무농약농산물 등의 인증에 관한 세부실시 요령』의 작물별 생육기간에 대한 내용이다. 아래 작물의 각각의 생육기간을 적으시오.

> ㉠ 3년생 미만 작물 :
> ㉡ 3년 이상 다년생 작물(인삼, 더덕 등) :
> ㉢ 낙엽수(사과, 배, 감 등) :
> ㉣ 상록수(감귤, 녹차 등) :

해답 --

· 3년생 미만 작물 : 파종일부터 첫 수확일까지
· 3년 이상 다년생 작물(인삼, 더덕 등) : 파종일부터 3년의 기간을 생육기간으로 적용
· 낙엽수(사과, 배, 감 등) : 생장(개엽 또는 개화) 개시기부터 첫 수확일까지
· 상록수(감귤, 녹차 등) : 직전 수확이 완료된 날부터 다음 첫 수확일까지

18 유기농산물의 생산에 필요한 인증기준의 재배방법에 대한 내용이다. 빈칸을 채우시오.

> ◎ 두과작물, 녹비작물 또는 (㉠)을 이용하여 장기간의 적절한 돌려짓기(윤작) 계획을 수립하고 이행하여야 한다. 3년 이내의 주기로 두과작물, 녹비작물 또는 (㉠)을 일정 기간 이상 재배하여 토양에 환원 한다.

해답 --

㉠ 심근성작물

19 병해충의 방제를 위해 사용되는 천연살충제 중에서 피레트린 성분을 함유한 식물의 명칭을 적으시오.

해답 --

제충국

20 다음 보기의 토양의 종류를 보고 점토함량이 낮은 것부터 순서대로 나열하시오.

> < 보기 >
> 식토, 양토, 사양토, 사토, 식양토

해답 --

사토, 사양토, 양토, 식양토, 식토

01 다음 보기 중에서 기생성 천적을 모두 고르시오.

> < 보기 >
> 팔라시스이리응애 / 침파리 / 고치벌 / 꽃등애 / 칠레이리응애 / 맵시벌

해답

침파리, 고치벌, 맵시벌

참고 기생성 곤충

진딧물, 기생벌, 기생파리, 고치벌, 맵시벌, 침파리 등이 있다.

02 '유기축산물 생산에 필요한 인증기준'에서 다른 농장에서 가축을 입식하려는 경우 해당 가축의 입식조건이 유기축산의 기준에 맞게 사육된 가축이어야 하며, 이를 입증할 자료를 인증기관에 제출하여 승인을 받아야 한다. 다만, 유기가축을 확보할 수 없는 경우에는 어떤 방법으로 인증기관의 승인을 받아 일반 가축을 입식할 수 있는지 그 방법을 1가지를 적으시오

해답

번식용 수컷이 필요한 경우

참고 가축의 선택, 번식 방법 및 입식

· 다른 농장에서 가축을 입식하려는 경우 해당 가축의 입식조건(입식시기 등)이 유기축산의 기준에 맞게 사육된 가축이어야 하며, 이를 입증할 자료를 인증기관에 제출하여 승인을 받아야 한다. 다만, 유기가축을 확보할 수 없는 경우에는 다음 각 호의 어느 하나의 방법으로 인증기관의 승인을 받아 일반 가축을 입식할 수 있다.
· 부화 직후의 가축 또는 젖을 뗀 직후의 가축인 경우(소를 가축 시장 등에서 입식하는 경우 출생 후 10개월 이내만 인정함)
· 원유 생산용, 알 생산용 또는 녹용 생산용으로 육성축 또는 성축이 필요한 경우
· 번식용 수컷이 필요한 경우
· 가축전염병 발생에 따른 폐사로 새로운 가축을 입식하려는 경우
· 신규 인증을 신청한 농장(신청서를 제출한 날로부터 1년 이내에 인증을 유지한 농장은 제외함)에서 인증신청 당시 사육하고 있는 전체 가축을 전환하려는 경우

03 토양의 수분을 측정하는 방법 3가지를 적으시오.

해답 --

중량법, 중성자법, TDR 법

04 아래 2가지 물질은 병해충 관리를 위해 사용 가능한 물질이다. 해당물질의 유효성분을 적으시오.

◎ 제충국 :

◎ 데리스 :

해답 --

· 제충국 : 피레스린
· 데리스 : 로테논

05 재배 기술 중 윤작의 장점 3가지를 적으시오.

해답 --

· 지력이 유지된다.
· 토양이 보호된다.
· 병해충이 감소한다.

06 작물의 연작 재배로 발생되는 기지현상의 원인 3가지를 적으시오.

해답 --

· 연작으로 인한 특정 양분의 소모
· 토양의 물리성 악화
· 토양전염병의 발생

07 유기농업에서 작물재배를 위해 활용하는 토양의 소독방법 3가지를 적으시오.

해답 --

소토법, 증기소독법, 태양열소독법

08 다음은 『무농약농산물 생산에 필요한 인증기준』의 재배방법에 대한 내용이다. 빈칸을 채우시오.

> ◎ 화학비료는 농촌진흥청장·농업기술원장 또는 농업기술센터소장이 재배포장별로 권장하는 성분량의 (   )를 범위 내에서 사용시기와 사용자재에 대한 계획을 마련하여 사용하여야 한다.

해답 --

3분의 1 이하

09 다음 보기는 『친환경농어업법』의 허용물질이다. 아래 분류에 맞게 보기의 물질을 적으시오.

> < 보기 >
>
> 골분 / 데리스 / 제당산업의 부산물 / 생석회 / 규조토 / 구아노
>
> ◎ 토양 개량과 작물 생육을 위해 사용 가능한 물질 :
> ◎ 병해충 관리를 위해 사용 가능한 물질 :

해답 --

· 토양 개량과 작물 생육을 위해 사용 가능한 물질 : 골분, 구아노, 제당산업의 부산물
· 병해충 관리를 위해 사용 가능한 물질 : 데리스, 생석회, 규조토

10 『친환경농어업법 시행규칙』에서 말하는 '유기농축산물을 생산, 제조·가공 또는 취급하는 과정에서 사용할 수 있는 허용물질을 원료 또는 재료로 하여 만든 제품'의 용어를 적으시오.

해답 --

유기농업자재

11 다음은 『유기축산물 생산에 필요한 인증기준』에서 유기가축 1마리당 갖추어야 하는 가축사육시설의 소요면적(단위 : m²)을 나타낸 표이다. 빈칸을 채우시오

◎ 한우·육우			
시설형태	(㉠)	(㉡)	(㉢)
방사식	10m²/마리	7.1m²/마리	2.5m²/마리

해답 ---

㉠ 번식우
㉡ 비육우
㉢ 송아지

12 작물의 재배에서 활용하는 '혼파'의 장점 3가지를 적으시오.

해답 ---

· 재배 공간의 이용 효율이 높다.
· 잡초가 경감된다.
· 병해충의 위험성이 낮아진다.

13 벼의 수확 후 처리 과정 중에서 염수선을 실시할 때 메벼의 비중 기준을 적으시오.

해답 ---

1.13

참고

메벼의 염수선 비중은 1.13, 까락이 있는 메벼는 1.1, 찰벼와 밭벼는 1.08 정도이다.

14 다음은 병해충 관리를 위해 사용 가능한 물질에 대한 내용이다. 다음 물질의 사용 가능 조건을 적으시오.

사용 가능 물질	사용 가능 조건
담배잎차(순수 니코틴은 제외한다)	( )

해답 ---

물로 추출한 것일 것

15 다음 내용을 보고 빈칸을 채우시오

> ◎ (㉠) : 경작지 사용의 효율을 높이고 수량성을 증대하는 등 서로 도움을 주는 특성을
> 가진 2가지 식물을 말한다.
> ◎ (㉡) : 주요작물의 보호를 위해 심는 작물을 말한다.

해답 --

㉠ 동반작물
㉡ 보호작물

16 『친환경농어업법 시행규칙』 의 '유기식품 등의 인증신청'을 할 경우 첨부해야하는 서류
3가지를 적으시오

해답 --

· 인증품 제조 · 가공 및 취급 계획서
· 경영 관련 자료
· 사업장의 경계면을 표시한 지도

17 『유기농산물 생산에 필요한 인증기준』 의 '생산물의 품질관리 등'에서 유기농산물을
세척하거나 소독하는 경우의 허용물질 3가지를 적으시오

해답 --

과산화수소, 오존수, 이산화염소수, 차아염소산수

18 『유기식품 및 무농약농산물 등의 인증에 관한 세부실시 요령』 의 작물별 생육기간 중에서
'3년생 미만의 작물'의 기준을 아래 보기에서 고르시오

> < 보기 >
> 직전 수확이 완료된 날부터 다음 첫 수확일까지 / 파종일부터 첫 수확일까지 /
> 생장 개시기부터 첫 수확일까지 / 파종일부터 3년의 기간을 생육기간으로 적용

해답 --

파종일부터 첫 수확일까지

19 과수의 결과 습성에서 '1년생 가지에 결실'하는 종류를 아래 보기에서 모두 고르시오.

> < 보기 >
>
> 복숭아 / 감귤 / 사과 / 배 / 호두 / 포도

해답 --

감귤, 호두, 포도

참고 과수의 결과 습성
- 1년생 가지에 결실 : 감, 밤, 포도, 감귤, 무화과, 호두, 비파 등
- 2년생 가지에 결실 : 복숭아, 매실, 살구, 자두 등
- 3년생 가지에 결실 : 사과, 배 등

20 병해충의 방제 방법 중 물리적 방제법의 종류 3가지를 적으시오.

해답 --

포살 및 채란, 소토, 담수

01 『친환경농어업법』에서 말하는 "비식용유기가공품" 용어의 정의를 적으시오.

해답

"비식용유기가공품"이란 사람이 직접 섭취하지 아니하는 방법으로 사용하거나 소비하기 위하여 유기농수산물을 원료 또는 재료로 사용하여 유기적인 방법으로 생산, 제조·가공 또는 취급되는 가공품을 말한다.

02 『친환경농어업법 시행규칙』의 친환경농업 육성계획에 포함하는 사항 3가지를 적으시오.

해답

· 농경지의 보전·개량 및 비옥도의 유지·증진 방안
· 농업용수의 수질 등 농업 환경 관리 방안
· 환경친화형 농업 자재의 개발 및 보급과 농업 폐자재의 활용 방안

03 유기축산물의 인증기준의 전환기간에 대한 표이다. 아래 표를 보고 전환기간을 적으시오.

가축의 종류	생산물	전환기간(최소 사육기간)
한우	식육	(㉠)
돼지	식육	(㉡)
육계	식육	(㉢)
산란계	알	(㉣)

해답

㉠ 입식 후 12개월
㉡ 입식 후 5개월
㉢ 입식 후 3주
㉣ 입식 후 3개월

04 『친환경농어업법 시행규칙』의 유기농산물 및 유기임산물에서 '토양 개량과 작물 생육을 위해 사용 가능한 물질'과 '병해충 관리를 위해 사용 가능한 물질'로 동시에 사용 가능한 물질을 다음 보기에서 모두 고르시오.

> < 보기 >
>
> 황, 키토산, 담배잎차, 쿠아시아 추출물, 목초액, 밀납, 해수, 무사아황산, 클로렐라

해답 --

황, 키토산, 목초액, 해수, 클로렐라

05 『유기식품 및 무농약농산물 등의 인증에 관한 세부실시 요령』의 병해충 및 잡초의 방제·조절 방법 3가지를 적으시오.

해답 --

· 적합한 작물과 품종의 선택
· 적합한 돌려짓기(윤작) 체계
· 기계적 경운

06 유기축산물 및 비식용유기가공품의 사료의 품질저하 방지 또는 사료의 효용을 높이기 위해 사료에 첨가하여 사용 가능한 물질 중 완충제의 종류 3가지를 적으시오.

해답 --

산화마그네슘, 탄산나트륨(소다회), 중조(탄산수소나트륨 · 중탄산나트륨)

07 다음은 유기식품등에 사용 가능한 물질의 유기농산물 및 유기임산물에서 토양 개량과 작물 생육을 위해 사용 가능한 물질의 사용가능물질과 사용가능조건을 나열하였다. 알맞은 것끼리 서로 연결하시오.

제당산업의 부산물 ·	· 충분한 발효와 희석을 거쳐 사용할 것
키토산 ·	· 유해 화학물질로 처리되지 않을 것
오줌 ·	· 국립농산물품질관리원장이 정하여 고시하는 품질규격에 적합할 것

해답 --------------------------------------

제당산업의 부산물 - 유해 화학물질로 처리되지 않을 것

키토산 - 국립농산물품질관리원장이 정하여 고시하는 품질규격에 적합할 것

오줌 - 충분한 발효와 희석을 거쳐 사용할 것

08 병해충 관리를 위해 사용 가능한 물질 중 제충국과 데리스의 살충성분 및 주요함유부위를 적으시오.

	살충성분	주요함유부위
제충국	(㉠)	(㉡)
데리스	(㉢)	(㉣)

해답 --------------------------------------

㉠ 피레트린

㉡ 식물의 꽃

㉢ 로테논

㉣ 식물의 뿌리

09 유기농업에서 엽면시비가 필요한 경우 3가지를 적으시오.

해답 --------------------------------------

· 미량요소가 필요할 경우 실시한다.

· 토양시비가 곤란할 경우 실시한다.

· 급속한 영양회복이 필요할 경우 실시한다.

10 다음 보기 중 내염성이 강한 작물을 모두 고르시오.

> < 보기 >
>
> 복숭아 / 레몬 / 양배추 / 사탕무 / 귤 / 유채 / 완두 / 살구

해답

양배추, 사탕무, 유채

11 유기농업에서 해충의 방제 중 '경종적 방제법'의 종류 3가지를 적으시오.

해답

· 내충성 품종을 선택한다.
· 윤작을 실시한다.
· 시비 및 객토를 실시하여 토양을 개선한다.

12 편리공생에 대해 설명하시오.

해답

공생 관계에 어느 한 쪽은 유리하나 다른 한쪽은 손해나 이익이 없는 상태의 관계를 의미한다.

13 토양의 입단구조 형성을 촉진하기 위한 방법 3가지를 적으시오.

해답

· 유기물을 공급한다.
· 콩과식물을 재배한다.
· 토양개량제를 공급한다.

14 다음 조건에 해당하는 작물을 보기에서 찾아 모두 적으시오.

> < 보기 >
>
> 수박, 벼, 양파, 옥수수, 고구마, 인삼, 아마, 고추
>
> ◎ 연작의 피해가 적은 작물 :
> ◎ 5년 이상 휴작이 필요한 작물 :

해답

- 연작의 피해가 적은 작물 : 벼, 옥수수, 고구마, 양파
- 5년 이상 휴작이 필요한 작물 : 인삼, 아마, 고추, 수박

15 싸이크로메트리법(Psychrometry)의 측정목적과 원리를 적으시오.

> ◎ 원리 :
> ◎ 측정목적 :

해답

- 원리 : 2개의 수은 온도계를 사용하여, 물의 증발속도를 측정하는 원리를 이용한다.
- 측정목적 : 토양공극 내의 상대습도를 측정하여 토양수분의 상태나 퍼텐셜을 측정하는 방법이다.

16 토양수분측정 방법 중 전기저항법의 측정 원리를 설명하시오.

해답

토양의 전기저항이 수분함량에 따라 변하는 원리를 이용하는 것이며, 한 쌍의 전극이 내장된 다공성의 전기저항괴를 토양에 묻은 후 저항괴와 토양 사이에 수분평형이 이루어졌을 때 전극 사이의 전기저항을 측정한다.

17 다음 보기 중 C/N 율이 100 이상인 것을 선택하시오.

> < 보기 >
>
> 톱밥 / 옥수수대 / 낙엽 / 계분

해답 --------------------------------

톱밥

18 다음 보기를 보고 미생물의 생장곡선 단계를 순서대로 나열하시오.

> < 보기 >
>
> 정지기, 대수기, 적응기, 제한기, 사멸기

해답 --------------------------------

적응기 → 대수기 → 제한기 → 정지기 → 사멸기

참고 **미생물 생장**
- 유도기 : 적응기라 하며 새로운 환경에 적응하는 시기로 균수의 증가는 거의 없다.
- 대수기 : 증식 및 성장이 활발한 시기로 미생물이 지수적으로 증식한다.
- 제한기 : 제한영양분이 모두 소비될 때까지 미생물의 생장속도가 계속 감소하는 단계이다.
- 정지기 : 생육환경이 한계인 단계로 증식과 사멸이 동시에 이루어지면서 수가 일정하다.
- 사멸기 : 생균수가 감소하는 시기로 급격하게 감소한다.

19 종자의 소독방법 중 물리적 방법 3가지를 적으시오.

해답 --------------------------------

냉수온탕침법, 건열처리, 온탕침법

20 $100m^2$ 의 토양면적에 상추를 재배할 경우 유효질소요구량을 20kg 로 가정할 때 토양에 실제 사용해야하는 퇴비 사용량을 구하시오(단, 퇴비질소함유량 16%, 상추질소흡수율 50%, 퇴비사용 전 토양 내 질소함유는 없는 것으로 가정함).

해답 --------------------------------

$$퇴비시용량 \times \frac{16}{100} \times \frac{50}{100} = 20 \rightarrow 퇴비시용량 : 250 \ kg$$

01 토양의 입단구조를 형성하기 위한 방법 3가지를 적으시오.

해답
- 유기물을 공급한다.
- 콩과식물을 재배한다.
- 토양개량제를 공급한다.

02 토양의 수분을 측정하는 방법 3가지를 적으시오.

해답
중량법, 중성자법, TDR 법

03 다음은 『친환경농어업법 시행규칙』에 용어의 정의이다. 다음 내용을 보고 빈칸에 관련 용어를 적으시오.

◎ (㉠)이란 유기농축산물과 유기가공식품을 말한다.
◎ (㉡)이란 유기식품 및 비식용유기가공품을 말한다.

해답
㉠ 유기식품
㉡ 유기식품등

04 다음 보기를 보고 탄질율이 높은 순서대로 나열하시오.

> < 보기 >
> 왕겨 / 가축분뇨 / 톱밥 / 옥수수찌꺼기

해답

톱밥, 왕겨, 옥수수찌꺼기, 가축분뇨

참고

톱밥(500~1000), 왕겨(76), 옥수수찌꺼기(57), 가축분뇨(20)

05 콩과식물 데리스에서 추출한 천연 살충제 사용 가능 물질의 명칭을 적으시오.

해답

로테논

06 다음 보기 중에서 복토 깊이 기준 10cm 이상에 해당하는 작물을 모두 고르시오.

> < 보기 >
> 양배추 / 순무 / 나리 / 고추 / 튤립 / 히아신스 / 당근

해답

나리, 튤립, 히아신스

07 다음 보기에서 포식성 천적을 모두 고르시오.

> < 보기 >
> 진딧물 / 칠레이리응애 / 기생벌 / 침파리 / 팔라시스이리응애 / 고치벌

해답

칠레이리응애, 팔라시스이리응애

08 『친환경농어업법』의 '농어업 자원·환경 및 친환경농어업 등에 관한 실태조사·평가'에서 주기적으로 조사·평가해야하는 사항 3가지를 적으시오.

> **해답**
> · 농어업 용수로 이용되는 지표수와 지하수의 수질
> · 농약·비료·항생제 등 농어업투입재의 사용 실태
> · 수자원 함양, 토양 보전 등 농어업의 공익적 기능 실태

09 다음 표는 미국농무부(USDA)의 토양입자 분류이다. 빈칸에 적합한 기준을 적으시오.

입자	입경(mm)
(㉠)	2.0 이상
(㉡)	0.05 ~ 2.0
(㉢)	0.002 ~ 0.05
(㉣)	0.002 이하

> **해답**
> ㉠ 자갈
> ㉡ 모래
> ㉢ 미사
> ㉣ 점토

10 다음은 『친환경농어업법 시행규칙』의 유기가공식품·비식용유기가공품의 인증기준에서 생산물의 품질관리 등에 대한 내용이다. 빈칸을 채우시오.

> ◎ 비유기 원료 또는 재료의 오염 등 비의도적인 요인으로 (㉠) 성분이 검출된 것으로 입증되는 경우에는 (㉡)mg/kg 이하까지만 허용한다.

> **해답**
> ㉠ 합성농약
> ㉡ 0.01

11 『유기식품 및 무농약농산물 등의 인증에 관한 세부실시요령』 에 의거 다음 보기를 보고 '유기가축 1마리당 갖추어야 하는 가축사육시설의 소요면적(단위 : m²)'이 큰 순서대로 나열하시오.

< 보기 >

◎ 한우 : 비육우 / 번식우 / 송아지

◎ 돼지 : 웅돈 / 비육돈 / 번식돈

◎ 한우 : (   ) > (   ) > (   )

◎ 돼지 : (   ) > (   ) > (   )

해답 ---------------------------------

· 번식우 > 비육우 > 송아지
· 웅돈 > 번식돈 > 비육돈

참고 가축사육시설의 소요면적

○ 한우·육우(m²/마리)

시설형태	번식우	비육우	송아지
방사식	10	7.1	2.5

○ 돼지(m²/마리)

구분	웅돈	번식돈				비육돈			
		임신돈	분만돈	종부대기돈	후보돈	자돈		육성돈	비육돈
						초기	후기		
소요면적	10.4	3.1	4.0	3.1	3.1	0.2	0.3	1.0	1.5

12 다음 보기에서 『친환경농어업법 시행규칙』의 토양 개량과 작물 생육을 위해 사용 가능한 물질을 모두 고르시오.

< 보기 >

칼륨암석 / 카제인 / 에틸렌 / 제당산업 부산물 / 사람의 배설물 / 식초

해답 ---------------------------------

칼륨암석, 제당산업 부산물, 사람의 배설물

13 토양 면적 10a에 2L 의 발효액비량을 200배액으로 살포하려고 한다. 1.5ha 의 과수원에 살포하려고 할 때 필요한 발효액비량과 200배액으로 희석하는데 필요한 물의 양을 계산하시오.

해답

· 필요한 발효액비량 : 30L

10a 당 소요 발효액비량이 2L 이며 1.5ha(150a) 의 경우 15배 많은 30L 가 필요하다.

· 물의 소요량 : 5970L

원액량에 소요희석배수를 곱하여 구하므로 <30L × 200배 = 6,000L> 이고 여기에 원액량 30L를 제외하면 <6,000L − 30L = 5,970L> 희석할 물의 양을 알 수 있다.

14 유기농산물 생산에 필요한 인증기준의 재배방법에 대한 내용이다. 빈칸의 3가지를 순서에 관계없이 적으시오.

> ◎ 3년 이내의 주기로 (   )작물, (   )작물 또는 (   )작물을 일정기간 이상 재배하여 토양에 환원 한다.

해답

두과, 녹비, 심근성

15 다음은 『친환경농어업법』 의 유효기간에 대한 내용이다. 빈칸을 채우시오.

> ◎ 인증의 유효기간은 인증을 받은 날부터 (㉠)년으로 한다.
> ◎ 공시의 유효기간은 공시를 받은 날부터 (㉡)년으로 한다.

해답

㉠ 1
㉡ 3

16 『유기식품 및 무농약농산물 등의 인증에 관한 세부실시요령』의 인증심사의 절차 및 방법의 세부사항에서 서류심사과정에서 확인하여야 할 내용 3가지를 적으시오.

▶**해답** --------------------------------
- 신청서류가 구비되어 있는지 여부
- 인증신청 품목을 재배·생산하는 규모에 따른 생산계획량 적정 여부
- 다른 신청인의 자료를 필사하는 등 사실과 다르게 작성한 자료인지 여부

▶**참고** 서류심사과정에서 확인하여야 할 내용
가) 신청서류가 구비되어 있는지 여부
나) 각 기재항목이 빠짐없이 모두 기재되어 있는지 여부와 기재되어 있는 내용이 인증기준에 적합한지 여부
다) 인증신청 품목을 재배·생산하는 규모에 따른 생산계획량 적정 여부
라) 다른 신청인의 자료를 필사하는 등 사실과 다르게 작성한 자료인지 여부
마) 신청필지가 최근 1년간 인증기준 위반으로 인증취소 또는 인증부적합 필지인지 여부
바) 기타 현장 심사 시 확인이 필요한 사항의 점검

17 『친환경농어업법 시행규칙』의 '휴약기간' 및 '식물공장'의 용어 정의를 적으시오.

▶**해답** --------------------------------
- "휴약기간"이란 사육되는 가축에 대하여 그 생산물이 식용으로 사용하기 전에 동물용의약품의 사용을 제한하는 일정기간을 말한다.
- "식물공장"(Vertical Farm)이란 토양을 이용하지 않고 통제된 시설공간에서 빛(LED, 형광등), 온도, 수분 및 양분 등을 인공적으로 투입해 작물을 재배하는 시설을 말한다.

18 다음은 『친환경농어업법 시행규칙』에서 식품첨가물 또는 가공보조제로 사용 가능한 물질에 대한 표이다. 빈칸에 사용 가능의 경우 ○, 사용이 불가할 경우 ×로 표기하시오.

명칭(한)	식품첨가물로 사용 시	가공보조제로 사용 시
	사용 가능 여부	사용 가능여부
과산화수소	(㉠)	(㉡)
구아검	(㉢)	(㉣)
구연산	(㉤)	(㉥)

해답 --

㉠ ×

㉡ ○

㉢ ○

㉣ ×

㉤ ○

㉥ ○

19 유기농산물 생산에 필요한 인증기준의 생산물의 품질관리 등에서 저장구역 또는 수송컨테이너에 대한 병해충 관리방법 3가지를 적으시오.

해답 --

물리적 장벽, 온도조절, 소리·초음파

참고 저장구역 또는 수송컨테이너에 대한 병해충 관리방법

물리적 장벽, 소리·초음파, 빛·자외선, 덫(페로몬 및 전기유혹 덫을 말한다), 온도조절, 대기조절(탄산가스·산소·질소의 조절을 말한다) 및 규조토를 이용할 수 있다.

20 다음은 유기식품등에 사용 가능한 물질의 유기농산물 및 유기임산물에서 '병해충 관리를 위해 사용 가능한 물질' 중 '사용가능물질'과 '사용가능조건'을 나열하였다. 알맞은 것끼리 서로 연결하시오.

식초	·	· 과수의 병해관리용으로만 사용할 것
과망간산칼륨	·	· 물로 추출한 것일 것
담배잎차	·	· 화학물질의 첨가나 화학적 제조공정을 거치지 않을 것

해답 -

· 식초 - 화학물질의 첨가나 화학적 제조공정을 거치지 않을 것

· 담배잎차 - 물로 추출한 것일 것

· 과망간산칼륨 - 과수의 병해관리용으로만 사용할 것

유기농업기사 복원문제

01 다음은 유기농산물 및 유기임산물의 '병해충 관리를 위해 사용 가능한 물질'에 대한 내용이다. 아래 보기를 보고 빈칸을 채우시오.

> < 보기 >
>
> 발효주정일 것 / 키위, 바나나와 감의 숙성을 위해 사용할 것 /
> 과수의 병해관리용으로만 사용할 것 / 달팽이 관리용으로만 사용할 것

사용 가능 물질	사용 가능 조건
에틸렌	(㉠)
인산철	(㉡)
과망간산칼륨	(㉢)
에틸알콜	(㉣)

해답

㉠ 키위, 바나나와 감의 숙성을 위해 사용할 것
㉡ 달팽이 관리용으로만 사용할 것
㉢ 과수의 병해관리용으로만 사용할 것
㉣ 발효주정일 것

02 유기농산물 및 유기임산물의 '토양 개량과 작물 생육을 위해 사용 가능한 물질' 중에서 '사람의 배설물'의 사용 가능 조건 3가지를 적으시오.

해답

· 완전히 발효되어 부숙된 것일 것
· 고온발효 : 50℃ 이상에서 7일 이상 발효된 것
· 저온발효 : 6개월 이상 발효된 것일 것
· 엽채류 등 농산물·임산물 중 사람이 직접 먹는 부위에는 사용하지 않을 것

03 다음 보기의 물질을 보고 탄질율(C/N율)이 큰 순서대로 나열하시오.

> < 보기 >
> 옥수수찌꺼기 / 밀짚 / 톱밥 / 곰팡이

해답 ┄┄┄┄┄┄┄┄┄┄┄┄┄┄┄┄┄┄┄┄┄┄

톱밥, 밀짚, 옥수수찌꺼기, 곰팡이

04 유기축산물 및 비식용유기가공품의 '사료로 직접 사용되거나 배합사료의 원료로 사용 가능한 물질'의 분류에서 식물성, 동물성, 광물성에 해당하는 물질을 각각 1가지씩 적으시오.

> ◎ 식물성 :
> ◎ 동물성 :
> ◎ 광물성 :

해답 ┄┄┄┄┄┄┄┄┄┄┄┄┄┄┄┄┄┄┄┄┄┄

· 식물성 : 곡류
· 동물성 : 단백질류
· 광물성 : 다량광물질류

참고 사료로 직접 사용되거나 배합사료의 원료로 사용 가능한 물질
· 식물성 : 곡류(곡물), 곡물부산물류(강피류), 박류(단백질류), 서류, 식품가공부산물류, 조류(藻類), 섬유질류, 제약부산물류, 유지류, 전분류, 콩류, 견과·종실류, 과실류, 채소류, 버섯류, 그 밖의 식물류
· 동물성 : 단백질류, 낙농가공부산물류, 곤충류, 플랑크톤류, 무기물류, 유지류
· 광물성 : 식염류, 인산염류 및 칼슘염류, 다량광물질류, 혼합광물질류

05 토양미생물의 종류 3가지를 적고, 이 토양미생물들의 유익작용 1가지를 적으시오.

> ◎ 토양미생물 종류 : (   ), (   ), (   )
> ◎ 유익작용 :

해답 ┄┄┄┄┄┄┄┄┄┄┄┄┄┄┄┄┄┄┄┄┄┄

· 토양미생물 종류 : 세균, 사상균, 방선균, 조류
· 유익작용 : 토양구조의 입단화를 촉진시킨다.

06 『친환경농어업법 시행규칙』에서 말하는 '유기농축산물을 생산, 제조·가공 또는 취급하는 과정에서 사용할 수 있는 허용물질을 원료 또는 재료로 하여 만든 제품'의 용어를 적으시오.

> **해답**
>
> 유기농업자재

07 토양에 미숙퇴비를 공급했을 때 나타나는 현상 3가지를 적으시오.

> **해답**
>
> ・토양이 산성화 된다.
> ・유해가스가 발생한다.
> ・선충 및 미생물이 많이 발생한다.

08 친환경농어업법에서 말하는 '윤작'의 정의를 적으시오.

> **해답**
>
> "돌려짓기(윤작)"란 동일한 재배포장에서 동일한 작물을 연이어 재배하지 않고, 서로 다른 종류의 작물을 순차적으로 조합·배열하여 차례로 심는 것을 말한다.

09 유기농업에서 상적발육에서 춘화처리 및 일장에 대한 내용이다. 빈칸을 채우시오.

> ◎ 춘화처리에 감응하는 식물의 부위는 (㉠)이고 일장에 감응하는 식물의 부위는 (㉡)이다.

> **해답**
>
> ㉠ 생장점
> ㉡ 잎

10 다음은 유기농산물 생산에 필요한 인증기준의 재배방법에 대한 내용이다. 빈칸을 채우시오.

◎ (㉠)년 이내의 주기로 두과작물, 녹비작물 또는 심근성작물을 일정기간 이상 재배하여 토양에 환원 한다.

◎ 2년 이내의 주기로 식물분류학상 "(㉡)"가 다른 작물을 재배하되 재배작물에 두과작물, 녹비작물 또는 심근성작물을 포함한다.

◎ 2년 이내의 주기로 담수재배작물과 밭 재배작물을 조합하여 (㉢)한다.

◎ 매년 두과작물, 녹비작물, 심근성작물을 이용하여 (㉣)한다.

해답
㉠ 3
㉡ 과
㉢ 답전윤환
㉣ 초생재배

11 다음은 '인증기준의 세부사항'의 용어에 관련된 내용이다. 내용을 보고 빈칸에 적합한 명칭을 적으시오.

◎ (㉠)란 버섯류, 양액재배농산물 등의 생육에 필요한 양분의 전부 또는 일부를 공급하거나 작물체가 자랄 수 있도록 하기 위해 조성된 토양 이외의 물질을 말한다.

◎ (㉡)란 생육기간(15일 내외)이 짧아 본잎이 4엽 내외로 재배되어 주로 생식용으로 이용되는 어린 채소류를 말한다.

해답
㉠ 배지
㉡ 어린잎채소

12 유기식품 등의 유기표시 기준의 '유기농축산물의 유기표시 글자'로 옳은 것을 보기에서 모두 고르시오.

< 보기 >
유기농한우 / 친환경재배포도 / 유기재배사과 / 유기축산돼지 / 유기식품 / 유기농사료

해답
유기농한우, 유기재배사과, 유기축산돼지

참고 유기표시 글자

구 분	표시 글자
가. 유기농축산물	1) 유기, 유기농산물, 유기축산물, 유기임산물, 유기식품, 유기재배농산물 또는 유기농 2) 유기재배○○(○○은 농산물의 일반적 명칭으로 한다. 이하 이 표에서 같다), 유기축산○○, 유기○○ 또는 유기농○○
나. 유기가공식품	1) 유기가공식품, 유기농 또는 유기식품 2) 유기농○○ 또는 유기○○
다. 비식용유기가공품	1) 유기사료 또는 유기농 사료 2) 유기농○○ 또는 유기○○(○○은 사료의 일반적 명칭으로 한다). 다만, "식품"이 들어가는 단어는 사용할 수 없다.

13 『친환경농어업 육성 및 유기식품 등의 관리·지원에 관한 법률』에서 '친환경농어업 육성 계획'에 포함하는 사항 2가지를 적으시오.

해답
· 농어업 분야의 환경보전을 위한 정책목표 및 기본방향
· 농어업의 환경오염 실태 및 개선대책

14 유기원료가 2kg, 비유기원료가 10kg, 비유기식품첨가물이 8kg, 인위적으로 첨가한 물과 소금이 2kg 일 때 유기원료의 비율(%)을 구하시오(단, 최종값은 소수점 둘째자리에서 반올림).

해답
· $\dfrac{2}{(2+10+8)-2} \times 100 = 11.11 \cdots \%$
· 답 : 11.11 %

15 『친환경농어업 육성 및 유기식품 등의 관리·지원에 관한 법률 시행규칙』에 의거 인증심사원의 자격 기준 1가지를 적으시오.

해답
「국가기술자격법」에 따른 농업·임업·축산 또는 식품 분야의 기사 이상의 자격을 취득한 사람

참고 **인증심사원의 자격 기준**

자격	경력
1. 「국가기술자격법」 에 따른 농업 · 임업 · 축산 또는 식품 분야의 기사 이상의 자격을 취득한 사람	
2. 「국가기술자격법」 에 따른 농업 · 임업 · 축산 또는 식품 분야의 산업기사 자격을 취득한 사람	친환경인증 심사 또는 친환경 농산물 관련분야에서 2년(산업기사가 되기 전의 경력을 포함한다) 이상 근무한 경력이 있을 것
3. 「수의사법」 제4조에 따라 수의사 면허를 취득한 사람	

16 다음 내용을 보고 관련 명칭을 적으시오.

◎ (   ) : 농약과 같은 특정 화학물질에 오랜기간 노출되면서 장기적으로 나타나는 건강장애

해답 --

만성중독

참고 **급성중독**
짧은 기간 내에 농약과 같은 특정 화학물질이 바로 작용하여 나타나는 건강장애

17 토양의 수분을 측정하는 방법 3가지를 적으시오.

해답 --

중량법, 중성자법, TDR 법

18 다음 보기에서 포식성 곤충을 모두 고르시오.

< 보기 >
침파리 / 풀잠자리 / 진디혹파리 / 기생벌 / 고치벌 / 칠레이리응애

해답 --

풀잠자리, 진디혹파리, 칠레이리응애

19 다음 조건을 보고 '인증번호 부여방법'에 의거 인증번호를 부여하시오.

< 조건 >

◎ 서울특별시에서 유기축산물을 첫 번째로 인증 받은 경우

시도별 지정번호	인증종류별 번호
서울특별시 (01)	
부산광역시 (02)	
대구광역시 (03)	
인천광역시 (04)	
광주광역시 (05)	가. 유기농림산물 : 1
대전광역시 (06)	나. 유기축산물 및 유기양봉의 산물·부산물 : 2
울산광역시 (07)	다. 무농약농산물 : 3
경기도 (10)	라. 취급자 : 6
강원도 (11)	마. 무농약원료가공식품 : 7
충청북도 (12)	바. 유기가공식품 : 8
충청남도·세종특별자치시 (13)	사. 비식용유기가공품
전라북도 (14)	(양축용 유기사료·반려동물 유기사료) : 9
전라남도 (15)	
경상북도 (16)	
경상남도 (17)	
제주특별자치도 (18)	

해답 --

01200001

참고 인증번호 부여방법

인증번호는 시도별 지정번호(00), 인증종류(0), 인증서의 발급순번(00000)을 결합하여 일련번호 방식으로 부여한다.
- 서울특별시 : 01 , 유기축산물 : 2 , 발급순번 : 00001

20 미생물농약의 원리를 다음 보기의 내용을 참고하여 2가지 적으시오.

< 보기 >

◎ 병원균이나 해충의 성장을 억제한다.

◎ 미생물이 병원균이나 해충의 영양분을 차지한다.

◎ 미생물이 병원균이나 해충에 기생한다.

◎ 미생물이 휘발성 물질을 생성한다.

◎ 식물의 저항성을 유도한다.

해답 -

길항작용, 결합작용, 기생작용, 휘발성 물질 생성, 식물의 저항성 유도

01 『친환경농어업 육성 및 유기식품 등의 관리·지원에 관한 법률 시행규칙』에 관련된 내용이다. 아래 내용을 보고 관련된 용어를 적으시오.

◎ (㉠) : 토양을 이용하지 않고 통제된 시설공간에서 빛(LED, 형광등), 온도, 수분 및 양분 등을 인공적으로 투입해 작물을 재배하는 시설을 말한다.

◎ (㉡) : 비식용유기가공품의 인증기준에 맞게 제조·가공 또는 취급된 사료를 말한다.

해답

㉠ 식물공장
㉡ 유기사료

02 염류 장해로 인하여 식물에서 나타나는 현상 3가지를 적으시오.

해답

· 잎이 밑에서부터 말라죽기 시작한다.
· 잎이 짙은 녹색을 띤다.
· 잎 끝이 타면서 말라 죽는다.

03 토양의 입단구조가 파괴되거나 저해하는 원인 3가지를 적으시오.

해답

· 과도한 경운작업을 실시할 경우
· 환경 및 기상에 의한 입단의 수축 및 팽윤의 반복할 경우
· 나트륨이온과 같은 입단구조에서 반발력이 있는 이온이 과다할 경우

04 작물의 재배기술 중 이식의 효과 3가지를 적으시오.

> **해답** --
> · 병해충의 피해가 감소된다.
> · 뿌리의 활착 및 생육이 양호하다.
> · 수량의 증대 효과가 있다.

05 '유기농산물 생산에 필요한 인증기준'의 재배방법에서 '병해충 및 잡초의 방제·조절' 방법 3가지를 적으시오.

> **해답** --
> · 적합한 작물과 품종의 선택
> · 적합한 돌려짓기(윤작) 체계
> · 기계적 경운

> **참고**
> **병해충 및 잡초는 다음의 방법으로 방제·조절하여야 한다.**
> · 적합한 작물과 품종의 선택
> · 적합한 돌려짓기(윤작) 체계
> · 기계적 경운
> · 재배포장 내의 혼작·간작 및 공생식물의 재배 등 작물체 주변의 천적활동을 조장하는 생태계의 조성
> · 멀칭·예취 및 화염제초
> · 포식자와 기생동물의 방사 등 천적의 활용
> · 식물·농장퇴비 및 돌가루 등에 의한 병해충 예방 수단
> · 동물의 방사
> · 덫·울타리·빛 및 소리와 같은 기계적 통제

06 답전윤환의 장점 3가지를 적으시오.

> **해답** --
> · 지력 유지 및 증진에 효과적이다.
> · 기지의 회피에 효과적이다.
> · 잡초 발생의 억제 효과가 있다.

07 농산물 재배에서 작물의 필수미량원소 중 결핍시 분열조직이 괴사하고, 사과의 축과병, 순무의 갈색속썩음병을 유발하는 원소의 명칭을 적으시오.

해답

붕소

08 다음 표는 미국농무부(USDA)의 토양입자 분류이다. 빈칸에 적합한 기준을 적으시오.

입자	입경(mm)
(㉠)	2.0 이상
(㉡)	0.05 ~ 2.0
(㉢)	0.002 ~ 0.05
(㉣)	0.002 이하

해답

㉠ 자갈
㉡ 모래
㉢ 미사
㉣ 점토

09 『유기식품 및 무농약농산물 등의 인증에 관한 세부실시요령』에서 말하는 '휴약기간'의 정의를 적으시오.

해답

"휴약기간"이란 사육되는 가축에 대하여 그 생산물이 식용으로 사용하기 전에 동물용의약품의 사용을 제한하는 일정기간을 말한다.

10 『유기식품 및 무농약농산물 등의 인증에 관한 세부실시요령』의 농림산물 재배포장 토양에서 토양오염우려기준이 설정된 성분 중 해당지역에서 오염이 우려되는 특정성분을 한정할 수 없는 경우 검정을 실시하는 성분 3가지를 적으시오.

해답

카드뮴, 구리, 비소

참고

토양오염우려기준이 설정된 성분 중 해당지역에서 오염이 우려 되는 특정성분(특정성분을 한정할 수 없는 경우 카드뮴, 구리, 비소, 수은, 납, 6가크롬, 아연, 니켈을 검정함),

11 다음 보기를 보고 '토양 개량과 작물 생육을 위해 사용 가능한 물질', '병해충 관리를 위해 사용 가능한 물질'을 각각 2개씩 적으시오.

> < 보기 >
>
> 톱밥 / 개미산 / 랑베나이트 / 메타알데하이드 / 산화마그네슘 / 규조토
>
> ◎ 토양 개량과 작물 생육을 위해 사용 가능한 물질
> ◎ 병해충 관리를 위해 사용 가능한 물질

해답
- 토양 개량과 작물 생육을 위해 사용 가능한 물질 : 톱밥, 랑베나이트
- 병해충 관리를 위해 사용 가능한 물질 : 규조토, 메타알데하이드

12 유기가공식품에서 '가공보조제로 사용 가능한 물질'의 사용 가능 범위가 '청징(clarification) 또는 여과보조제'인 물질 2가지를 적으시오.

해답

백도토, 벤토나이트

13 『친환경농어업 육성 및 유기식품 등의 관리 · 지원에 관한 법률 시행규칙』에서 인증품 또는 인증품의 포장 · 용기에 표시해야 하는 5가지 항목을 적으시오.

해답
- 인증사업자의 성명 또는 업체명
- 전화번호
- 사업장 소재지
- 인증번호
- 생산지

14 목초의 하고현상의 원인 2가지, 대책 2가지를 적으시오.

◎ 하고현상의 원인 :

◎ 하고현상의 대책 :

해답
- -

· 하고현상의 원인 : 고온 및 건조, 병해충
· 하고현상의 대책
  - 관개를 하여 수분을 공급한다.
  - 하고현상이 적은 우량초종을 선택한다.

참고

· 하고현상의 원인에는 고온, 건조, 병해충, 장일, 잡초 등으로 나타나기도 한다.
· 하고현상 대책
  - 스프링플러시 억제 : 봄철 일찍 방목하거나 채초를 하고, 덧거름을 늦게 여름철에 주면 스프링플러시의 정도를 완화시켜 하고현상이 완화된다.
  - 관개 : 고온건조기에 관개를 하면 수분을 공급하여 지온이 낮아지면서 하고현상이 억제된다.
  - 초종의 선택 : 하고현상이 적은 우량초종을 선택한다.
  - 혼파 : 하고현상이 없는 난지형 목초를 혼파한다.
  - 방목 및 채초의 조절 : 약한 정도의 방목과 채초가 하고현상을 경감시킨다.

15 유기농산물 생산에 필요한 인증기준에서 아래 사용 용도별 수질기준을 적으시오.

◎ 농산물의 세척에 사용하는 용수 : (㉠)

◎ 농산물의 세척 외의 용도로 사용하는 용수 : (㉡)

해답
- -

㉠ 먹는물의 수질기준
㉡ 농업용수 이상

16 다음 보기의 중에서 '풀잠자리'는 어느 분류에 해당하는지 선택하시오.

> < 보기 >
>
> 기생성 천적 / 포식성 천적 / 병원성 천적

해답 --

포식성 천적

17 다음 보기 중에서 '총채벌레의 천적'을 찾아 적고, 포식성 천적 3가지를 찾아 적으시오.

> < 보기 >
>
> 애꽃노린재 / 진디혹파리 / 토양선충 / 무당벌레 / 굴파리좀벌
>
> ◎ 총채벌레의 천적 :
> ◎ 포식성 천적 :

해답 --

· 총채벌레의 천적 : 애꽃노린재
· 포식성 천적 : 애꽃노린재, 무당벌레, 진디혹파리

18 다음은 『유기식품 및 무농약농산물 등의 인증에 관한 세부실시요령』의 "어린잎채소"의 정의이다. 빈칸을 채우시오.

> ◎ "어린잎채소"란 생육기간이 (㉠)일 내외로 짧아 본잎이 (㉡) 내외로 재배되어 주로 (㉢)으로 이용되는 어린 채소류를 말한다.

해답 --

㉠ 15
㉡ 4엽
㉢ 생식용

19 『친환경농어업법』에서 말하는 "친환경농수산물"에 해당하는 항목 3가지를 적으시오.

해답

- 유기농수산물
- 무농약농산물
- 무항생제수산물 및 활성처리제 비사용 수산물

20 『친환경농어업 육성 및 유기식품 등의 관리·지원에 관한 법률』에서 '제조·가공 및 취급자의 경우' 기록해야 할 경영관련자료 4가지를 적고, 규정에 따른 자료의 기록 기간은 최근 몇 년으로 하는지 적으시오.

해답

- 원료·재료로 사용한 농축산물·가공식품·비식용가공품의 입고·사용·보관에 관한 사항을 기록한 자료: 원료·재료명, 일자별 입고량·사용량·보관량, 공급자 증명서
- 제조·가공 및 취급에 사용된 식품첨가물 및 가공보조제 사용 내용을 기록한 자료: 자재명, 일자별 사용량, 사용목적, 사용 가능한 물질임을 증명하는 서류
- 인증품의 생산 및 출하처별 판매량: 품목명, 일자별 생산량, 일자별·거래처별 판매량
- 인증품의 취급(저장, 포장, 운송, 수입 또는 판매) 과정에 대한 자료
- 1년

01 다음 설명을 보고 빈칸을 채우시오.

> ◎ 토양 내의 유기물 즉 동물, 식물 등의 잔재가 미생물의 작용과 화학작용에 의해 분해
> 된 부식은 (   )과 단백질이 결합한 복합물질이다.

해답
리그닌

02 다음 보기에서 포식성 천적을 모두 고르시오.

> < 보기 >
> 진딧물 / 칠레이리응애 / 기생벌 / 침파리 / 팔라시스이리응애 / 고치벌

해답
칠레이리응애, 팔라시스이리응애

03 토양의 수분측정 방법 중에서 '중성자법'에 대해 설명하시오.
해답
중성자수분측정기의 중성자가 방출원으로부터 나오는 중성자 에너지를 이용하는 방법으로 물분자의 수소원자와 충돌하면서 속력이 느려지고 반사되는 원리를 이용하는 방법이다.

04 아래 보기의 작물의 종자를 단명종자와 장명종자로 분류하시오.

> < 보기 >
>
> 양파, 수박, 기장, 목화, 토마토, 비트

해답 --

- 단명종자 : 기장, 목화, 양파
- 장명종자 : 토마토, 수박, 비트

05 유기농업에서 해충의 방제 중 '경종적 방제법'의 종류 3가지를 적으시오.

해답 --

- 내충성 품종을 선택한다.
- 윤작을 실시한다.
- 시비 및 객토를 실시하여 토양을 개선한다.

06 유기농산물 생산에 필요한 인증기준의 재배포장에 대한 내용이다. 빈칸을 채우시오.

> ◎ 재배포장의 토양은 주변으로부터 오염 우려가 없거나 오염을 방지할 수 있어야 하고,
> 「토양환경보전법 시행규칙」 따른 지역의 토양오염우려기준을 초과하지 아니하며,
> 합성농약 성분이 검출되어서는 아니 된다. 다만, 관행농업 과정에서 토양에 축적된 합
> 성농약 성분의 검출량이 (㉠)mg/kg 이하인 경우에는 예외를 인정한다.
> ◎ 재배포장의 토양에 대해서는 매년 (㉡)회 이상의 검정을 실시하여 토양 비옥도가
> 유지·개선되고 염류가 과도하게 집적되지 않도록 노력하며, 토양비옥도 수치가 적정
> 치 이하이거나 염류가 과도하게 집적된 경우 개선계획을 마련하여 이행하여야 한다.

해답 --

㉠ 0.01

㉡ 1

07 유기재배에서 '멀칭'의 효과 3가지를 적으시오.

해답 --

· 토양의 침식을 방지한다.
· 비료의 유실을 방지한다.
· 잡초 발생을 방지한다.

08 다음 설명이 의미하는 토양미생물의 명칭을 적으시오.

◎ 사상균으로 번식하여 대부분 유기물을 분해하여 에너지를 얻으며 식물의 뿌리가 토양
중 있는 곰팡이와 공생하는 형태이다. 식물 뿌리와 상리공생을 하면서 식물이 질소나
황과 같은 양분의 흡수에 도움을 주는 미생물이다.

해답 --

균근균

09 1톤의 밀짚에 탄소 42%, 질소 0.6% 이 들어 있다. 이 밀짚을 탄질률 30으로 만들고자
할 때 필요한 질소량을 구하시오.

해답 --

· 1 ton 의 밀짚의 42% 인 420kg 이 탄소, 0.6% 인 6kg 이 질소이므로 이 질량을 비례식을
통해 구하도록 한다.
· $420 : x = 30 : 1 \rightarrow x = 14$
· 필요한 질소의 양은 14kg 이므로 기존 질소량 6kg를 제외한 8kg 이 최종 필요한 질소량이
되겠다.

10 유기원료가 2kg, 비유기원료가 10kg, 비유기식품첨가물이 8kg, 인위적으로 첨가한 물과
소금이 2kg 일 때 유기원료의 비율(%)을 구하시오(단, 최종값은 소수점 둘째자리에서 반올
림).

해답 --

· $\dfrac{2}{(2+10+8)-2} \times 100 = 11.11 \cdots \%$
· 답 : 11.11 %

11 『친환경농어업법 시행규칙』의 허용물질의 선정 기준 3가지를 적으시오.

해답 -----------------------------------

- 해당 물질이 사용목적에 필요하거나 필수적일 것
- 해당 물질이 천연에서 유래하고, 생물학적·물리적 방법으로 제조되었을 것
- 해당 물질이 사람과 동물의 건강과 삶의 질에 중대한 영향을 미치지 않을 것

참고 허용물질의 선정 기준
- 농산물·축산물·임산물·가공식품·비식용가공품 또는 농업자재를 유기적인 방법으로 생산, 제조 ·가공 또는 취급하는 데 적합한 물질일 것
- 해당 물질이 사용목적에 필요하거나 필수적일 것
- 해당 물질이 천연에서 유래하고, 생물학적·물리적 방법으로 제조되었을 것
- 해당 물질의 제조, 사용 및 폐기 등의 과정에서 환경에 해로운 영향을 주지 않을 것
- 해당 물질이 사람과 동물의 건강과 삶의 질에 중대한 영향을 미치지 않을 것

12 다음은 병해충 관리를 위해 사용 가능한 물질에 대한 내용이다. 다음 물질의 사용 가능 조건을 적으시오.

사용 가능 물질	사용 가능 조건
담배잎차(순수 니코틴은 제외한다)	( )

해답 -----------------------------------

물로 추출한 것일 것

13 유기재배에서 해충의 방제를 위해 활용하는 페로몬의 종류 2가지를 적으시오.

해답 -----------------------------------

성페로몬, 집합페로몬

14 『친환경농어업 육성 및 유기식품 등의 관리·지원에 관한 법률 시행규칙』의 '토양 개량과 작물 생육을 위해 사용 가능한 물질' 중에서 대두박의 사용가능조건 2가지를 적으시오.

해답 -----------------------------------

- 유전자를 변형한 물질이 포함되지 않을 것
- 최종제품에 화학물질이 남지 않을 것

15 유기농산물 생산에 필요한 인증기준의 재배방법에 대한 내용이다. 빈칸을 채우시오.

◎ 두과작물·녹비작물 또는 심근성작물을 이용하여 아래 어느 하나의 방법으로 장기간의 적절한 돌려짓기(윤작) 계획을 수립하고 이행하여야 한다.
- (㉠) 이내의 주기로 두과작물, 녹비작물 또는 심근성작물을 일정기간 이상 재배하여 토양에 환원 한다.
- (㉡) 이내의 주기로 식물분류학상 "과"가 다른 작물을 재배하되 재배작물에 두과작물, 녹비작물 또는 심근성작물을 포함한다.
- 2년 이내의 주기로 담수재배작물과 밭 재배작물을 조합하여 (㉢)한다.

해답┈┈┈┈┈┈┈┈┈┈┈┈┈┈┈┈┈┈┈┈┈┈┈

㉠ 3년
㉡ 2년
㉢ 답전윤환

16 다음은 『친환경농어업법』 의 유효기간에 대한 내용이다. 빈칸을 채우시오.

◎ 인증의 유효기간은 인증을 받은 날부터 (㉠)년으로 한다.
◎ 공시의 유효기간은 공시를 받은 날부터 (㉡)년으로 한다.

해답┈┈┈┈┈┈┈┈┈┈┈┈┈┈┈┈┈┈┈┈┈┈┈

㉠ 1
㉡ 3

17 다음은 유기가공식품의 식품첨가물 또는 가공보조제로 사용 가능한 물질에 대한 내용이다. 빈칸에 사용가능한 경우 ○, 사용이 불가능한 경우 × 로 표기하시오.

명칭(한)	식품첨가물로 사용 시	가공보조제로 사용 시
	사용 가능 여부	사용 가능여부
과산화수소	(㉠)	(㉡)
벤토나이트	(㉢)	(㉣)
비타민 C	(㉤)	(㉥)

해답

㉠ ×

㉡ ○

㉢ ×

㉣ ○

㉤ ○

㉥ ×

18 유기축산물의 인증기준의 전환기간에 대한 표이다. 아래 표를 보고 전환기간을 적으시오.

가축의 종류	생산물	전환기간(최소 사육기간)
한우 · 육우	식육	(㉠)
돼지	식육	(㉡)
산란계	알	(㉢)

해답

㉠ 입식 후 12개월

㉡ 입식 후 5개월

㉢ 입식 후 3개월

19 『유기식품 및 무농약농산물 등의 인증에 관한 세부실시요령』에서 말하는 '경축순환농법'의 용어 정의를 적으시오.

해답 --

"경축순환농법"이란 친환경농업을 실천하는 자가 경종과 축산을 겸업하면서 각각의 부산물을 작물재배 및 가축사육에 활용하고, 경종작물의 퇴비소요량에 맞게 가축사육 마리 수를 유지하는 형태의 농법을 말한다.

20 『유기식품 및 무농약농산물 등의 인증에 관한 세부실시요령』의 유기가공식품 제조·가공에 필요한 인증기준에서 유기원료의 비율을 계산에 관한 내용이다. 내용을 보고 옳은 것은 ○, 틀린 것은 ×를 고르시오.

> ㉠ 원료별로 단위가 달라 중량과 부피가 병존하는 때에는 최종 제품의 단위로 통일하여 계산한다.
> ㉡ 유기가공식품 인증을 받은 식품첨가물은 유기원료에 제외시켜 계산한다.
> ㉢ 계산 시 제외되는 물과 소금은 의도적으로 투입되는 것에 한하며, 가공되지 않은 원료에 원래 포함되어 있는 물과 소금은 함량 계산에 제외한다.
> ㉣ 농축, 희석 등 가공된 원료 또는 첨가물은 가공 이전의 상태로 환원한 중량 또는 부피로 계산한다.
> ㉤ 비유기원료 또는 식품첨가물이 포함된 유기가공식품을 원료로 사용하였을 때에는 해당 가공식품 중의 유기 비율만큼만 유기원료로 인정하여 계산한다.

해답 --

㉠ ○
㉡ ×
㉢ ×
㉣ ○
㉤ ○

참고 **유기원료의 비율을 계산할 때에는 다음 각 호에 따른다.**
· 원료별로 단위가 달라 중량과 부피가 병존하는 때에는 최종 제품의 단위로 통일하여 계산한다.
· 유기가공식품 인증을 받은 식품첨가물은 유기원료에 포함시켜 계산한다.
· 계산 시 제외되는 물과 소금은 의도적으로 투입되는 것에 한하며, 가공되지 않은 원료에 원래 포함되어 있는 물과 소금은 함량 계산에 포함한다.
· 농축, 희석 등 가공된 원료 또는 첨가물은 가공 이전의 상태로 환원한 중량 또는 부피로 계산한다.
· 비유기원료 또는 식품첨가물이 포함된 유기가공식품을 원료로 사용하였을 때에는 해당 가공식품 중의 유기 비율만큼만 유기원료로 인정하여 계산한다.

01 유기가공식품에서 과산화수소를 가공보조제로 사용 가능 범위에 적합한 것을 선택하시오.

> < 보기 >
>
> 식품 표면의 세척·소독제 / 여과보조제 / 달팽이관리용 / 산도 조절제

해답

식품 표면의 세척·소독제

02 유기농업에서 작물재배를 위해 활용하는 토양의 소독방법 3가지를 적으시오.

해답

소토법, 증기소독법, 태양열소독법

03 다음 보기에서 포식성 천적을 모두 고르시오.

> < 보기 >
>
> 진딧물 / 칠레이리응애 / 기생벌 / 침파리 / 팔라시스이리응애 / 고치벌

해답

칠레이리응애, 팔라시스이리응애

04 다음 중 길항미생물을 이용하여 병원균의 생육을 억제하는 작용의 종류 2가지를 적으시오.

해답

포식작용, 항생작용

05 다음은 『유기식품 및 무농약농산물 등의 인증에 관한 세부실시 요령』 중 농산물에 대한 내용이다. 빈칸을 채우시오.

> ◎ 농산물 : 유기농산물·무농약농산물 인증기준에 따라 재배하는 농산물은 "작물별 생육기간"의 (   )가 경과되지 않아야 한다.

해답 ┄┄┄┄┄┄┄┄┄┄┄┄┄┄┄┄┄┄┄┄┄┄┄┄┄┄┄

2/3

06 유기축산물의 생산 인증기준에서 유기가축과 비유기가축의 병행사육 시 준수해야 할 사항 3가지를 적으시오.

해답 ┄┄┄┄┄┄┄┄┄┄┄┄┄┄┄┄┄┄┄┄┄┄┄┄┄┄┄

· 유기가축과 비유기가축의 생산부터 출하까지 구분관리 계획을 마련하여 이행하여야 한다.
· 유기가축, 사료취급, 약품투여 등은 비유기가축과 구분하여 정확히 기록 관리하고 보관하여야 한다.
· 인증가축은 비유기 가축사료, 금지물질 저장, 사료공급·혼합 및 취급 지역에서 안전하게 격리되어야 한다.

참고 유기가축과 비유기가축의 병행사육 시 다음의 사항을 준수하여야 한다.
· 유기가축과 비유기가축은 서로 독립된 축사(건축물)에서 사육하고 구별이 가능하도록 각 축사 입구에 표지판을 설치하고, 유기 가축과 비유기가축은 성장단계 또는 색깔 등 외관상 명확하게 구분될 수 있도록 하여야 한다.
· 일반 가축을 유기 가축 축사로 입식(사육시설에 새로운 가축을 들여 옴)하여서는 아니 된다. 다만, 입식시기가 경과하지 않은 어린 가축은 예외를 인정한다.
· 유기가축과 비유기가축의 생산부터 출하까지 구분관리 계획을 마련하여 이행하여야 한다.
· 유기가축, 사료취급, 약품투여 등은 비유기가축과 구분하여 정확히 기록 관리하고 보관하여야 한다.
· 인증가축은 비유기 가축사료, 금지물질 저장, 사료공급·혼합 및 취급 지역에서 안전하게 격리되어야 한다.

07 다음은 완숙퇴비와 미숙퇴비를 비교한 표이다. 빈칸에 적합한 것을 고르시오.

분류	완숙퇴비	미숙퇴비
파리 발생 정도	(많이 발생 / 적게 발생)	(많이 발생 / 적게 발생)
pH	(산성 / 중성)	(산성 / 중성)
악취 정도	(많이 발생 / 적게 발생)	(많이 발생 / 적게 발생)
원료 분해 정도	(많이 분해 / 적게 분해)	(많이 분해 / 적게 분해)

해답

분류	완숙퇴비	미숙퇴비
파리 발생 정도	(많이 발생 / **적게 발생**)	(**많이 발생** / 적게 발생)
pH	(산성 / **중성**)	(**산성** / 중성)
악취 정도	(많이 발생 / **적게 발생**)	(**많이 발생** / 적게 발생)
원료 분해 정도	(**많이 분해** / 적게 분해)	(많이 분해 / **적게 분해**)

08 다음 표를 보고 사용 가능은 ○, 사용이 안될 경우 × 로 표기하시오.

명칭(한)	식품첨가물로 사용 시	가공보조제로 사용 시
	사용 가능 여부	사용 가능여부
구아검	(㉠)	(㉡)
규조토	(㉢)	(㉣)

해답

㉠ ○

㉡ ×

㉢ ×

㉣ ○

09 다음 보기의 식물을 보고 질소함량이 많은 순서대로 적으시오.

> < 보기 >
> 호밀 / 헤어리비치 / 자운영

해답 --------------------------------------

헤어리비치 – 자운영 - 호밀

10 유기농업에서 해충의 방제 중 '경종적 방제법'의 종류 3가지를 적으시오.

해답 --------------------------------------

· 내충성 품종을 선택한다.
· 윤작을 실시한다.
· 시비 및 객토를 실시하여 토양을 개선한다.

11 다음 설명을 보고 관련 물질의 명칭을 적으시오.

> ◎ 이 물질은 수분 80~90%, 나머지 10~20%는 유기화합물이며, 유기화합물은 초산이 주
> 종을 이루고 기타 개미산, 포름알데히드, 페놀 및 타르성분을 함유하며 pH 3 정도의
> 산성인 수용액이다.

해답 --------------------------------------

목초액

12 『친환경농어업 육성 및 유기식품 등의 관리·지원에 관한 법률 시행규칙』에서 말하는
'허용물질의 선정 기준' 3가지를 적으시오.

해답 --------------------------------------

· 해당 물질이 사용목적에 필요하거나 필수적일 것
· 해당 물질의 제조, 사용 및 폐기 등의 과정에서 환경에 해로운 영향을 주지 않을 것
· 해당 물질이 사람과 동물의 건강과 삶의 질에 중대한 영향을 미치지 않을 것

참고 허용물질의 선정 기준 : 다음 각 목의 기준을 모두 갖출 것
· 농산물·축산물·임산물·가공식품·비식용가공품 또는 농업자재를 유기적인 방법으로 생산, 제조
 ·가공 또는 취급하는 데 적합한 물질일 것
· 해당 물질이 사용목적에 필요하거나 필수적일 것

- 해당 물질이 천연(식물, 동물, 광물 및 미생물 등을 말한다)에서 유래하고, 생물학적(퇴비화 및 발효 등을 말한다)·물리적 방법으로 제조되었을 것
- 해당 물질의 제조, 사용 및 폐기 등의 과정에서 환경에 해로운 영향을 주지 않을 것
- 해당 물질이 사람과 동물의 건강과 삶의 질에 중대한 영향을 미치지 않을 것

13 『친환경농어업 육성 및 유기식품 등의 관리·지원에 관한 법률』에서 '친환경농어업 육성 계획'에 포함하는 사항 2가지를 적으시오.

해답
- 농어업 분야의 환경보전을 위한 정책목표 및 기본방향
- 농어업의 환경오염 실태 및 개선대책

참고 친환경농어업 육성계획

육성계획에는 다음 각 호의 사항이 포함되어야 한다.
1. 농어업 분야의 환경보전을 위한 정책목표 및 기본방향
2. 농어업의 환경오염 실태 및 개선대책
3. 합성농약, 화학비료 및 항생제·항균제 등 화학자재 사용량 감축 방안
3의2. 친환경 약제와 병충해 방제 대책
4. 친환경농어업 발전을 위한 각종 기술 등의 개발·보급·교육 및 지도 방안
5. 친환경농어업의 시범단지 육성 방안
6. 친환경농수산물과 그 가공품, 유기식품등 및 무농약원료가공식품의 생산·유통·수출 활성화와 연계강화 및 소비 촉진 방안
7. 친환경농어업의 공익적 기능 증대 방안
8. 친환경농어업 발전을 위한 국제협력 강화 방안
9. 육성계획 추진 재원의 조달 방안
10. 제26조 및 제35조에 따른 인증기관의 육성 방안
11. 그 밖에 친환경농어업의 발전을 위하여 농림축산식품부령 또는 해양수산부령으로 정하는 사항

14 인증품 등의 사후관리 조사요령에서 생산과정조사의 세부조사내용 3가지를 적으시오.

> **해답**
> - 경영관련 자료를 기록하고 있는지를 확인한다.
> - 인증품의 출하내역을 확인한다.
> - 항목별 인증기준의 준수여부를 확인한다.

> **참고** 인증품 등의 사후관리 조사요령 – 생산과정조사
> 조사항목별 세부조사내용은 다음과 같다.
> 1) 경영관련 자료를 기록하고 있는지를 확인한다.
> 2) 인증품의 출하내역을 확인한다.
> 3) 인증품의 표시사항이 적정한 지 여부를 확인한다.
> 4) 금지물질의 구입, 보관 및 사용여부를 확인한다.
> 5) 항목별 인증기준의 준수여부를 확인한다.
> 6) 인증심사 시 제출한 이행계획서의 실행여부를 확인한다.
> 7) 제조·가공자 및 취급자의 경우 원료 농산물 또는 축산물의 표본을 선정하여 생산자가 실제 출하하였는지 여부를 확인한다.

15 친환경농업에서 활용되는 멀칭의 효과 3가지를 적으시오.

> **해답**
> - 토양의 침식 방지
> - 비료 유실의 방지
> - 토양의 건조 방지

16 유기농산물 및 유기임산물의 『병해충 관리를 위해 사용 가능한 물질』에서 사용 가능 조건을 보고 빈칸의 물질 명칭을 적으시오.

> ◎ 사용 가능 물질 : (　　)
> ◎ 사용 가능 조건
> 　　(1) 과수농가의 월동 해충 제거용으로만 사용할 것
> 　　(2) 수확기 과실에 직접 사용하지 않을 것

> **해답**
> 기계유

17 다음은 유기축산물의 생산에 필요한 인증기준에서 '가축의 선택 및 번식 방법'에 대한 내용이다. 내용을 읽고 옳으면 O, 틀리면 X를 고르시오.

> ㉠ 인공수정이 가능하다 (O / X)
> ㉡ 수정란 이식기법 사용이 가능하다 (O / X)
> ㉢ 번식호르몬 처리가 가능하다 (O / X)
> ㉣ 유전공학을 적용한 번식기법이 가능하다 (O / X)
> ㉤ 자연교배가 가능하다 (O / X)

해답

㉠ O   ㉡ X   ㉢ X   ㉣ X   ㉤ O

참고

· 교배는 종축을 사용한 자연교배를 권장하되, 인공수정을 허용할 수 있다.
· 수정란 이식기법이나 번식호르몬 처리, 유전공학을 이용한 번식기법은 허용되지 아니한다.

18 '유기농어업자재의 공시'는 공시를 받은 날부터 몇 년으로 하는지 적으시오.

해답

3년

19 토마토 재배 시 부숙되지 않은 볏짚을 사용하게 될 경우 작물의 생육이 감소하게 되는데 그 이유를 적으시오.

해답

탄질율이 높은 부숙되지 않은 볏짚을 사용하게 될 경우 토양의 미생물이 토양 내 질소를 이용하게 되면서 일시적으로 질소가 부족하게 되므로 토마토 생육이 감소하게 된다.

20 『유기식품 및 무농약농산물 등의 인증에 관한 세부실시 요령』의 '인증기준의 세부사항'에서 말하는 '완충지대'의 정의를 적으시오.

해답

"완충지대"란 인접지역에서 사용한 금지물질이 인증을 받은 지역으로 유입되지 않도록 인증을 받은 지역을 두르는 일정한 구역을 말한다.

01 토양의 기지 현상의 대책 3가지를 적으시오.

해답

· 윤작을 실시한다.
· 토양을 소독한다.
· 유기물을 공급한다.

02 토양의 중금속 검사 성분 중 4가지를 적으시오.

해답

수은, 망간, 카드뮴, 비소

참고

토양오염에 영향을 주는 무기원소로 비소(As), 카드뮴(Cd), 코발트(Co), 크롬(Cr), 구리(Cu), 수은(Hg), 납(Pb), 망간(Mn) 등이 있다.

03 아래 2가지 물질은 병해충 관리를 위해 사용 가능한 물질이다. 해당물질의 유효성분을 적으시오.

◎ 제충국 :
◎ 데리스 :

해답

· 제충국 : 피레스린
· 데리스 : 로테논

04 다음 보기를 보고 아래 항목에 맞게 분류하시오.

> < 보기 >
>
> 고치벌, 진딧물, 풀잠자리, 딱정벌레, 기생벌, 팔라시스이리응애
>
> ◎ 기생성 천적 :
> ◎ 포식성 천적 :

해답
- 기생성 천적 : 기생벌, 진딧물, 고치벌
- 포식성 천적 : 풀잠자리, 딱정벌레, 팔라시스이리응애

05 엽면시비의 효과 3가지를 적으시오.

해답
- 작물의 품질이 향상된다.
- 토양시비가 곤란할 경우 효과적이다.
- 농약을 살포할 때 섞어 공급하면 시비의 노력이 절감된다.
- 급속한 영양회복에 도움이 된다.

06 다음 보기에서 흡비작물에 해당하는 것을 3가지 적으시오.

> < 보기 >
>
> 메밀, 옥수수, 알팔파, 고구마, 수수, 피

해답

옥수수, 알팔파, 수수

07 멀칭의 정의를 적고 멀칭 재료 중 검은비닐을 이용할 경우 이점 1가지를 적으시오.

해답
- 정의 : 피복재료인 비닐, 플라스틱 필름, 건초를 이용하여 포장 토양의 표면을 덮는 작업을 멀칭이라 한다.
- 이점 : 검은색 비닐은 뿌리의 지온 유지에 효과적이다.

08 다음은 병해충 관리를 위해 사용 가능한 물질에 대한 내용이다. 다음 물질의 사용 가능 조건을 적으시오.

사용 가능 물질	사용 가능 조건
담배잎차(순수 니코틴은 제외한다)	( )

해답 ----------------------------------

물로 추출한 것일 것

09 수도작의 잡초방제를 위한 생물적 방제법에서 사용하는 생물의 종류 2가지를 적으시오.

해답 ----------------------------------

오리, 왕우렁이, 참게

참고 민간농법의 종류

오리농법, 왕우렁이농법, 참게농법

10 다음은 유기농산물의 생산에 필요한 인증기준에 재배포장에 대한 내용이다. 빈칸을 채우시오.

> ◎ 재배포장은 유기농산물을 처음 수확 하기 전 (㉠)년 이상의 전환기간 동안 다목에 따른 재배방법을 준수한 구역이어야 한다.
> ◎ 재배포장의 전환기간은 인증기관이 (㉡)년 단위로 실시하는 심사 및 사후관리를 통해 재배방법을 준수한 것으로 확인된 기간을 인정한다.

해답 ----------------------------------

㉠ 3
㉡ 1

11 『친환경농어업 육성 및 유기식품 등의 관리 · 지원에 관한 법률』 에서 말하는 '식물공장' 의 정의를 적으시오.

해답 ----------------------------------

"식물공장"(Vertical Farm)이란 토양을 이용하지 않고 통제된 시설공간에서 빛(LED, 형광등), 온도, 수분 및 양분 등을 인공적으로 투입해 작물을 재배하는 시설을 말한다.

12 『친환경농어업 육성 및 유기식품 등의 관리·지원에 관한 법률』에서 유기식품 등의 인증대상자 3가지를 적으시오.

해답

- 유기농축산물을 생산하는 자
- 유기가공식품을 제조·가공하는 자
- 비식용유기가공품을 제조·가공하는 자

13 『친환경농어업 육성 및 유기식품 등의 관리·지원에 관한 법률』에서 '제조·가공 및 취급자의 경우' 기록해야 할 경영관련자료 4가지를 적으시오.

해답

- 원료·재료로 사용한 농축산물·가공식품·비식용가공품의 입고·사용·보관에 관한 사항을 기록한 자료: 원료·재료명, 일자별 입고량·사용량·보관량, 공급자 증명서
- 제조·가공 및 취급에 사용된 식품첨가물 및 가공보조제 사용 내용을 기록한 자료: 자재명, 일자별 사용량, 사용목적, 사용 가능한 물질임을 증명하는 서류
- 인증품의 생산 및 출하처별 판매량: 품목명, 일자별 생산량, 일자별·거래처별 판매량
- 인증품의 취급(저장, 포장, 운송, 수입 또는 판매) 과정에 대한 자료

14 『친환경농어업 육성 및 유기식품 등의 관리·지원에 관한 법률 시행규칙』에서 인증품 또는 인증품의 포장·용기에 표시해야 하는 5가지 항목을 적으시오.

해답

- 인증사업자의 성명 또는 업체명
- 전화번호
- 사업장 소재지
- 인증번호
- 생산지

15 다음 작물을 보고 식물분류학상 적합한 과에 연결하시오.

유채	·	· 두과
옥수수	·	· 화본과
뚱딴지	·	· 십자화과
베치류(vetch)	·	· 국화과

해답

유채-십자화과, 옥수수-화본과, 뚱딴지-국화과, 베치류-두과

16 농산물을 저장하고 시간이 경과함에 따라 저장농산물의 품질에 영향을 주는 요인 3가지를 적으시오.

해답

온도, 습도, 저장공간의 대기조성

17 무농약원료가공식품의 인증기준에 대한 내용이다. 빈칸을 채우시오.

◎ 가공에 사용되는 원료 또는 재료는 모두 무농약농산물, 유기식품 또는 무농약원료가공식품일 것. 다만, 전체 원료 또는 재료의 함량 중 무농약농산물의 함량이 50퍼센트 이상이어야 하며, 무농약농산물, 유기식품 또는 무농약원료가공식품을 상업적으로 조달할 수 없는 경우에는 제품 중량〔제품 생산을 위해 인위적으로 첨가하는 (㉠)과 (㉡)의 중량은 제외한다〕의 (㉢) 범위 내에서 무농약농산물, 유기식품 또는 무농약원료가공식품이 아닌 원료 또는 재료를 사용할 수 있다.

해답

㉠ 물
㉡ 소금
㉢ 5퍼센트

18 다음 보기를 보고 설명에 적합한 것을 찾아 적으시오.

> < 보기 >
>
> 방선균 / 광합성균 / 유산균 / 고초균
>
> ◎ (㉠) : 병원성 곰팡이의 천적 미생물로 토양 내에서 자라면서 병원균의 항생물질을 만드는 유익균이다.
> ◎ (㉡) : 토양유기물을 분해하면서 단백질, 섬유소, 전분 등의 분해효소를 공급한다.

해답 ---
㉠ 방선균
㉡ 유산균

19 유기재배 농장에서 0.7% 발효액비 살포액을 20L 만들려면 발효액비는 몇 g을 섞어야 하는지 계산하시오(단, 사용되는 모든 물질의 비중은 1로 간주한다).

해답 ---

· $20,000ml \times \dfrac{0.7}{100} = 140$

· 답 : 140 g

20 『친환경농어업법』에서 인증의 유효기간에 대한 내용이다. 빈칸을 채우시오.

> ◎ 인증의 유효기간은 인증을 받은 날부터 (㉠)년으로 한다.
> ◎ 해당 인증기관의 승인을 받아 출하를 종료하지 아니한 인증품에 대하여만 그 유효기간을 (㉡)년의 범위에서 연장할 수 있다.

해답 ---
㉠ 1
㉡ 1

01 다음 보기 중 1년생 논잡초를 모두 고르시오.

> < 보기 >
> 피, 마디꽃, 너도방동사니, 나도겨풀, 물달개비, 개구리밥

해답

피, 마디꽃, 물달개비

02 논의 지력 증진을 위한 대책 3가지를 적으시오.

해답

- 논토양에 적합한 토양을 객토한다.
- 퇴비 등 유기물을 시용한다.
- 답전윤환을 실시한다.

03 다음 보기의 토양의 종류를 보고 점토함량이 낮은 순서대로 나열하시오.

> < 보기 >
> 식토, 양토, 사양토, 사토, 식양토

해답

사토, 사양토, 양토, 식양토, 식토

04 유기농업에서 말하는 뱅커플랜트에 대해 설명하시오.

해답 --

해충을 잡아먹는 곤충 천적의 밀도가 지속적으로 유지될 수 있도록 심는 천적유지식물을 뱅커플랜트라 한다.

05 작물의 연작 재배로 발생되는 기지현상의 원인 3가지를 적으시오.

해답 --

· 연작으로 인한 특정 양분의 소모
· 토양의 물리성 악화
· 토양전염병의 발생

06 다음 설명을 보고 빈칸을 채우시오.

◎ (㉠) : 식물이 화학물질을 생성하여 근처 식물의 생육에 영향을 주는 작용
◎ (㉡) : 경작지 사용의 효율을 높이고 수량성을 증대하는 등 서로 도움을 주는 특성을 가진 2가지 식물

해답 --

㉠ 타감작용
㉡ 동반작물

07 유기재배에서 잡초를 제거하는 물리적 방제법 3가지를 적으시오.

해답 --

· 피복을 실시한다.
· 예취를 실시한다.
· 손이나 기구를 이용한 제초를 실시한다.

08 다음 내용이 설명하는 현상의 명칭을 적고, 그 현상에 관련된 화학식 과정의 빈칸을 채우시오.

> ◎ (   ) : 질산은 토양입자에 흡착되지 않고 아래의 환원층으로 씻겨 내려가면 균의 작용으로 환원되어 가스태질소로 바뀌어 대기 중으로 나가는 현상
>
> ◎ $NO_3^- \rightarrow NO_2^- \rightarrow NO \rightarrow$ (㉠) $\rightarrow$ (㉡)

해답

㉠ 탈질현상

㉡ N_2O

㉢ N_2

09 유기농산물의 생산에 필요한 인증기준의 재배방법에 대한 내용이다. 빈칸을 채우시오.

> ◎ 두과작물, 녹비작물 또는 (㉠)을 이용하여 장기간의 적절한 돌려짓기(윤작) 계획을 수립하고 이행하여야 한다. 3년 이내의 주기로 두과작물, 녹비작물 또는 (㉠)을 일정 기간 이상 재배하여 토양에 환원 한다.

해답

㉠ 심근성작물

10 다음은 유기축산물 생산에 필요한 인증기준의 '운송·도축·가공과 정의 품질 관리'에 대한 내용이다. 내용을 보고 옳은 것은 O, 틀린 것은 X를 선택하시오.

> < 보기 >
> ㉠ 상처나 고통을 최소화하는 방법으로 안정제를 사용할 수 있다 (O / X)
> ㉡ 상처나 고통을 최소화하는 방법으로 전기 자극을 사용할 수 있다 (O / X)
> ㉢ 살아있는 가축의 저장 및 수송에서 청결을 유지해야 한다 (O / X)
> ㉣ 인증을 받지 않은 축산물이 혼입되지 않도록 하는 구분 관리해야 한다 (O / X)
> ㉤ 유통 시 발생할 수 있는 유기축산물의 변성이나 부패방지를 위하여 임의로 합성물질을 첨가할 수 없다 (O / X)

해답

㉠ X   ㉡ X   ㉢ O   ㉣ O   ㉤ O

11 토양의 수분측정 방법 중에서 '중성자법'에 대해 설명하시오.

해답

중성자수분측정기의 중성자가 방출원으로부터 나오는 중성자 에너지를 이용하는 방법으로 물분자의 수소원자와 충돌하면서 속력이 느려지고 반사되는 원리를 이용하는 방법이다.

12 다음 내용을 보고 빈칸을 채우시오.

◎ (　　) : 애벌레가 살포된 약제의 잎을 가해 할 때 곤충의 내장으로 침투해 소화중독을 발생시켜 살충하는 친환경적 미생물제이다.

해답

BT균(*Bacillus thuringiensis*, 바실러스 튜링겐시스)

13 『인증심사의 절차 및 방법의 세부사항』의 현장심사 기준 아래 항목을 보고 검사가 필요한 경우를 각각 1가지씩 적으시오.

◎ 재배포장의 용수
◎ 생산물

해답

· 재배포장의 용수 : 최근 5년 이내에 검사가 이루어지지 않은 용수를 사용하는 경우
· 생산물 : 최근 1년 이내에 농약이 검출된 경우

14 『친환경농어업법』에서 인증사업자가 '인증의 취소'에 해당하는 경우 2가지를 적으시오.

해답

· 거짓이나 그 밖의 부정한 방법으로 인증을 받은 경우
· 인증기준에 맞지 아니한 경우
· 정당한 사유 없이 명령에 따르지 아니한 경우
· 전업, 폐업 등의 사유로 인증품을 생산하기 어렵다고 인정하는 경우

15 다음 내용은 『유기농산물 생산에 필요한 인증기준』에 대한 내용이다. 빈칸을 채우시오.

> ◎ 재배포장은 최근 (㉠)년간 인증기준 위반으로 인증취소처분을 받은 재배지가 아니어
> 야 한다.
> ◎ 재배포장은 유기농산물을 처음 수확 하기 전 (㉡)년 이상의 전환기간 동안 다목에
> 따른 재배방법을 준수한 구역이어야 한다.

해답
㉠ 1
㉡ 3

16 다음은 『무농약농산물 생산에 필요한 인증기준』의 재배방법에 대한 내용이다. 빈칸을 채우시오.

> ◎ 화학비료는 농촌진흥청장·농업기술원장 또는 농업기술센터소장이 재배포장별로 권장
> 하는 성분량의 ( )를 범위 내에서 사용시기와 사용자재에 대한 계획을 마련하여 사
> 용하여야 한다.

해답
3분의 1 이하

17 『친환경농어업법 시행규칙』의 친환경농업 육성계획에 포함하는 사항 3가지를 적으시오.

해답
· 농경지의 보전·개량 및 비옥도의 유지·증진 방안
· 농업용수의 수질 등 농업 환경 관리 방안
· 환경친화형 농업 자재의 개발 및 보급과 농업 폐자재의 활용 방안

참고
제4조(친환경농업 육성계획) "농림축산식품부령으로 정하는 사항"이란 다음 각 호의 사항을 말한다.
· 농경지의 보전·개량 및 비옥도의 유지·증진 방안
· 농업용수의 수질 등 농업 환경 관리 방안
· 환경친화형 농업 자재의 개발 및 보급과 농업 폐자재의 활용 방안
· 농업의 부산물 등의 자원화 및 적정 처리 방안
· 유기식품등·무농약농산물 및 무농약원료가공식품의 품질관리 방안
· 농업의 친환경적 육성 방안
· 국내 친환경농업의 기준 및 목표에 관한 사항
· 그 밖에 농림축산식품부장관이 친환경농업 발전을 위해 필요하다고 인정하는 사항

18 '토양 개량과 작물 생육을 위해 사용 가능한 물질' 중 대두박의 사용 가능 조건 1가지를 적으시오.

해답 --

유전자를 변형한 물질이 포함되지 않을 것

참고 대두박의 사용가능조건
- 유전자를 변형한 물질이 포함되지 않을 것
- 최종제품에 화학물질이 남지 않을 것
- 아주까리 및 아주까리 유박을 사용한 자재는 공정규격설정등의 고시에서 정한 리친(Ricin)의 유해성분 최대량을 초과하지 않을 것

19 『사료의 품질저하 방지 또는 사료의 효용을 높이기 위해 사료에 첨가하여 사용 가능한 물질』에서 아미노산제에 해당하는 물질을 아래 보기에서 모두 고르시오.

< 보기 >
판토텐산 / 아민초산 / 산화마그네슘 / 황산L-라이신 / L-트립토판 / 나이아신

해답 --

아민초산, 황산L-라이신, L-트립토판

참고 아미노산제
아민초산, DL-알라닌, 염산L-라이신, 황산L-라이신, L-글루타민산나트륨, 2-디아미노-2-하이드록시메치오닌, DL-트립토판, L-트립토판, DL메치오닌 및 L-트레오닌과 그 혼합물

20 토양 면적 10a에 2L의 발효액비량을 200배액으로 살포하려고 한다. 1.5ha의 과수원에 살포하려고 할 때 필요한 발효액비량과 200배액으로 희석하는데 필요한 물의 양을 계산하시오.

해답 --

- 필요한 발효액비량 : 30L
  10a 당 소요 발효액비량이 2L이며 1.5ha(150a)의 경우 15배 많은 30L가 필요하다
- 물의 소요량 : 5,970L
  원액량에 소요희석배수를 곱하여 구하므로 <30L × 200배 = 6,000L>이고 여기에 원액량 30L를 제외하면 <6,000L - 30L = 5970L> 희석할 물의 양을 알 수 있다.

01 친환경적 종자의 소독 방법 중 '키다리병'에 적합한 방법 1가지를 적으시오

해답
냉수온탕침법

02 유기농업에서 해충의 방제 중 '경종적 방제법'의 종류 5가지를 적으시오

해답
・내충성 품종을 선택한다.
・윤작을 실시한다.
・시비 및 객토를 실시하여 토양을 개선한다.

03 다음은 '병해충 관리를 위해 사용 가능한 물질'에 대한 내용이다. 사용 가능 조건을 보고 사용가능물질을 적으시오

사용 가능 물질	사용 가능 조건
( )	(1) 별도 용기에 담아서 사용할 것
	(2) 토양이나 작물에 직접 처리하지 않을 것
	(3) 덫에만 사용할 것

해답
메타알데하이드

04 다음 설명을 보고 적합한 것을 적으시오

◎ (　　　　) : 병원성 곰팡이의 천적 미생물로 토양 내에서 자라면서 병원균의 항생물질을 만드는 유익균이다.

해답
방선균

05 유기축산물 생산에 필요한 인증기준의 사육장 및 사육조건에서 유기가축과 비유기가축의 병행사육 시 준수해야할 사항 3가지를 적으시오

해답
유기가축과 비유기가축의 생산부터 출하까지 구분관리 계획을 마련하여 이행하여야 한다.
[유기가축과 비유기가축의 병행사육 시 다음의 사항을 준수 사항]
· 유기가축과 비유기가축은 서로 독립된 축사(건축물)에서 사육하고 구별이 가능하도록 각 축사 입구에 표지판을 설치하고, 유기 가축과 비유기가축은 성장단계 또는 색깔 등 외관상 명확하게 구분될 수 있도록 하여야 한다.
· 일반 가축을 유기 가축 축사로 입식(사육시설에 새로운 가축을 들여 옴)하여서는 아니 된다. 다만, 입식시기가 경과하지 않은 어린 가축은 예외를 인정한다.
· 유기가축과 비유기가축의 생산부터 출하까지 구분관리 계획을 마련하여 이행하여야 한다.
· 유기가축, 사료취급, 약품투여 등은 비유기가축과 구분하여 정확히 기록 관리하고 보관하여야 한다.
· 인증가축은 비유기 가축사료, 금지물질 저장, 사료공급·혼합 및 취급 지역에서 안전하게 격리되어야 한다.

06 토양의 입단구조 형성을 촉진하기 위한 방법 3가지를 적으시오

해답
· 유기물을 공급한다.
· 콩과식물을 재배한다.
· 토양개량제를 공급한다.

07 유기재배에서 '멀칭'의 효과 3가지를 적으시오

해답
- 토양의 침식을 방지한다.
- 비료의 유실을 방지한다.
- 잡초 발생을 방지한다.

08 다음 보기 중 1년생 논잡초를 모두 고르시오

< 보기 >

피, 마디꽃, 너도방동사니, 나도겨풀, 물달개비, 개구리밥

해답

피, 마디꽃, 물달개비

09 『친환경농어업법』에서 말하는 "비식용유기가공품" 용어의 정의를 적으시오

해답

"비식용유기가공품"이란 사람이 직접 섭취하지 아니하는 방법으로 사용하거나 소비하기 위하여 유기농수산물을 원료 또는 재료로 사용하여 유기적인 방법으로 생산, 제조·가공 또는 취급되는 가공품을 말한다.

10 작물의 연작 재배로 발생되는 기지현상의 원인 3가지를 적으시오

해답
- 연작으로 인한 특정 양분의 소모
- 토양의 물리성 악화
- 토양전염병의 발생

11 토양의 중금속 검사 성분 중 4가지를 적으시오

해답

수은, 망간, 카드뮴, 비소

12 『유기식품 및 무농약농산물 등의 인증에 관한 세부실시요령』의 현장심사에서 시료수거 방법에 대한 내용이다. 빈칸을 채우시오

◎ 재배포장의 토양은 대상 모집단의 대표성이 확보될 수 있도록 (㉠) 또는 W자형으로 최소한 (㉡)개소 이상의 수거지점을 선정하여 수거한다.

◎ 시료수거는 신청인, 신청인 가족(단체인 경우에는 대표자나 생산관리자, 업체인 경우에는 근무하는 정규직원을 포함한다) 참여하에 (㉢)이 직접 수거하여야 한다.

해답

㉠ Z자형

㉡ 10

㉢ 인증심사원

13 『친환경농어업법 시행규칙』의 '유기식품등의 인증대상자' 3가지를 적으시오

해답

· 유기농축산물을 생산하는 자

· 유기가공식품을 제조·가공하는 자

· 비식용유기가공품을 제조·가공하는 자

14 『유기농산물 생산에 필요한 인증기준』의 '생산물의 품질관리 등'에서 유기농산물을 세척하거나 소독하는 경우의 허용물질 2가지를 적으시오

해답

과산화수소, 오존수, 이산화염소수, 차아염소산수

15 다음 보기에서 포식성 천적을 모두 고르시오

< 보기 >

꽃등애 / 풀잠자리 / 기생벌 / 칠레이리응애 / 고치벌 / 침파리

해답

꽃등애, 칠레이리응애, 풀잠자리

16 『친환경농어업법 시행규칙』의 친환경농업 육성계획에 포함하는 사항 3가지를 적으시오

해답
- 농경지의 보전·개량 및 비옥도의 유지·증진 방안
- 농업용수의 수질 등 농업 환경 관리 방안
- 환경친화형 농업 자재의 개발 및 보급과 농업 폐자재의 활용 방안

17 다음은 종자의 발아에 관련된 용어이다. 내용을 보고 빈칸을 채우시오

◎ (㉠) : 파종된 종자 중 최초 1개체가 발아한 날
◎ (㉡) : 전체 종자수의 약 50%가 발아한 날
◎ (㉢) : 종자의 대부분이 발아한 날

해답
㉠ 발아시
㉡ 발아기
㉢ 발아전

18 다음은 퇴비화 조건에 대한 내용이다. 빈칸에 적합한 것을 적으시오

◎ 퇴비화는 (㉠)이 30 이상이어야 하고, (㉡) 50~60%, 온도 (㉢)℃ 이상인 것이 좋다.

해답
㉠ 탄질율
㉡ 함수율
㉢ 40

19 유기재배에서 육묘의 상토 조건 3가지를 적으시오

해답
- 통기성 및 배수성이 양호해야 한다.
- 병해충 및 잡초종자가 없어야 한다.
- 양분을 충분히 가지고 있어야 한다.

20 다음 내용을 보고 빈칸을 채우시오

> ◎ 병원균을 판별하는 현미경 검정 방법에서 현미경을 이용하여 진균의 (   ),
>   (   )를 관찰할 수 있다.

해답

균사, 포자

01 『친환경농어업법』의 농어업 자원·환경 및 친환경농어업 등에 관한 실태조사·평가에서 주기적으로 조사·평가 해야하는 사항 3가지를 적으시오

해답

- 농경지의 비옥도, 중금속, 농약성분, 토양미생물 등의 변동사항
- 농어업 용수로 이용되는 지표수와 지하수의 수질
- 농약·비료·항생제 등 농어업투입재의 사용 실태

02 다음 보기는 『친환경농어업법』의 허용물질이다. 아래 분류에 맞게 보기의 물질을 적으시오

< 보기 >

골분 / 데리스 / 제당산업의 부산물 / 생석회 / 규조토 / 구아노

◎ 토양 개량과 작물 생육을 위해 사용 가능한 물질 :
◎ 병해충 관리를 위해 사용 가능한 물질 :

해답

- 토양 개량과 작물 생육을 위해 사용 가능한 물질 : 골분, 구아노, 제당산업의 부산물
- 병해충 관리를 위해 사용 가능한 물질 : 데리스, 생석회, 규조토

03 아래 보기를 보고 토양에서 분해가 빠른 순서대로 나열하시오

< 보기 >

헤어리베치 / 톱밥 / 호밀짚

해답

헤어리베치, 호밀짚, 톱밥

04 시설재배에서 태양열 소독법의 장점 3가지를 적으시오

해답 --

· 태양열을 통해 토양의 병해충이 감소한다.
· 토양 유기물의 부숙이 촉진된다.
· 토양에 잡초가 감소한다.

05 포장용수량 26%, 초기위조점 15%, 영구위조점 10.3% 일 때 유효수분(%)을 구하시오

해답 --

유효수분 = 포장용수량 − 영구위조점 = 26 − 10.3 = 15.7 %

06 유기농산물 및 유기임산물의 '토양 개량과 작물 생육을 위해 사용 가능한 물질' 중에서 '사람의 배설물'의 사용 가능 조건 3가지를 적으시오

해답 --

· 완전히 발효되어 부숙 된 것일 것
· 고온발효 : 50℃ 이상에서 7일 이상 발효된 것
· 저온발효 : 6개월 이상 발효된 것일 것
· 엽채류 등 농산물·임산물 중 사람이 직접 먹는 부위에는 사용하지 않을 것

07 『유기식품 및 무농약농산물 등의 인증에 관한 세부실시요령』 의 현장심사에서 시료수거 방법에 대한 내용이다. 빈칸을 채우시오

◎ 재배포장의 토양은 대상 모집단의 대표성이 확보될 수 있도록 Z자형 또는 (㉠)으로 최소한 10개소 이상의 수거지점을 선정하여 수거한다.
◎ 시료수거는 신청인, 신청인 가족 참여하에 (㉡)이 직접 수거하여야 한다.
◎ 시료 수거량은 (㉢)이 정한 양으로 한다.

해답 --

㉠ W자형
㉡ 인증심사원
㉢ 시험연구기관

08 다음은 『친환경농어업법 시행규칙』의 유기가공식품·비식용유기가공품의 인증기준에서 생산물의 품질관리 등에 대한 내용이다. 빈칸을 채우시오

> ◎ 비유기 원료 또는 재료의 오염 등 비의도적인 요인으로 (㉠) 성분이 검출된 것으로 입증되는 경우에는 (㉡)mg/kg 이하까지만 허용한다.

해답
㉠ 합성농약
㉡ 0.01

09 아래 2가지 물질은 병해충 관리를 위해 사용 가능한 물질이다. 해당물질의 유효성분을 적으시오

> ◎ 제충국 :
> ◎ 데리스 :

해답
· 제충국 : 피레스린
· 데리스 : 로테논

10 『유기식품 및 무농약농산물 등의 인증에 관한 세부실시』 에서 무농약농산물의 생산에 필요한 인증기준에 대한 내용이다. 빈칸을 채우시오

> ◎ 화학비료는 농촌진흥청장·농업기술원장 또는 농업기술센터소장이 재배포장별로 권장하는 성분량의 (   ) 이하를 범위 내에서 사용시기와 사용자재에 대한 계획을 마련하여 사용하여야 한다.

해답
3분의 1

11 다음 보기에서 포식성 천적을 모두 고르시오

> < 보기 >
>
> 꽃등애 / 풀잠자리 / 기생벌 / 칠레이리응애 / 고치벌 / 침파리

해답 ------------------------------

꽃등애, 칠레이리응애, 풀잠자리

12 유기재배에서 방제법 중 '병해충종합관리'에 대해 설명하시오

해답 ------------------------------

병해충종합관리는 환경 친화적이고 지속가능한 방법으로 병해충을 관리하여 농약으로 인한 사회, 보건학적 위험을 줄이고 생태학적인 시각에서 관리를 요구하며 병해충의 박멸이 아닌 농작물에 피해를 입히지 않는 수준의 유지를 목적으로 한다.

13 야간조명으로 개화가 늦어지는 식물형을 적고 그 식물형의 작물 2가지를 적으시오

해답 ------------------------------

· 야간조명으로 개화가 늦어지는 일장형은 단일식물이다
· 벼, 콩

14 사료의 품질저하 방지 또는 사료의 효용을 높이기 위해 사료에 첨가하여 사용 가능한 물질에서 '천연보존제, 효소제, 미생물제제'에 해당하는 물질을 각각 1가지씩 적으시오

◎ 천연보존제 :
◎ 효소제 :
◎ 미생물제제 :

해답 ------------------------------

· 천연보존제 : 산미제
· 효소제 : 당분해효소
· 미생물제제 : 유익균

참고

· 천연보존제 : 산미제, 항응고제, 항산화제, 항곰팡이제
· 효소제 : 당분해효소, 지방분해효소, 인분해효소, 단백질분해효소
· 미생물제제 : 유익균, 유익곰팡이, 유익효모, 박테리오파지

15 『유기식품 및 무농약농산물 등의 인증에 관한 세부실시 요령』 의 용어의 정의 중 하나이다. 빈칸을 채우시오

> ◎ (   )란 인접지역에서 사용한 금지물질이 인증을 받은 지역으로 유입되지 않도록 인증을 받은 지역을 두르는 일정한 구역을 말한다.

해답
완충지대

16 『유기식품 및 무농약농산물 등의 인증에 관한 세부실시요령』 의 유기농산물 생산에 필요한 인증기준에 대한 내용이다. 빈칸을 채우시오

> ◎ 재배포장의 토양은 주변으로부터 오염 우려가 없거나 오염을 방지할 수 있어야 하고, 「(㉠) 시행규칙」 에 따른 1지역의 토양오염우려기준을 초과하지 아니하며, 합성농약 성분이 검출되어서는 아니 된다
> ◎ 토양 검정 결과 (㉡)와 염류 집적도가 적정 수준을 유지하는 경우 다음 해의 토양검정을 생략 할 수 있다.

해답
㉠ 토양환경보전법
㉡ 토양비옥도

17 다음은 유기가공식품의 식품첨가물 또는 가공보조제로 사용 가능한 물질에 대한 내용이다. 빈칸에 사용가능한 경우 ○, 사용이 불가능한 경우 ×로 표기하시오

명칭(한)	가공보조제로 사용 시	
	사용 가능 여부	사용 가능 범위
과산화수소	(㉠)	(㉡)
백도토	(㉢)	(㉣)

해답
㉠ ○
㉡ 식품 표면의 세척·소독제
㉢ ○
㉣ 청징 또는 여과보조제

18 『친환경농어업 육성 및 유기식품 등의 관리 · 지원에 관한 법률 시행규칙』에서 인증품 또는 인증품의 포장 · 용기에 표시해야 하는 5가지 항목을 적으시오

> **해답**
- 인증사업자의 성명 또는 업체명
- 전화번호
- 사업장 소재지
- 인증번호
- 생산지

19 다음 조건에 해당하는 작물을 보기에서 찾아 모두 적으시오

< 보기 >

벼, 옥수수, 인삼, 아마

◎ 연작의 피해가 적은 작물 :
◎ 5년 이상 휴작이 필요한 작물 :

> **해답**
- 연작의 피해가 적은 작물 : 벼, 옥수수
- 5년 이상 휴작이 필요한 작물 : 인삼, 아마

20 다음 보기 중에서 '총채벌레의 천적'을 찾아 적고, 포식성 천적 3가지를 찾아 적으시오

< 보기 >

애꽃노린재 / 진디혹파리 / 토양선충 / 무당벌레 / 굴파리좀벌

◎ 총채벌레의 천적 :
◎ 포식성 천적 :

> **해답**
- 총채벌레의 천적 : 애꽃노린재
- 포식성 천적 : 애꽃노린재, 무당벌레, 진디혹파리

01 병해충 관리를 위해 사용 가능한 물질 중 제충국과 데리스의 살충성분 및 주요함유부위를 적으시오

	살충성분	주요함유부위
제충국	(㉠)	(㉡)
데리스	(㉢)	(㉣)

[해답]

㉠ 피레트린
㉡ 식물의 꽃
㉢ 로테논
㉣ 식물의 뿌리

02 다음 보기 중 기생성 천적을 모두 고르시오.

> **< 보기 >**
> 칠레이리응애, 기생벌, 애꽃노린재, 팔라시스이리응애, 진딧물, 고치벌

[해답]

기생성 천적 : 기생벌, 진딧물, 고치벌

03 작물의 연작 재배로 발생되는 기지현상의 원인 3가지를 적으시오

[해답]

· 연작으로 인한 특정 양분의 소모
· 토양의 물리성 악화
· 토양전염병의 발생

04 『친환경농어업법 시행규칙』에서 인증사업자의 지위를 승계한 자는 인증사업자 지위 승계 신고서에 첨부해야 할 서류 3가지를 적으시오

> **해답** --

· 인증품 생산계획서 또는 인증품 제조·가공 및 취급 계획서
· 인증사업자의 지위 승계를 증명하는 자료
· 상속·양도 등을 한 자의 인증서

05 토양의 수분을 측정하는 방법 3가지를 적으시오

> **해답** --

중량법, 중성자법, TDR 법

06 유기축산물 및 비식용유기가공품의 사료의 품질저하 방지 또는 사료의 효용을 높이기 위해 사료에 첨가하여 사용 가능한 물질 중 완충제의 종류 3가지를 적으시오

> **해답** --

산화마그네슘, 탄산나트륨(소다회), 중조(탄산수소나트륨·중탄산나트륨)

07 벼 재배에서 종자에 의해 전염되는 병명 3가지를 적으시오

> **해답** --

키다리병, 도열병, 깨씨무늬병

08 유기재배 토양의 입자밀도가 $2.5g/cm^3$, 용적밀도가 $1.2g/cm^3$ 일 때 토양공극률을 계산하시오

> **해답** --

$$공극률(\%) = (1 - \frac{용적밀도}{입자밀도}) \times 100 = (1 - \frac{1.2}{2.5}) \times 100 = 52\%$$

09 토양 면적 10a에 2L 의 발효액비량을 200배액으로 살포하려고 한다. 1.5ha 의 과수원에 살포하려고 할 때 필요한 발효액비량과 200배액으로 희석하는데 필요한 물의 양을 계산하시오

> **해답**
> ・필요한 발효액비량 : 30L
> 10a 당 소요 발효액비량이 2L 이며 1.5ha(150a) 의 경우 15배 많은 30L 가 필요하다
> ・물의 소요량 : 5,970L
> 원액량에 소요희석배수를 곱하여 구하므로 <30L × 200배 = 6,000L> 이고 여기에 원액량 30L를 제외하면 <6,000L − 30L = 5,970L> 희석할 물의 양을 알 수 있다.

10 다음은 『유기축산물 생산에 필요한 인증기준』 에서 유기가축 1마리당 갖추어야 하는 가축 사육시설의 소요면적(단위 : m^2)을 나타낸 표이다. 빈칸을 채우시오

◎ 한우·육우

시설형태	번식우	비육우	송아지
방사식	(㉠)m^2/마리	(㉡)m^2/마리	(㉢)m^2/마리

> **해답**
> ㉠ 10
> ㉡ 7.1
> ㉢ 2.5

11 『유기식품 및 무농약농산물 등의 인증에 관한 세부실시 요령』 에 의거 유기축산물의 '축사조건' 을 2가지씩 적으시오

> **해답**
> ・사료와 음수는 접근이 용이할 것
> ・공기순환, 온도·습도, 먼지 및 가스농도가 가축건강에 유해하지 아니한 수준 이내로 유지되어야 하고, 건축물은 적절한 단열·환기시설을 갖출 것
> ・충분한 자연환기와 햇빛이 제공될 수 있을 것

12 유기재배에서 사용하는 미생물농약의 장점 및 단점을 각각 3가지씩 적으시오

해답

- 장점
  - 인축에 대한 독성이 없다.
  - 개발비용이 적다.
  - 생태계에 큰 영향을 주지 않는다.
- 단점
  - 유효기간이 짧다.
  - 적용 범위가 제한적이다.
  - 약효의 발현속도가 느리다.

13 『유기식품 및 무농약농산물 등의 인증에 관한 세부실시 요령』의 유기농산물 재배방법 인증기준에서 '두과작물, 녹비작물, 심근성작물을 이용하여 장기간의 적절한 윤작 계획'을 수립하고 이행하는 방법 3가지를 적으시오

해답

- 3년 이내의 주기로 두과작물, 녹비작물 또는 심근성작물을 일정기간 이상 재배하여 토양에 환원한다.
- 2년 이내의 주기로 식물분류학상 "과"가 다른 작물을 재배하되 재배작물에 두과작물, 녹비작물 또는 심근성작물을 포함한다.
- 2년 이내의 주기로 담수재배작물과 밭 재배작물을 조합하여 답전윤환한다.
- 매년 두과작물, 녹비작물, 심근성작물을 이용하여 초생재배한다.

14 다음 보기를 보고 미생물의 생장곡선 단계를 순서대로 나열하시오

> < 보기 >
> 정지기, 대수기, 적응기, 제한기, 사멸기

해답

적응기 → 대수기 → 제한기 → 정지기 → 사멸기

참고 미생물 생장
- 유도기 : 적응기라 하며 새로운 환경에 적응하는 시기로 균수의 증가는 거의 없다.
- 대수기 : 증식 및 성장이 활발한 시기로 미생물이 지수적으로 증식한다.
- 제한기 : 제한영양분이 모두 소비될 때까지 미생물의 생장속도가 계속 감소하는 단계이다.
- 정지기 : 생육환경이 한계인 단계로 증식과 사멸이 동시에 이루어지면서 수가 일정하다.
- 사멸기 : 생균수가 감소하는 시기로 급격하게 감소한다.

15 『친환경농어업 육성 및 유기식품 등의 관리 · 지원에 관한 법률 시행규칙』의 '병해충 관리를 위해 사용 가능한 물질' 중에서 기계유의 사용가능조건 2가지를 적으시오

해답 --
· 과수농가의 월동 해충 제거용으로만 사용할 것
· 수확기 과실에 직접 사용하지 않을 것

16 『유기식품 및 무농약농산물 등의 인증에 관한 세부실시요령』의 유기축산물 생산에 필요한 인증기준에 대한 내용이다. 빈칸을 채우시오

> ◎ 유기축산물로 출하되는 축산물에 동물용의약품 성분이 잔류되어서는 아니 된다. 다만, 동물용의약품을 사용한 경우 이를 허용하되, 식품의약품안전처장이 고시한 동물용의약품 잔류 허용기준의 (　　)을 초과하여 검출되지 아니하여야 한다.

해답 --
10분의 1

17 다음은 유기식품등에 사용 가능한 물질의 유기농산물 및 유기임산물에서 토양 개량과 작물 생육을 위해 사용 가능한 물질의 사용가능물질과 사용가능조건을 나열하였다. 알맞은 것끼리 서로 연결하시오

제당산업의 부산물 ·	· 충분한 발효와 희석을 거쳐 사용할 것
키토산　　　　·	· 유해 화학물질로 처리되지 않을 것
오줌　　　　·	· 국립농산물품질관리원장이 정하여 고시하는 품질규격에 적합할 것

해답 --
· 제당산업의 부산물 - 유해 화학물질로 처리되지 않을 것
· 키토산　- 국립농산물품질관리원장이 정하여 고시하는 품질규격에 적합할 것
· 오줌 - 충분한 발효와 희석을 거쳐 사용할 것

18 아래 내용에서 설명하는 미량원소를 적으시오

◎ 세포막 펙틴의 형성에 관여하며 식물체내에서 이동성이 낮으며 결핍되면 생장점의 발육이 중지되기도 한다.

해답
붕소

19 『친환경농어업 육성 및 유기식품 등의 관리 · 지원에 관한 법률』에서 '제조 · 가공 및 취급자의 경우' 기록해야 할 경영관련자료 4가지를 적으시오

해답
· 원료 · 재료로 사용한 농축산물 · 가공식품 · 비식용가공품의 입고 · 사용 · 보관에 관한 사항을 기록한 자료 : 원료 · 재료명, 일자별 입고량 · 사용량 · 보관량, 공급자 증명서
· 제조 · 가공 및 취급에 사용된 식품첨가물 및 가공보조제 사용 내용을 기록한 자료 : 자재명, 일자별 사용량, 사용목적, 사용 가능한 물질임을 증명하는 서류
· 인증품의 생산 및 출하처별 판매량: 품목명, 일자별 생산량, 일자별 · 거래처별 판매량
· 인증품의 취급(저장, 포장, 운송, 수입 또는 판매) 과정에 대한 자료

20 『친환경농어업 육성 및 유기식품 등의 관리 · 지원에 관한 법률 시행규칙』에서 말하는 '친환경농축산물에 해당하는 종류 4가지를 적으시오

해답
유기농산물, 유기축산물, 유기임산물, 무농약농산물

이러닝 강의 및 교재내용 문의

올배움 홈페이지 **www.kisa.co.kr** 에
방문하시면 본 교재의 저자직강 강의를 통하여
자격증 단기합격을 할 수 있습니다.
또한 본 교재의 정오표는
올배움 홈페이지를 통해 확인이 가능하며
그 밖의 다른 의견 및 오탈자를 제보해주시면
더 좋은 강의와 교재로 보답하겠습니다.

www.kisa.co.kr

📞 1544-8509   TALK 카톡 ID : kisa

올배움BOOK
홈페이지
바로가기 >

유기농업기사 실기

1판1쇄 발행 2025년 3월 20일
2판1쇄 발행 2026년 1월 10일

지 은 이 • 권 현 준
펴 낸 이 • 이 정 훈
펴 낸 곳 • 올배움BOOK
주   소 • 서울시 금천구 가산디지털1로 168 B동 B105(가산동, 우림라이온스밸리)
전   화 • 1544-8509 / FAX 0505-909-0777
홈페이지 • www.kisa.co.kr

법인등록번호 • 110111-5784750
I S B N • 979-11-6517-199-5 (13520)

정가 35,000원
